现代
XIANDAI SULIAO YINSHUA
BAOMO GONGYI
塑料印刷薄膜工艺

童孝良　岑冠军　编著

化学工业出版社

·北京·

本书作者在长期收集、整理现代印刷塑料薄膜的有关资料的基础上，汇集了现代印刷塑料薄膜的生产上具有代表性的品种，解答了塑料薄膜的性能、选材、应用；塑料薄膜的印刷技术及印刷机操作；塑料软包装印刷油墨，塑料薄膜的复合加工等方面所涉及的问题。

　　本书主要内容是有关现代印刷塑料薄膜的生产工艺与实例。着重介绍塑料包装印刷薄膜的定义、塑料包装薄膜印刷的重要性、常用塑料包装印刷薄膜的种类、塑料薄膜的常用印刷方法、塑料薄膜物化性质及印刷适性、塑料薄膜及塑料制品及印前表面处理。并且详细阐述了塑料印刷油墨；塑料印刷技术；塑料软包装材料基础；塑料薄膜的干法复合；挤出涂覆设备与工艺；共挤出复合成膜法。

　　本书内容简明扼要，实用性较强，适合软包装印刷企业的操作工人及技术人员阅读和参考，也可作为其他专业和相关专业辅助教材。

图书在版编目（CIP）数据

现代塑料印刷薄膜工艺/童孝良，岑冠军编著. —北京：
化学工业出版社，2015.4
ISBN 978-7-122-23067-6

Ⅰ.①现⋯　Ⅱ.①童⋯②岑⋯　Ⅲ.①塑料制品-印刷
Ⅳ.①TQ320.67

中国版本图书馆 CIP 数据核字（2015）第 034592 号

责任编辑：夏叶清　　　　　　　　文字编辑：徐雪华
责任校对：陶燕华　　　　　　　　装帧设计：韩　飞

出版发行：化学工业出版社（北京市东城区青年湖南街 13 号　邮政编码 100011）
印　　装：三河市万龙印装有限公司
710mm×1000mm　1/16　印张 20½　字数 394 千字　2015 年 5 月北京第 1 版第 1 次印刷

购书咨询：010-64518888（传真：010-64519686）　售后服务：010-64518899
网　　址：http://www.cip.com.cn
凡购买本书，如有缺损质量问题，本社销售中心负责调换。

定　　价：88.00 元　　　　　　　　　　　　　版权所有　违者必究

>>> 前 言 <<<

目前，国内塑料软包装（薄膜）制作和应用技术仍然滞留在感性认识阶段，未形成可以借鉴传承的理论体系。针对塑料软包装制作及应用技术的匮乏，打破软包装彩印企业之间技术很少交流和不交流的局面刻不容缓，因此，作者借此书将凹版印刷及软包装行业优质资源进行整合，推广凹版印刷和软包装制作与应用的新工艺、新技术、新产品，主要起到搭建一个印刷及软包装展示发挥、交流大平台的作用。

近年来，塑料薄膜包装的鲜奶、豆奶及果汁饮料、调味品等已出现于市场。由于牛奶、豆奶、饮料等是鲜食饮品，对卫生和温度等方面的要求非常严格，因此，对印刷塑料薄膜有着特殊的要求，这就使得牛奶和饮料包装膜的印刷有不同于其他印刷的技术特点。

众所周知，液体软塑料包装膜所用的薄膜材料主要为聚乙烯（PE）共挤膜，它必须符合包装印刷、加工、储运和卫生等方面的要求。从膜的外观和性能看，可分三大类：软质乳白PE膜、黑白共挤PE膜、硬质高温蒸煮PE膜。

我们在长期收集、整理现代印刷塑料薄膜的有关资料的基础上，汇集了现代印刷塑料薄膜生产上具有代表性的品种，解答了塑料薄膜的性能、选材、应用；塑料薄膜的印刷技术及印刷机操作；塑料软包装印刷油墨，塑料薄膜的复合加工等方面所涉及的问题。

本书主要内容是有关现代印刷塑料薄膜的生产工艺与实例。着重介绍塑料包装印刷薄膜的定义、塑料包装薄膜印刷的重要性、常用塑料包装印刷薄膜的种类、常用塑料印刷薄膜材料与选择、塑料薄膜的常用印刷方法、塑料薄膜物化性质及印刷适性、塑料薄膜及塑料制品及印前表面处理。并且详细阐述了塑料印刷油墨；塑料印刷技术；塑料软包装材料基础；塑料薄膜的干法复合；挤出涂覆设备与工艺；共挤出复合成膜法。

本书内容简明扼要，实用性较强，适合软包装印刷企业的操作工人及技术人员阅读和参考。也可作为其他专业和相关专业辅助教材；希望它能对塑料薄膜印刷工业与化学工业油墨在我国的发展起到推动作用。

在本书编写过程中，得到了中国包装联合会、上海包装技术协会、上海印刷技术研究所、轻工业塑料加工应用研究所、中国科学院化学所（国家工程塑料重点实验室）、北京化工大学材料科学与工程学院、北京绿色印刷包装产业技术研究院、《塑料工业》杂志社等单位的专家与前辈和同仁王利、陈由群、陈昌杰、王永生等热情支持和帮助，提供有关资料文献与信息，并对本书内容提出了宝贵的意见。 欧玉春、方国治等参加了本书的编写与审核，荣谦、沈永淦、崔春玲、王书乐、郭爽、丰云、蒋洁、王素丽、王瑜、王月春、韩文彬、俞俊、周国栋、朱美玲、方芳、高巍、高新、周雯、耿鑫、陈羽、安凤英、来金梅、王秀凤、吴玉莲、黄雪艳、杨经伟、冯亚生、周木生、赵国求、高洋等同志为本书的资料收集、插图及计算机输入和编辑付出了大量精力，在此一并致谢！ 由于时间仓促，书中纰漏之处在所难免，敬请各位读者批评指正。

编者
2014 年 8 月

>>> 目 录 <<<

第一章　薄膜印刷概述

第二章　塑料印刷油墨

第三章　塑料印刷技术

第四章　塑料印刷薄膜工艺

第五章　塑料薄膜印刷中常见故障与质量问题

参考文献

第一章
薄膜印刷概述

第一节　现代塑料薄膜印刷

一、塑料薄膜的定义

在国家标准 GB 4122—1983《包装通用术语》中，塑料包装袋又称为软包装，软包装是指在充填或取出内装物后，容器形状可发生变化的包装。用纸、铝箔、纤维、塑料薄膜以及它们的复合物所制成的各种袋、盒、套、包封等均为软包装。

一般将厚度在 0.25mm 以下的片状塑料称为薄膜。塑料薄膜透明、柔韧，具有良好的耐水性、防潮性和阻气性，机械强度较好，化学性质稳定，耐油脂，易于印刷精美图文，可以热封制成塑料包装袋。它能满足各种物品的包装要求，是用于包装易存、易放的方便食品，生活用品，超级市场的小包装商品的理想材料。以塑料薄膜为主的塑料包装袋印刷在包装印刷中占有重要地位。据统计，从 1980 年以来，世界上一些先进国家的塑料包装袋占整个包装印刷的 32.5%～44%。

因为单一薄膜材料对内装物的保护性不够理想，所以多采用将两种以上的薄膜复合为一层的复合薄膜，以满足食品保鲜、无菌包装技术的要求。复合薄膜的外层材料多选用不易划伤、磨毛，光学性能优良，印刷性能良好的材料，如纸、玻璃纸、拉伸聚丙烯、聚酯等；中间层是阻隔性聚合物，如铝箔、蒸镀铝、聚偏二氟乙烯；里层材料多选用无毒、无味的聚乙烯等热塑性树脂，方便直接用于食品塑料包装袋印刷。

二、塑料薄膜的覆膜

覆膜是将涂布黏合剂后的塑料薄膜，与纸质印刷品经加热、加压后黏合在一起，形成纸塑合一的产品，它是目前常见的纸质印刷品印后加工工艺之一。经过覆膜的印刷品，由于表面多了一层薄而透明的塑料薄膜，其表面更加平滑光亮，不但提高了印刷品的光泽度和牢度，延长了使用寿命，同时又起到防潮、防水、防污，耐磨、耐折、耐化学腐蚀等作用。常见的覆膜工艺有透明亮光薄膜覆膜和亚光薄膜覆膜。如果采用透明亮光薄膜覆膜，则产品的印刷图文颜色更鲜艳，而且富有立体感，能够引起人们的食欲和消费欲望，因此特别适合绿色食品等商品的包装。如果采用亚光薄膜覆膜，则产品会给消费者带来一种高贵、典雅的感觉。因此，覆膜后的包装印刷品能显著提高商品包装的档次，增加附加值。

根据覆膜工艺要求，从事覆膜加工的生产人员，要根据纸张和油墨性质的不同，在适当的加工温度和压力下，采用黏合剂，将塑料薄膜和印刷品纸张牢固黏结成纸塑合一的整体。覆膜产品质量要达到以下标准：表面干净、平整、不模糊；光洁度好；无皱折、不起泡；不出现纸塑分离；没有粉箔痕；干燥程度适当，无粘坏表面薄膜或纸张的现象。覆膜后分切的尺寸应准确，边缘光滑，不出膜，无明显卷曲。

在覆膜工艺过程中，应处理好纸张与塑料薄膜通过热压合机构时的温度、压力、时间三者关系；在熔合阶段，应控制好黏合剂稠稀、胶量、烘道温度、热辊温度、机械压力、机械速度等因素，就能避免覆膜时出现起泡、纸塑黏合不牢等问题。

三、薄膜印刷机与凹凸制版工艺

1. 薄膜印刷机

随着技术水平的不断提升，国内薄膜印刷机在性能上都有了很大的提高。生产商不再像以前那样只考虑产能和售价，他们更多考虑薄膜印刷机的灵活性、工作效率、多功能性等，其目的是保持较强的产品竞争优势，占据较大的市场份额。

薄膜印刷机在国内迅速发展，引起了许多厂家的重视，一般而言，低碳环保是国家一直倡导的理念，作为印刷行业，应该更加重视环保问题，只有将薄膜印刷机往大型化、环保化方向发展，走绿色环保之路，企业才能在竞争中立于不败之地。

图1-1为典型的薄膜印刷机，由上海印刷研究所生产。采用最先进、最尖端的PLC控制，具有操作简单、性能可靠、精度高等优点，使用范围广泛，可用于印刷各种制品。该设备有手动和自动两种操作模式可供选择使用。

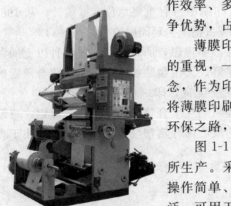

图1-1 典型的薄膜印刷机

该薄膜印刷机适用于BOPP、PET、PVC、PE、铝箔、纸张、复合膜、薄皮等具有优良印刷性能的卷筒状材料的多色连续印刷。

2. 凹凸印刷制版工艺

随着印刷事业的发展，人们对包装装潢有更高的要求，不仅在色彩上要求鲜艳，而且在层次上，追求能反映平面的明暗层次，且要有立体感，采用凹凸印刷技术可使产品增加立体感。

凹凸印刷是图版印刷范围内一种不用油墨的特殊印刷工艺。是指在印有图文的印刷品上，根据其图文制成凹凸两块版，再用平压平印刷机进行压印，使印刷品图文表面形如浮雕状，产生独特的艺术效果，所以又称"轧凹凸"。此法类似"拱花"。

凹凸印刷的工艺流程为：凹凸印版的制作→凹凸版压印。

（1）凹凸印版的制作　首先，分清图面的主次层次，要以主体表现为主题，运用深浅层次，达到一定深度后再考虑次要层次，突出的主体部分要使凸起高度高些。印版利用雕刻工艺先制成凹版，可以是木刻版、铜刻版、钢刻版、腐蚀版。其次，确定图形与线条的表现方法，主体与一般的层次要协调，版面深处与浅处要协调，一个图画的轮廓要由浅入深，并要有一定的坡度，雕刻图面时要运用透视原理以及近深远浅等表现手法。最后，在完成轮廓雕刻后，进行精工细琢，使整个版面光洁匀润。

将雕刻好的凹版，粘在平压平印刷机的金属底板的中央，并校平印版，防止由于受压不平衡发生压力不实或走版现象。在压印平板上粘黄板纸，要校正压力，对凹凸轮廓层次较多的部位，按深浅不同，用黄板纸按压印面大小剪成纸片粘贴，形成与凹版相同的梯形凸模，此时梯形凸模的细部并不与凹版一致，在梯形凸模上铺有一层石膏浆液，石膏浆液用细净石膏粉拌入胶水调成，稠度要适宜，并用一张薄纸盖在石膏浆液上面，在石膏将干未干时进行凹凸试压，为防止石膏粘坏，可在凹版上刷一层煤油。印刷厂试压时，通常用手轻摇机器，开始时速度要慢，以避免石膏层迅速铺开，形成凹版与凸版不吻合现象。待石膏干硬定型后，可用正常速度压印。初次压出的图形如有不符合质量要求之处，需对石膏层进行修补，并在石膏尚未干硬时，将非压印面上的多余石膏用刀刮去。

（2）凹凸版压印　印刷时，将印刷品放在凹版与凸版之间，加以较大压力，即可轧出凹凸图形。在压印过程中，如发生压力过重或凹凸过深造成纸张破损，可在石膏面上用砂纸打磨均匀，在压印中要经常刷清凹凸版面，防止脏物压入损坏印面，如果所用的印刷纸张性质较硬，而产品质量要求很高时，可利用热压，即在金属底板中间加电阻丝，工作时通过电流，使印版发热，就能压出优质的产品。

四、塑料薄膜与印刷及油墨的关系

1. 塑料薄膜印刷效果

塑料薄膜印刷工艺包括包装设计、制版、吹塑、电晕处理、印刷、复合、分切、制袋、包装等过程。塑料印刷不是一种工艺方法，而是以承印物来划分的印刷种类。

塑料包括塑料薄膜和塑料制品，塑料薄膜作为一种承印材料，其历史还比较短，它经印刷后作为包装，具有轻盈透明、防潮抗氧、气密性好、有韧性、耐折、表面光滑、能保护商品，而且能再现商品的造型、色彩等优点。

2. 塑料薄膜印刷特点

作为承印物的塑料薄膜，其分子结构中含有极性物质，化学稳定性好，能耐大多数酸、碱的腐蚀。在常温下不溶于一般的溶剂，而且在生产过程中加进抗氧剂。由于塑料承印物与油墨的亲和力差，印刷后油墨也不易干燥。同时，塑料承印物不具备纸张表面的多孔性，不能吸收油墨连结料，因此，塑料承印物印前必须经过处理，使其能够和油墨很好地亲和，在印刷时能很好地吸附油墨，印刷后墨层不与承印物脱离。塑料印刷用油墨不同于纸张油墨，两者不能混用。

3. 印刷用油墨与薄膜的关系

为了适应塑料承印物对油墨的要求，塑料印刷用油墨主要由合成树脂、有机溶剂及色料组成，经充分分散研磨后具有良好的胶体状流体性质，塑料印刷用油墨为挥发性油墨，具有印刷适性好、附着牢度强、干燥快等特点。油墨选择的关键是油墨与塑料薄膜的黏结力的强弱，而这与连结料的选择有很大关系。

（1）塑料薄膜用油墨的连结料的选择

① 使用与承印物相同的树脂，或与承印物材料能互相溶解的树脂。承印物上墨后，由于溶剂的作用，在油墨与承印物接触的界面上会互相溶解而黏附在一起。

② 采用能与承印物发生化学反应的油墨连结料。

③ 采用能够形成类似于承印物表面膜层的连结料。

④ 采用与承印物极性基本相同的连结料。

因此，用于塑料印刷的油墨因承印物材料类别不同而不同。一般选择能与所印薄膜互溶的连结料，如对于聚烯烃类塑料薄膜，就采用乙烯共聚物作为连结料。塑料薄膜一般采用轮转凹版印刷，油墨则为溶剂型油墨。这类油墨可以适应高速印刷的需要，但其挥发的有机溶剂相当多，对环境污染也相当严重。塑料薄膜也可采用丝网印刷，用合成聚在水介质中的分散体作为连结料，虽然避免了溶剂污染的问题，但印刷质量不太好。此外，塑料薄膜还可采用柔性版印刷。

（2）油墨各成分对塑料薄膜的影响 印刷油墨是由色料、连结料、填料等成分均匀混合而成的浆状胶体。作为一种黏性流体，由于其品种的不同，性能也有差异，即有稠稀之分，黏性强弱之别，干燥速率也不同等情况。所以，正确了解和认识油墨的组成成分在油墨中的作用，对于准确调整油墨特性，提高薄膜印刷质量具有十分重要的意义。

① 色料。色料包括颜料和染料。

印刷油墨中使用的有色材料通常都是颜料，也有一些染料，它们都是颗粒极细的有色物质。颜料不溶于水，也不溶于连结料，在溶液中大部分成悬浮状态；而染料在连结料中一般是可溶的。油墨的相对密度、透明度、耐热性、耐光性和对化学药品的耐抗性等都与颜料有关。颜料的颜色决定油墨的色相；它的用量大小决定油墨的浓度；它的使用在一定程度上影响油墨的干燥性，在这一点上，氧化聚合干燥为主的油墨表现得尤为突出。

② 连结料。连结料是一种具有一定黏度、黏性的流体。

它的作用是多方面的。作为颜料的载体，起到把粉末状的颜料等固体颗粒混合连结起来，并使相粘连的颜料最终能够附着在印品上。连结料的质量好坏将直接影响其光泽度、耐磨性及流动性。

③ 助剂。常用助剂有冲淡剂、添加剂、去黏剂、防黏剂等，印刷油墨之所以印刷适性好，附着分散性强，都是与助剂分不开的。

第二节　常用塑料印刷薄膜材料与选择

塑料薄膜的种类很多，性质差别较大，印刷操作也不完全一样。如 PE 薄膜按原料不同，可分为 LDPE、HDPE 等几种薄膜。LDPE 薄膜的透明度和热封性比 HDPE 薄膜好，但耐热性和抗拉强度比 HDPE 薄膜差。PE 薄膜的油墨附着性差，需要用电晕处理来改善。常用润湿张力这一指标来鉴定电晕处理质量的优劣，一般印刷用 LDPE 薄膜润湿张力为 $38 \sim 42$mN/m，HDPE 薄膜为 $40 \sim 44$mN/m 最佳。PE 薄膜可正面印刷，也可反面印刷，常用聚酰胺油墨。由于聚酰胺油墨的耐热性和耐油脂性差，因此，在耐热性高的薄膜印刷时，可用硝化纤维素等油墨。

一、塑料印刷薄膜材料的性能与选择

1. 塑料印刷薄膜材料的基本性能要求

选择塑料薄膜材料应考虑以下因素。

(1) 外观　塑料印刷薄膜的表面应当平整光滑，无皱褶或仅有少量的活褶，无明显的凹凸不平、黑点、杂质、晶点和僵块，没有条纹、斑痕、暴筋等弊病，无气泡、针孔及破裂，镀铝膜的镀铝层应当均匀，不允许有明显的亮条、阴阳面等现象。此外，还要求薄膜表面清洁干净，无灰尘、油污等。

(2) 规格及偏差　塑料薄膜的宽度、厚度及其偏差应当符合要求，而且应当厚薄均匀，横、纵向的厚度偏差小，且偏差分布比较均匀。此外，镀铝膜的镀铝

层厚度也应符合要求。

（3）透明度和光泽度　对于透明塑料薄膜，对其透光率要求较高，一般应达到92%以上。而对于不透明塑料薄膜，比如白膜，则要求其白度高、不透明度好。此外，塑料薄膜还应当具有良好的光泽度。

（4）物理力学性能　由于塑料薄膜在印刷和复合过程中要受到机械力的作用，因此，要求薄膜材料必须具有一定的机械强度和柔韧性。塑料薄膜的物理力学性能主要包括拉伸强度、断裂伸长率、撕裂强度、冲击强度等，此外，镀铝膜上镀铝层的牢固度也应当符合要求。

（5）透湿量　表示塑料薄膜材料在一定的条件下对水蒸气的透过量，比如在相对湿度为90%、温度为30℃的情况下，24h内厚度为$25\mu m$的塑料薄膜每平方米所透过的水蒸气的质量，它在一定程度上代表了薄膜材料的防潮性，各种薄膜材料的透湿量不同，也决定它的应用范围不同。

（6）透氧量　表示塑料薄膜材料在一定的条件下对氧气的透过量，比如在相对湿度为90%、温度为23℃的情况下，24h内厚度为$25\mu m$的塑料薄膜每平方米所透过的氧气的体积。各种薄膜材料的透氧量也有所不同。

（7）几何尺寸稳定性　塑料薄膜必须具有一定的几何尺寸稳定性，否则，其伸缩率过大，在印刷和复合过程中受到机械力或者受热量的作用容易产生伸缩变形，不仅会影响套印精度，还会出现皱褶、卷曲等问题，严重影响产品质量和生产效率。

（8）化学稳定性　塑料薄膜在印刷和复合过程中要接触油墨、胶黏剂以及某些有机溶剂，这些都是化学物质，因此，塑料薄膜必须对所接触的这些化学物质具有一定的耐抗性，以便不受其影响。

（9）表面张力　为了使印刷油墨和复合用胶黏剂在塑料薄膜表面具有良好的润湿性和黏合性，要求薄膜的表面张力达到一定的标准，否则就会影响印刷品和复合产品的质量。比如：双向拉伸聚丙烯薄膜和低密度聚乙烯薄膜的表面张力要求达到$3.8\times10^{-2}N/m$以上；尼龙薄膜、聚酯薄膜和聚酯镀铝膜的表面张力一般要求达到$4.5\times10^{-2}N/m$以上。一般来说，塑料薄膜在印刷或者复合之前都必须经过表面处理，以提高其表面张力，并能够顺利进行印刷和复合。

2. 各种塑料印刷薄膜选择

实用化的包装用塑料薄膜品种很多，许多塑料薄膜在使用过程中，常常存在相互渗透、相互替代的情况，但各种塑料薄膜自身的特性又是不容忽视的。所以正确选择、应用好塑料包装薄膜并非易事。这就要求包装材料行业的从业人员了解塑料包装薄膜具有的一些基本功能，主要是对商品的保护、促销功能，对包装机械的适应性以及其他应用上的特殊需求。此外，还必须考虑经济上的合理性，以及对环境保护的适应性等。

包装材料对商品的保护功能是最重要、最基本的功能，可以毫不夸张地讲，如果塑料薄膜对所包装的商品没有可靠的保护作用，那么它就失去了作为包装材料的使用价值。塑料薄膜对商品的保护功能是多方面的，不同的商品、不同的包装形式，对于塑料包装薄膜保护功能要求的侧重点也不相同。

可靠的机械保护作用包括防止包装内商品泄漏或者外界物质进入包装对商品造成破坏与污染。用于直接反映塑料薄膜的机械保护功能的性能指标主要是薄膜力学强度，如拉伸强度、撕裂强度、落体冲击强度（落标冲击）以及抗穿刺强度等。

良好的焊接强度也是塑料薄膜袋可靠地保护商品的必要条件。如果焊缝强度不足，焊缝将成为塑料薄膜袋的致命弱点，当焊缝破裂便使塑料袋失去对商品的保护作用。普通聚丙烯双向拉伸薄膜具有良好的力学强度，但因其焊接性能很差，一般不作制袋使用。

二、塑料印刷薄膜的常用原料

目前，塑料包装及塑料包装产品在市场上所占的份额越来越大，特别是复合塑料软包装，已经广泛地应用于食品、医药、化工等领域，其中又以食品包装所占比例最大，比如饮料包装、速冻食品包装、蒸煮食品包装、快餐食品包装等，这些产品都给人们生活带来了极大的便利。

几种常见的薄膜原料介绍如下。

（1）双向拉伸聚丙烯薄膜（BOPP）　双向拉伸聚丙烯薄膜是由聚丙烯颗粒经共挤形成片材后，再经纵横两个方向的拉伸而制得的。由于拉伸分子定向，所以这种薄膜的物理稳定性、机械强度、气密性较好，透明度和光泽度较高，坚韧耐磨，是目前应用最广泛的印刷薄膜，一般使用厚度为 $20\sim40\mu m$，应用最广泛的为 $20\mu m$。双向拉伸聚丙烯薄膜的主要缺点是热封性差，所以一般用作复合薄膜的外层薄膜，如与聚乙烯薄膜复合后，其防潮性、透明性、强度、挺度和印刷性均较理想，适用于盛装干燥食品。由于双向拉伸聚丙烯薄膜的表面为非极性，结晶度高，表面自由能低，因此，其印刷性能较差，对油墨和胶黏剂的附着力差，在印刷和复合前需要进行表面处理。

（2）低密度聚乙烯薄膜（LDPE）　低密度聚乙烯薄膜一般采用吹塑和流延两种工艺制成。流延聚乙烯薄膜的厚度均匀，但由于价格较高，目前很少使用。吹塑聚乙烯薄膜是由吹塑级 PE 颗粒经吹塑机吹制而成的，成本较低，所以应用最为广泛。低密度聚乙烯薄膜是一种半透明、有光泽、质地较柔软的薄膜，具有优良的化学稳定性、热封性、耐水性和防潮性，耐冷冻，可水煮。其主要缺点是对氧气的阻隔性较差，常用于复合软包装材料的内层薄膜，而且也是目前应用最广泛、用量最大的一种塑料包装薄膜，占塑料包装薄膜耗用量的 40% 以上。

由于聚乙烯分子中不含极性基团，且结晶度高，表面自由能低，因此，该薄膜的印刷性能较差，对油墨和胶黏剂的附着力差，所以在印刷和复合前需要进行表面处理。

（3）聚酯薄膜（PET） 聚酯薄膜是以聚对苯二甲酸乙二醇酯为原料，采用挤出法制成厚片，再经双向拉伸制成的薄膜材料。它是一种无色透明、有光泽的薄膜，力学性能优良，刚性、硬度及韧性高，耐穿刺，耐摩擦，耐高温和低温，耐化学药品性、耐油性、气密性和保香性良好，是常用的阻透性复合薄膜基材之一。但聚酯薄膜的价格较高，一般厚度为12mm，常用作蒸煮包装的外层材料，印刷性较好。

（4）尼龙薄膜（PA） 尼龙薄膜是一种非常坚韧的薄膜，透明性好，并具有良好的光泽、抗张强度、拉伸强度较高，还具有较好的耐热性、耐寒性、耐油性和耐有机溶剂性，耐磨性、耐穿刺性优良，且比较柔软，阻氧性优良，但对水蒸气的阻隔性较差，吸潮、透湿性较大，热封性较差，适于包装硬性物品，如油腻性食品、肉制品、油炸食品、真空包装食品、蒸煮食品等。

（5）流延聚丙烯薄膜（CPP） 流延聚丙烯薄膜是采用流延工艺生产的聚丙烯薄膜，可分为普通CPP和蒸煮级CPP两种，透明度极好，厚度均匀，且纵横向的性能均匀，一般用作复合薄膜的内层材料。普通CPP薄膜的厚度一般为$25\sim50\mu m$，与OPP复合后表面光亮，手感坚挺，一般的礼品包装袋都采用此种材料，这种薄膜还具有良好的热封性。蒸煮级CPP薄膜的厚度一般为$60\sim80\mu m$，能耐121℃、30 min的高温蒸煮，耐油性、气密性较好，且热封强度较高，一般的肉类包装内层均采用蒸煮级的CPP薄膜。

（6）镀铝薄膜 目前应用最多的镀铝薄膜主要有聚酯镀铝膜（VMPET）和CPP镀铝膜（VMCPP）。镀铝膜既有塑料薄膜的特性，又具有金属的特性。薄膜表面镀铝的作用是：遮光、防紫外线照射，既延长了内容物的保质期，又提高了薄膜的亮度，从一定程度上代替了铝箔，也具有价廉、美观及较好的阻隔性能，因此，镀铝膜在复合包装中的应用十分广泛，目前主要应用于饼干等干燥、膨化食品包装以及一些医药、化妆品的外包装上。

三、阻透性塑料印刷薄膜

近年来，我国塑料包装行业得到稳步高速发展，已经从一个初期分散性的行业发展成为独立的、产品门类齐全的现代化产业体系。其中，薄膜是用量最大的塑料包装材料，由于其无毒、质轻、包装美观、成本低的特点，应用领域不断拓展，几乎渗透到工农产品和日常生活用品的各个方面。塑料包装薄膜行业的投资也在快速增长，因此，把握国际、国内塑料包装薄膜的技术和市场发展的总体趋势，对于审时度势地进行前瞻性、正确性决策具有重要现实意义。

1. 塑料印刷薄膜的功能化

近年来，技术的进步使得塑料包装薄膜的功能化发展趋势日渐明显，高要求、高技术含量的塑料包装薄膜正成为许多企业的支柱产业和研发目标，其包装功能是多样的，除对一般薄膜的抗静电、抗粘连和爽滑性要求外，主要通过原材料、助剂或工艺的调整赋予包装薄膜某些特殊的功能，如适应香烟和饮料包装挺括性与紧贴性需要的热收缩性、适应蔬菜和水果包装需要的透气性、适应电子元件包装需要的导电性、适应可透视包装需要的高光学性能、适应金属设备和仪器包装需要的防锈性以及日益在食品、化妆品、医药方面广泛需要的阻透性和抗菌性等，薄膜的功能化提高了产品的附加值。其中阻透性塑料包装薄膜是目前发展最快的功能薄膜之一。

2. 阻透性树脂

阻透性能是指对小分子物体如氧、水汽、液体及气味等的屏蔽功能，阻透性薄膜主要用于食品和医药包装，能够确保包装物在储存、运输过程中保香、保味不变质，以延长其保质期和货架寿命。随着生活节奏的加快和生活水平的提高，各种方便食品如肉制品、乳制品、腌卤制品等的需求量越来越大，对医药产品的质量要求也越来越高，阻透性薄膜在这些领域发挥越来越大的作用。此外，阻透性塑料薄膜也广泛应用在化妆品、茶叶、化学试剂、农药、香料、饲料等产品的包装，已成为各国竞相开发的热点。

在阻透性塑料薄膜中，阻透性树脂的使用是关键，主要有聚乙烯醇（PVA）、乙烯-乙烯醇共聚物（EVOH）、偏氯乙烯共聚物（PVDC）、聚萘二甲酸乙二醇酯（PEN）、特殊尼龙（MXD2）、尼龙（PA）、聚对苯二甲酸乙二醇酯（PET）等，在这些阻透性树脂中，PVA、EVOH、PVDC、PEN属于高阻透性材料，最常用的是PVDC和EVOH，而PA与PET的阻透性相近，属于中阻透性材料。研究表明：PVA具有最好的阻氧性能，但是由于含有大量的羟基，其透湿性较大，对水敏感。乙烯醇与乙烯共聚得到的EVOH（一般乙烯含量为25%～45%）减少了材料中羟基，因此其阻湿性能大大改善，尽管透氧率有所提高，但仍然是比PVDC优良的高阻透性材料。PVA与EVOH的缺点在于：材料中的羟基易与环境中的水结合成氢键，其阻湿性能受湿度影响较大，因此只能用于芯层。PA有一定的阻透性，但吸湿率大而影响阻透性，所以一般也不能作外层。经过改性的特殊尼龙MXD2的耐热性更好，吸湿率低，阻透性随温度和湿度的增加下降很少，因此尽管开发较晚，但其发展应用却很快。PVDC是最早开发的高阻透性材料，使用历史较长，从20世纪80年代开始广泛用于食品包装，国内主要用作肠衣膜，PVDC具有极好的阻氧阻湿性能，但是由于含氯而受到环保人士的反对，在欧洲一些国家属禁用材料。PEN是一种综合性能优秀的高阻透性材料，但其价格昂贵，推广应用受到限制。

在新材料的开发方面，美国、日本等国家的专业生产企业做了大量的工作，通过改性技术，各种具有新功能特性的新牌号树脂不断推出，如吹塑级PVA和

PVDC，可拉伸的 EVOH，阻透性茂金属聚丙烯等，因此在原料的使用方面，国内企业具有更宽的选择面。

3. 阻透性塑料印刷薄膜的生产工艺

由于材料自身特性的局限性或价格的因素，一般阻透性材料都不单独使用，为了满足不同商品对阻透性的要求，软塑包装已经由原来的单层薄膜的生产，向多品种、多功能层次的复合包装膜发展，目前使用最为普遍的阻透性塑料包装薄膜的复合技术有四种：干式复合法、涂布复合法、共挤复合法和蒸镀复合法。

（1）干式复合法　干式复合法是以各种片材或膜材作基材，用凹版辊在基材表面涂布一层黏结剂，经过干燥烘道烘干发黏后，再在复合辊上压贴复合。这是目前国内最常用的一种复合膜生产方法，干式复合的特点是：适应面广，选择好适当的黏结剂，任何片材或膜材都可以复合，如 PE 膜、PP 膜、PET 膜、PA 膜等，而且复合强度高、速度快，但在这几种方法中，干式复合成本最大。

（2）涂布复合法　涂布复合法的工艺比较简单，对于较难单独加工成膜的阻隔性树脂，如 PVA、PVDC 等均可以采用涂布复合。PVA 的熔融温度为 $220\sim240^{\circ}C$，分解温度为 $200^{\circ}C$，要加工成薄膜需要添加增塑剂和稳定剂，以提高热分解温度，降低熔融温度，生产 PVA 系聚合物薄膜的设备和技术都很昂贵。同样的原因 PVDC 也难以单独成膜。所以，目前对于 PVA 和 PVDC 的使用较为成熟的技术是涂布工艺，PVA 是水溶性的，在实际使用中采用水和乙醇的混合物作溶剂，在 PK 或 PP 薄膜上涂布 $4\sim6\mu m$ 的厚度 PVA，由于 PVA 的耐水性较差，可以采用在 PVA 溶液中添加交联剂以提高其耐水性，同时也提高了 PVA 与 PE、PP 的附着力，可省去底涂，为了制袋方便，涂布 PVA 的 PE 或 PP 膜可以与其他膜进行干式复合，形成涂布 PVA/PE（或 PP）/LDPE 结构的复合薄膜，这种膜的阻透性能好，抽真空效果比 PA/LDPE 还要好，成本比较低。用于涂布的 PVDC 是偏氯乙烯与丙烯酸酯单体进行乳液聚合的共聚物，加上适当的溶剂和添加剂后，涂覆于玻璃纸、BOPP、尼龙和聚酯上面，使之具有良好的阻湿阻气性能和热封性能，PVDC 使用的最大问题在于其安全卫生性。

（3）共挤复合法　共挤复合法是利用多台挤出机，通过一个多流道的复合机头，生产多层结构的复合薄膜的技术。这种方法对设备特别是机头设计和工艺控制的要求较高，随着机械加工和制造技术的成熟，得到较快发展，从最早的 2 层到现在的 9 层复合膜都可以生产，根据功能的需要，可选择不同的材料，比如一种典型的 7 层复合膜，其芯层是 EVOH，夹在 2 层尼龙膜之间，提高了阻隔性能，减薄了膜的厚度，外层用黏结剂复合 PE 或 EVA 作热封层，既确保了包装的需要，又降低了成本。据有关调查表明，发达国家的共挤包装薄膜占整个软塑包装材料的 40%，而我国仅占 6%，因此多层共挤技术在我国将有很大的应用空间，随着薄膜表面印刷油墨的开发和表面印刷技术的提高，预计共挤复合技术将得到更大的发展。从工艺上来说，共挤复合包括共挤吹膜和共挤流延两种方法。

据最新文献介绍，用于生产多层（3层、5层、7层）阻隔复合薄膜的吹膜生产线，最大产量达 1000kg/h；厚度可控制在 $7\sim25\mu m$，在满足功能需要的前提下，超薄型薄膜节约了资源，减少了包装废弃物，符合环保要求；由于采用了新的技术，气泡更加稳定，对薄膜厚度偏差的控制更加精确。目前国内也开发了 5 层共挤阻隔性薄膜吹塑设备，但其产品只适用于低端市场的需要。共挤复合法的另一种工艺是共挤流延，流延薄膜是聚合物熔体通过 T 形平缝模头，在冷却辊上骤冷而生产的一种无拉伸平挤薄膜。我国流延薄膜的生产始于 20 世纪 80 年代从日本和德国引进的单层流延生产线，到 90 年代中期引进了 3 层或 5 层的共挤流延设备，目前国内有流延薄膜生产线近 50 条，年总产能达 16.5t 左右，近年来，由于多层共挤吹膜的发展迅猛，冲击了流延薄膜的部分市场，因此其需求相对疲软。但是随着新材料的开发和新设备的使用，提高了生产效率，增加了产品的类型，新的应用领域不断拓宽，流延膜的制造将在进入新一轮热潮。

（4）蒸镀复合法　蒸镀复合法是以有机塑料薄膜为基材与无机材料复合的技术，致密的无机层能赋予材料绝佳的阻隔性能。最典型、最常见的蒸镀复合是真空镀铝技术，在高真空条件下，通过高温将铝线熔化蒸发，铝蒸气沉淀集聚在塑料薄膜表面，形成一层厚 $35\sim40nm$ 的阻透层，作为基材的塑料薄膜，可以是 PE、PP、PET、PA、PVC 等，真空镀铝膜具有优良的阻透性能，在不要求透明包装的情况下，镀铝膜是最佳的选择，尽管镀铝层很薄，但是其阻透性能达到透湿 $<0.1g/(m\cdot24h)$，透氧 $<0.1cm^2/(m^2\cdot24h)$，其阻透性能不受湿度的影响。镀铝膜的保香性好，具有金属光泽，装饰美观，但不透明、包装内容物不直观。耐揉曲性差，揉褶后易产生针孔或裂痕，从而影响其阻透性。为了改善镀铝膜的不足，最新的技术之一，是采用在塑料薄膜上镀氧化硅（SiO_x），其中 SiO_x 是 Si_2O_3 与 Si_3O_4 的混合物，工艺上可采用物理沉积法和化学沉积法，镀氧化硅膜的无机层致密，厚度仅 $0.05\sim0.06nm$，阻透性优于一般共挤膜和 PVDC 涂覆膜，除此之外，具有很好的透明性、耐揉曲性、耐酸碱性、极好的印刷性，适用于微波炉中，燃烧处理的残渣很少。可以用于蒸镀的原料除 SiO_x 外，还有 MgO、TiO_2 等。

在阻透性塑料包装新材料的研究方面，纳米技术也发挥了独特的作用，德国 Bayer 和美国 Nanocor 把纳米级的改性硅酸盐黏土分散在 PA 基体中，制成了阻透性良好的薄膜材料；日本纳米材料公司采用微晶涂层工艺，把纳米硅灰石和二氧化硅涂于 BOPP、PET 和 PA 薄膜表面，开发出性能优良的高阻透性薄膜。

四、常用的塑料薄膜印刷产品

（1）单层薄膜　要求具有透明、无毒、不渗透性，良好的热封制袋性、耐热耐寒性、机械强度、耐油脂性、耐化学性、防粘连性。可用挤出吹膜法、挤出流延法、压延法、溶剂流延法等多种方法制得。单层薄膜的热封性能不但同树脂的相对分子质量分布、分子歧化度有关，还与制膜时工艺条件，如温度、冷却速度、吹胀比等有关。

（2）铝箔　99.5％纯度的电解铝熔融后用压延机压制成箔，作软塑包装的基材非常理想。它具有良好的气体阻隔性、水蒸气阻隔性、遮光性、导热性、屏蔽性，25.4μm 以上的铝箔无针孔，不渗透性好。

（3）真空蒸镀铝膜　在高真空度下，把低沸点的金属（如铝）熔融气化并堆积在冷却鼓的塑料薄膜上，形成一层具有良好金属光泽的镀铝膜。镀铝可大大提高基材的阻氧性、阻湿性。基材要经电晕处理，用溶胶涂布。

（4）硅镀膜　硅镀膜是 20 世纪 80 年代开发的具有极高阻隔性能的透明包装材料，又称陶瓷镀膜。不管多高的温度和湿度，其性能不会变化，适合于制高温蒸煮包装袋。镀层有两种：一是硅氧化物 SiO_x，x 越小阻隔性越好；二是 Al_2O_3。镀膜方法有物理蒸镀法（Physical Vapor Deposition，简称 PVD）和化学蒸镀法（Chemical Vapor Deposition，简称 CVD）。

（5）涂胶（干式/湿式）复合膜　单层薄膜由于固有的特点，往往难以满足多种包装性能要求，因此，将多层不同基材复合，既能互相取长补短，又能发挥综合优势。

湿式复合膜方法：一种基材上涂胶后同另一基材薄膜压贴复合，然后干燥固化。如果是非多孔材料，涂胶干燥可能不良，则复合膜的质量下降。

干式复合膜方法：在基材上涂布黏合剂，先让胶干燥，然后才压贴复合，使不同基材薄膜黏结起来。干式复合方法可选基材范围广，有塑-塑、塑-箔、塑-布或纸、纸-箔等多种。各层薄膜厚度可以精确控制，复合膜上可以表面印刷，也可里层印刷。由于溶剂黏结剂的环境污染与残留毒性问题，美欧禁止干式复合膜用于食品药品包装，其他国家无规定。对于复合用黏合剂中有毒成分残余量，国家卫生标准中有严格规定。

（6）挤出涂布复合膜　在一台挤出机上，热塑性塑料通过 T 形口模流延在准备被复合的纸、箔、塑料基材上，或以挤出的树脂为中间黏结剂，趁热将其他一种薄膜基材与之压贴在一起，组成"三明治"式的复合膜。为提高复合牢度，需电晕处理，并涂上锚涂剂（Anchor Coating-agent，简称 AC）。挤出复合膜可以反印刷，各层厚度可精确控制，溶剂残留量小，价格便宜。

（7）共挤压（coextrusion）复合膜　使用两台或三台挤出机，共用一个复合模头，在具有相容性的几种热塑性塑料之间层合，生产出多层薄膜或片材。共挤复合膜只能正面印刷，不能反印刷。与干式复合膜和挤出流延膜相比，各层厚度控制较难。不使用黏结剂和锚涂剂，无污染，卫生性好，成本最低。

（8）高阻隔性薄膜　指在温度 23℃、湿度 65％条件下，厚度 25.4μm 的材料，其氧气透过量在 5mL/(m² · d) 以下，湿气透过量在 2g/(m² · d) 以下。用通常所称的高阻隔性高强度材料，如 EVAL、PVDC、PET、PAN、selar PA 等做成包装薄膜，可显著延长食品的货架寿命，或者可替代阻隔性能好的传统刚性包装材料。

（9）保鲜与杀菌薄膜

① 乙烯气吸附膜。在薄膜中加入沸石、方英石、二氧化硅等物质，可吸收水果蔬菜呼出的乙烯气体，抑制其成熟过快。

② 防结露生雾膜。多水青果的包装薄膜内表面多结露生雾，容易使食物发生霉变。在薄膜材料中加入如硬脂酸单甘油酯、多元醇脂肪酸衍生物、山梨糖醇酐硬脂酸酯等防雾滴剂，加入含氟化合物等防水雾剂，可有效防止食品霉变。

③ 抗菌膜。在塑料材料中加入具有离子交换功能的合成沸石（SiO_2 + Al_2O_3），再加入含银离子的无机填料，银钠离子交换后成为银沸石，其表面有抗菌性。采用共挤压复合工艺可使薄膜具有 $6\mu m$ 的银沸石内层，当银离子浓度达 $(10\sim50)\times10^{-6}$ 时完全可以杀灭青果物表面的细菌。

④ 远红外线保鲜薄膜。在塑料薄膜中混炼入陶瓷充填剂，使此种薄膜具有产生远红外线功能，既能杀菌，又能活化青果物中的细胞，故有保鲜功能。

（10）无菌包装膜片　主要用于食品和医药无菌包装生产中，要求具有：耐杀菌能力好；高度阻隔性与强度；良好的耐热、耐寒性（-20℃不发脆）；耐针刺性、耐弯折性好；印刷图案在高温杀菌中或其他杀菌方法中不会损坏。

（11）耐高温蒸煮袋　20 世纪 60 年代，美国海军研究所首先开发将之应用于宇航食品，之后，日本迅速加以推广，开发应用于各种新型的方便食品。包装食品经过高温杀菌，保质期达一年以上。而且包装袋型多样：自立袋、托盘形、碟状、杯状、圆筒形，颇受消费者欢迎。根据不同标准，高温蒸煮袋可以分为透明型（保质期一年以上）和非透明型（保质期两年以上），也可以分为高阻隔型和普通型。还可按杀菌温度分为低温蒸煮袋（100℃，30min）、中温蒸煮袋（121℃，30min）、高温蒸煮袋（135℃，30min）。

蒸煮袋的内层材料有各种流延及吹胀 PE（LDPE、HDPE、MPE）薄膜、耐高温流延 CPP 或吹胀 IPP 等。EVAL、铝箔、PVDC 膜适合做中间层。双向拉伸 PET、尼龙 6 等适合做面层材料。聚酯型双组分聚氨酯酸胶黏剂适合做干式复合膜用胶。

高温蒸煮袋主要优点：①高温蒸煮能杀死所有细菌，121℃/30min 可杀死所有肉毒杆菌；②可常温下长久保存，无须冷藏，可冷食也可温热食；③包装材料有良好阻隔性，不亚于罐头；④可反印刷，印刷装潢美丽；⑤废弃物易焚烧处理。

（12）耐高温包装膜片　材料熔点在 200℃以上，适合做高强度的硬质/软质容器。塑料是一种良好的诱电体，具有良好的电磁波透过率。微波炉加热杀菌烹调时至少 150℃，可微波炉加热包装材料有 PS、PP、PET、PBT、PC 几种。结晶聚酯（CPET）托盘可以在微波炉和电热炉中两者兼用。

聚苯醚 PPO/PS 片材组成的复合容器可耐 160℃。美国 GE 公司 PC 片材可耐 141℃，其另一产品 Micon，聚亚酰胺醚/聚对苯二甲酸碳酸酯/聚亚酰胺醚三层共挤片材，可耐受 230℃/－40℃。

氟塑料（如聚四氟乙烯等）薄膜的透明度好，表面光滑，不沾油污灰尘，阻气性好，耐日光，适用温度－200～260℃，特别适合于油性的、高温烹调的食品包装。

（13）降解塑料薄膜　降解塑料产品，按分解机理可分为光降解、生物降解、光与生物双降解等几种。

光降解塑料分为共聚型和添加型两类，前者是用一氧化碳或含碳单体与乙烯或其他烯烃单体合成的共聚物组成的塑料。由于聚合物链上含有碳基等发色基团和弱键，易于进行光降解。后者是在通用的塑料基材中加入如二苯甲酮、对苯醌等光敏剂后制得，制造技术简单。光敏剂能吸收 300nm 波长的光线，与相邻的分子发生脱氢反应，将能量转给聚合物分子，引发光降解反应，使分子量下降。

生物降解塑料可分为完全生物降解塑料（truly biodegradable plastics）和生物崩解性塑料（bio-destructible plastics）。前者如天然高分子纤维素、人工合成的聚乳酸、聚己内酯等。后者是在塑料基材中加入如木质素、纤维素、淀粉、甲壳粉等天然高分子材料助剂而制成。在自然环境中，天然高分子材料被微生物吞噬而使塑料基体分子链削弱，最后分解为水和二氧化碳。

光与生物双降解塑料是理想的具有双重降解功能的新型高分子材料。为世界各国主攻方向，目前主要引入微生物培养基、光敏剂、自氧化剂等添加剂的技术制造，但仍有许多关键技术问题需要突破。

（14）热收缩薄膜　20 世纪 60 年代后得到飞速发展，材料有 PP、PVC、LDPE、PER、尼龙等。先挤出薄膜，在软化温度（玻化点）以上熔融温度以下的某个温度上，高弹性状态下，用同步或二步法、平模拉伸法、压延法拉伸法或溶剂流延法进行定向拉伸，拉伸分子被冷却到玻化点以下锁定。使用时利用高分子聚合物的记忆效应，通过受热，取向了的高聚物分子又恢复到原来未拉伸时的状态——产生收缩。除了小型消费产品，高强度热收缩薄膜对于外形不规则的中大型产品的定位与集装化特别适用，不仅省去刚性包装材料或刚性包装容器，而且大大节约了运输包装成本。

第三节　塑料印刷薄膜的生产成型方法和成型过程

一、塑料印刷薄膜的成型方法

一般包装用塑料薄膜的成型方法：挤出（挤出流延）、吹模。

国外有用玉米做成的塑料薄膜，国内常用的薄膜有的是用聚丙烯、聚乙烯颗粒做成的。

现在所用大棚系统的 LDPE 薄膜配方的发展已经使薄膜的预期使用寿命达到了 1～5 个种植季。实际上，薄膜在使用过程中所遇到的环境条件对其预期使用寿命影响很大。地区气候、大棚设计、大棚内产生的小气候、农业化学品的使用和地区环境污染都会不同程度诱发塑料薄膜老化，严重影响其使用寿命。因此，在中欧北部地区使用寿命为 4 个种植季的薄膜在地中海地区只能用 2～3 个种植季。

不同地区间因气候条件不同和生产方法的差异对大棚系统的要求不同，有关的国家研究协会（National ResearchInstitutions）、商业代理（Commercial Agents）和相关领域所采用或执行的方法、标准和操作规程也都明显不同。这种差异和变化的一些结果反映在大棚覆盖材料的测试方法没有标准。尽管功能差异很大，但是通常用于塑料的测试方法也适用于大棚覆盖材料。因此，大棚覆盖材料生产商提供的质量控制数据通常仅限于这种材料的一些性能。在大多数情况下，不可能重现生产商提供的相关技术数据，因为这些数据不是系统得到的，获取的方法有些混乱。农用塑料薄膜的生产通常采用吹塑薄膜挤出（管膜挤出）工艺。

一般塑料薄膜的制造方法为：①配料及上料；②原料干燥；③加热到熔融状态下在塑料挤出机上挤出；④通过压延机压延成型，压延后的厚度为 0.5～1.5mm；⑤通过加热装置加热到玻璃化温度至熔融温度之间拉伸，拉伸后膜的厚度为 0.05～0.5mm；⑥冷却定型；⑦切片或收卷。

这种制造方法具有投资成本低，工艺简单，采用这种工艺生产出来的塑料薄膜具有厚度均匀，表面光洁度好的特点。塑料薄膜广泛用于汽车仪表、防弹玻璃、高档仪表仪器的触摸屏等。

二、塑料印刷薄膜的生产和成型过程

1. 多层共挤吹膜生产设备技术特点

在目前全球塑料包装膜市场上，带有尼龙的多层共挤膜比例越来越高，现在欧美、日本等地的尼龙消耗量每年增长 10％ 以上，在中国的消耗量每年增长 30％，而尼龙在多层共挤高阻隔性包装膜成分中只占 10％～15％，可见这种包装膜在日常生活中使用量越来越大，而且还会更加普及，它可以使各种食品的保质期延长两倍以上，高档塑料包装膜行业是极具发展潜力的。

吹膜机组主要由挤出机、机头、风环内冷、牵引及其收卷等组成，一套质量好的吹膜机组要求从挤出直到收卷的整个过程都不能有缺陷，如果其中任何一个环节的设计原理和制造质量出现问题，生产出来的制品其质量就会降低很多，既影响使用，又影响销路。

从中国吹膜机制造的现状可以看出，技术含量低是一个最大的问题，吹膜机的技术水平直接影响到制品的质量，这就是为什么众多有实力的厂家不得不购买国外的先进设备的原因，但是高昂的设备价格提高了生产的成本，在市场上竞争能力也受到了影响。按照技术难度和重要程度来分，欧美一些发达国家将机头和收卷的技术放在首要位置，另外，在吹膜工艺上也力求改进，使制品的质量不断提高，然而，中国与其他国家在国情上有很大的不同，改进的项目太多，会使生产成本增加，但是制品的质量提高不大，因此我们应当针对中国的国情进行必要的改进，同时要逐渐降低成本，扩大销路。

（1）多层共挤吹膜技术的特点　多层共挤吹膜机组中有很多技术在中国已经得到很好的运用与发展，例如挤出机技术，按照目前中国所使用的情况已经完全达到要求了，人们对它的投入较大，取得的成果喜人，在行业里，人们称之为主机，而其余部分则称为辅机，但恰恰是这些辅机技术的改进，极大地提高了制品的质量。

① 多层共挤机头。多层共挤机头有很多种类，国内各类文献介绍也很多，本文在此介绍一种多流道平面叠加式机头。

五层共挤双流平面叠加式机头，它是由碟形片叠加而成的，每层碟形片有两个进料口，可以挤出两层薄膜，使每一层受热均匀，有效改善塑化性能，所以，这种五层共挤的叠加机头吹制出来的膜可以获得十层的效果，制品厚度的误差在5％以内。碟与碟之间加有隔热层，可以单独控制每一层机头的温度，相邻层之间温度之差可高达80℃。根据不同的生产要求。可以撤走、增加或重新布置各层机头，增减容易，节省费用。整个机头全部采用38CrMoAlA材料制成，具有良好的热稳定性，经过特殊的热处理工序，内部电镀抛光的加工手段，保证了薄膜的强度，节省原料，而且改善塑化性能，提高产品质量。经测定，同样厚度的包装膜，这种多层共挤膜强度高于同类复合膜30％，在相同的强度条件下，这种多层共挤膜要比同类复合膜节省原料20％以上。

与锥形叠加机头相比，在相同条件下，平面叠加式机头结构紧凑，它的实际高度只有锥形叠加机头的60％，提高了塔架的有效高度，在七层和九层共挤吹膜机组中，这种机头就有了绝对的优势。

在多层共挤吹膜工艺中，LDPE和PA的塑化温度相差很大，只有能够独立加热的机头才可以生产，锥形叠加机头表面上可以独立加热，但细细分析又觉得有些不妥，虽然它的圆柱部分是相对独立的，但是其圆锥部分已经插入另外一层的圆柱体中，理论上已经受到另外一层加热温度的影响，况且，在长期生产过程中，金属的热传导会使各层锥形叠片温度互相干扰，趋于一致，必须增加隔热层才能保证相邻两种材料的温度差。这种设计思想在平面叠加式机头体现得非常明显。

由于平面叠加式机头采用侧面进料，机头内流道拐点少，没有死点，频繁停机和开机时绝不会有糊料现象，特别是吹制尼龙这种材料的时候，它的优越性是无与伦比的，这种机头的设计理论已经超出传统思想观念，是理论上的一种飞跃。

② 自动收卷机。收卷机从名义上可分为两种：一种是表面摩擦式收卷机；另外一种是转位式中心收卷机。针对不同的品种，又出现了带中心辅助卷曲的表面摩擦式收卷机、间隙式表面摩擦收卷机、带有表面摩擦辅助的中心式收卷机、间隙式中心转位收卷机等。

这种收卷机在市场上使用得最为广泛，它的技术要点就是张力控制和薄膜展平。展平技术在收卷中极其重要，一套合理的展平机构甚至可以弥补机组中的某些缺陷，需要指出的是，展平机构的功能范围是有限的，在这个范围之外薄膜会恢复到展平前的状态，因此，在上牵引和下牵引之间设置展平装置的想法是错误的，它不但增加成本，而且会损坏薄膜，最终还没有起到作用，这套机构只能在卷曲辊之前使用。目前国产的收卷机上设置的展平机构无一例外都是不合理的，展平机构的技术要点在于薄膜的角度、机构的位置和弯曲的弧度，这是一点儿都不能错的，尽管如此，薄膜的折径对展平的效果有很大影响，折径越小，展平效果就会越好，当薄膜的厚度与层数增加并经过擦边或折叠时，可以去掉展平机构。

张力控制要求与薄膜的厚度、层数和膜卷的直径有关系，由于机械化水平的提高，欧美国家的满卷直径一般为1200mm，随着张力控制理论的提高，也有几家收卷到直径1500 mm。在单层薄膜满卷直径小于1000mm时，一般都采用恒定的张力控制，满卷直径太大的单层或者多层卷曲，应该采用曲线张力控制，张力大小随着直径来变化。张力控制机构的灵敏度就应该更高；反之亦然。当薄膜的厚度和层数增加并经过擦边或折叠时，这种表面摩擦式收卷机就必须附加中心辅助卷曲机构了。

③ 吹膜工艺的改进。吹膜工艺主要指吹膜生产中的一些主要步骤，如挤出、成型、冷却、牵引和收卷等，它们的主要目的是保证制品的质量和产量，说到产量，它是降低生产成本的一个重要因素，影响产量的因素有很多，但是增大挤出量、提高牵引速度已经是轻而易举的事，最主要的因素当属机头的设计加工水平。多层平面叠加机头由于挤出层数多出一倍，吸热面积大，塑化效果好，自然就会提高质量，辅之以冷却技术的提高，产量可以提高50%。

所谓冷却技术，就会让人想到风环和内冷以及冷水机组，这些都已经是普遍使用的技术了。北美使用冷却技术主要是为了提高质量，他们用乙二醇制冷机组来替代冷水机组，提出风环和内冷的出口温度要达到50℃，目的是提高冷却和结晶速度，这样就会提高制品的透明度、强度和韧性，也就是提高经济效益。在冷却方式中，水冷的效果是最好的，然而从卫生角度考虑，医用膜和食品包装膜不允许使用水冷，即使流延里的冷水辊也是不可以使用的，因为室内空气与冷却水的温度差异，会使冷却辊的表面凝结水汽，不符合卫生要求，由此可以看出，制品的生产车间也必须满足这些卫生要求。

由于平面叠加机头从侧面进料，因此机头无法旋转，只好采用上牵引旋转，上牵引旋转也分几种，虽然外形不尽相同，但是工作都很可靠，由于旋转原理自身的影响，薄膜会产生周期性偏移，如果收卷时不进行切边，就要加上电子纠偏装置。

北美还有一种红外线测厚技术，通过机头的局部加热，来提高薄膜的均匀度，它号称可以将制品的厚度误差控制在 3.5% 以内，对于这项技术，我们应当辩证来看，首先，在设备、环境等的综合影响之下，我们是否能够生产出误差 3.5% 以内的制品？另外，在保证 5% 误差的基础上，耗费 10 万美元添置设备获得这样的成绩在消费市场上有无必要？这都是用户们应当考虑的问题。很明显，在包装膜市场上，高档优质的制品一定要有高技术、高质量的设备来生产，开发产品应当以市场为主，提高设备的性价比。

（2）吹膜技术的应用和发展概述　通过提高吹膜机挤出、成型、冷却、牵引和收卷等一系列技术水平，我们已经生产出优质多层共挤薄膜，应用在各行各业，如医院用的输液袋、各类食品用的包装袋。总之，生产高强度、高阻隔性、高透明性的包装膜已经是明显的趋势，在这个前提下，提高质量、降低成本是主要任务，随着市场要求和吹膜技术的不断提高，共挤的层数会更多，但是在中国，包装膜吹膜设备的规格会出现向小型化发展的趋势。

从吹膜工艺对制品质量的影响来看，小规格的多层共挤吹膜设备有许多优点。第一，薄膜质量好。这里的薄膜指的是输液膜、高阻隔膜等高档薄膜，小规格的共挤设备生产的制品泡径适中，从制冷机组出来的冷风在这种规格中的冷却效果最好，而且折径较小的薄膜无论是牵引、旋转还有收卷，成品的表面质量都是最好，不容易出现皱纹。第二，性价比高。小规格设备并不是什么都小，这种五层平面叠加机头的产量很大，通过口模的变换，可以生产出小规格的薄膜，在提高质量的同时，其产量也是其他同类设备的 1.5 倍，它价格便宜、能耗低、生产效率高，机架高度小，厂房高度可以降低，卫生环境好控制，可以为更多用户所接受。通过成本分析可以计算出，两台小设备所生产制品的产量如果与一台大设备产量相同，这样的两台小设备成本总和要小于一台大设备，而且小设备生产出的制品质量高于大设备。第三，适应经过分切这一道工序，分切多了，对收卷效果会有影响，同时，这种设备无法生产小规格筒状包装膜，如重包装袋等。而小机器可以吹制 0～800mm 范围之内的任何规格、任何层数的筒状类、分切类包装膜，在不用修改任何设备配置的情况下，它能够生产的制品种类最多，适应市场的多样化要求，最重要的是，在这样的规格和成本下，制品极具质量价格优势。

2. 国外下吹水冷工艺生产出高产量高透明薄膜

近几年，加拿大安大略宾顿市的宾顿公司（BE）已经向欧洲国家吹膜制造商销售了多条 Aqua Frost 下吹水冷生产线。通过以水为冷却介质，Aqua Frost 可以提高产量，生产的薄膜具有高透明度、平衡拉伸及深拉热成型性的特点。

BE 公司在一个展览会上介绍了新型的 Aqua Frost 生产线及有关原理，该公司从 2001 年起，通过对 Aqua Frost 下吹水冷生产线吹膜技术中心的 5 层及 9 层 beta 系统的试验不断改进和完善他们的设备及技术，向客户证明他们的技术及产品能使客户获得较大的经济效益。

目前欧洲国家十分关注 Aqua Frost 能够生产出透明度好、十分柔软的薄膜，并考虑以此高产量的生产线来取代流延膜生产线。BE 公司总裁 Smith 说："我们预期不久之后，Aqua Frost 生产线的销售情况会更好。此技术对吹膜市场来说是一个重大的贡献。当竞争者看到这种薄膜，他们将意识到他们必须使用 Aqua Frost 来生产高透明度、高产量的薄膜。"除了高透明度和高产量这两个优势，Aqua Frost 还具有更加经济节约的特点，与流延生产线相比，在都进行切边和宽度转变的情况下，Aqua Frost 产成的废料更少。

BE 公司的技术主管 Bill Wybenga 说："Aqua Frost 系统应用了客户期望的宾顿工程公司的所有部件。系统的核心是我们的 SCD（流线型共挤模头）。"

Aqua Frost 生产线，模头和挤出机位于塔架的顶部，膜泡通过一个 Aqua Ring（水槽）向下吹，这样有利于快速冷却熔融聚合物，以提高产量及薄膜透明度。膜泡经过一个反向的人字夹板和旋转牵引装置。系统还使用 BE 公司的 I-Flex 活动模唇以确保精确的厚度控制。这些都说明：位于加拿大安大略宾顿市的宾顿公司在柔性包装吹膜设备的设计和制造领域中始终处于世界领先地位。

3. 聚乙烯印刷薄膜吹膜成型工艺

（1）概述　塑料薄膜是一种常见的塑料制品，它可以由压延法、挤出法、吹塑等工艺方法生产，吹塑薄膜是将塑料原料通过挤出机把原料熔融挤成薄管，然后趁热用压缩空气将它吹胀，经冷却定型后得到薄膜制品。

用吹塑工艺成型方法生产薄膜与其他工艺方法相比具有以下优点：①设备简单、投资少、见效快；②设备结构紧凑，占地面积小，厂房造价低；③薄膜经拉伸、吹胀，力学强度较高；④产品无边料、废料少、成本低；⑤幅度宽、焊缝少，易于制袋。

与其他成型工艺相比，其缺点如下：①薄膜厚度均匀度差；②生产线速度低，产量较低（对压延而言）；③厚度一般在 0.01～0.25mm，折径 100～5000mm。

吹塑薄膜主要原料有 LDPE、HDPE、LLDPE、EVA、PVC、PP、PS、PA 等。

（2）聚乙烯吹塑薄膜成型工艺　吹塑薄膜工艺流程：物料塑化挤出，形成管坯吹胀成型；冷却、牵引、卷取。在吹塑薄膜成型过程中，根据挤出和牵引方向不同，可分为平吹、上吹、下吹三种，这是主要成型工艺。也有特殊的吹塑法，如上挤上吹法。

① 平挤上吹法。该法是使用直角机头，即机头出料方向与挤出机垂直，挤出管坯向上，牵引至一定距离后，由人字板夹拢，所挤管状由底部引入的压缩空气吹胀成泡管，并以压缩空气气量多少来控制它的横向尺寸，以牵引速度控制纵向尺寸，泡管经冷却定型就可以得到吹塑薄膜。适用于上吹法的主要塑料品种有PVC、PE、PS、HDPE。

② 平挤下吹法。该法使用直角机头，泡管从机头下方引出的流程称为平挤下吹法，该法特别适于黏度小的原料及要求透明度高的塑料薄膜，如PP、PA、PVDC（偏二氯乙烯）。

③ 平挤平吹法。该法使用与挤出机螺杆同心的平直机头，泡管与机头中心线在同一水平面上的流程称为平挤平吹法，该法只适用于吹制小口径薄膜的产品，如LDPE、PVC、PS膜，也适用于吹制热收缩薄膜。

以上三种工艺流程各有优缺点，平挤上吹有利于泡管挂在冷却管上，牵引稳定，占地面积小，操作方便，易生产折径大，厚度较厚的薄膜，要求厂房高、造价高，不适宜加工流动性大的塑料，不利于薄膜冷却，生产效率低。平挤下吹有利于薄膜冷却、生产效率较高，能加工流动性较大的塑料，挤出机离地面较高，操作不方便，不宜生产较薄的薄膜。平挤平吹机头为中心式，结构简单，薄膜厚度较均匀，操作方便，引膜容易，吹胀比可以较大，不适宜加工相对密度大、折径大的薄膜，占地面积大，泡管冷却较慢，不适宜加工流动性较大的塑料。

4. 热收缩塑料印刷薄膜包装材料的生产方法

热收缩薄膜的生产方法是：树脂颗粒进入挤出机后，使用挤出吹膜或挤出流涎的方法生产出厚的圆筒状或平板状厚膜，对于结晶型聚合物，为了防止并减少结晶度，应使用冷却水骤冷方法来冷却厚膜，因为结晶的厚膜是不能进行双向或单向拉伸的，拉伸会使结晶破坏，降低膜的机械强度和性能。厚膜需重新加热到树脂的 $T_g \sim T_f$ 温度下（即玻璃化温度和熔融温度之间的高弹态下）进行机械纵向或横向拉伸，然后冷却成为热收缩薄膜。

对于无定形聚合物（如 PVC），可以直接由熔融态冷却到高弹态后就进行拉伸，冷却后卷取成热收缩薄膜，无需骤冷后再加热。

PVC 由于透明性优良、容易改性而易满足不同强度和包装性能的要求。因其电绝缘性能优良、本身具有良好的阻燃自熄性而广泛用于生产热收缩薄膜，印刷标干，电线电缆接头收缩套管，收缩包装。

PVC 热收缩薄膜的生产过程为：PVC 树脂原料开包、检验、过筛、配方→

混炼→造粒→挤出厚膜→风冷→热水浴沸水加热→定型筒横向吹胀→夹膜辊熄泡→收卷成热收缩膜。

第四节　塑料印刷薄膜新工艺及应用

软塑包装是指塑料的薄膜包装，我们把厚度在 0.2mm 以下的平面状塑料制品称为薄膜，把 0.2～0.7mm 的平面状制品称为片材，而把 0.7mm 的平面状制品称作板材。目前在四大包材，即纸及纸板、塑料、玻璃、金属中，塑料占第二位，而塑料薄膜几乎占塑料包材中的一半。

塑料的应用是包装发展史上的一次飞跃，它具有轻、便、优、美四大优点。至今它在包装中的地位仍无可替代。以美国为例，2010 年包装消费金额超过 1800 亿美元，其中塑料包装材料为 600 亿美元，占 35％，为第二位。在欧洲，2010 年包装消费金额约 1360 亿美元，塑料包装占 29％（其他为金属、玻璃、木材等）。在我国，2010 年全国包装总产值达 2800 亿元，塑料包装在所有包装材料中排第二位（第一位是纸），占 36％。

近几年来，世界塑料包装行业有了新发展，包装材料、包装产品产量平稳增长，包装新材料、新工艺、新技术、新产品也不断涌现。

一、聚酯薄膜生产技术与新工艺

1948 年，英国帝国化学公司（I. C. I）和美国的杜邦公司（DUPONT）制造出聚酯薄膜，并于 1953 年实现双向拉伸聚酯薄膜的工业化生产。双向拉伸聚酯薄膜（BOPET）具有优良的物理和化学特性，在电子、电器、磁记录、包装、装潢、制版印刷和感光材料等方面具有广泛的用途，在国内市场应用越来越多，特别是我国塑料包装制品业发展迅猛，其增长速度远高于国内生产总值的增长速度，预计未来几年，塑料包装制品生产总值年增长率将保持在 10％以上。随着包装向高档化发展，BOPET 膜的产量和消费量显著增加，其中包装薄膜是 BOPET 膜需求增长最快的应用领域。截至 2003 年，我国薄膜用聚酯产量为 20 万吨，基本满足国内 BOPET 生产企业对原料的需求。使用膜用聚酯切片的用户主要分布在广东、江苏、上海、河南等地区，大部分直接生产薄膜加工烫金、复合、镀铝等包装材料出厂。我国可以生产膜级切片的厂家主要有仪征化纤、辽化、燕化、天化等企业，年产量在 25 万吨左右，薄膜用聚酯已成为非纤用聚酯发展的一个重要方向。

聚酯薄膜是以优质的纤维级聚酯切片为主要原料，采用先进的工艺配方，经过干燥、熔融、挤出、铸片和拉伸制成的高档薄膜。

聚酯薄膜双向拉伸又可以分为一次拉伸和两次拉伸，比较多的采用后者，也就是使用挤出-纵横逐次拉伸法。拉伸的温度通常都是在聚酯的玻璃化温度以上和熔点温度以下，拉伸后的膜经过热定型，使得分子排列成为固定的，称为定型膜；不经过热定型，分子排列不固定的，则为收缩膜，这种膜加热时可以快速收缩。根据生产聚酯薄膜所采用的原料和拉伸工艺不同可分为以下两种。

(1) 双向拉伸聚酯薄膜（简称 BOPET） 是利用有光料，即是在原材料聚酯切片中添加钛白粉，经过干燥、熔融、挤出、铸片和纵横拉伸的高档薄膜，用途广泛。

(2) 单向拉伸聚酯薄膜（简称 CPET） 是利用半消光料（原材料聚酯切片中没有添加钛白粉），经过干燥、熔融、挤出、铸片和纵向拉伸的薄膜，在聚酯薄膜中的档次和价格最低，主要用于药品片剂包装。由于使用量较少，厂家较少大规模生产，大约占聚酯薄膜领域的 5% 左右，我国企业也较少进口，标准厚度为 $150\mu m$。

根据取向度的异同和性能不同，聚酯薄膜可以分为平衡膜和强化膜。平衡膜纵横两向取向基本相同，拉伸强度、相对热收缩率相等。通常人们把两个方向的拉伸强度达到 $2.7\sim3MPa$ 的称为超级平衡膜。强化膜是纵横两个方向中一个方向的取向度大于另一个方向的取向度，而且该方向的拉伸强度大于 $2.6MPa$；拉伸强度大于 $4MPa$ 的，则称为超级强化膜。

由于聚酯薄膜的特性决定了其不同的用途，对原料、添加剂以及加工工艺都有不同的要求，其厚度和技术指标也不一样。另外，只有 BOPET 才具有多种用途，因此根据用途分类的薄膜都是 BOPET。可分为以下几种。

(1) 电工绝缘膜 由于其具有良好的电气、机械、热和化学惰性，绝缘性能好、抗击穿电压高，所以专用于电子、电气绝缘材料。常用标准厚度有 $25\mu m$、$36\mu m$、$40\mu m$、$48\mu m$、$50\mu m$、$70\mu m$、$75\mu m$、$80\mu m$、$100\mu m$ 和 $125\mu m$。其中包括电线电缆绝缘膜（厚度为 $25\sim75\mu m$）和触摸开关绝缘膜（$50\sim75\mu m$）。

(2) 电容膜 具有拉伸强度高、介电常数高、损耗因数低、厚度均匀性好、良好的电性能、电阻力大等特点，已广泛用于电容器介质和绝缘隔层。常用标准厚度有 $3.5\mu m$、$3.8\mu m$、$4\mu m$、$4.3\mu m$、$4.8\mu m$、$5\mu m$、$6\mu m$、$8\mu m$、$9\mu m$、$9.8\mu m$、$10\mu m$、$12\mu m$。

(3) 护卡膜 具有透明度好、挺度高、热稳定好、表面平整优异的收卷性能、均匀的纵横向拉伸性能，并具有防水、防油和防化学品等优异性能。专用于图片、证件、文件及办公用品的保护包装，使其在作为保护膜烫印后平整美观，能保持原件的清晰和不变形。常用标准厚度有 $10.75\mu m$、$12\mu m$、$15\mu m$、$25\mu m$、$28\mu m$、$30\mu m$、$36\mu m$、$45\mu m$、$55\mu m$、$65\mu m$、$70\mu m$，其中 $15\mu m$ 以上的主要作为激光防伪基膜或高档护卡膜使用。

(4) 通用膜 具有优异的强度和尺寸稳定性、耐寒性及化学稳定性，广泛用于复合包装、感光胶片、金属蒸镀、录音录像等各种基材，具体有以下几种。

① 半强化膜。最主要的特点是纵向拉伸强度大，在较大的拉力下不易断裂，主要用于盒装物品的包装封条等。常用标准厚度有 $20\mu m$、$28\mu m$、$30\mu m$、$36\mu m$、$50\mu m$。

② 烫金膜。最大特点是拉伸强度和透明度好，热性能稳定、与某些树脂的结合力较低。主要适合高温加工过程中尺寸变化小或作为转移载体的用途上。常规标准厚度为 $9\mu m$、$12\mu m$、$15\mu m$、$19\mu m$、$25\mu m$、$36\mu m$。

③ 印刷复合包装膜。主要特点是透明性好、抗穿透性佳、耐化学性能优越、耐温、防潮。适用于冷冻食品及食品、药品、工业品和化妆品的包装。常用标准厚度为 $12\mu m$、$15\mu m$、$23\mu m$、$36\mu m$。

④ 镀铝膜。主要特性是强度高、耐温和耐化学性能好、有良好的加工以及抗老化性能，适当的电晕处理，使得铝层和薄膜的附着更加牢固。用于镀铝后，可广泛用于茶叶、奶粉、糖果、饼干等包装，也可作为装饰膜，如串花工艺品、圣诞树；同时还适用于印刷复合或卡纸复合。常规标准厚度有 $12\mu m$、$16\mu m$、$25\mu m$、$36\mu m$。

⑤ 磁记录薄膜。具有尺寸稳定性好，厚度均匀，抗拉强度高等特点。适用于磁记录材料的基膜和特殊包装膜。包括录音录像带基（常用标准厚度有 $9\sim12\mu m$）和黑色膜（常用标准厚度有 $35\sim36\mu m$）。

不同厂家根据聚酯薄膜的质量可有不同的分类名称，我国厂家一般分为优等品、一级品和合格品，而国外厂家一般分为 A 级品、B 级品和 C 级品。一般厂家所销售的产品中，A 级品占 $97\%\sim98\%$，B 级品只占 $2\%\sim3\%$，C 级品即是不合格品，不上流通领域销售。主要原因是原料价格高，一般厂家将其回炉重新作为原料使用，或者将其作为短纤卖给纺织厂作纺织原料。国外厂家有时也将每季度或每半年的库存薄膜当 B 级品出售，此做法是东南亚国家一些厂家的一贯做法，目的是减少库存。

聚酯薄膜通常为无色透明，有光泽，强韧性和弹性均好的薄膜。与其他塑料薄膜相比，具有相对密度大、拉伸强度高，延伸率适中，冲击强度大，透气性小，耐热性好和透明度高等特点。目前，市场上的聚酯薄膜大多数都是单层结构的薄膜，而生产这些薄膜所用的原料，基本上由以下三部分组成：一是空白切片（不含改性和其他添加剂的聚酯树脂）；二是母切片（含有高浓度添加剂的聚酯树脂）；三是回收切片。

原料切片的质量对聚酯薄膜的性能有直接的影响，一般可通过控制切片的特性黏度、熔点、二甘醇、水分、灰分、羧基、凝聚粒子等参数来保证聚酯薄膜的性能。

而用户在使用纤维级大有光切片加工 BOPET 过程中，存在拉膜慢、薄膜色泽发灰、薄膜表面不光滑等问题。开发膜用 PET 光片专用基料，在技术上主要是通过优化工艺，调整添加剂用量，实现对特性黏度、DEG 及色值的控制。

一般普通大有光切片和膜用聚酯专用基料质量指标：如膜用聚酯专用基料经使用后，在拉膜成型性能和薄膜透明度、色泽方面有了较大改善。下一步开发添加一定含量无机物的膜用切片，提高拉膜速率，进一步提高树脂基料的加工性能。

聚对苯二甲酸丙二醇酯（PTT）是 20 世纪 90 年代末国际上开发成功的一种极具发展前途的新型聚酯材料，它是由对苯二甲酸二甲酯（DMT）或对苯二甲酸（PTA）和 1,3-丙二醇（1,3-PDO）聚合而得的聚酯树脂。PTT 具有良好的加工性能、电气性能、力学性能和尺寸的稳定性，可广泛应用于合成纤维和工程塑料领域，1998 年被美国评为六大石化新产品之一。PTT 和 PET 同属聚酯一族，两者具备共混改性的条件。当 PET 添加适量 PTT 熔融共混，可改善膜用 PET 的后加工性能及成品膜的力学性能，因此，PET/PTT 共混已受到国内外膜用聚酯原料研究领域的关注。

根据经验，在观察不同配比的 DSC 热谱图时发现：只有一个介于 PET 和 PTT 玻璃化转变温度之间的 T_g 峰。

根据 T_g 法对共混体系进行相容性判断：①相容体系只有一个 T_g。②PTT 与 PET 在分子构象上只差了一个碳原子，在晶态结构上与 PET 存在较大的差异。PTT 的力学性能主要由亚甲基的内旋转和分子间力等因素决定，PTT 中的亚甲基呈螺旋排列方式，其晶格堆积却比 PET 要疏松得多。因此相对 PET 而言，PTT 具有良好的透明性、耐热性和加工性等特点，可用作薄膜。据日本公开专利报道，经改性的 PTT 可用于制作耐热容器、磁记录盘以及需要透明性好的包装薄膜等。

随着人们环保意识的增强，聚酯瓶回收已成为环保界关注的问题。聚酯瓶外包装膜多为 PE 或其他高分子热收缩膜，需分瓶体和外包装膜两道回收工艺，且外包装膜不能再利用，大大增加了聚酯瓶回收成本。目前国内 PTT 尚未工业化，价格较高。因此通过开发 PET/PTT 共混聚酯加工成外包装薄膜，将减少一道回收工艺，大大降低回收成本，具有良好的社会效益。

通过在对苯二甲酸和乙二醇的聚合过程中引入第三共聚单体，破坏整个分子结构的有序对称性，从而破坏其结晶性能，得到结晶度大大降低，甚至得到完全非晶的 PET，使产品具有优良的透明性。通过用 CHDM 替代部分 EG 或者用 IPA 替代部分 TPA 进行改性 PET 的生产，使产品获得异异的透明度，同时可以提高产品的玻璃化温度，改善其使用时的耐温性能，还降低了熔点，从而降低了加工温度，改善加工成型性，具有广泛的开发和应用前景。

PETG 的物理特性为非晶体，100% 无定形，常温下为球状小颗粒，同扁平（或圆柱）状小颗粒相比具有更适宜容积密度，更容易挤压输出，熔点可达到 220℃，玻璃化转化温度为 88℃，除具有耐热性、耐化学腐蚀性的特点，还具有优越的光学性能（高透光性、高光滑和低光晕）、突出的可印刷性、高韧性、高强度、易加工定型的综合特性，冷状态没有应力白。

PETG 专门用于高性能收缩膜，有大于 70% 的最终收缩率，可制成复杂外形容器的包装。具有高吸塑力、高透明度、高光泽、低雾度、易于印刷、不易脱落、存储时自然收缩率低的特点。应用于饮料瓶、食品和化妆品包装、电子产品标签，一改传统包装膜不透明或包装效果差的缺点。PETG 易于加工、可回收使用及环保等性能，更符合现代生产商家的要求。目前消费者对商品的外包装要求越来越高，这就使如化妆品类的包装设计显得越来越重要。要达到美观、质感良好及经久耐用，对设计者提出了很高要求，而 PETG 的良好加工性能使设计构思成为可能。

2010 年我国的 BOPET 膜消费水平平均为 425g/人，日本平均为 3200g/人，全球平均为 480g/人。如中国人均消费水平达到全球人均水平，则我国的 BOPET 膜的市场需求将达到 50 万吨/年。根据国内聚酯产能统计，2006 年我国 BOPET 产能为 57 万吨。2012 年我国 BOPET 产能为 100 万吨；预计 2015 年我国 BOPET 产能为 150 万吨。随着社会经济的发展，人均消费水平将会有所增加。另一方面，如果能够适当调整行业方向，用 BOPET 代替常规的 PP、PVC 膜，相信薄膜用聚酯市场还有很大的空间。

在我国，膜用聚酯切片专用料的生产仍然处于起步阶段，聚酯薄膜生产商一般采用在纤维级切片中添加母粒的方式进行，这样既增加生产成本，也影响薄膜的开口性，更重要的是，不能适应高速拉膜的需要。随着聚酯薄膜应用领域的不断拓宽和交互渗透，膜用聚酯原料品种不断丰富，以录像切片、录音切片、普通包装切片、高透明切片、电容切片、超高速拉膜切片等专用料的出现，逐渐替代了母粒添加制膜方式。开发膜用聚酯将进一步增强企业技术实力，有利于产品结构的调整市场前景广阔。

目前，包装产品的发展出现以下几个特点：新型聚酯包装独领风骚；新型降解塑料受到关注；企业大力发展茂金属塑料；发泡塑料走向零污染。

二、CPP 印刷薄膜的生产工艺和生产设备与应用

CPP 是塑胶工业中通过流延挤塑工艺生产的聚丙烯（PP）薄膜。该类薄膜与 BOPP（双向聚丙烯）薄膜不同，属非取向薄膜。严格地说，CPP 薄膜仅在纵向（MD）方向存在某种取向，主要是由于工艺性质所致。通过在冷铸辊上快速冷却，在薄膜上形成优异的清晰度和光洁度。

1. CPP 薄膜的主要特性

CPP 薄膜与 LLDPE、LDPE、HDPE、PET、PVC 等其他薄膜相比，具有以下特点：成本更低，产量更高；比 PE 薄膜挺度更高；水汽和异味阻隔性优

良；多功能，可作为复合材料基膜；可进行金属化处理；作为食品和商品包装及外包装，具有优良的演示性，可使产品在包装下仍清晰可见。

虽然有些 PP 薄膜通过流延工艺进行生产，用于卫生领域或作为含填料和其他添加剂的合成纸，但是 CPP 薄膜通常指适用于层压、金属化和包装等应用领域的高清晰度薄膜。

2. CPP 薄膜的功能及用途

CPP 薄膜具有透明性好、光泽度高、挺度好、阻湿性好、耐热性优良、易于热封合等特点。CPP 薄膜经过印刷、制袋，适用于：服装、针织品和花卉包装袋；文件和相册薄膜；食品包装；阻隔包装和装饰的金属化薄膜。

潜在用途还包括：食品外包装，糖果外包装（扭结膜），药品包装（输液袋），在相册、文件夹和文件等领域代替 PVC，合成纸，不干胶带，名片夹，圆环文件夹以及站立袋复合材料。

CPP 薄膜具有如此大的吸引力，是因为成本低，与 PET、LLDPE、LDPE 等材料相比，具有价格优势。与 LLDPE 相比，5％～10％的价差另加 2％的密度差异是特别之处。再者，由于流延薄膜内在的快速冷却性质，可形成优异的光洁度和透明度。对于要求清晰度较高的包装用途而言，这一特性使 PP 薄膜成为首选材料。它能提供透明窗口，使内装物清晰可见，特别适合于软包装市场。通过电晕处理后，便于使用各种工艺进行印花，这一特性能改善薄膜的最终外观。

CPP 耐热性优良。由于 PP 软化点大约为 140℃，该类薄膜可应用于热灌装、蒸煮袋、无菌包装等领域。加上耐酸、耐碱、耐油脂性能优良，使之成为面包产品包装或层压材料等领域的首选材料。其与食品接触性安全，演示性能优良，不会影响内装食品的风味，并可选择不同品级的树脂以获得所需的特性。

流延膜生产工艺一般采用 T 形模头法，这种制法特点为：

① 流延法省去管膜法的吹膜阶段，容易开车，废料少；

② 流延法生产时，化学分子排列有序，故有利于提高薄膜的透明性、光泽及厚薄均匀度，适合于高级包装；

③ 流延部分采用电动的上下摆动和前后移动结构，操作简便；

④ 电晕部分采用风冷和水冷方式，产品不易变形。挤出机先将原料树脂熔化，熔融树脂经机头流延到表面光洁的冷却辊上迅速冷却成薄膜。经厚度测量、牵引、电晕处理、展平后，切去边缘较厚的边料，再次展开，并收卷为薄膜卷。

3. CPP 塑料薄膜的生产工艺

塑料薄膜按生产方法可分为流延薄膜、吹胀薄膜和拉伸薄膜三种。

流延薄膜占世界薄膜总消费量的 35％，主要有 CPP 薄膜、CPE 薄膜、PVB 夹层薄膜、PET 薄膜等。其中，CPP 薄膜是由流延方法制得的未拉伸聚丙烯薄膜。

目前，我国 CPP 薄膜经过几十年来的积累，已经有了长足的发展，与发达国家相比，国内 CPP 薄膜不管在生产工艺及其生产设备上均达到了国际先进水平。

（1）CPP 流延膜生产工艺要点　T 形机头是生产关键设备之一，机头设计应使物料沿整个机唇宽度均匀地流出，机头内部流道内无滞留死角，并且使物料模具有均匀的温度，需考虑包括物料流变行为在内的多方面因素。要采用精密加工机头，常用的是渐减歧管衣架式机头。冷却辊的表面应经过精加工，表面粗糙度不大于 0.15mm，转速应稳定，动力平衡性能应良好，以免产生纵向的厚度波动。采用 β 射线或红外测厚仪对薄膜厚度进行监测，以达到满意的厚薄公差。要生产合格的流延薄膜，不仅要在原料上调节工艺，而且要掌握好加工工艺条件。

对薄膜性能影响最大的是温度。树脂温度升高，膜的纵向（MD）拉伸强度增大，透明度增高，雾度逐渐下降，但膜的横向（TD）拉伸强度下降。比较适宜的温度为 230～250℃。冷却辊上风刀使薄膜与冷却辊表面形成一层薄薄的空气层，使薄膜均匀冷却，从而保持高速生产。风刀的调节必须适当，风量过大或角度不当都可能使膜的厚度不稳定或不贴辊，造成折皱或出现花纹影响外观质量。冷却辊温度升高，膜的挺度增加，雾度增大。冷却辊筒表面若有原料内部添加物析出，必须停机清理，以免影响薄膜外观质量。流延薄膜比较柔软，收卷时必须根据膜的厚度、生产速度等因素调整好压力和张力。否则会产生波纹影响平整性。张力选择要根据产品的拉伸强度大小而定，通常收卷张力越大，卷取后的产品不易出现卷筒松弛和跑偏现象，但在开始卷取时易出现波纹，影响卷平整。反之，卷取张力小，开始效果好，但越卷越易出现膜松弛、跑偏现象。因此，张力大小应适中，并控制张力恒定。

（2）多层共挤流延膜工艺特点　为了提高薄膜性能，降低成本，满足用户多种用途和高性能要求，多层复合膜发展很快，尤其在生活水平相对高、重视环境保护、要求延长食品保质期和质量的发达国家。多层共聚流延膜也是其中的一种多层膜，改变了 CPP 薄膜产品性能单一、不能满足市场多方面要求的问题和弊端。

① 通用型。多层共聚流延膜可根据不同用途，设计不同的［如用于自动包装机上的面包包装、衣料（特别是内衣、裤）包装、水果包装等］包装，或用于与印刷后 BOPP 膜复合成 BOPP/CPP 二层膜，用于衣料、干燥食品（如快餐面袋、碗盖等）包装，通用型的结构是共聚 PP/均聚 PP/共聚 PP 或均聚。

② 金属化型。要求产品表面对蒸镀金属（如铝）具有极强的附着强度，蒸镀后仍能保持较好的尺寸稳定性和刚性，另一表面具有较低的热封温度和较高的热封强度，金属化型的结构亦为共聚 PP/均聚 PP/共聚 PP。

③ 蒸煮型。用于蒸煮的二层共聚 CPP，能承受 120℃ 和 15MPa 压力的蒸煮

杀菌。既保持了内部食品的形状、风味，且薄膜不会开裂、剥离或黏结，并具有优良的尺寸稳定性，常与尼龙薄膜或聚酯薄膜复合，包装含汤汁类食品以及肉丸、饺子等食品或食前加工冷冻食品，蒸煮型三层 PP 膜结构为共聚 PP/共聚 PP/共聚 PP。

④ 高温蒸煮型。包装烧鸡、烧排骨和果酱、饮料，需 121～135℃高温杀菌的三层共聚 CPP 膜，其中共聚 PP 要求比一般蒸煮型用共聚 PP 性能更好。除三层膜外，还有流延阻隔性五层包装，其结构为：PP/黏合剂/PA/黏合剂/共聚 PE；PP/黏合剂/PA/黏合剂/EVA；PP/黏合剂/EVOH/黏合剂/PE；PP/黏合剂/EVOH/黏合剂/EVA；PP/黏合剂/EVOH/黏合剂/PP。

4. CPP 塑料薄膜的生产设备

我国从 20 世纪 80 年代中期开始引进国外的流延膜生产装置，大多是单层结构，属初级阶段。进入 90 年代后，我国从德国、日本、意大利、奥地利等国引进了多层共聚流延膜生产线，是我国流延膜工业的主力军，其最小生产能力为 500t/a，最大生产能力达 6500t/a。引进的主要设备厂家为德国 Reifenhauser、Barmag、Battenfeld 公司，奥地利 Lenzing 公司，日本三菱重工公司、日本制钢所、日本摩登机械设备公司，意大利 Colines、Dolci 公司等。

进入 21 世纪，我国的流延膜设备生产企业，在二十几年来的不断学习与积累基础上，已经有了长足的发展，国产流延膜设备的各项技术指标均基本达到国际先进水平。例如：广东仕诚塑料机械有限公司于推出宽幅达 5000mm 的三层大型流延薄膜生产线等，现已批量生产。

5. CPP 塑料薄膜专用化产品和市场与应用

随着国产设备的不断成熟，进入流延薄膜生产的门槛也随之降低。据有关部门统计，2012 年我国流延薄膜市场需求增加到约 60 万吨。在市场需求的刺激下，2013 年流延薄膜的全国产量同比增长 16%。目前全行业光引进的流延薄膜生产线就已超过 120 台套，总生产能力达到 50 万吨以上，预计 2015 年仍将保持这一强劲的增长态势。但同时，业内人士预测，随着我国流延薄膜新建和在建项目的纷纷投产，2015 年流延薄膜的产能的大幅提高，新一轮的价格战将迅速拉开阵势。如果这一预测成真，那么，走自主创新之路，合理选择设备，开发差异化、专用化产品将是流延薄膜企业避免市场恶性竞争的唯一办法。

据统计，从国外引进的一条 5 层共挤设备约需资金 5800 万元，总投资在 8000 万元左右。若没有市场作支撑，或市场发生变化，势必造成巨大的投资损失。而目前同吨位国产设备的生产线的投资只有进口线的 1/8 左右，而且技术指标、功能与进口设备相差不远，在性价比方面的优势已得到国外同行的认可。因此国内企业不能盲目迷信国外的大型设备，只有投入产出比相宜，在尽可能短期内能够得到良好的投资回报率，这才是最明智的投资。随着我国宏观经济调控政策实施，今年中国 GDP 增长短期内有所放缓。流延薄膜仍处于发展阶段，未来几年市场需求仍将保持 12%～17% 的快速增长，但国内流延薄膜企业仍要认真调查研究市场，理性投资。

第五节　国内外塑料印刷薄膜的新进展

一、国内塑料印刷薄膜

1. 可食性印刷薄膜

可食性包装膜是以天然可食性物质（如多糖、蛋白质等）为原料，通过不同分子间相互作用而形成的具有多孔网络结构的薄膜。如壳聚糖可食性包装膜、玉米蛋白质包装膜、改性纤维素可食性包装膜及复合型可食包装膜等，可食性薄膜应用于各种即食性食品的内包装，在食品行业具有巨大的市场。

2. 可降解印刷薄膜

可降解塑料包装薄膜既具有传统塑料的功能和特性，又可在完成使用寿命以后，通过土壤和水的微生物作用或通过阳光中的紫外线的作用，在自然环境中分裂降解，最终以还原形式重新进入生态环境中，回归大自然。主要解决废弃、不易降解的包装材料回收难度大，埋入地下会破坏土壤结构，焚烧处理又会产生有毒气体造成空气污染的矛盾。可分为可降解塑料和生物/光降解塑料等。国内研发的品种已涵盖光降解、光生物降解、光氧生物降解、高淀粉含量型生物降解、高淀粉含量型生物降解、高碳酸钙填充型光氧降解、全生物降解等大类。降解塑料制品在包装方面的应用已遍及普通包装薄膜、收缩薄膜、购物袋、垃圾袋等，对改善环境质量发挥了积极的作用。

3. 水溶性塑料印刷薄膜

水溶性塑料包装薄膜作为一种新颖的绿色包装材料，在欧美、日本等国被广泛用于各种产品的包装，例如农药、化肥、颜料、染料、清洁剂、水处理剂、矿物添加剂、洗涤剂、混凝土添加剂、摄影用化学试剂及园艺护理的化学试剂等。

水溶性薄膜由于具有降解彻底、使用安全方便等环保特性，因此已受到世界发达国家广泛重视。目前，国外主要有日本、美国、法国等国企业生产销售此类产品，国内也已有企业投入生产，其产品正在走向市场。

加强回收与再利用，实现包装废弃物的生态化循环。绿色包装在其整个生命周期过程中，遵循循环经济"减量化、再利用、资源化"的经济活动行为原则，使包装对环境的影响降到最低限度。近年来在塑料废弃物资源化和再利用等方面都不断取得进展，并逐步解决了二次污染问题。

包装废弃物法规因地而异，但有一个共同的原则：鼓励少用原材料。在包装设计上应尽量使用同一材料、可分离共存的材料，并趋向于使用结构简单、容易循环再生的材料。

在满足包装功能的前提下，尽量减少垃圾的产生量，从而呈出包装薄膜轻量化发展趋势，其关键技术是采用具有超韧性、能加工较薄且较易加工的新型原料，如双峰位高分子 HDPE、茂金属催化剂的聚烯烃以及优质的阻隔性包装材料等。

国内塑料软包装业在减少废弃物污染方面已取得了许多进步，如使用可热封拉伸薄膜加罩光油则可显著减少材料的用量，在冷饮冰激凌包装方面得到了大量的应用；通过采用高强度的茂金属聚烯烃而成功地减少了整个包装薄膜的厚度，过度包装也正在逐步减少；共挤出复合技术和设备应用也越来越普及，解决了精确控制各层膜厚度的问题，价格高的阻隔层厚度可以控制得很薄，同时保鲜性能成倍甚至几十倍的提高。

二、国外新型塑料印刷薄膜

近年来，欧洲塑料在食品包装中起着重要作用，广泛用于食品及其他产品的包装，食品塑料包装已成为包装材料领域中最为活跃的一个领域，塑料聚合技术的发展将不可避免对食品或饮料的防护产生重大影响。

有资料显示，欧洲塑料用于食品包装的量占塑料总产量的 1/4，很多食品包装都是塑料做的，膨化食品的塑料充气包装可防潮，防氧化，保香味，阻隔阳光照射，防止挤压；还有方便面的包装，塑料包装远远多于纸质碗（或桶）的包装。

一份名为"欧洲软包装市场 2012"的研究报告表明。尽管工厂仍然在不断的合理化，但价值达 100 亿欧元的西欧软包装市场仍然是过量供应的。因为过高的成本，大多数都没有什么竞争力。另外，领先的品牌拥有商有一种将食品生产和包装转到英国之外的趋势，它们通常会把工厂建在欧盟新加入的成员国，这也迫使软包装供应商跟着转移。而当西欧领先的拥有多家工厂的加工商在重新调整它们的工厂位置以适应这些变化时，许多中小型的西欧加工商却无法这样做，只能忍受这种变化所带来的痛苦。PCI 解释说对行业配置的合理化和继续关闭一些工厂将会平衡供需关系。

总体上，欧洲对于软包装的需求将按每年 1.4% 速度增长，从 2012 年的 110 亿欧元增长到 2013 年的大约 138 亿欧元，但估计在这期间西欧的增长速度每年可能不到 1%。与之相比，在中欧和东欧的市场需求将按每年 7% 的速度增长，因为这些地区的包装在不断地发展变化。就供应量来说，Alcan Packaging 和 Amcor 从 2010 年开始继续保持它们的市场领先地位，大约占欧洲市场的 30% 以上。

Hosokawa Alpine 公司是 Edlon Machinery 在英国的代理，它也是大多数类型的吹塑膜生产线的专业制造商，它在过去的 10 年中率先开发了一系列的单向拉伸单层或多层膜。通过沿着卷筒只在一个方向逐渐地对薄膜进行拉伸，就产生了一种新型的、具有不同特性的薄膜。这可以用于强度、硬度、阻隔性、传导性和矿物填充膜的不透明性等。与 PP 膜一样，定向拉伸也可以提高 PE 膜的性能。市场对这个领域的原材料制造商提出的"更薄"和更新的研发需求导致了薄膜制造商对于定向薄膜的兴趣与日俱增。

1. 新型 OPE 印刷薄膜材料

由于已经认识到了定向 PE 膜的潜力，应用于 PE 吹塑膜的树脂原材料。这种材料据说在经过定向拉伸之后，能具有与 OPP 一样的光学性能，在有些情况下还会具有更好的硬度和拉伸强度，定向设备可以是独立的，也可以与一台挤出机联线。这个过程涉及通过一系列滚筒对挤出薄膜进行预加热，然后经过定向拉伸、退火、冷却，最后复卷。线性拉伸的比率可以达到 1：10，因此复卷速度要比喂料或放卷速度快得多。一般来说，生产线的速度可以超过 200m/min，而喂料薄膜的厚度通常可达 $500\mu m$，宽度可以超过 2600mm。

2. 新型 FFS 印包筒膜材料

由于 FFS 印包筒膜传统上是采用一个内置的三角板在吹塑膜生产线上挤出，用这种薄膜生产的塑料袋的一个缺点是在三角边区域的材料强度被弱化了，因为在成型过程中，这里的材料所受的张力将大，它们的强度一般会降低 20%。这个结果容易使塑料袋的三角边发生破裂，有丢失内装产品的风险。作为替代性的解决方法，W&H 公司展示了一种采用速度可达 300m/min 的高速成型管的两步法生产过程。

用平面卷材生产 FFS 印包筒膜具有多方面的好处；它可以具有更高的挤出效率，特别是当生产小尺寸的袋子时；通过多重分切，适用薄膜尺寸的灵活性高；因为拉伸率更高，薄膜的强度也更好；当成型时，由于薄膜是通过空气垫支撑的，因此袋子的三角区是没有被接触的。这样就可以将薄膜的厚度最多减少20%，同时不会损害它的任何物理特性，还能最大限度地利用树脂的潜力，当然也会节省可观的成本。在用一台 Filmatic ASK 缠绕机对筒膜进行缠绕操作时，也对三角边进行了精细的处理，一个振荡缠绕过程可以对三角边造成最小的压力。除标准的重型塑料印刷袋材料外，这台高速成型机还可以处理多种产品，如那些用于宠物食品印包的材料。

3. 新型生物降解的印包添加剂材料

DuPont Packaging 公司推出了 Biomax Strong 添加剂，用于提高可生物降解的聚乳酸（PLA）包装的性能。PLA 被认为是基于石油的塑料产品的可再生的替代物，它也可以在工业环境中被降解。然而，尽管它有较好的品质和吸引力，用 PLA 制造的包装和工业产品因为性能上的不足而受到了限制，与基于石油的塑料产品相比，PLA 产品比较脆弱，耐久性也要差一些。

Biomax Strong 是一种石化类的添加剂，能提高 PLA 材料的强度，降低它的脆度。据说它能够增加 PLA 材料的接触强度、弹性和融化稳定性。当按推荐的量（重量的 1%～5%）使用时，它可以超过其他同类产品的表现，能很好地提高强度，同时对透明性造成的影响也最小。Biomax Strong 还具有很好的接触透明度，能够比其他替代品制造出更加透明的塑料袋。Proton Inteli SENS SL 激光多普勒非接触式速度及长度测量仪能够监控薄膜材料的收缩或延长，它能够确保将要被运送出的卷材正好是协议中确定的数据。

除可以在加工设备（包装缠绕机）上确保精确性和同步之外，它还能提供"裁切到所需长度"精确控制，并能确定控制程度和材料卷材和驱动设备之类的滑动，还能帮助分析加工生产上各部分设备（包括复合、薄膜挤出、标签印刷）的速度偏差。

经过微孔处理的薄膜能够调节 OTR（氧气透过率）以适应具体的需要，例如 MAP 或香烟过滤嘴。位于德国 Kirchheim 市的 Micro Laser Technology 公司制造的装备能够被容易地被安装到像分切复卷机之类的生产设备上。该公司还提供检测监控和在线孔隙测量的相关设备。

Micro LaserTech. MLP 5 型设备可以在平均卷材速度为 300m/min 的情况下进行打孔，每次最多四排，每秒最多可打 48000 个孔。它打出的每个孔都具有一致的质量，这就保证了最小的标准偏差和很高的可靠性。通过集成微打孔机和 CO_2 激光光源，这台设备安装在生产系统上后就可以立刻投入使用。光源脉冲频率最高可达 48000 孔/s（4 排）或 12000 孔/排。孔的直径界于 50～120μm 之间，但这取决于材料的类型和厚度。

Anglian Flexible Coatings 公司是位于英国的从事薄膜涂布和复合业务的专业生产商，它推出了 Self Cling 涂料。当被应用到像 LDPE、HDPE、OPP、聚酯和金属化薄膜，厚度为 12μm 以上的薄膜表面上时，这种涂料能够使薄膜粘到玻璃、光滑的塑料表面上。这种涂布薄膜可以防止这些平面粘上灰尘，它可以很容易地被揭下来，也可以根据需要再重新贴到这些表面上去。据说它具有极佳的透明性。该公司也可以用 Cling 涂料对已印刷过的薄膜进行涂布，并将其放在薄膜箱内进行保护。然后这些薄膜可以被加工成片材。同样的，喷墨或激光打印薄膜也能够被涂布并复合到一种薄膜衬垫上，以便使用户能够在家中或办公室里对其进行打印。

4. 新型的多层印包薄膜微层技术

多层薄膜 由 Extrusion Dies Industries（EDI）公司提供的一台平板模具系统负责完成生产薄膜和涂布的任务，它能生产的薄膜层数比传统的共挤设备要高出许多。微层薄膜结构可以提高对潮湿和气体的阻隔性，能够包裹凝胶类物质，也能够使生产商对高成本的原材料进行充分利用。

基于一种层数增效系统基础之上的微层技术将会被广泛地应用到阻隔包装中。在其典型的配置中，三个或更多的挤出头将熔融流体送入到一个 EDI 改进型的给料套管中，后者会生产出均匀的多层结构的半成品，接着这些半成品又被送到一台由 EDI 采用 DOW 公司的专利设计生产的多层分层设备中。在这个设备中，这些层是分几步增加的。例如，三层可以被增加到 12 层，12 层又可以增加到 48 层。最后的多层结构又被送到一台 EDI 的共挤机中，以便生产出需要的宽度。

事实上，生产出层数为 80 层而总厚度只有 $50\mu m$ 的薄膜是可能的。EDI 的微层薄膜技术将 DOW 公司的层数增效器集成到一个完全可为用户定制的系统中，这套系统包括模具、给料套管和其他用于将具有复杂结构的产品生产最终的挤出薄膜的工具。某种聚酯的关键特性并不会按比例地降低层的厚度。微层技术将有可能在充分利用成本较高的树脂材料的同时，获得所需要的薄膜性能。例如，在定向 PET 薄膜中，更昂贵的高黏度树脂层可以与低黏度的树脂层复合在一起。这样所产生的薄膜性能就会比那些通过将高黏度和低黏度树脂机械地复合所得到的薄膜的性能要好得多。另外，薄膜的层数越多，因为薄膜上的针孔而导致泄漏的可能性就越小，特别是要经受后期挤出拉伸的双向拉伸产品。依据是否被生产成单层、双层或多个微层的薄膜，相同的聚酯会对最终产品的性能产生不同的影响。层数增效技术使得生产出更灵活的薄膜成为可能，例如，可以不需要减少所用聚酯原材料的总量。微层共挤技术也能够加速食品包装对纳米复合物的应用，以加强阻隔性、热性能和力学性能。

三、新型的 POF 热缩印包薄膜

收缩膜是一种在生产过程中被拉伸定向，而在使用过程中受热收缩的热塑性塑料薄膜。热缩薄膜（图 1-2）广泛应用于各种快餐食品、饮料、乳酸类食品、

图 1-2　POF 热缩包装薄膜

啤酒罐、酒类、农副产品、小食品、干食品、土特产等的包装。用于各种 PET 瓶装啤酒、饮料标签，可减少除掉标签的工序，便于回收再用；用于瓶装啤酒替代捆扎绳包装，防止瓶装啤酒爆炸伤人。

薄膜的热收缩性早在 1935 年就获得应用，最初主要用橡胶薄膜来收缩包装易腐败的食品。如今，热收缩技术已经发展到几乎可以用塑料收缩薄膜来包装各种商品。此外，收缩包装还被用来制作收缩标签和收缩瓶盖，使不容易印刷或形状复杂的容器可以贴上标签。而且，又不断有更新的应用领域被开发出来。食品工业是热缩包装最大的市场其生产技术与特点是：收缩薄膜的生产通常采用挤出吹塑或挤出流延法生产出厚膜，然后在软化温度以上、熔融温度以下的一个高弹态温度下进行纵向和横向拉伸，或者只在其中的一个方向上拉伸定向，而另一个方向上不拉伸，前者叫双轴拉伸收缩膜，而后者叫单向收缩膜。使用时，在大于拉伸温度或接近于拉伸温度时，就可靠收缩力把被包装商品包扎住。

热收缩膜所用材料主要为各种热塑性薄膜。最初以 PVC 热收缩膜为主，随着市场需求不断发展，PVC 热收缩膜逐渐减少，而各种 PE、PVDC、PP、PET、POF 等多层共挤热缩膜发展迅速，成为市场主流。目前，国内收缩薄膜厂家仅中国包装联合会塑料包装委员会会员已有近 40 家，2013 产量接近 35 万吨。据专家预测，"十二五"期间，国内热缩薄膜市场将以 10% 以上的速度增长。

收缩膜包装的优点：①外形美观，紧贴商品，所以又叫贴体包装，适宜各种不同形状的商品包装。②保护性好，如果把收缩包装的内包装与悬挂在外包装上的运输包装结合起来，可以有更好的保护性。③保洁性好，尤其适合精密仪器、高精尖的电子元器件包装。④经济性好。⑤防窃性好，多种食品可以用一个大的收缩膜包装在一起，避免丢失。⑥稳定性好，商品在包装膜中不会东倒西歪。⑦透明性好，顾客可以直接看到商品内部。

近几年来，随着市场需求的不断变化，热收缩薄膜正向多层次、功能性方向发展，出现了许多新技术和新产品。多层共挤复合热收缩薄膜采用线性低密度聚乙烯作为中间层，共挤级聚丙烯作为内外层，经共挤而制成，具有 PE 和 PP 的优点，优于单层的 PE 或 PP 薄膜，是目前国际上广泛推广使用的热收缩印包材料。单层热收缩薄膜在快餐面食获得广泛应用，多层热收缩薄膜在新鲜肉、含脂肪食品印包上也得到广泛应用。因此，热收缩印包薄膜在食品行业发展趋势越来越好。

第六节　现代塑料薄膜印刷技术发展概论

时代在发展，社会在进步。随着社会信息化及经济全球化的发展，现代塑料薄膜印刷也在发生巨变。

一、传统印刷的高速化、自动化与优质化

高速化、自动化、优质化是传统印刷设备（不论平印、凹印或柔印）的共同发展方向。以单独式平印机为例，车速已由每小时 1.5 万印提高到 1.8 万印甚至 2 万印；卷筒式平印机已由每小时 5～6 万印提高到 10 万印。凹印、柔印等印刷机也同样有提高车速的情况。

在车速提高的同时，印刷机自动化程度也在提高。印版自动装卸、自动套准，墨量预设定及自动调节，润湿系统自动调节，滚筒及胶辊自动清洗，双张自动监控，印张质量自动跟踪监察等，均已成为印刷机上常备的装置，在卷筒式印机方面还包括张力自动调节、卷筒纸进给、接纸、折页及裁切的自动调节等。只有高度自动化才能充分发挥高速化的效能。

另一方面，由于车速大幅度提高，滚筒间隙对机器平衡运转的妨碍就更显突出，于是，橡胶布滚筒及印版滚筒改向无隙缝式方向发展，套筒式橡胶布及套筒式印版应运而生。机组的传动也由同轴传动改为由独立电机分机组驱动的方式。这些技术改进均有利于在高速下保证印品质量的优良化。

在印刷批量缩减情况下，向多色化发展已成为单独式印刷机与卷筒式印刷机竞争的有力措施。所以在市场上不仅 4 色单独式平印机增多，10 色、12 色单独机也非偶见。以往在反转印时叼牙须从咬口改为拖梢，稍厚的纸张会留下弓皱痕迹，现已作改进。此外，在印刷品质要求多样化的需求下，平、凸、凹、丝印等多种印刷工艺组合成一条流水生产线的情况也常见。基本办法是在生产线的个别机组采取可更换滚筒组合（或凹印或柔印）架装在小推车上，需要时推入更换，装卸轻便。

二、塑料薄膜印刷工艺中的主要演进

几十年来，在平、凸（柔）、凹几大印刷工艺中，除以上关于制版及印刷设备的重要改进外，还有以下一些主要演进。

① 平印方面。无水平印术，主要原理是利用有机硅树脂的斥油性作为平印版的抗墨层，在无润湿液保护的情况下进行平版印刷。无水平印经过 20 余年的试用开发，近 10 年来已日益为市场所接受。因为不仅避免了水是平衡的麻烦，而且还具有墨色鲜艳饱满的优点，适合高档彩印品的需要，故不仅在小型单独平印机方面赢得市场，而且还向大型机甚至卷筒式平印机方面推广。无水平印的技术特点除专用版材外，还有专用油墨，以及印版滚筒与传墨辊的恒温控制。专用版材除铝 PS 版外，还以聚酯片为基材的 PS 版用于数字化有版印刷，如海德堡的快霸 DI 型平印机，无水平印已成为高质平印的重要工艺。

② 凸版印刷基本上已被柔性版印刷所取代。原来用于凸印的金属版材，除用来作轧凹凸图文或烫金的铜版外，均已被高分子聚合物印版所取代，工艺主要

也已成为柔性版印刷的工艺,即由长墨路改为短墨路,并应用网纹辊作为均匀传墨的主要手段。柔性版印刷具有压力轻、墨色厚实,并采用无污染的水基墨,适合在多种基材上印刷(包括玻璃纸、塑料薄膜、牛皮纸、瓦楞纸板、卡纸、涂料纸等)等优点,很快在包装装潢印刷市场占领越来越大的份额,而且由于可以把烫金、模切等多道工序集合在一起完成,在不干胶商标印刷方面显示很大的优越性,何况其机型可根据印品宽度(小至几厘米宽,大至几米)配制,以卷筒式进料,印品的重复长度变换也较灵活,受到欢迎。此外,在报纸印刷方面,由于使用水性墨,渗透固着快,沾手指污染少,车间内飞墨情况也显著改善,在欧美等国采用柔性版印报也不乏实例。

③ 近二十几年来,凹版印刷受柔性印刷兴起的影响有所滞长,凹印在总印刷市场中所占份额未见增长,反而有受柔性版印刷发展影响而滞长(主要在包装印刷领域)。其主要原因不外乎制备凹印印版滚筒的费用较高,与市场上短批量印件增多,形成一种供求经济利益上的矛盾有关,然而并不能因此认为凹印的技术进步太少太慢。事实上,以印版滚筒来说,从早年的碳素纸过胶腐蚀制版,发展到目前的无软片电子自动雕刻,进步何谓不巨?从制版工艺来看,当初印版上的网穴只有深浅之分,而现在已发展成既有深浅又有面积大小差别。因此,当初接到彩色印件进行分色制版之前,必须先问清凹印还是胶印?而现在已经不用问了(当然,由于两种印刷工艺及所用原材料的不同,在具体要求上还存在一些区别)。

此外,从印刷设备方面来看,无论在印品质量、效率,以及自动化程度来说,其改进也是值得刮目相看的。如高速多色凹印轮转模切的联机生产线,就是其一。故在精细、高档、大批量烟酒包装品印刷方面,凹印仍不失其优势。

④ 由于投资少,丝网印刷发展已经成为不可或缺的重要印刷工艺之一,得益于上马易,丝印的发展既广又快,虽然有时给人一种难登大雅之堂的错觉,但其实丝印并非如此。丝印在电子线路板或电子元器件等印刷方面,越来越有高精技术要求,尤其是高集成度线路板式电子元件,对印制设备工艺与生产场地的无尘化要求都非常严格,投资也非同小可。此外,在服装、广告、指示牌、触摸式控制板、贴花及其他特殊需求等方面,丝网印刷的应用不断开拓,其技术与设备也有更专业化的改进与提高。例如彩色更精细化、套印更精准化、生产更高效化自动化等,所用器材包括感光胶、油墨、丝网、网框及绷网设备等,在品种和质量上也都有相当大的改进。

第二章

塑料印刷油墨

形形色色的塑料软包装材料给人们提供了精美的商品外包装。为了达到对被包装的商品给予标志和宣传的目的，包装上必须有精美的印刷。由于塑料包装材料的表面性质与纸张、木材不同，表面能较低，与其他物质不易相互黏附，故必须有特殊的油墨和适当的印刷方法来适应。

目前，塑料软包装材料的印刷主要采用凹版印刷方式。凹版印刷以其印刷品色彩鲜艳、品质高得到了广泛的认同和应用，是目前我国塑料包装印刷中最常见、最主要的印刷方式。20 世纪 60 年代，塑料包装在我国起步并迅速发展起来。但受经济技术的限制，直到今天，我国的塑料包装印刷中使用的凹印油墨还是以苯溶性油墨为主。由于油墨中甲苯、二甲苯、丁酮等有害溶剂的大量存在，对环境造成了一定程度的污染，也对操作人员的健康带来了一定程度的损害。使用安全环保的塑料凹印油墨，生产绿色包装材料将是大势所趋。

另外，随着柔性版印刷和丝网版印刷已开始，零星印件（如已制成薄膜袋的印刷）仍有采用凸版印刷者。由于印刷工艺不同，所需油墨也不同；塑料材料不同，所需油墨又有不同。故塑料印刷用的油墨品种很多。本章主要对塑料印刷油墨展开探讨。

第一节　概　　述

一、传统印刷油墨的环境污染问题

印刷工业是近 30 年来国际上技术进步最快的产业之一，目前已经进入数字印刷的新时代。据介绍，人类从有语言到有印刷经历了约 10 万年，从印刷术发明到铅印经历了 450 年，从铅印到彩色桌面系统经历了大约 30 年，从彩色桌面系统到多媒体电子出版物（无纸印刷）经历了 3 年，从多媒体到因特网只用了 18 个月。国际的发展趋势是：高档彩色印刷品迅速增长，计算机、电子等高新技术在印刷工艺中广泛应用。

目前我国印刷工业的情况是：传统胶印仍占主导地位，柔性版印刷、丝网印刷发展很快，印后装订联动自动化、彩色桌面出版系统已普及应用，图文处理系统的开放式及数字化已成为印前系统的基本特征，直接制版技术和数字印刷已成为印刷出版工业的发展方向。印刷工业的发展以及环保法规的不断完善，给印刷工业的发展带来了巨大挑战和机遇，其中包括研制各种新的符合环境保护的印刷耗材；对原有的工艺进行改造，包括原料的改进和干燥方式的改进等。

目前在我国丝网印刷、凹版印刷等印刷过程中大量使用的溶剂型油墨，含有 $50\% \sim 60\%$ 的挥发性组分，如果加上调油墨黏度所需的稀释剂，那么在印品干燥时，油墨所散发出来的挥发性组分的总含量为 $70\% \sim 80\%$。这些有机溶剂所挥发的气体，通过呼吸进入人的体内，对人体的肝脏和神经系统造成损害，对环境造成很大的危害。

长期以来，在各种印刷过程中的"飞墨"现象困扰了整个印刷过程。这是因为印刷机在高速转动时，墨辊间的墨膜被分裂、拉长，产生断片，在油墨的表面张力的作用下，这些断片收缩，形成众多球状的细小墨滴散落在空气中，即所谓的飞墨现象。飞墨问题既是高速印刷过程中危害性极大的一类常见印刷故障，也是一类严重造成环境污染的问题。

二、塑料用油墨各品种的发展

目前国内塑料包装的印刷以表面印刷为多，多数印件是聚烯烃薄膜袋，故油墨亦以表印者为多。但复合包装以其坚牢密封、透气透湿性小的优点，更适合于食品和某些高档商品的包装，故里印的复合包装印刷油墨和耐蒸煮消毒的食品袋印刷油墨，将成为油墨发展的方向。从印刷工艺来看，目前在国内以凹版印刷为主，柔性版印刷和丝网印刷与之相比不到 1/20。但柔性版印刷的制版迅速和低廉已为人所认识，许多马甲袋和包装袋已转向柔性版印刷，故柔性版塑料油墨是一个发展品种。网孔版印刷以其适合于装化妆品和饮料的塑料瓶的印刷为特点，将随着这些商品的发展而发展，故网孔版塑料油墨也是一个发展品种。凹版印刷在短期内将仍然是塑料包装的主流，所以凹版塑料油墨也仍然是发展的品种。至于凸版零印塑料油墨，随着国民经济和印刷工业的发展，将被逐步淘汰。

三、油墨结构组成的发展

一般各类塑料油墨，除凸版零印油墨外均属于溶剂型。含有大量芳香烃、链烷烃、酯类、醇类等有机溶剂，在制造和使用时大量挥发，污染大气，对人类健康有一定的影响。有识之士早已提出以水代替的建议，工业先进国家如日、美、德等国均已先后有水性和乳化型油墨问世，我国近期发展较快。但这些新品种的某些质量均未能达到溶剂型油墨的水平，如光泽度较差、储存保质期较短、印刷适应性较差等，不能真正代替溶剂型油墨，仅被少量采用。但为保持环境洁净，维护人类健康，水性和乳化型油墨是必须努力研究开发的品种，期望着不久的将来会有这类较高质量的品种问世和被采用。

四、凹版印纸油墨发展史

我国的凹版印纸油墨，首先是在出版印刷行业发展起来的。20世纪50年代，北京的新华印刷厂等企业，引进德国的多色凹版印刷机，用来印刷《解放军画报》等刊物，印刷油墨全靠进口。50年代末60年代初，天津的油墨生产企业，采用前苏联的技术路线，研制成功"苯基影写版油墨"，该油墨以松香改性醇酸树脂为连结料，以苯类为溶剂，生产出我国第一代凹版印纸油墨，替代了进口油墨。该油墨主要以印刷画报纸和邮票纸等非涂层纸为主，具有光泽良好、干性快、色泽鲜艳等优点，但也存在流平性欠佳的缺点。70年代以后，全国各地的骨干型油墨生产企业，相继投产了"醇型凹版印纸油墨"，是以硝化棉为主连结料，以乙醇为溶剂，适应在印刷速度为30~50m/min的凹版印刷机上印刷，印刷糖果纸，冰棍纸等食品包装用纸，这是我国第一代用于包装印刷的凹版印纸油墨。90年代初，烟盒印刷由胶版改为凹版印刷，在我国迅速发展起来，从云南开始，我国从欧洲引进了几十条凹版印纸生产线，以印刷烟盒包装为主。由于印刷速度显著提高，掀起了我国凹版印纸油墨发展的新阶段。这次凹版印纸油墨改进的技术路线仍以硝化棉为主连结料，以醇类、酯类等为溶剂，油墨的干燥速度提高到150m/min。此墨具有不糊版、流平好、转印性能优良、色泽浓润的特点。以前主要印刷非涂层纸，现在以印涂层纸为主。为了提高印纸油墨的印刷造性，向层次版印刷发展，现在国内的油墨生产企业已开发出标准的四色版油墨，以适应印刷企业的需要。目前，凹版印纸油墨的品种仍处于增加、质量仍处于上升的阶段。

五、水性凹印油墨的研发趋势和创新技术

目前国内使用的凹版印刷油墨，含有大量的有机溶剂（约占50%）。甲苯、醋酸乙酯、丁酮等溶剂低沸点、高挥发、含有芳香烃，既有毒又易燃，是环境的主要污染源。里印凹版油墨，一般由氯化聚合物制成。在油墨生产过程中，氯化聚合物需要使用强溶剂（如甲苯等芳香族溶剂）来溶解，并在印刷过程中用甲苯来调节油墨的黏度。

由于氯化聚合物油墨在生产中挥发出的氯氟烃气体会破坏大气的臭氧层。印刷过程中，芳香族溶剂（甲苯）的使用会对工人的健康和安全（火险）产生危害。除此之外，在包装制品中油墨溶剂残留是个需要关注的问题。

苯极易残留在干燥的油墨膜层中（低速印刷需要用二甲苯来调整油墨的干燥

速度，可二甲苯更容易残留），苯残留会污染包装内的食品或用品。虽然凹印醇酯油墨是醇溶油墨的佼佼者，尽管无苯无酮但还是会污染环境，会有溶剂残留。塑料凹印油墨的生产正受到我国消防法、劳动安全法、卫生法等法规的制约，因此要积极开发和应用符合环保要求的绿色凹印油墨（即水性油墨）将成为一个必然趋势。

因此，水性凹印油墨作为溶剂类油墨的替代体系已引起多方面的关注，但塑料薄膜印刷中的油墨水性化，至今仍未达到真正的实用阶段。从总体上看，水性凹印油墨迟迟得不到进一步普及是因为印刷性能和质量仍然达不到溶剂性油墨印刷的标准。由于水的表面张力较大，导致油墨难以润湿；水不挥发，印刷的速度上不去。如果要取得溶剂性油墨的印刷速度和印刷质量，不但水性油墨本身需要改进，而且凹印设备及印刷版辊也需要改进。例如：将腐蚀或电雕版辊筒改为激光制版辊筒，印刷版辊也需要使用耐腐蚀材料来制造。还需要在印刷机上改装更强力有效的油墨干燥系统，以及油墨刮刀等设备组件，这些都需要相当大的投资和较长的时间。

水性凹印油墨作为溶剂类油墨的替代体系已引起多方面部门的关注，包装薄膜印刷中的油墨水性化也在大力发展中。从总体上看，水性凹印油墨迟迟得不到进一步普及的重要原因是，印刷性能和质量仍然达不到溶剂性凹印油墨印刷的标准。

主要是由于水的表面张力较大，导致油墨难以润湿；水不挥发，印刷的速度上不去。如果要取得凹印溶剂性油墨的印刷速度和印刷质量，不但水性油墨本身需要先进的技术改进，而且凹印设备及印刷版辊也需要改进。例如：将印刷版辊印网深 $38\sim42\mu m$ 的腐蚀版辊筒或电雕版辊筒改为印网深 $24\sim28\mu m$ 的激光制版辊筒，印刷版辊也需要使用耐腐蚀材料来制造。还需要在印刷机上改装更强力、有效的油墨干燥系统，以及油墨刮刀等设备组件，这些改善都需要相当大的投资和较长的时间。

由于水性凹印油墨除去在纸张上印刷外，塑料薄膜印刷还不能完全替代溶剂类油墨。所以油墨行业一直在努力开发对环境污染较小的醇溶油墨，醇溶油墨在国内凹印行业现已得到较大发展与应用，可以预见不久的将来，我国软包装用的油墨发展趋势是：苯溶油墨必将被醇溶油墨所替代，水溶性油墨将有很大的发展空间。

六、国内塑料印刷油墨展望

回顾以往，塑料软包装印刷油墨的发展与塑料印刷机械的发展是密不可分的。20 世纪 70 年代，国产只有卫星式轮转凹版印刷机，制版业也是以腐蚀手工制版为主，印刷速度低，再加上使用的塑料薄膜品种单调，故而对油墨的种类和性能要求不是很高。

随着 80 年代国外凹印设备的引进和国产组合式凹版印刷机的出现，使得我国落后的凹版印刷状况得以改变。2000 年后国产的电脑凹版印刷机，性能上普遍超过了 80 年代引进的日本凹版印刷机。中山松德和陕西北人生产的无轴传动凹版印刷机的印速达到 300m/min，跨进了世界凹版印刷机的先进行列。同时我国油墨生产企业和生产量也不断地增加。凹版印刷用的各种油墨，国内现已能生产。无论从质量上和数量上，都能满足我国凹印生产的需要，有不少企业的油墨还销往国外。国产油墨的品质普遍都有提高，与国外产品的差距越来越小，但是国内众多的油墨生产厂家所生产的低价位油墨还不太规范。

国外印刷机的印刷速度快、生产环境较规范，品种批量大、色彩专一，所以油墨只要求高固含、低黏度、色泽艳、着色力强。国内多以中低速印刷机为主，而且国产的印刷机质量参差不齐，性能悬殊，产品批量小、品种多，生产环境差，操作不规范，价格竞争激烈。这就要求油墨适应性强、流动性好，价格还要低廉。

凹印醇溶油墨中的醇酯油墨具有低气味，不含苯、酮等特点，醇溶油墨能够帮助我们解决甲苯类油墨对健康所产生的苯伤害和苯残留影响包装食品的质量问题。这类环保油墨的产生，必将提高凹版印刷在塑料软包装印刷领域上的竞争力。在日本、韩国和东南亚等国家，甲苯类油墨已经淘汰，被醇溶凹印油墨所代替。在欧洲大力提倡柔版印刷、凹版印刷多使用醇溶性油墨（苯溶油墨是禁止使用的），美国发展水性油墨已经领先走在前列。

因此，醇溶油墨是油墨中的佼佼者。尽管如此，无苯无酮油墨仍存在污染环境和溶剂残留。最近几年在国内的全印展会上，浙江方邦机械有限公司和西安航天华阳公司等企业展出的卫星式高速凸版（柔印）印刷机，保定轶思达、大连等塑印企业也引进国外先进的高速凸版（柔印）印刷机，迎合我国乳品业包装的需求，解决了苯溶剂对环境的污染和残留问题，成为塑料软包装印刷新的竞争亮点。因此研发生产价格低廉、性能优良的凸版（柔印）油墨，也成为当前油墨生产企业奋斗的目标。

第二节 凹版塑料印刷用油墨

从印刷品的质量来说，塑料包装用凹版印刷工艺是比较合理的。首先，表面镀铬的印版耐印率极高，可印数百万份而不坏，适合于塑料包装的大量印刷；其次，可以半色调多层次彩色印刷，印刷质量很高；还可用卷筒材料快速印刷，机上可装冷、热吹风设备，使油墨迅速干燥，印速可高达 200m/min。并可与裁切、灌装、封口等工序相连接。但这些工艺对油墨也提出了严格的要求，油墨生产者必须从这些要求出发来制造适当的油墨。

一、凹版印刷油墨的主要成分

塑料凹版油墨主要由连结料、聚酰胺树脂，加上颜料和助剂等经过研磨过滤制成。聚酰胺树脂软化点要控制在121℃，否则因树脂软化点低，在梅雨季节印刷时，会出现印品粘连。树脂软化点高，在冬季使用时，会出现冻结，就需加热混拌，使之熔化。

塑料凹版表印油墨稀释剂有甲苯、异丙醇、二甲苯、丁醇等。也可适时添加一些酯类溶剂来调整油墨的黏度。甲苯、异丙醇属快干溶剂。二甲苯、丁醇属慢干溶剂。在使用丁醇时要注意，如果油墨干燥太快，造成图文网点损失，适当加入丁醇使油墨再现力好，小字和网点清晰，但加多了会造成油墨不干，尤其在梅雨季节会出现印刷品粘连反粘。塑料凹版里印油墨又称复合油墨，是指印刷在基材里面的油墨。

塑料凹版油墨连结料主要是氯化聚丙烯树脂，它对印刷 OPP、PET、NY 等薄膜黏附力高。经复合后，黑油墨夹在里层，是印刷高档次塑料软包袋的油墨。它稀释用的主要溶剂有甲苯、乙酮、丁酮和醋酸乙酯等。甲乙酮、甲苯、醋酸乙酯属快干溶剂，丁酮属慢干溶剂。这类油墨不得加入醇类溶剂，否则油墨会变质。

二、凹版油墨的墨性与印刷适性

塑料凹印油墨主要应用在食品包装、食盐包装、化妆日用品包装、医药品包装上。食品包装是以复合里印油墨为主，部分糖果纸用表印油墨；蒸煮包装使用高温蒸煮油墨，一般真空包装则采用聚酯油墨；奶制品包装宜用耐水、耐酸、耐温的油墨；药品包装和化妆品包装以聚酯油墨为主；食盐包装有的生产厂家使用表印油墨，有的生产厂家使用复合里印油墨，但更多的生产厂家使用聚酯油墨；随着包装市场档次的提高，使用复合里印和特种专用油墨的产品越来越多了。

一般凹版的图文是凹陷下去的，版辊浸入或沾取油墨后须用刮刀将版平面刮干净，油墨仅留存在凹陷的图案文字中；将塑料材料与版辊接触，使油墨黏附到塑料上，经吹热风及冷风使油墨干燥，塑料表面就形成所需要的图案文字。从这个过程来看，油墨必须是流动性很好的稀薄的液体，否则就不能被凹陷的图案文字所沾取。它的黏度不能太高，并且要易于被刮刀将版平面上的油墨刮干净。油墨的干燥速度必须很快，并且要在 1s 内就能经热风再吹冷至完全干燥，使印刷后复卷成筒不致黏沾。所以油墨必须具有溶剂挥发而迅速干燥的性质，其干燥的快慢应与印刷机的印速相适应。

（1）塑料凹版油墨　一般是用于印刷 PE、PP、OPP、NY 等塑膜的油墨，但也可印刷复合软包装，只要印刷版面没有较大的色块，经过复卷冷风检验，复合气味和牢度还是基本可以的。

（2）塑料凹版油墨选择 在选择和使用塑料凹版复合油墨时要注意，因为油墨制造厂家在设计油墨时有高速机快干墨和低速机收干墨之区别。印刷时要以凹印机的转速来确定油墨的选择，否则，凹印机的转速慢，油墨干在凹版网点凹坑里；凹印机转速快，印件又干燥不了。对耐蒸煮的塑料软包装或印刷铝箔，要选择耐蒸煮的双组分凹版油墨和铝箔专用油墨。否则起不到耐蒸煮作用，会出现复合后里层的油墨经过蒸煮变稀、变色、图文不清晰等现象。在生产耐蒸煮的包装袋时还需选择耐高温的材料和耐蒸煮的双组分复合胶。塑料凹版油墨的表面张力一般是 36 达因，而 PE、OPP 的表面张力一般只有 32 达因左右，这就要求在进行凹版印刷时，薄膜要经过电晕处理，破坏塑料表面分子结构，提高薄膜表面张力，使之达到 38 达因以上，让油墨和薄膜亲和粘牢，用手搓和胶粘带撕不下油墨，才达到印刷质量要求。

三、凹版油墨对高速卷凹的适应性

印刷业经历着由量变到质变的发展，目前的凹版印刷机的速度已达到 250～350m/min，甚至更快，对配套的油墨提出了非常高的性能要求。

一般在正常的印刷过程中，由于树脂在成膜过程的最后阶段往往会因墨的丝头过长，从而减缓了干燥时间，也就是说，阻滞了溶剂的正常快速释放，会直接影响到包装印刷速度的快慢、质量的优劣。直接的影响就是包装印刷工效、生产成本，还有与承印物的初期黏附性能的好坏。在实际操作过程中，往往用墨膜能否被胶黏带粘贴拉脱分离来判断黏附性能。

1. 目前溶剂的比例条件

对于加快印刷速度时油墨的调节，加大溶剂的比例，最好是快干溶剂的比例，这是最直观的做法。但在印刷过程往往由于原墨的性能限制，无法做很大范围的调节。另外，直观的一点是，往往会导致稀释剂费用的增大，特别是在石油大幅升价的如今。

在加大溶剂前必须考虑到该油墨的色浓度是否变浅问题，即在同样比例溶剂条件下，包装印刷油墨的黏度也不尽相同。比如加入了 30% 的溶剂后，要考虑其溶解度、氢键力、挥发速率平衡及表面张力大小等。一般单从溶剂比例讲，下面三配方各有所长。

配方①：二甲苯 9.6，醋酸丁酯 9，醋酸乙酯 26.4，甲苯 55。

（其性质为：挥发率 2.94；溶解度 8.98；氢键力 18.18；表面张力 26.9；分子量 90.55）

配方②：甲苯 70，醋酸乙酯 30。

（其性质为：挥发率 2.94；溶解度 8.98；氢键力 18.12；表面张力 27.1；分子量 90.86）

配方③：甲苯 73.3，乙酮 26.7。

（其性质为：挥发率 2.94；溶解度 9.05；氢键力 18.18；表面张力 27.09；分子量 84.72）

上述三配方进行简要的分析如下。

① 黏度：配方②黏度高，配方①的黏度适中，而配方③的黏度最低。

② 单从两种溶剂比较干燥速度：配方①和配方②及配方③干燥速度看似一样，但仍有区别。如配方①和配方③挥发率相同，但配方③黏度低，低挥发，干燥要相对快。

③ 从成本上比较，配方③比配方①成本略高。但配方③易残留丁酮的气味和附着略差于配方①。

④ 综合效益上比较，配方②成本低，黏度高，附着好，气味小，溶解度也好一些。但在实际的包装印刷过程中，油墨成膜时的溶剂挥发平衡上看，配方①要优于配方②、配方③，因为多种溶剂尽管在换算上其挥发率是同样的，但由于多种（混合）溶剂稀释油墨而提高了包装印刷的印刷适性范围，使印刷厂家有了更宽的溶剂选择和印刷机械速度的调节面。

由于单一溶剂在独立的包装印刷作业过程中的挥发是由表及里的缓慢挥发（印刷图文油墨成膜形成的过程）干燥，当其印刷油墨的湿墨膜达到一定的界面强度后便会凝固成膜。印刷图文墨膜的形成过程，相应也减（缓）慢了印刷墨膜还未来得及挥发（跑掉）的溶剂，而延长了包装印刷图文墨膜的彻底干燥时间（干透），从而在印后用胶带纸粘贴拉后脱落的现象（故障）出现。

因此，印刷操作工通常会选择分子量小（即黏度小）、成膜快的溶剂稀释油墨去印刷作业，低分子量的溶剂是剪切印刷油墨丝头过长的惯用手法。

2. 使用蜡助剂

加入蜡或加大蜡类的目的在于，降低油墨在包装印刷过程中因丝头过长造成的上述后果，其次是解决油墨体系的颜、填料沉降结块及墨膜硬度，并能有效地提高该油墨在包装印刷过程中墨膜的厚度。但过多的加入往往会阻碍印刷油墨体系中溶剂的挥发、干燥的彻底及表面结皮和油墨在转移、传递印刷过程的流动性不良、表面光泽度的降低等。

所以，使用蜡助剂在解决包装印刷糊版、粘连、遮盖不足方面的确十分有效，但过量加入反而会加速墨膜的软化，从而当印刷转印摩擦致使油墨升温，会出现油墨飞溅的故障。

3. 加大颜、填料的比例

固体颜、填料的增加，是降低包装印刷油墨成膜过程中十分简便的方法。其作用在于分散树脂的包覆比例（竞争吸附）而抑制丝头过长，其最终目的在于：预防印刷机械由慢到快提速后，因丝头长而使包装印刷制品粘连；因印刷图文墨膜的减薄而增厚；拖尾因油墨的流动消除边缘重影；油墨因透明遮盖力差而得到补救。

4. 加大有机分散剂的比例

其作用是在制墨或印刷过程中，由于搅拌、研磨的轧墨剪切而降低印刷所需油墨丝头（黏度）的缩短。但过量增塑（尽可能不要选择增塑剂类的分散剂）分散剂的加入往往会使包装印刷墨膜与复合胶水或挤复、干复时复合的附着牢度降低。

一般在油墨制造或在印刷时加入天扬化工厂的 TM-3，既防止树脂在溶剂的作用下不致过度的溶胀，又限制树脂溶液的丝头无限制地伸展（因为高分子树脂，当有外力拉它时，卷曲稳定的分子会逐渐伸长）拉长。但作为印刷者，可在使用时临时添加，千万不能因为丝头长而加入增塑剂，否则还会再度伸展丝头。

5. 加入乳化剂类

最简便的方法是加入膨润土或白炭黑。经充分搅拌分散，硅醇基间形成氢键，产生主体网状结构，而增厚墨膜。后者往往会因其介入而使油墨发胀，当再加溶剂稀释印刷后，一般印刷图文的色相因发虚而变浅。

6. 树脂的选择或混合接枝

无论是胶、铅、丝印或是表、里的凹印油墨，尽可能地选择与印刷机械速度相对应的树脂连结料为好，即速度越快，树脂的黏度越小，丝头越短。例如凹版复合印刷油墨体系的连结料（即树脂），围绕含氯量高的 CPP 或 CEVA 等进行搭配的配方设计。

① 氯含量越高，越易分散，黏度越低，而丝头也就越短。但对包装油墨与承印物在复合时，往往会直接关系到油墨与承印材料的附着牢度，因为氯含量高，树脂的丝头虽然短，油墨在印刷过程晶化现象消失了，胶化的可能性也小了，黏度低了，但复合牢度则降低了，油墨在储存过程中的稳定性也随之降低了（如出现沉淀、泡沫等），印刷过程中出现了印刷图文的浮色等现象。

② 为解决上述问题，通常采用两种以上的树脂制墨或在印刷过程中添加调墨油加以克服，那种选择黏度小的树脂作为增黏剂或选择同性质的含氯量小或分子量低的（黏度小的）树脂是人们通常用的方法。至于加入硅油或分散剂的目的无非也是围绕丝头长或色浓度低而采用的被动补救措施。例如加大较低分子量的 MP-45 或由 CEVA 改为 EVA 等，虽然丝头问题、抗冻问题、分散问题、附着问题都得到了提高，但该包装印刷油墨的成本则大幅度上升了。稍不注意的话，该油墨体系中的树脂软化点降低了，这样就会因其缺陷而在高温季节的印刷过程中粘连，或在冬季低温已经印刷，而到高温季节包装时也仍会因库存堆垛重压后印刷图文的再次塑化（软化）而又出现粘连报废。

③ 因丝头的过长，虽附着很好，但承印物表面因包装印刷油墨的图文墨膜

过软而很难分检、搬运，即俗语叫滑爽。实际上，树脂软化点低于104℃时，当室温达到或超过35℃时就会出现印刷制品的粘连或复粘连。这里指热塑性树脂生产的包装印刷油墨，而热固性油墨则在印刷过程中出现这样或那样的问题（如图文变形、印刷油墨的雾状飞溅等）。加大或注重包装印刷油墨体系中树脂的选择、接枝、搭配是十分重要的，其次是认真对待其黏度、软化点的检测或试验比对，才是彻底避免上述故障的方法，而且也是十分重要和必要的。

7. 凹印油墨表面张力影响因素与质量问题

液体的表面张力就是液面在空气中自动收缩的能力，对于印刷而言，它与基材的表面张力同样重要，在印刷中油墨表面张力的变化更大。凹印油墨属液体油墨，容易产生一些与油墨表面张力相关的印刷质量问题。

（1）表面张力影响因素　影响凹印油墨表面张力的因素主要有4种。

① 原墨的配方。如树脂、分散剂等的选用。

② 原墨的稀释率和所用的稀释剂。一般油墨树脂的表面张力都大于印刷基材的表面张力，而常用稀释剂的表面张力又小于印刷基材的表面张力。如20℃时，甲苯的表面张力为 $2.85 \times 10^{-2} \mathrm{N/m}$，乙醇的表面张力为 $2.28 \times 10^{-2} \mathrm{N/m}$，丙酮的表面张力为 $2.37 \times 10^{-2} \mathrm{N/m}$。表面张力低的稀释剂可以降低油墨的表面张力。显然，稀释率高则油墨黏度低，油墨表面张力也低。同样的稀释率，表面张力低的稀释剂比表面张力高的更易于降低油墨的表面张力。

③ 温度。液体温度高，表面张力低；液体温度低，表面张力高。

④ 助剂。如消泡剂、流平剂等可降低油墨的表面张力。

（2）表面张力对印刷的影响　油墨稀释是表面张力降低的过程，稀释率越高，表面张力越低。油墨转移到基材上后，随着溶剂的挥发，油墨的表面张力逐步升高，在干燥时达到最高。

在印刷过程中油墨表面张力升高的原因有2个：一是低表面张力的溶剂逐步减少；二是溶剂，特别是快干溶剂的挥发，导致油墨的温度降低，从而使油墨的表面张力升高。

（3）油墨表面张力的变化对印刷过程产生的影响

① 影响油墨的流平。表面张力低的油墨流平较好。

② 影响油墨的附着力。油墨对基材的润湿程度会影响与印刷基材的附着力，油墨的表面张力越低，对印刷基材的润湿程度越好。

③ 导致印刷中出现印刷故障，如缩孔等。

（4）印刷故障分析与解决　凹印油墨正常稀释后，表面张力较低，有利于油墨的流平和附着；油墨干燥后，墨膜表面张力较高，有利于下一色油墨的叠印或下一工序的顺利进行（如复合、涂胶）。

① 油墨转移过程。就油墨的润湿来说可分2个阶段，油墨对印版的润湿

（即油墨对网穴的润湿）和网穴内油墨对印刷基材的润湿。只要任一阶段润湿不佳，油墨的转移都不能正常进行。油墨"润湿"的界定原则是：接触角 $\theta_s < 90°$ 时可润湿，$\theta_s > 90°$ 时不可润湿。上述一般属于油墨的静态润湿状态。

但在印刷过程中，还有动态润湿存在，一般液滴向左运动（或被润湿物向右运动），这时就会产生两个接触角，即动接触角。一个接触角大于 θ_s，为前进角 θ_a；另一个接触角小于 θ_s，为后退角 θ_r。速度一定时，液滴的表面张力越小，前进角越小；反之则越大。液滴移动的速度越大，前进角 θ_a 越大；当速度大到一定程度，动接触角就大于 90°，导致可润湿体系变为不能润湿体系（即亲液体系变为不能润湿的憎液体系）。在能够润湿的条件下，所能容许的最大界面运动速度叫作润湿临界速度。

在印刷过程的第一阶段，墨槽内的油墨是静止的，印版滚筒是转动的，属动态润湿状态。在第二阶段，油墨与基材的运动速度相同，属静态润湿状态。由于黏度高的油墨表面张力高，可能导致动态润湿不能完成，即油墨不能充分润湿网穴；也可能导致静态润湿不能完成，即网穴内油墨不能充分润湿印刷基材，最终使油墨转移不良。

② 缩孔故障分析。当印刷基材的表面张力与油墨表面张力不匹配，如基材表面张力较低或油墨的表面张力较高时，油墨在承印材料表面不能完全铺展，形成露珠状，即造成缩孔故障。关于缩孔的原因及相关案例列举如下。a. 基材的表面张力较低。b. 基材不干净，有油污。大部分油污的表面张力低于基材的表面张力。c. 基材可能附有一些低表面张力的异物。如某包装厂，挤复车间与印刷车间紧紧相邻，挤复机工作时印刷经常出现缩孔。后来挤复车间搬走缩孔消失。原来此工厂在车间内安装的主动送风装置的进风口正好与挤复机排气口距离较近，在 300℃ 以上的高温环境下生产时，挥发的低分子聚合物刚排出室外，马上又被吸入印刷车间，而印刷机高速印刷产生的静电极易使这些低分子物附在基材上而导致缩孔。d. 油墨配方不合理。e. 油墨黏度不适。缩孔的形成需要同时满足热力学和动力学的要求；热力学要求油墨的表面张力高至不能润湿基材；动力学要求油墨有流动性且有足够的时间收缩。油墨黏度不适，易造成印刷图文暗调和实地墨量大、墨层厚，溶剂在挥发时吸收了大量热量，若此时外在的热量不能弥补墨层损失的热量，油墨表层温度的降低致使油墨表面张力升高，而油墨下层温度较高，表面张力相对较低（或基材表面张力低）。根据贝纳尔涡流学说，表面张力低的油墨向周围表面张力高的墨层铺展，墨膜流平变差，严重时就导致缩孔。如果提高油墨的黏度，油墨内溶剂含量少，挥发量少，温度降低幅度小；油墨流动性变差，从油墨转移到基材上到油墨丧失流动性所需的时间缩短，油墨没有足够的时间收缩，从而使印刷品上出现缩孔故障。f. 油墨稀释剂干燥速度太快。可通过降低干燥速度来解决。g. 外在原因使墨层进入干燥箱前溶剂挥发过快，油墨表面张力升高。

比如：某一印刷厂同一车间安装有九色凹印机和干式复合机各 1 台，且干燥箱进风口都在车间内，导致车间负压的风机功率有 70kW 左右。在晚间工作时，经常出现缩孔，停机 30min 后再次开机缩孔消失，但 30min 后缩孔再次产生。产生这种现象主要有两个原因。

一是因为车间的大负压导致大气流的产生，特别是在只有车间门打开的晚间印刷，印刷机色组处的风非常大，而风在油墨的干燥中起着主要作用。负压产生的风吹到墨膜上，墨层在未进入干燥箱之前溶剂已挥发很多，墨层温度剧烈下降使墨层表面张力升高，而此时墨层尚有流动性，于是印刷品上容易形成缩孔。

二是晚上气温较低，导致油墨温度降低。油墨表面张力较高，也会导致缩孔故障。

如果两种情况同时存在，则更易出现缩孔故障。

为什么停机后再次开机时缩孔就消失呢？

因为停机一段时间后，车间内气流减小或消失，而再次开机后，车间又逐渐形成大的负压，气流变大，于是缩孔再次产生。可通过提高油墨的黏度、降低油墨的干燥速度、消除车间气流的方法来解决，但最好的方法是消除负压，如把凹印机和干复机进风口移至室外，再在车间安装主动送风装置。

③ 改善油墨的流平性。油墨的表面张力低有利于油墨流平。降低油墨的表面张力可通过添加流平剂、使用低表面张力的稀释剂、选择黏度合适的油墨来解决。

四、凹版印刷油墨的配方组成和性质

1. 凹版印刷油墨的配方组成

要符合上述要求，凹版塑料印刷油墨的组成大致如下：

着色料——颜料	8%～35%	连接料——溶剂	40%～75%
填充料——体质料	0～5%	辅助剂	0～3%
连结料——合成树脂	10%～20%		

颜料的着色力大，吸油量大，用少量就可达到着色浓度和一定的厚薄程度，如酞菁蓝颜料。颜料的着色力小，吸油量也小，就需要用量较大，如钛白。

填充料可用可不用，如在油墨中用了适量的颜料后已达到了黏度和厚度的要求，就可不用。若油墨用了适量的颜料后，黏度太小，厚度不够，则需加入少量的填充料。一般的填充料是胶质碳酸钙。

2. 典型凹版油墨配方

树脂	35%～40%	溶剂 A	30%～35%
颜料	8%～16%	溶剂 B	15%～20%
填充料	2%～5%	墨性助剂	10%～20%

3. 凹版印刷油墨的性质

连结料是合成树脂溶解在有机溶剂中制成的，有一定的黏度和厚薄度，具有使颜料等物质能很好地分散在其中成为均匀细腻的胶体体系的性质。在油墨印刷塑料上干燥后成为墨膜时，能将包裹的颜料牢固地附着在塑料表面。其中树脂是对塑料牢固附着的主要材料。溶剂则应具有溶解树脂、帮助黏附，且能迅速挥发而使油墨干燥的性质。

辅助剂是具有调节油墨的黏度、厚薄度、流动性等作用的物质。

五、印刷聚烯烃薄膜的凹版塑料油墨举例

目前国内用得较多的塑料包装材料是聚乙烯薄膜和聚丙烯薄膜，这些材料在国内已有大量生产，价格亦较低廉，故为一般包装所大量采用。应用于这类材料的油墨已有多家油墨厂生产，这里作为重点品种来介绍。

1. 组成

油墨的组成与上面所介绍的凹版塑料油墨大致相同，这里将各个组成材料进一步作具体介绍。

（1）颜料　红色颜料多数为偶氮类或色淀类，如永久红2B、永久红F4R、色淀金红C、洋红6B、磷钨钼酸色淀桃红等。

黄色颜料多数为偶氮中的永固黄或联苯胺黄，也有采用柠檬铬黄、中铬黄或深铬黄的。橘黄色则多用吡唑酮橘黄，但也有采用钼橘黄的。

蓝色颜料以酞菁蓝为主，也有采用华蓝的。

绿色颜料以酞菁绿为主，也有采用磷钨钼酸色淀翠绿的。

紫色颜料以喹吖啶酮紫最佳，也有采用磷钨钼酸色淀紫的。

白色以钛白、锌白用量为多，亦有采用少量锌钡白的。

黑色颜料均用炭黑。

（2）填充料　聚烯烃凹版印刷油墨有的要用有的可不用，为了调节油墨的黏度和厚薄度，多数采用胶质碳酸钙。

（3）合成树脂　目前用得最多的合成树脂是聚酰胺树脂。它是半干性植物油酸，如棉子油酸或豆油酸，先制成二聚酸，再与己二胺缩合而成。树脂的软化点较低，在96～110℃之间。对经过表面处理的聚烯烃薄膜，如聚乙烯和聚丙烯，有较好的附着力。有的用丙烯酸与丙烯酸酯的共聚体来做连结料，也有较好的附着力，但成本较高。还有用氯乙烯与乙酸乙烯的二元共聚树脂，或在前两者中再加马来酸酐的三元共聚树脂来做连结料，附着力略差些，价格也不便宜，故国内用于聚烯烃薄膜表面印刷的油墨多采用聚酰胺树脂。

（4）溶剂　上述聚酰胺树脂所适用的溶剂，以醇类和苯类的混合物为主。醇类多用于乙醇、异丙醇、正丙醇和丁醇。苯类多用甲苯和二甲苯。因聚酰胺树脂

的耐刮擦的性质不够好，有的油墨中加入硝化纤维素以弥补此缺陷，因此也需要加入酯类溶剂，如乙酸乙酯、乙酸丁酯。因为苯类溶剂毒性较大，故有的采用含少、量苯类或不含苯类的链烃溶剂来代替。溶剂的沸点和蒸气压关系到油墨的挥发、干燥性质，故必须适当选择。溶剂的闪点决定油墨的易燃性，故也须加以注意。各种溶剂在油墨干燥后往往有一定量残留在塑料薄膜内，它的缓慢挥发会影响到所包装的商品，若所包装的是食物或玩具，则超过一定量的残留溶剂会污染食物，也会使玩具及包装与儿童接触而有损健康。

2. 凹版塑料油墨的质量标准和其他性质

(1) 公开的标准

① 颜色。与标准样近似（刮样目测）。②着色力。与标准样相比为 95% ～ 110%。③细度. ≤25μm。④黏度。25℃条件下，涂 4# 杯 25～70s。

(2) 其他较重要的性能

① 附着牢度。处理过的聚乙烯或聚丙烯薄膜，其表面润湿张力为 38×10^{-5} ～ $40 \times 10^{-5} \mathrm{N/cm}$，一般凹印方法印上油墨。或用 9mm 直径的铜棒上缠有直径 0.12mm 的钢丝刮棒，将油墨刮在上述薄膜上。印样放置 24h 后，一般在油墨上贴上胶粘带，在胶粘带滚压机上往返滚压 3 次，用圆盘剥离试验机，一般以 0.6～1.0m/s 的速度揭开胶粘带。此时油墨层有可能被黏附在胶粘带上而剥离，用宽 20mm 的半透明毫米格子纸覆盖在被试验部分，数出油墨层完好的面积所占的格子数，再数出被揭去油墨面积所占的格子数，可用下式计算出油墨的附着牢度。

$$A = \frac{A_1}{A_1 + A_2} \times 100 \qquad (2-1)$$

式中　A——油墨的附着牢度面积百分比；

　　　A_1——试验后完好的油墨层格子数；

　　　A_2——试验后被揭去油墨层的格子数。

合格油墨的附着牢度应大于 90%。

② 初干性。这是指油墨在一定温度［(25±1)℃］、一定湿度［(65±5)%］和一定时间（30s）的条件下，由于溶剂的挥发，不同厚度的油墨层最初达到由液态变为固态的干燥性。

具体试验方法为准备好揩拭干净的刮板细度仪，在上述温、湿度条件下，用玻璃棒沾取油墨迅速滴在刮板细度仪最上端 100μm 处，并用刮刀刮下，使油墨充满整个从 100μm 到零的不同厚度的槽内，立即揿秒表计，当时间达到 30s 时，将长 160mm、宽 60mm 的 65g/m² 画报纸紧按在刮板细度仪最下端，遮住刮板凹槽全部，用邵式硬度为 50 度的胶辊在纸上由下往上滚压。揭开纸，此时有一定量的油墨沾在纸上，墨层薄处可能已干就不沾纸，厚层未干就会沾纸，从零处起，用毫米尺度量未沾墨迹的长度，以 mm/30s 表示油墨的初干性。

一般而论，凹版塑料油墨以印在聚烯烃表面为主，聚烯烃表面能极低难以附着牢固，通常均将其表面用电火花或其他方法处理，使其表面润湿张力达到 $38 \times 10^{-5} \sim 40 \times 10^{-5}$ N/cm，然后进行印刷，否则就附着不牢固，印在上面的墨膜易于脱落。现在，已研究出一种聚烯烃薄膜表面不需经过处理而进行印刷，墨膜也相当牢固的一种油墨。这种产品国内外均有生产，但其牢固度总还不及处理过的聚烯烃薄膜印上一般凹印塑料油墨附着牢度好。这两种油墨主要用于表面印刷，故亦称为"表印油墨"。印刷上除要求色彩鲜艳、着色力合格、细度好、黏度适当、初干适当以及附着牢固度好之外，光泽度好也是必要的。印刷的印速不同，对油墨的黏度和初干性也有不同的要求。印速快，油墨黏度应小一些，初干性应快一些；印速慢则要求黏度大一些，初干性慢一些。

六、凹版复合塑料印刷油墨举例

专用于复合塑料薄膜包装材料的印刷油墨，一般是印在透明度很高的聚丙烯薄膜、聚酯薄膜或玻璃纸的反面，然后与聚乙烯薄膜或其他材料复合，油墨层夹在两层塑料薄膜之间，从里面透过薄膜显示出所印刷的图案文字，俗称为"里印油墨"。它和上述"表印油墨"用途不同，质量要求就有所不同，从而其组成成分也不同。

1. 复合塑料油墨和一般凹版塑料油墨质量要求的不同

因为是"里印"，上面所叙述的"表印油墨"所必须具备的附着牢固度和光泽度就无关紧要。油墨夹在两层薄膜之间，不会直接被摩擦和搔刮；光泽度好和坏也都一样。但在薄膜复合后，有油墨处的复合粘接强度必须达到一定程度，一般为100g/15mm。否则这种复合材料制成的包装袋，在包装或运输中稍受揉搓或挠曲即易于二层脱开。另外，复合包装的商品绝大部分是食品，或者是需要气密性和防潮好的高档商品，油墨印刷后的溶剂残留量必须较低。因为复合包装的内层往往是聚乙烯薄膜，它比聚丙烯、聚酯、尼龙等表层薄膜的气密性差，油墨中残留的溶剂缓缓释放时，会从气密性差的内层渗透而被食品或其他被包装物所吸收。有机溶剂不论有毒、少毒或可视为无毒，都不允许污染食品，所以国际上食品法都有规定，必须限制其在一定限度之下。其他高档商品沾染了溶剂气味也是不受欢迎的，所以复合塑料油墨印刷后的溶剂残留量必须符合食品法的规定。

对油墨的其他质量要求如颜色、着色力、细度、黏度等则与上述"表印油墨"大致相同。

2. 复合塑料油墨的组成

由于上述各项质量要求，凹版复合塑料油墨的组成和一般凹版塑料油墨就有所不同。在颜料选用上，需注意不能采用含重金属等有毒成分，如铬黄类颜料含铅＋银朱含汞、立索尔大红含钡，以免制成油墨印成包装而污染食品。在合成树脂的选用上，需注意在制成复合包装材料后有油墨处的复合粘接强度能符合要求。以氯化聚烯烃类树脂、丙烯酸类共聚体树脂和聚异氰酸酯类树脂为宜。氯化聚烯烃类树脂所制油墨，在挤出复合或干式复合的正常操作工艺下制成的复合材料中，其复合粘接强度可达到 2.5N/15mm 左右。丙烯酸类共聚体树脂所制油墨，在挤出复合正常工艺下制成的复合材料中，其复合粘接强度可达 2.3N/15mm 左右。聚异氰酸酯类树脂所制油墨，在干式复合正常工艺下制成的复合材料中，其复合粘接强度可达 2.7N/15mm 左右。在溶剂的选用上，首先是能很好地溶解树脂，其次是溶剂残留量较小，以达到能够制成各项印刷性能良好的油墨，而在印制成复合包装后，其残留溶剂的释放量不超过食品法的规定。

3. 复合塑料油墨的印刷生产与材料选用

一般的复合塑料油墨，是以氯化聚丙烯系列树脂生产的，对 OPP、PET、BOPPP 等薄膜印刷基材具有较高的黏附力，经复合后，油墨夹在里层，是印刷高档次的塑料软包袋的理想油墨。其稀释溶剂主要酮类、酯类、苯类，一般不加入醇类溶剂进行稀释，因为醇类溶剂的加入，会使油墨破坏，出现油墨发稠或呈"豆腐花"的现象，导致无法印刷。常用的稀释剂主要有乙酮、丁酮、醋酸乙酯和甲苯等，其中甲乙酮、甲苯、醋酸乙酯属快干溶剂，丁酮属慢干溶剂，印刷生产时，油墨干燥性的调整，可以通过不同的酮类、苯类、酯类溶剂配比来达到印刷的要求。当然由于油墨生产厂商的不同，其油墨性能也不尽完全相同，所以实际中，印刷工应以凹印机的转速来确定油墨的选择。否则，凹印机的转速慢，而油墨干在凹版网点里凹印机转速快，印件不能完全干燥，造成印品粘脏。而对于复合包装，尤其是熟食包装，一般是印在 PET、PA 薄膜上，应该选用聚氨酯等耐蒸煮的双组分凹印油墨，达到较佳的附着牢度、复合牢度及蒸煮性能。否则，如果起不到耐蒸煮的作用，印品将出现复合后里层的油墨经过蒸煮变稀、色彩失真、图文不清晰等现象。另外，在生产耐蒸煮的包装袋时，还需要选择耐高温的材料和耐蒸煮的双组分复合胶。

4. 凹版复合塑料油墨质量要求

塑料凹版油墨的表面张力一般是 36 达因，而 PE、OPP 的表面张力一般只有 32 达因左右，这就要求在进行凹版印刷时，薄膜要经过电晕处理，破坏塑料表面分子结构，提高薄膜表面张力，使之达到 38 达因以上，让油墨和薄膜亲和粘牢，用手搓和胶粘带撕不下油墨，才达到印刷质量要求。

一般塑料凹印油墨出于在生产中氯化聚合物对臭氧层有影响，在凹版印刷中大量使用甲苯来溶解和调节油墨的黏度，对工人的健康和安全产生伤害，这就要求油墨制造厂尽快研制低毒、无毒的醇溶性和水溶性凹版塑料印刷油墨。我们在生产纸塑复合卷材（供自装机包装药品、袋泡茶等）和液体包装膜卷材时，采用塑料柔版油墨，此油墨是醇溶性的，所添加溶剂是醇类和酯类，毒性低，达到无味、无苯卫生要求。

总之，对塑料凹版印刷油墨的选择应用，要根据不同的凹版印刷机性能和操作工的熟练程度等诸多因素而定。要知道在什么材料上印刷，凹印机的速度是多少，油墨干燥程度如何，印刷色彩是否与原稿相符，印后加工是否符合要求和最终产品的用途，不同的印刷，要求选择相应的油墨，绝不能随便将不同的油墨代替使用。只有选择合适的油墨，加上正确的操作，才能创造出高质量的印刷包装产品。

七、高温耐蒸煮凹版复合油墨配方选材与举例

1. 高温耐蒸煮凹版塑料复合油墨

我国的软包装技术发展迅速，水平不断提高，制作的软包装材料款式多样，其中复合软包装材料现已成为国内较成熟的主要包装材料之一。如使用的薄膜基材就有 PET、BOPP、VMPET、VMCPP、PE、CPP 和 AL 等，未来软包装的趋势向着高阻隔性、耐高温蒸煮性的方向发展。特别是食品、药品等的外用软包装材料，更要求有高温杀毒、环保卫生等高性能，这样就要求有符合如此高性能条件的、适用于高温耐蒸煮的复合印刷油墨与之相配套。于是，高温耐蒸煮凹版塑料复合油墨应运而生。

一般需要经过蒸煮消毒的这类包装袋所包装的食品如肉类熟食等，必须封装之后连包装袋一同经过 121℃（有的稍低）30min 或 15min 条件的蒸煮消毒。不合格的油墨会产生印迹网点扩大，使图案文字模糊；有的会使复合粘接强度大幅度降低，易于使有油墨处二层薄膜脱开；更严重的会产生有毒重金属污染食品或残留溶剂污染食品。故这类油墨除需要具备复合塑料油墨的各项质量要求外，还必须具备蒸煮消毒后印迹不退色、变色，网点不扩大，残留溶剂量更少和不含有毒重金属等要求。

制造这类油墨应选用耐蒸煮消毒不退色、不变色和不含有毒重金属的颜料，以聚异氰酸酯类树脂和适量的含活泼氢的固化剂及溶剂为连结料。或者树脂和固化剂分开为两个组分，在使用前才按适当比例混合。固化剂种类可分为室温固化和加热固化两类，按需要而定。固化剂可使树脂的网状交联程度加深，在包装袋加热蒸煮下油墨印迹更为稳定。对这类油墨目前国际上有两种看法，美国认为在蒸煮消毒中难免有氰基游离，具有剧毒，不宜采用；日本认为虽可能有氰基游离，为量极微，不致影响人体健康，在严格控制下可以采用。

2. 高温耐蒸煮凹版塑料复合油墨及其特性

高温耐蒸煮凹版塑料复合油墨系用有关的氯醋树脂、特殊聚氨酯作连结料，加入一系列的特殊助剂和有机溶剂，配以有耐高温性能的有机颜料经均匀搅拌、分散研磨、调黏兑色而成。它适用于低速至高速塑料薄膜里面印刷，基材一般是

PET、BOPP、NYLON（尼龙）和镀铝膜等复合塑料薄膜。印后的产品既可用于普通的复合工艺，更适用于高温蒸煮的复合工艺，墨膜溶剂残留量低、无臭无毒、环保安全，可用于食品和药品的包装，符合卫生要求。

高温耐蒸煮凹版塑料复合油墨有以下几点特性：①附着牢度高，适用于多种印刷薄膜；②黏度低、流平性好、固含量大、颜色鲜艳、色浓度高、网点重现性佳，适用于层次版的套色印刷；③印刷适性优良，油墨转移性佳，适用于不同的机速和版深；④印品能耐高温蒸煮，一般单组分使用时可水煮达 90～100℃、高温蒸煮达 100～120℃；双组分印刷时加入 3％～4％固化剂可提高油墨印品的耐高温性能、成膜性能、印刷适性、复合牢度等。

3. 配方设计及其辅助材料的选择

（1）连结料的选择　油墨的黏度、流动性、干燥性、转移性、光泽度和固着性等性能主要由连结料决定，其耐酸碱性、耐高温蒸煮性等特性也与连结料的性能密不可分。因而高温耐蒸煮凹版塑料复合油墨配方的开发重点就在于有关连结料的研究和选择。目前能够适用于高温耐蒸煮凹版塑料复合油墨配方的连结料，提高油墨身骨的树脂只有氯醋树脂和聚氨酯树脂。

氯醋树脂实为氯乙烯（VC）和醋酸乙烯（VAC）的共聚物，它实质上是干燥的漆基，在配方中所含的挥发性有机溶剂蒸发后形成薄膜。在高温耐蒸煮凹版塑料复合油墨配方中，一般选用成膜后具有高韧度、有持久柔顺性、抗磨耐损性、低水溶胀性、低透气性、耐高温蒸煮性等特点的氯醋树脂。由于凹版油墨应用在各种不同的塑料薄膜基材上，这些塑料薄膜表面光滑，因此，在油墨配方中选择该类型的氯醋树脂时，应考虑氯醋树脂分子中带有羧基（—COOH）的一类，因此类氯醋树脂在表面光滑的基材上表现有很好的附着力，尤其是对铝箔等基材。所以，含有羧基的氯乙烯和醋酸乙烯以及二元羧酸的三聚物（即是三元氯醋树脂）是高温耐蒸煮凹版塑料复合油墨配方中必不可少的连结料之一。酮类、酯类和氯化烃类是含有羧基的氯醋树脂的常用溶剂，油墨用的三元氯醋树脂一般是先用丁酮、异丙醇、醋酸乙酯、甲苯等混合溶剂配成固含量为 20％ 左右的氯醋树脂液，用卡仑桶或储油罐存放待用。

聚氨酯塑料（PU），化学名称为聚氨基甲酸乙酯泡沫塑料，它是聚氨酯单体树脂液与聚醚多元醇或聚酯多元醇经催化剂及其他助剂反应而得的泡沫塑料，按原料的组分不同，分为聚醚型和聚酯型两种，并有软质和硬质之分。油墨配方中所用的聚氨酯树脂液只是聚氨酯塑料（PU）的单体成分，经过改性并配以酮类和酯类等有机溶剂，固含量一般为 30％ 左右，无色或浅黄色透明黏稠状液体。作为油墨的连结料，该类聚氨酯树脂液分子中一般含有—NCO基团，分子的聚合度较少，但是分子结构复杂，种类繁多，其中的简单单体就有甲苯二异氰酸酯（TDI）、二苯基甲烷二异氰酸酯（MDI）、多苯基多次甲基多异氰酸酯（PAPI）、三羟基聚醚（甘油聚醚）。市面上出售的油墨用聚氨酯连结料，就是经过改性的聚氨酯单体树脂液，引进一些重要的分子官能团，使其成膜后具备各种优异的性能。特别是与某些固化剂（主要成分为聚醚或聚酯多元醇化合物）反应后能生成性能各异的墨膜，如具有软质、较高的拉伸强度、较好的耐油耐溶剂性、优异的绝热和阻隔性等；特别是耐高温蒸煮性，是在设计高温耐蒸煮凹版塑料复合油墨配方时，要考虑选用该类聚氨酯树脂液作主连结料的主要因素。

在选择油墨用的聚氨酯树脂液时，要求做成的油墨具有与塑料薄膜优异的黏结性，墨膜有很好的耐热耐水煮性，溶剂释放性好、残留量少，对颜料的润湿性良好，光泽度高等性能。现市面上出售的油墨用聚氨酯树脂液，主要组成部分多数为聚氨基甲酸酯化合物、异丙醇、丁酮、甲苯等，外观为无色或浅黄色透明黏稠液体，固含量一般为 25％～35％；在油墨配方中添加量通常为 35％～45％。

（2）颜料的选择　高温耐蒸煮凹版塑料复合油墨对颜料有一系列的特殊要求：①颜色要鲜艳；②光泽度要好；③着色力要高，这是衡量颜料使用意义和经济价值的条件；④透明性和遮盖力要好，根据油墨用途的不同，对颜料的透明性与遮盖力有不同的要求；⑤吸油量要小，这样才能使油墨浓度易于提高，墨性容易调节；⑥润湿分散性要好，颜料在油墨连结料中的分散能力直接影响到制备油墨的成败；⑦其他物化性能，如耐光、耐热、耐溶剂、耐酸碱、耐迁移等各项性质兼而有之的颜料很少，只有根据应用方面的特殊要求，选择合适的品种。

高温耐蒸煮凹版塑料复合油墨用的颜料首先要耐溶剂，其次要有耐高温蒸煮性，能承受 160 ℃ 以上高温而不分解变色。按照标准，油墨中应用的黑色颜料全部是炭黑；白色颜料多数选用金红石型钛白粉；色墨则要有条件地试验选用，例如经过颜料化处理的缩合偶氮类、苯并咪唑酮偶氮类、酞菁蓝和酞菁绿等，它们都能经 200℃ 高温而不变色。

（3）润湿分散剂的选择　颜料的润湿分散是高温耐蒸煮凹版塑料复合油墨制造技术的重要环节，把颜料粉碎成细小的颗粒，均匀地分布在油墨的连结料中，以期得到一个稳定的悬浮混合体系。油墨中的颜料分散相当复杂，一般认为有润湿、粉碎、稳定三个相关过程。润湿是指用树脂液、有机溶剂或添加剂，取代颜料表面上的吸附物如空气、水分等，即由固/气界面转变为固/液界面的过程；粉碎是指用机械力把凝聚的二次团粒分散成接近一次粒子的细小粒子，构成悬浮分散体；稳定是指形成的悬浮分散体在无外力的作用下，仍能处于分散悬浮状态。润湿分散剂实质是一种特殊的表面活性剂，对颜料兼备润湿和分散两大功能。它的润湿分散作用就是降低物质的表面张力，使表面活性剂的分子吸附在颜料的表面上，从而产生电荷斥力或空间位阻，防止颜料产生有害的絮凝，使分散体系处于稳定的悬浮状态。高温耐蒸煮凹版塑料复合油墨用的分散剂一般为阴离子型的表面活性剂，它的主要成分为碳酸酯或者特殊的金属铝铬合物，浅黄色或黄棕色液体，是油溶性分散剂，改善颜料在油墨中的分散性能，防止油墨中颜料的溢流和变色，提高色浓度和展色力，增强墨膜与塑料薄膜的附着力和复合牢度。

（4）蜡粉的选择 高温耐蒸煮凹版塑料复合油墨配方中通常要添加一些特别的蜡粉，它能为印品墨膜提供优良的抗磨抗刮性，防黏和增加油墨的流动性，提高印刷适性和改善后加工性能等。由于蜡粉颗粒直径在 5mm 左右，比颜料粒子直径和墨膜的厚度大，因而蜡粉颗粒能突出墨膜，使墨膜表面粗糙。当塑料薄膜印刷上油墨收卷长时间放置时，粗糙的墨膜有利于防止背面粘连，也有利于在后加工的胶水均匀涂布，增强复合牢度。在油墨中加蜡粉，还能消除在高速印刷过程中油墨容易脱落在滚轴上的弊病。

高温耐蒸煮凹版塑料复合油墨配方多数要选用熔点高、硬度强的分子直链型合成聚乙烯蜡，有前加和后加两种方式，一般添加量为油墨总重量的 1%～2%。正常情况下是在油墨研磨前加入，有利于分散和提高流动性，注意研磨温度不要过高，以免蜡粒子发生变形和凝聚，影响性能。也有配以树脂和有机溶剂做成膏体，在做墨的调黏兑色阶段添加，但是这样做就要防止某些渗透力强的有机溶剂溶解蜡粒子，产生再结晶而返粗，失去应有的性能。

（5）抗静电剂的选择 凹版塑料油墨在高速印刷时，由于积聚静电会引起偏移、模糊、斑点、胡须、边缘排斥等问题，严重时甚至会发生火灾、爆炸等恶性事件。因此在油墨中添加抗静电剂，就是为了降低在印刷过程中塑料薄膜表面电阻，消除静电以解决印刷中出现的上述问题。塑料和油墨中一般选用阴离子型的抗静电剂，包括高级脂肪酸盐、烷基磷酸酯盐、烷基硫酸酯盐和磺酸酯盐等，该类型的化合物能溶于水、酮类、醇类、苯类等有机溶剂，商品是以含有活性物30%～60%不等的有机溶剂水溶液出售。高温耐蒸煮凹版塑料复合油墨主要是选用磷酸乙酯的异丙醇溶液作为抗静电剂，加入量占油墨总量的 0.1%～0.3%，对墨性无任何不良影响。

（6）附着力促进树脂和气相二氧化硅粉末的选择 在聚氨酯和氯醋树脂的油墨体系中，由于氯醋树脂本身的柔韧性不够，需要使用附着力促进树脂来提高其柔顺性。高温耐蒸煮凹版塑料复合油墨配方中就要添加一些改性的氯化聚丙烯树脂液，其固含量一般为 20% 左右，提高聚氨酯油墨在塑料薄膜上的黏着力，增强分散效果和流动性。

气相二氧化硅粉末，也叫哑光粉，一般经过有机表面处理，分散容易。它在高温耐蒸煮凹版塑料复合油墨中的作用是：①防止颜料沉降，保持油墨的长期流变性能和细度；②改善油墨在上机印刷时墨膜的流挂性能，防止水纹的产生；③也能像蜡粉一样，有利于胶黏剂的均匀涂布，提高复合牢度。

（7）有机溶剂的选择 塑料凹版油墨主要是靠溶剂挥发干燥成膜，当油墨被印刷在承印物表面上时，由于溶剂挥发，墨膜厚度降低并收缩。油墨溶剂挥发成膜主要分为两个阶段：第一个是"湿阶段"，受表面层控制；第二个是"干阶段"，溶剂挥发速率受溶剂在整体墨膜里面扩散所控制。有真溶剂时，保证树脂和其他聚合物的充分伸展并相互作用，流平性好。若真溶剂挥发过快，残留溶剂中只为助溶剂时，聚合物分子就倾向于形成紧密的卷曲，甚至析出。尤其重要的是溶剂挥发引起吸热冷却和聚合物浓度上升，使墨膜的表面张力提高，产生溶液自低表面张力区向高表面张力区流动，这就是蜂窝流，易产生"橘皮"和浮色现象，所以保持必需量的真溶剂是保证墨膜流平性的重要条件。

对聚氨酯和氯醋树脂的油墨体系来说，甲苯、二甲苯、醋酸乙酯、丁酮、异丙醇是常用溶剂外，还要选择甲基异丁酮、乙二醇单丁醚、丙二醇甲醚等特殊性的有机溶剂。其中苯类和醇类对聚氨酯和氯醋树脂来说只是助溶剂，酮类和酯类虽是真溶剂，但是挥发速度太快。因而还要采用甲基异丁酮、乙二醇单丁醚、丙二醇甲醚等特殊的溶剂，调节挥发速率和溶解度，增强混合溶剂的色散力，提高溶解参数，使油墨始终呈现一个良好的流体状态，保证印刷工作的顺利进行。

八、国内外凹版油墨改进、创新与开发方案

1. 凹印油墨的改进与创新技术

随着人们环保意识的增强，对传统的溶剂型油墨所带来的环境污染问题也愈加重视。随着新一代水溶性聚合物的技术进步，水性油墨已成功应用于烟包、酒标等纸包装制品的凹印工艺，实现了无甲苯型油墨印刷，避免了溶剂型油墨给环境和作人员造成的污染。水基油墨对包装市场已显示出巨大的影响和显著的增长潜力，是油墨行业发展的方向。水性上光油也将逐步取代溶剂型上光油。

在欧美国家，90%以上的印刷企业使用对人体无毒、对环境无公害的水基油墨来印刷烟酒盒、药盒、食品盒以及生活用品包装盒（箱），避免了对生态环境造成危害。国外的凹版印刷领域，水基油墨取代溶剂型油墨已成为必然的发展趋势。

水基凹版铝箔油墨是一种易挥发干燥的热固化型油墨，主要由成膜物质、着色剂、添加助剂和助溶剂等部分组成。成膜物质是决定油墨物理特性的关键部分，常采用水溶性丙烯酸树脂和水溶性自交联乳液成分着色剂为具有耐碱性的原料。这种水基凹印油墨具有无毒、无味，有良好的转移性能和附合牢度、适于轮转凹印等特点。

2. 国内凹版油墨的研发进展

目前国内表印油墨分为一般软包装（如购物袋、妇婴卫生制品）用油墨（该油墨以苯溶聚酰胺树脂 PA 为主）、烟包用油墨（以硝化棉树脂 NC 为主）及纸箱油墨（水性油墨），而复合油墨中，70%以上是以氯化聚丙烯（CLPP）为主的 BOPP 专用油墨，10%～20%为聚氨酯（PU）油墨，还有一些是 PVB 醇溶油墨。由于价格等因素，导致不同材料、不同包装使用不同的油墨，对印刷厂来

说，油墨品种多，库存多，也极易耽误交货期。

3. 国外凹版油墨开发方案

日本及欧美，因包装要求不一样，故油墨体系也有很大差别，日本一小部分广告报刊为轮转柔版印刷。卫生制品大部分为凹版印刷（油墨从含苯逐步转向无苯，如脂肪烃溶剂）体系，烟包也以凹版为主，复合包装袋则为苯溶聚氨酯（转向无苯）体系，CLPP 体系已基本消失，在复合包装领域，通用型油墨占有很大比例，欧美除复合包装袋外，主要以柔版为主，（水性或醇溶）即使复合包装也是以醇溶 HC＋PU 为主，故在欧美，色浆＋树脂液这一方案非常普遍。

第三节　柔性版塑料油墨

一、柔性版塑料油墨概述

柔性版油墨适用于柔性版印刷机印刷塑料薄膜、金属箔、纸张及瓦楞纸等包装材料。

柔性版水性塑料油墨指以水溶性树脂和以水为主的溶剂配剂而成的柔性凸版油墨。这种油墨的特点是印刷稳定、印刷性能及显色性都比较好，且无毒、无污染、不燃。用来印刷纸张、纸板时，也有用特殊水性树脂制作成的印刷塑料薄膜用油墨。

一般而言，柔性版油墨最早称为安尼林（Aniline）油墨或苯胺油墨，因为当时系用苯胺衍生物的染料为着色剂来制造油墨。这时的柔性版印刷称为安尼林印刷或苯胺印刷。最初的柔性版系用天然橡胶版材雕成凸版，故亦称橡皮凸版，油墨也一度称为橡皮凸版油墨。因橡皮雕刻凸版制作不易，精度不高，且与油类或有机溶剂接触易于溶胀损坏，耐印率极低，油墨也受到限制，故这一印刷方法发展极慢。

在 20 世纪 60 年代前后发明了柔软可挠曲的感光树脂版，并逐步改进。现在制版十分方便迅速，质量亦达到一定的精美程度（与凹版印刷相比，尚有一定距离），且可耐受一般溶剂，使油墨放宽了选材限制。故而获得迅速发展，已成为一大印刷工艺。国际上已统一称为柔性版印刷（Flexograph），油墨名称也统一称为柔性版油墨。

二、柔性版塑料油墨的性质

金属制的凹版不怕任何有机溶剂，柔性版虽已不断改进可耐一般溶剂，但与强溶剂长久接触仍有溶胀倾向，故柔性版塑料油墨与一般表面印刷用的凹版塑料油墨的最大不同之处在于不能使版材溶胀。至于其他质量如颜色、着色力、黏度、初干性、附着牢度和光泽度，均与表面印刷凹版塑料油墨相同。

三、柔性版塑料油墨的组成

由于不能使版材溶胀这一要求，选用溶剂方面仍受一定限制。如酮类最好不用，苯类应限制在5％以下。可采用的溶剂是醇类、酯类和烷烃。由于溶剂的限制，合成树脂就以选用醇溶、酯溶和烷烃类能溶解的为主，有些树脂在单独一类溶剂中溶解性不好，却能溶解在混合溶剂中，也可采用。常用者为聚酰胺树脂、纤维素类、顺丁烯二酸酐树脂、松香和虫胶。颜料的选用与表面印刷油墨相同。

四、柔版印刷水性油墨的筛选方法

凹印工艺的特点是采用金属电镀凹版和溶剂型油墨，而电镀产生的废水污染与溶剂型油墨的 VOC 影响，以及凹印因追求墨色厚实而墨量大，由此产生的产品溶剂残留，总容易引起消费者的非议。

柔印因墨量比凹印减少1/2甚至2/3，墨层薄，干燥得比较彻底，产品溶剂残留量大幅度下降，因而引起业内的兴趣，但柔印溶剂型油墨同样存在 VOC 污染。

柔印采用 UV 油墨是一种选择，目前柔印标签领域的工艺水平已经达到可以采用175线/英寸、最小网点1％的印版，渐变网印刷衰减到零而没有硬口的绝网境界。但是，该质量水平目前仅限于使用 UV 油墨。UV 油墨价格过高，在标签尤其是不干胶标签领域，对 UV 油墨的高价格似乎还能承受，但在竞争更激烈的软包装领域，价格高昂的 UV 油墨几乎没有市场。

因为 UV 油墨中不含有机溶剂，没有 VOC 污染，已被列入环保油墨范畴。但是，UV 油墨还是存在不少问题：油墨中的有些感光剂会产生污染，如 ITX 污染；印刷现场紫外线泄漏对操作人员造成伤害；UV 固化装置能耗高，大量无用的热能被排放；金属抽风管烫得连手都放不上；UV 灯管的有效寿命短；UV 固化的成本明显高于其他干燥方式。因此，将目前的 UV 油墨列于环保范畴，确实值得商榷。

1. 柔印水性油墨要达到的物理特性

为了达到柔印 UV 油墨的印刷质量，柔印水性油墨在下述各项质量指标中不能低于柔印 UV 油墨。

（1）在非吸收性承印材料上的附着 传统的柔印水性油墨在纸张等吸收性承印材料上的附着是没有问题的，当渗透吸收成为墨膜干燥的主要方式时，现今的大多数柔印水性油墨都可以达到要求。但是在非吸收性承印材料（如薄膜或铝箔）上印刷时，墨膜中的水分无法通过承印材料渗透，墨膜如何在承印材料上固着，使墨膜对承印材料的黏附力大于 3M 的 600 或 610 型胶带对墨膜的黏合力？即如何保证柔印水性油墨在非吸收性承印材料上的附着力，这是薄膜用柔印水性油墨的首要质量问题。

（2）在薄膜上印刷的颜色密度　UV 油墨的色浓度很高，这是由于 UV 油墨很少含有有机溶剂，固含量高，其颜料比例较高，一般达 25%。因此，同样墨层厚度的油墨，UV 油墨的色浓度给我们以很深刻的印象。柔印采用网纹辊上墨，墨量的稳定性与墨色的均匀性是其特长，但墨层比较薄，所以对相同墨层厚度下的颜色密度有很高的要求。

（3）墨膜的光泽度　柔印 UV 油墨的光泽度较高，很大原因是其固含量高，因此树脂比例较大。柔印水性油墨要想达到这个标准，对树脂的选择及其比例的确认将是一个重要方面。

（4）墨膜的耐磨与耐刮擦性　表印油墨对墨膜的耐磨与耐刮擦性有特定要求，这同油墨中树脂的硬度或添加剂的成分与比例有关。必要的耐磨和耐刮擦助剂，柔印 UV 油墨中具有的，柔印水性油墨中也应该具有。

（5）墨膜的耐热粘连性　耐热粘连是包装印刷用油墨的重要特性之一，即国外同行常说的 blocking 测试。由于包装印刷常采用轮转印刷机卷对卷印刷方式，若墨膜的耐热粘连性不够，印刷成品卷料的正面与背面会因墨膜为媒介而粘连，业内所谓的背粘即如此。

（6）油墨的耐晒性　油墨的耐晒性检测常用蓝羊毛测试方法，主要检验油墨颜料的耐晒特性。

上述各项指标，在一般的水性油墨制造企业和成规模的包装印刷企业，通过实验室测试都是可以事先掌握的。这样就能避免实际上机测试时有可能产生的误判，事先做好预防。

2. 柔印水性油墨的工艺特性

（1）水性油墨 pH 特点及其稳定性　众所周知，水性油墨所用的水溶性树脂，必须将树脂胺化后才能溶解于水，因此水性油墨中包含的水同我们日常用的水是有很大区别的。水性油墨偏碱性，其 pH 值一般在 8.5～9.5，有些水性油墨的碱性很强，pH 值甚至会达到或超过 10.0。水性油墨的 pH 值会随着周围环境温度的变化而改变，因此在水性油墨应用中，必须要定时监测 pH 值，就像溶剂型油墨每隔 15～20min 就要用黏度杯测量黏度一样。当水性油墨的 pH 值下降到规定值下限之外，其黏度会增高，干燥速度会增快，转移性能会变差。因此必须及时添加油墨供应商提供的稳定剂（其实就是氨水之类的碱性添加剂），使水性油墨的 pH 值恢复到原有水平。目前水性油墨在实际应用中的 pH 值的变化曲线就像是一组锯齿波曲线，以时间 t 为横轴，pH 值为纵轴，pH 值随时间的延伸而逐步下降，一旦添加了稳定剂，pH 值又即刻回升，循环往复，一直处于波动之中。在实际运用中，按照这种方法实施的水性油墨 pH 值控制水平，就像锯齿波曲线一样不稳定。若要使其稳定，必须缩短 pH 值测定与稳定剂添加的时间，增加 pH 值测定与稳定剂添加的频次。因此，国外在水性油墨应用中常采用水性油墨 pH 值实时控制装置，随时测定，随时添加，以维持水性油墨性能的稳定。

水性油墨要及时测定并调整 pH 值，这同水性油墨制造过程中的树脂胺化技术有关。根据目前掌握的技术，丙烯酸树脂胺化一般有三种工艺：一是有机胺工艺，二是氨水工艺，三是 NaOH 或 NaHCO₃ 无机碱溶液工艺。这 3 种工艺在性能上相差很大，成本上也相差很大，在树脂胺化后的稳定性方面差距更大。有机胺挥发慢，因此稳定性好，但价格贵；氨水便宜，但挥发快，必须及时补充；无机碱溶液价格便宜，也不挥发，但印刷性能差。目前业内应用的水性油墨，基本上采用的是前两种工艺中的一种，或将这两种工艺结合起来，水性油墨胺化体系中既有有机胺，也有氨水，其目的是兼顾性能与成本。

鉴定水性油墨胺化体系的实验室方法：在没有红外光谱仪的条件下，我们常用在室温下监控水性油墨 pH 值与黏度变化来推断。以实际案例说明如下：待测 CMYK 四色水性油墨，在室温下用 3 号察恩杯测定其黏度分别是 1min44s、2min55s、2min05s 与 2min18s，pH 值均是 8.5；在实验室敞开放置 24h 后测定的黏度分别是 1min50s、2min40s、2min30s 与 2min10s，pH 值仍是 8.5。该数据说明待测水性油墨的 pH 值特性稳定，排除了胺化体系中氨水的作用。48h 后复测 pH 值，分别是 8.2、8.1、8.2 与 8.2，pH 值有变化但变化不大，又排除了无机碱溶液的作用。胺化体系中有挥发，但挥发量不大，这符合有机胺的特性。至于两次测定黏度数据的误差，差别不是很大，可以认定是实验误差所致。

目前市售质量要求比较高的水性油墨，由于设计时已经计算了有机胺的挥发与印刷过程中新添加油墨的补充，基本上不用考虑 pH 值的波动问题，不必定时去监测 pH 值，也不必添加氨类稳定剂。

水性油墨 pH 值稳定性同实际印刷操作时的简便性相关。一名用惯了 UV 油墨的印刷机长，若需要他在印刷过程中隔一段时间就去关注一下水性油墨 pH 值是否稳定，他一定会感到不适应。因此，筛选稳定的水性油墨以减轻一线操作人员的压力，这本身就会得到一线员工关注。

（2）根据上墨机构特点确认的水性油墨黏度　柔印采用的是短墨路，网纹辊技术是柔印墨路的核心技术。同胶印与凸印的浆状油墨长墨路相比，短墨路当然必须采用黏度较低的液体油墨，因此柔印油墨的黏度不能高。

柔印机的上墨单元基本上采用三种方式：一是类似于凹版半浸在墨槽中，将网纹辊也半浸在墨槽中，由网纹辊的每一次旋转从墨槽中汲取新墨；二是采用封闭式刮墨刀，也称腔式刮墨刀，用电动或气动墨泵将墨桶中的油墨吸上来；三是采用着墨辊与逆向单刮刀结构，先将橡胶类的着墨辊上墨，墨量大小可以通过调节着墨辊转速与网纹辊转速的不同步来达到，并经网纹辊计量，逆向刮刀再将多余的油墨从网纹辊上刮去。按照这三种不同的上墨机构，柔印需要的油墨黏度其实是不一样的。第一种机构所使用的油墨黏度确实不能高，充塞于网纹辊网穴中的油墨转移到印版上，需要版辊与网纹辊接触时版辊上印版的局部变形，形成狭长的窄面将网穴中的油墨吸出，这同凹印机油墨转移原理是一样的。第二种机构需要用墨泵抽取油墨，因此油墨黏度大小受制于墨泵的吸力大小。第三种机构完全不必采用低黏度油墨，国内标签业采用的柔印机一般都是此种机构，使用的大多是黏度高很多的 UV 油墨。

柔印 UV 油墨一般不采用黏度杯测量其黏度，往往采用旋转黏度计，测量单位是 dPa·s 或 mPa·s，换算关系为 1dPa·s＝100mPa·s。标签业常用的柔印 UV 油墨的黏度为 10~16dPa·s；而目前常用的柔印水性油墨的黏度，用 3 号察恩杯测定为 22~40s，用旋转黏度计测定的数据则在 0.4~3.5dPa·s。由于该数据已处于旋转黏度计的测量下限，可见测定数据已经很不准了，但数据趋势还是能说明一些问题：目前柔印水性油墨的黏度大大低于柔印 UV 油墨。

油墨黏度同墨路结构的特点是密切相关的。例如同为 UV 油墨，由于胶印同凸印相仿，都是采用长墨路，用 10 多根匀墨辊、串墨辊、着墨辊将油墨打匀后转移到印版上，因此油墨可以很黏，不然其很难在多根墨辊间转移。因此，墨路结构相似的胶印与凸印 UV 油墨往往也可以通用。但柔印 UV 油墨则不然，为了将储存在网纹辊网穴中的油墨吸出，油墨必须类似于凹印工艺那样采用低黏度，否则难以被吸出。但由于网纹辊网穴的特点同凹印电雕版的倒棱锥形网穴有很大不同，因此柔印油墨的黏度又没有必要像凹印油墨那样低。国外在研制柔印 UV 油墨时，正是选择了合适黏度的单体树脂，才使柔印 UV 油墨达到了今天的境界。同理，柔印水性油墨的合理黏度可以同 UV 油墨相仿，而不必刻意去追求低黏度。试想一下，柔印机的上墨机构相同，仅仅干燥机构不同，既然如此，我们有什么必要去降低柔印水性油墨的黏度呢？

采用低黏度油墨的凹印与柔印有一个明显的质量故障，即水波纹，解决水波纹的常规思路是提高油墨黏度，或降低墨层厚度。10 多年前，为了解决柔印的水波纹，我们还不得不将一色的印版分作两色来叠印，两色较浅墨层的叠加可以有效解决柔印的水波纹。但是采用 UV 油墨印刷的柔印产品，不管是精细的柔印标签还是墨色厚实的柔印屋顶包纸盒，从来就没有出现过水波纹。水波纹的案例很好地说明了油墨黏度的重要性。

过低的油墨黏度同网点扩张过大有关，这个问题在吸收性承印材料上还不明显，但在非吸收性承印材料（如薄膜）上的作用就很明显。一般柔印 UV 油墨和柔印水性油墨印样的网点对比，如上述两个印样的承印材料都是透明薄膜，采用蓝墨表印，没有用白墨衬底，那么白底是拍摄图片时用白纸做的衬底。这两个印样的印刷条件相同，两个压力（上墨压力与印刷压力）的调节也相同，且采样均是相同位置的 30％平网。如相邻网点间的空白区域，UV 油墨的样品要大，水性油墨的样品要小。换言之，水性油墨的网点扩张大，UV 油墨的网点扩张小。而且水性油墨印刷的网点，中间颜色特别深，四周变浅。这说明水性油墨网点周围的墨迹扩散了，网点面积增大了，而 UV 油墨网点则没有明显的扩散。若采用分光密度仪测量网点扩大，也能很直观地得到这个结论。这其中的主要原因，就是油墨黏度。

有必要在论述黏度指标时顺便指出："油墨黏度低一些对解决柔印堵版故障有利"的论点是似是而非的。这种感觉来源于柔印溶剂型油墨印刷中在解决堵版故障时的一些经验：当油墨用溶剂稀释后，如果溶剂用得恰当，稀释后的油墨表面张力有了明显改变，柔印堵版故障就可以缓解。但这是油墨同印版表面张力配合的结果，而不是降低油墨黏度的结果。这个结论可以用反例来证实：如果换用其他溶剂来稀释，未必一定能解决堵版故障，很可能印品颜色密度下降，堵版故障照旧。

（3）水性油墨的色浓度　柔印产品的质量可以同胶印与凹印媲美，现在对这一点怀疑的人是越来越少了。柔印标签产品代表了柔印质量的高端水准，印版加网线数达到了 175 线/英寸，最小网点 1％，渐变网可以衰减到零，柔印的高光小网点印刷质量完全不输于胶印与凹印。由于没有胶印水墨平衡中水的干扰，在印刷网点的完整性与平服性方面，柔印更胜一筹。因此，一般在相同图案下，柔印印品比胶印印品层次更丰富，墨色更饱满，立体感更强。

但是，柔印印品的质量受制于网纹辊技术，为了达到印版的高加网线数，网纹辊也必须要采用高线数，而根据网纹辊技术中网穴深度与网穴开口的最佳比例，当网纹辊高线数时，其储墨量会相应下降。此时，若在同一印版上既要追求高加网线数，又要追求印品的高颜色密度，就必须要提高油墨的色浓度，简言之，要提高油墨的颜料比例。

现在已经知道，柔印 UV 油墨的颜料比例一般在 25％，柔印水性油墨的颜料比例一般在 20％，柔印溶剂型油墨的颜料比例也在 20％左右（比凹印溶剂型油墨 10％左右的颜料比例高了近 1 倍）。由于柔印溶剂型油墨的表面张力普遍比柔印水性油墨要低，其从印版上的转移率要稍差些，相同颜料比例的溶剂型油墨的颜色密度要稍低于水性油墨。因此，对柔印水性油墨在色浓度方面的要求，只是将现有的颜料比例再提高些，而不必筛选颜料。目前柔印水性油墨的黏度比较低，还没有达到柔印 UV 油墨的水平，因此只要适当提高颜料比例，既提高了水性油墨固含量，又适当提高了水性油墨黏度，这并不是一件很困难的事。

如鉴定油墨色浓度可以采用柔印展墨辊，即用按一定 BCM 数值配置的网纹辊对承印材料进行展色，再用分光密度仪测定颜色密度。柔印企业常用的颜色密度数据为：在 BCM 值为 1.8 的条件下，C 在 1.3 左右，M 在 1.2 左右，Y 在 0.9 左右，K 在 1.4 左右，已经可以应付生产局面了。请注意：这是对英制单位而言，若采用公制单位 cm^3/m^2，换算关系为 $1BCM=1.55cm^3/m^2$。

如果通过提高水性油墨颜料比例使颜色密度增加，达到并超过柔印 UV 油墨现在的水准，且颜料的增加又不会影响油墨的流平性，这对印刷企业来说更好。因为目前市售的水性油墨表面张力均比 UV 油墨要高，油墨转移率要更好些。在相同颜料比例、相同油墨黏度条件下，水性油墨达到并超过 UV 油墨色浓度并不是不可能的事。

（4）水性油墨的干燥速度 水性油墨组成中，水分大约占 50％以上，而普通水 25℃时的蒸发潜热高达 1043 千卡/磅，是乙醇蒸发潜热 240 千卡/磅的 4 倍以上，因此业内的共识是：水性油墨干燥需要更多的能耗。

其实，水性树脂在胺化过程中，其蒸发潜热、蒸发速率都已发生了显著变化，因此不论是水性溶液或水性乳液，均已不是原来意义上的水了。在柔印机上水性油墨一般采用红外或热风干燥方式，并不需要特殊的装置。只要柔印机的干燥装置可以使用溶剂型油墨，那也一定可以使用水性油墨。

改变柔印水性油墨的干燥特性，业界以前曾经大量使用有机溶剂，笔者曾经使用英国水性油墨时嫌干燥速度过慢，供应商提供的建议是添加干燥速率达 203（相对于正丁酯的干燥速率 100）的乙醇，干燥速度是提上去了，但有机溶剂含量超过了水性油墨标准规定的 5％上限，且对环境的 VOC 影响也上去了。现在我们已经知道，合理的方法应该是调整水性乳液，选择干燥速度合适的水性乳液是首选。

鉴别柔印水性油墨中是用有机溶剂来调节干燥快慢，还是用调换水性乳液来改善干燥性能，最直观、最简便的办法是采用气相色谱检查，计算有机溶剂总量。

测定水性油墨初干长度是评估水性油墨干燥特性的一种常用且有效的方法。该方法原先用于测定凹印溶剂型油墨的初干性，行业标准的数据是 30s 后的转移长度为 10～60mm。柔印水性油墨初干长度的检验，往往以一种特定的柔印溶剂型油墨为相对标准，利用双槽刮板细度计，使其在相同时间内达到相同长度就可以了。理由很简单，目前的柔印机热风干燥系统，使用水性油墨的干燥装置与使用溶剂型油墨的干燥装置没有很大的区别。尤其是针对薄膜印刷的柔印机干燥系统，为了避免承印材料受热变形，对提高烘干温度与延长烘道长度是慎之又慎的。

若柔印水性油墨干燥过快，则油墨在转移到承印材料上之前就黏附在印版上，这是必须避免的。但是这个问题牵涉柔印堵版问题真正原因的探讨，一般认为还不能轻易就此下结论。好在水性油墨比溶剂型油墨干燥更快的案例很少，相反，由于水性油墨慢干造成墨膜过嫩，因而耐磨和耐刮擦性，以及耐冲击性不达标的案例却不少，因此按柔印溶剂型油墨的初干长度来确认柔印水性油墨的初干长度将很重要。

　　调节水性油墨干燥的快慢，主要应该选择不同性能的水性乳液，但水性乳液的选择又相关水性油墨在薄膜上的附着力，这就牵涉水性乳液的混配技术。水性乳液的混配技术，才真正是水性油墨技术的核心。

　　（5）水性油墨的表面张力　就像凹印工艺无法避免刀丝故障一样，柔印工艺最担心的质量问题就是堵版。排除其他工艺条件，在油墨与印版的配合方面，柔印油墨无法从印版上彻底转移，或多或少地滞留在印版上，这是造成堵版故障的三大原因之一。

　　根据我们现在所掌握的数据，我们要求柔印油墨的表面张力与印版表面能（也称印版的表面张力）要尽可能接近。由于对油墨在印版上的润湿性有要求，因此要求油墨的表面张力略低于印版的表面能，使油墨与印版的接触角 θ 小于但接近于 $90°$。这样的配合，既可以避免印版不着墨，又可以避免因油墨在印版上黏滞而造成的堵版。

　　因为是油墨同印版的配合，所以一般有两种做法：一是调整印版；二是调整油墨，从而达到需要的选择。目前国内柔印界最常用的印版主要来自于杜邦、富林特以及日本公司的几种，据测定，印版的表面能差异是比较大的，这同印版的材料配方有关，也同洗版溶剂的性能有关。选择并改善制版过程中印版表面能的稳定性，这项工作在业内已经逐步展开，因此用油墨表面张力的可调节与之配合，是我们在筛选适用的柔印水性油墨时必须要做的一项工作。

　　一般采用液体表面张力测定仪测定柔印水性油墨表面张力，笔者使用过德国 KRUSS 的 K100，效果很不错，在筛选油墨方面作用很大，对油墨性能改善也有很大帮助。

　　水性油墨的表面张力同下述材料有关：水性溶液、水性乳液、助溶剂、助剂等。同溶剂型油墨不同的是，在共沸点特点作用下，水性油墨的表面张力设计要比溶剂型油墨困难些，而且即使同一款水性油墨，CMYK 各色的表面张力也会有明显差异，因此需要大量的实验室计算和试验工作，在试用前可做一定的数据测量与分析工作，以避免盲目试用造成大量材料的损耗。

　　有必要指出一个关于柔印堵版的认识误区：不少业内人士认为柔印堵版是由于油墨干得太快，来不及转移到承印材料上，就已经干在印版上了，因此解决柔印堵版的措施是让油墨慢干。支撑这种理由的一个案例是：UV 油墨在没有经过 UV 固化以前一直是湿润的，那么，UV 油墨不容易堵版是不是这个原因呢？该结论貌似有理，但细想则不然，UV 油墨虽然堵版现象要少一些，但实际上还是存在堵版，堵版时 UV 油墨在印版上并没有固化，但仍然黏滞在印版上，这说明干燥同油墨在印版上的黏滞没有必然的因果关系。而且柔印溶剂型油墨与水性油墨在实际使用中，如果仅从降低油墨干燥性能来解决堵版问题，墨膜中残留的水分或高沸点有机溶剂过多，就会存在墨膜过嫩、墨膜对薄膜的附着力下降、墨膜耐抗性下降的风险。

（6）柔印水性油墨应用的其他细节　薄膜柔印水性油墨在应用中有几个问题是必须要注意的。

① 柔印水性油墨在薄膜上的附着，核心技术是选用合适的水性乳液。目前包装印刷业使用的薄膜有极性与非极性两大类，因此针对不同极性的薄膜选用不同的柔印水性油墨是必不可少的。

前几年，当凹印油墨从苯类溶剂向非苯类溶剂过渡时，业内曾经有过一个争议：究竟是开发一种可以适应所有薄膜的油墨好，还是针对不同极性的薄膜开发不同的油墨好？前一种方案可以归纳并减少油墨品种，使用户积压的残墨最少，可以节约油墨库存。后一种方案的不同油墨有不同的价格，针对不同薄膜可以用价格最合理的油墨，可以节约油墨成本。

柔印水性油墨在薄膜表面附着，要求薄膜表面张力在 38mN/m 以上，若薄膜表面张力不达标，必须事先对薄膜进行电晕处理，或底涂合适的涂层以改变薄膜本身的性能。

在已经处理过的薄膜表面印刷，若要油墨的附着力高，必须要符合三个条件。一是水性乳液的树脂特性必须与薄膜特性相近，水性油墨在转移到薄膜上的瞬间，应该对薄膜有一个微溶阶段。就像溶剂型油墨在薄膜上的附着一样，油墨同薄膜相似相近而达到相溶，符合溶解性第一特点——极性相近原理。微溶阶段其实就是在薄膜表面建立锚固点，建立墨膜可以附着其上的根基。二是墨膜在薄膜表面的润湿，这种润湿能力越强，锚固点越多。三是细密而坚固的墨膜，将各锚固点有效连接。

因此，选用不同的水性乳液，以应对不同特性的薄膜，及维持最低的油墨成本。除非各种水性乳液的价格相同，才可能采用同一水性乳液应对各种薄膜。

② 注意干燥后的墨膜表面张力。国内油墨行业有一个行业标准，要求油墨干燥后墨膜的表面张力大于 38mN/m，这是为保证油墨叠色率建立的一个重要基石。多色印刷中后一色墨在前一墨膜上的相叠，光油在墨膜上的相叠，均离不开这个基石。检测这个数据的方法比较简单，一支电晕笔即可；但改善这项性能还需从水性油墨配方着手，这是大意不得的。

③ 印刷完成后水性油墨的回收。UV 油墨的回收很容易，但若改为价格便宜许多的柔印水性油墨，生产中就需注意及时回收和储存。墨槽需涂布特氟龙，清理时注意不使其黏附油墨，避免浪费。

④ 注意鬼影（ghosting）的预防。不管网纹辊与版辊的速度差异如何，UV 油墨印刷中是没有鬼影的。而柔印水性油墨与柔印溶剂型油墨一样，若网纹辊与版辊在速度配合上有异，很有可能会产生鬼影。因此，在生产中需要加以预防。

用柔印水性油墨挑战柔印 UV 油墨，这在降低产品成本方面对包装印刷业有着极大的诱惑。这个方案在国外已有成功的案例：美国柔印标签业大部分都采用水性油墨，而不是 UV 油墨，成本大幅度下降了，操作人员也没有感到很大的不方便。其实如果具体地对柔印水性油墨与 UV 油墨逐一比较，我们就会发现，柔印水性油墨还是存在许多胜出空间的，关键在于其性能的改善和油墨配方的调整。衷心地希望国内油墨界能早日攻克这一难关，消除印刷界对柔印水性油墨的质疑，推动其在薄膜印刷中的应用。

第四节　醇溶性凹版油墨

一、醇溶性凹版油墨概述

1. 定义

醇溶性凹版印刷油墨，由醇溶性合成树脂、溶剂及有机颜料经充分研磨分散后，具有良好流动性的胶状液体，属挥发干燥型油墨。

2. 适用范围

① 基材。水松纸、糖果纸、其他类型纸张。

② 适用于不同印速，多种要求。

③ 主要适用于烟草水松纸印刷，糖果包装、食品类纸张包装。

3. 产品特点

① 无重金属，无塑化剂（邻苯酸酯类），VOC 指标完全符合国际、国内标准，特别适合水松纸及食品包装印刷。

② 油墨转移性良好，能完美再现各阶调层次。

③ 油墨气味低、无毒、残留溶剂极低，对环境、操作者、使用者不构成任何不良影响。

④ 色浓度高、遮盖率好。流平效果呈现非常理想。

⑤ 耐高温、耐摩擦，抗卷曲性好。

⑥ 采用酒精作为稀释剂。

4. 使用方法

① 应于较低温度下储存，使用前将油墨进行充分搅拌，使之具有良好的流动性能。

② 醇溶油墨在黏度、稀稠、干燥性等方面，要符合上机要求。如果油墨太稠，可用乙醇（能加速干燥）或丁醇（能减慢干燥）稀释，或加稀释剂稀释。如因印机的速度较高或冬季气候较干燥而变慢时，可加入快干剂以加速

其干燥。

③ 油墨可以互相混合，以调节各种色泽，但不可与其他型号油墨混用，以免产生树脂析出等无法使用现象。

二、凹印油墨惯用的溶剂种类

凹版印刷油墨中常用稀释剂可分为以下几类。醇类溶剂，如乙醇（酒精）、异丙醇、正丁醇。酯类溶剂，如醋酸乙酯、醋酸丁酯。苯类溶剂，如甲苯、二甲苯。酮类溶剂，如环己酮、丙酮、甲乙酮（丁酮）。

因为凹印油墨是以挥发干燥为主，所以大部分采取高挥发性溶剂。在油墨溶剂中，通常把可以独自溶解油墨的溶剂称为真溶剂，把不能溶解油墨的溶剂称为假溶剂，把不能独自溶解需和别的溶剂混杂后才溶解的油墨的溶剂称为助溶剂。

以上列举的溶剂中像醋酸乙酯、丙酮、甲苯、丁酮、乙醇都属快干溶剂，像异丙醇、环己酮、醋酸丁酯、二甲苯都属慢干溶剂。

在苯溶性表印油墨中，不能独自运用苯类和其他类溶剂，应把苯类溶剂和醇类溶剂预先混杂好后再稀释油墨，其比例可参考油墨供给商供给的资料调配。

在复合材料中的印刷油墨（氯化聚丙烯类）中苯、酯、酮是真实的溶剂。不能使用酒精溶剂稀释。为了降低成本，可以使用苯溶剂，但应当根据干燥的速度选用。

PVC 收缩膜中酯类溶剂墨水是真实的，只要苯溶剂帮忙，不参与单个苯类溶剂，而酯类溶剂和苯类溶剂混合使用，指的是油墨供应商提供的资料调配的比率。

三、凹印油墨溶剂的挥发与干燥条件

当残留溶剂油墨达到一定浓度时，必须控制溶剂量。除受连结料树脂的影响，还受以下因素的影响。

1. 凹印油墨干燥条件

干燥条件包含干燥风温、风量（风速）、干燥装置结构等。干燥不良，残留溶剂量就会增多。因而，应创造尽可能好的干燥条件。提高风温、风量（风速），无疑能够强化干燥条件，但应当注重的是，在印刷墨层较厚的状况下，假如干燥过快，会使墨层外表迅速结膜，内部溶剂无法逸出，反而会使残留溶剂量增大。再则，温度过高，还容易使墨膜软化。

2. 凹印油墨溶剂的挥发能力

单一溶剂的挥发速度是由它的物理参数决定的。挥发能力与溶剂参数相干性；E 为溶剂挥发速率；P25 为 25℃时溶剂的饱和蒸气压；d25 为 25℃时溶剂的密度；M 为相对分子量；K 是常数。

印刷墨膜中所含的溶剂属于混杂溶剂，每种溶剂的挥发速率是不同的。在这种状况下，溶剂的挥发状况将发生变更，挥发性强的组分首先逸出，而挥发性弱的组分则滞留下来，使溶剂组成发生变更，也就不可能像单一溶剂那样在恒定的温度下以单一的挥发速率逸出，溶剂的挥发速率将逐步迟缓下来。若溶剂的纯度不合要求（如含有过多的高沸点组分）或过多地运用了慢干溶剂，则在正常条件下就会产生严峻的残留溶剂问题。因而，合理地设计混杂溶剂的配方是一个非常主要的技术问题，运用代用品时更应当非常郑重。

另外，颜料的外表特性、比外表面积及浓度也都对溶剂的挥发有影响。就同一颜料来说，溶剂挥发速率将随颜料浓度的增大而减小。对于不同的颜料来说，一般状况下，颜料密度小，溶剂的挥发速率低；颜料的颗粒小，溶剂的挥发速率也低。

四、凹版醇溶性复合塑料油墨功能和选用

由于水性凹版油墨还不够全面替代甲苯类油墨，所以油墨行业一直在努力开发符合环境保护要求的醇溶油墨。醇溶油墨能够帮助我们解决甲苯类油墨对健康所产生的伤害和溶剂残留影响包装食品质量等问题。在欧洲和美国，这种发展已成为一种趋势。在亚洲，如新加坡、韩国等国家，甲苯类油墨正在被淘汰，将被醇溶凹版油墨所代替。醇溶性油墨现已在国内凹印行业得到了广泛应用，可以预见，不久的将来，醇溶油墨将占据中国软包装用油墨市场的主要份额。

凹版醇溶性复合塑料油墨具有低气味、不含苯等特点，这类环保油墨的产生必将提高凹印在包装印刷领域的竞争力。

1. 溶剂的功能与干燥速度

（1）对树脂的溶解能力 溶剂能溶解树脂或添加剂及助剂，给予流动性，使颜料容易分散，有助于在印刷机上油墨的转移并同印刷材料黏结。

（2）黏度的调整能力 溶剂是低黏度的液体，加到印刷油墨里，能降低黏度，其与印刷速度、印版深度等相对应，能够使印刷有效地进行。

（3）干燥速度的调整能力 照相凹版印刷依据印刷速度，干燥设备的能力、气候条件、图案面积大小等，可以合理地调整油墨的干燥速度，通常的印刷条件下，采用如表 2-1 所示的标准溶剂就够了，随着条件的变化，就必须采用快干溶剂或慢干溶剂及特慢干熔剂。由稀释用溶剂来调整干燥速度的机能与溶解树脂的性能一样，都是最重要的性质。

表 2-1　稀释用溶剂

区　　分	使 用 规 则
快干溶剂	在要求特别快干燥等的情况下使用
标准溶剂	通常作稀释用溶剂或清洗剂使用
慢干溶剂	为调节过快干燥时使用
特慢干溶剂	以少量添加使用为宜(发白、洗刷、装饰不良时)

2. 溶剂的复合塑料油墨选用

（1）溶剂的选择方法　通常溶剂不是纯的，考虑到溶解能力和干燥速度，绝大多数用的都是精确配制的混合溶剂。一定的油墨，必须使用一定的专用溶剂，用错溶剂或使用不当，严重时会引起油墨的凝胶、分离、颜色变坏。轻度时，看上去像正常溶解，但进行印刷过程中就出现分离、着色不良、不透明、版堵塞、图文模糊。

（2）溶剂的蒸发速度　一般在选择使用溶剂时，必须特别注意，尤其是溶剂的蒸发速度，如表 2-2 所示。

表 2-2　部分溶剂的蒸发速度（以甲苯为 100）

溶剂	蒸发速度	溶剂	蒸发速度
甲苯	100	乙醇	117
二甲苯	34	异丙醇	96
乙酸甲酯	500	丙酮	480
乙酸乙酯	260	甲乙酮	70
乙酸正丁酯	42	己烷	400
甲醇	254		

五、醇溶性和醇水性油墨

针对苯溶剂在食品包装上的残留和污染，顺应环境保护的要求，在国内近年推出醇溶性油墨之前，醇溶性塑料印刷油墨在日本、东南亚国家、东欧国家已经得到推广和普及。目前国内普通的醇溶油墨使用醇溶聚酰胺制作，含有微量的甲苯，苯占油墨总溶剂含量的 $1\%\sim10\%$，并适用于水煮的包装，是苯溶性塑料凹版表印油墨的替代品。为保持印刷品低的残留溶剂特性，稀释剂中尽量不采用甲苯和二甲苯，其价位略微高些。在塑料凹版印刷中，替代苯溶性氯化聚丙烯复合油墨的是醇溶性聚氨酯油墨，可其色彩鲜艳度，略微逊色，造价较高，在 PP 薄膜上印刷，色膜的牢固度稍微差些。

凹印醇溶油墨中的醇酯油墨，是醇溶油墨中的佼佼者，具有低气味，不含苯、酮等特点。尽管如此，无苯无酮油墨仍存在污染环境和溶剂残留，而且溶剂造价也较高。

因此，以水作为凹印油墨溶剂的替代体系，已引各方的关注。但塑料薄膜印刷中的油墨水性化，从总体上看，得不到进一步普及是因为印刷适应性和色彩鲜艳度仍然达不到溶剂性油墨印刷的水准。由于水的表面张力较大，导致油墨在塑料薄膜上难以润湿，水不易挥发，印刷的速度上不去。如果要取得与溶剂性油墨的印刷速度和印刷效果，不但水性油墨本身需要改进（主要是连结树脂的选用），而且凹印设备及印刷版辊也需要改进。例如：将腐蚀或电雕版辊筒改为激光制版辊筒，印刷版辊也需要使用耐腐蚀材料来制造。还需要在印刷机上装置更强力有效的油墨干燥系统，以及改进油墨刮刀等设备组件，这些都需要相当大的投资和较长的时间。故而水性凹印油墨除去在纸张上印刷外，还不能完全替代溶剂性塑料凹版印刷油墨。

醇水性塑料凹版印刷油墨，它可与普通苯溶性氯化聚丙烯复合油墨混合使用。使用普通复合油墨的三原色印刷，保持图文鲜艳的色彩。将铺底的白墨换用醇水性油墨，两者有很好的结合性，不但溶剂残留降低，油墨稀释剂价格低廉，而且白墨用量减少 20％～30％。

醇水性塑料凹版白色油墨，墨色细腻均匀遮盖力强，基本消除了复合镀铝薄膜后图文上，出现灰色或白色的点，有效地防止 PET（聚酯）塑料薄膜印刷后的粘连。采用上述的方式印刷 PET（聚酯）塑料薄膜，可以大大降低印刷成本。

最近几年来，醇水性塑料凹版油墨的应用，展示出优良的性能和较高的经济效益，目前在塑料薄膜印刷中，日益成熟，进入了推广普及阶段。

六、醇溶性聚氨酯油墨连结料

聚氨酯油墨连结料具有使用简便、性能稳定、附着力强、光泽度优、耐热性好等优点，能适合各种印刷方式，尤其适用于网版印刷、塑料包装和复合薄膜等方面。

随着经济的快速增长，国内塑料印刷用油墨、食品包装印刷用油墨呈现上升趋势。在食品外包装方面，如牛奶袋等材质是 BOPP 等低极性材料，而且需要耐水煮、日晒等，对连结料的应用要求较高。对油墨连结料溶剂，欧美许多食品企业内控品质标准中规定所有包装材料中不得加入芳香烃物质。目前我国对环保方面的要求也越来越严格，现在广泛使用的有苯溶剂型油墨产品因在使用过程中有大量有毒的溶剂挥发并且会有少量残留，既污染了环境，又损害了工人的身心健康，特别是在食品软包装上有苯连结料生产的制袋已经不断被曝光，称为"毒袋"。

有苯聚氨酯油墨连结料目前虽然广泛运用，但因其毒性注定要被淘汰，无苯聚氨酯油墨连结料的发展将是必然趋势。目前虽然水性凹印油墨作为甲苯类油墨的替代物引起了人们广泛的关注，但由于水性油墨本身技术以及使用印刷设备的问题，一直没有实质性突破，因此，油墨行业把注意力集中在酮溶、醇酯溶、醇溶油墨的开发上。

七、使用醇溶凹印油墨蒸煮

使用醇溶凹印油墨蒸煮：醇溶性凹版印刷油墨，由醇溶性合成树脂、溶剂及有机颜料经充分研磨分散后，形成具有良好流动性的胶状液体，属挥发干燥型油墨，具有良好的印刷适性、干燥快、光泽亮、色彩鲜艳等特点。适用于印刷包装食品用玻璃纸和糖果包装纸。其印刷速度为 $25\sim70m/mm$，以下是油墨在使用时应注意的一些问题。

包装印刷厂对油墨的要求：包装印刷厂为了使自己的营运费用最佳化，改善生产的稳定性，满足客户的要求，在生产高质量产品的同时，提高生产效率、改善生产环境和满足客户对产品的环保要求是包装印刷厂对油墨的基本要求。

降低使用成本：降低使用成本、获得最大利润是企业生存和发展的前提，包装印刷厂也不例外。虽然油墨只占印刷成本的 15%（纸张占 45%），但印刷厂始终没有放弃降低油墨成本的努力，更希望油墨供应商以最佳的性价比，提供满足要求的油墨产品。

提高油墨着色性：印刷厂希望油墨生产厂提高油墨的着色性，用定量的油墨印出更多的活件或定量的活件用最少量的油墨，以减少印刷成本。在墨量一定的情况下，油墨着色性越高，所印活件越多，利润越大。

减少助剂的使用或使用配套助剂：印刷厂都希望所用油墨在印刷时可以直接使用，不需要添加或很少添加助剂。

国内塑料凹印油墨市场浅析：当前国内塑料软包装行业中，上规模的大型企业只占 10%左右，中小型企业却占 90%以上。大型塑包企业的印刷机先进，印刷速度快（高速印刷机）；产品档次高、批量大、品种专一、用油墨品质较高而且用量大，一般固定用 2~3 个油墨厂家生产的油墨。然而众多的中、小型塑包企业的印刷机，虽然在近年来已有更新，但是中、低速印刷机还占大多数。其设备和条件较差，生产的品种多、批量小、数量少。因而用油墨较杂，使用油墨也没有固定的油墨厂家，一般以低价位的油墨为首选。

油墨品种：在食品包装、食盐包装、化妆日用品包装、医药品包装、纸制品包装、服装包装等塑料软包装：食品包装是以复合里印油墨为主，部分糖果纸用表印油墨；蒸煮包装使用高温蒸煮油墨，一般真空包装则采用聚酯油墨；奶制品包装宜用耐水、耐酸、耐温的油墨。药品包装和化妆品包装以聚酯油墨为主。

食盐包装有的生产厂家使用表印油墨，有的生产厂家用复合里印油墨，但更多的生产厂家使用聚酯油墨。日用品包装、纸制品包装和服装包装使用表印油墨的多，但是表印白油墨应是特制的、爽滑耐划伤、防粘连的油墨。随着包装市场档次的提高，使用复合里印油墨的越来越多。

塑料凹印油墨的价位：当前塑料油墨的价位分高、中、低三档，上海 DIC 油墨公司、江门东洋油墨公司、深圳深日油墨公司等的油墨市场售价较高。山西雄鹰油墨公司、浙江新东方油墨公司的油墨价格居中。浙江永在化工公司的油墨价位较低，可是国内生产偏低价位油墨的小油墨厂家太多了。

八、无苯化/水性油墨在塑料凹印中的应用举例

1. 苯溶性塑料凹印油墨的危害

苯溶性塑料凹印油墨主要由连结料（树脂）、着色料、添加剂和溶剂构成。其中连结料、着色料和添加剂是油墨中的固体成分，约占 50％。溶剂约占油墨的 50％，常用溶剂有甲苯、二甲苯、丁酮等。溶剂的作用有两个：一是溶解和分散油墨中所有固体成分的介质，便于油墨在塑料薄膜上的印刷；二是可以调节印刷所需要的油墨的挥发干燥速度，调节油墨适宜于印刷所需的黏度。苯溶性油墨的危害主要表现在以下三个方面。

（1）对环境的危害　苯溶性塑料凹印油墨中含有诸如甲苯、二甲苯等大量挥发性有机溶剂（VOC），几乎占塑料凹印油墨的 50％，这些溶剂多数是有毒有害物质。在印刷过程中，为了降低油墨的黏度，要多加一些溶剂。这些有毒有害的溶剂在印刷过程中干燥挥发，排放到大气中，会造成环境污染。

（2）对操作人员的危害　甲苯和二甲苯是国家二类致癌物质，对人的皮肤和黏膜刺激性大，能损伤人的神经系统。所以，作为印刷操作人员，接触苯溶性油墨，对其呼吸系统和神经系统的危害都很大。

（3）对包装物的危害　由于油墨中含有甲苯、二甲苯等有害溶剂，如果在印刷过程中溶剂挥发不彻底，就会导致包装材料中的溶剂残留超标。包装内容物后，包装材料中残留的有毒有害物质会慢慢向内迁移，最终造成食品和药品污染、有异味或变质。2005 年 7 月 25 日，CCTV《每周质量报告》中报道的甘肃"毒薯片"问题，就是因为苯系物残留超标造成的。

2. 新型环保无苯化/水性塑料凹印油墨

由于苯溶性塑料凹印油墨在环境保护和职业卫生方面的危害，以及给产品卫生安全性能带来的隐患，所以积极开发和应用符合环保要求的绿色凹印油墨将成为必要。目前，新型环保油墨有无苯化油墨和水性油墨两类。2000 年以后，国内部分技术实力强的油墨生产企业陆续推出了新型环保油墨，如盛威科（上海）油墨有限公司、浙江新东方油墨有限公司等。

（1）无苯化油墨　无苯化油墨，也称无苯无酮油墨，即不含甲苯、丁酮的油墨。无苯化油墨就是把传统塑料凹印油墨中的甲苯、丁酮用其他无毒的或毒性较小的溶剂替代，并且使其印刷适性能与传统的甲苯型油墨相媲美，从而达到绿色

环保、安全的要求。目前，无苯化油墨主要有醇溶性和酯溶性两类。前者是以乙醇、异丙醇和正丙醇等为溶剂的油墨，后者是以乙酸乙酯、正丙酯等为溶剂的油墨。由于醇类溶剂和酯类溶剂具有低气味并不含苯的特点，能够有效地减小对环境的危害和对人员健康的伤害，降低包装材料残留溶剂对食品和药品质量的影响，因此无苯化油墨在发达国家被广泛采用。在我国，醇溶性油墨推出较早，在国内大型的塑料包装企业得到广泛应用，产量较大；酯溶性油墨也正在推广使用中。

由于醇类溶剂和酯类溶剂对有机物的溶解性能比苯类溶剂逊色，因此醇溶性和酯溶性凹印油墨在上市之初，曾发生过糊版、阶调再现性不准确等印刷适性问题。但通过不断的技术改进，其印刷适性已经达到能与甲苯性油墨相匹敌的程度。然而无苯油墨的成本比苯溶性油墨高 20%～30%，因此在一定程度上限制了其市场推广，尤其是在中小企业的使用。

（2）水性油墨　水性油墨是以醇水混合物为溶剂的油墨。由于其溶剂使用的是乙醇和水，因此水性油墨是一种真正意义上的环保型油墨。但是水性塑料凹印油墨的印刷适性远不能达到溶剂性油墨标准，局限性还有很多。包括：第一，水性油墨的色墨生产技术还不成熟，印刷适性不佳，目前使用的多为白墨；第二，水性油墨一般是氯化聚丙烯体系，只适用于聚丙烯（BOPP）类薄膜印刷，而用于聚酯类（PET）薄膜印刷的风险性很高；第三，使用水性油墨对印刷设备的干燥能力和排风能力要求高，对版辊和人员技术水平要求较高。

总之，水性油墨的技术还不够成熟，距离大量推广使用仍需时日。但是，随着技术的不断进步，一定能够研制出来真正绿色环保的水性油墨。

3. 无苯化/水性油墨评价

近几年来，随着人们对环境保护和职工职业健康以及对食品包装安全性能的重视，苯溶性油墨的危害越来越被人们了解。不过，苯溶性油墨仍大量应用于塑料包装印刷。因此，使用新环保型油墨代替苯溶性油墨已刻不容缓。但是，由于受经济技术条件的限制，这个过程不可能一蹴而就。由于水性油墨技术还不成熟，因此当务之急是推广使用技术条件成熟的无苯油墨，这不仅需要企业环保观念和责任意识的增强，还需要政府的积极引导和监管。首先，国家环保、职业卫生和质检部门，应加大监督检查的力度，促使包装企业使用新型环保油墨，承担社会责任；其次，还应通过加强法规制度建设，积极引导企业采用新型油墨和工艺。如国家质检总局于 2009 年 8 月 1 日颁布实施新国标 GB/T 10004—2008《包装用塑料复合膜、袋干法复合、挤出复合》，规定塑料包装材料中苯类溶剂不得检出。要达到这个标准，生产企业必须使用无苯油墨。

我们相信，随着技术的进步，人们环保意识的提高，国家监管的加强，新型环保无苯化/水性油墨一定会得到普及及应用。

第五节 UV 塑料油墨

UV 油墨是一种经济、高效的油墨，目前已经涵盖所有印刷领域，但由于价格较溶剂型油墨高，所以一般在高档印件上较为多用。

UV 油墨品种包括 UV 研磨、UV 冰冻、UV 发泡、UV 起皱、UV 凸字、UV 折光、UV 点缀、UV 光固色、UV 上光油的特殊包装印刷油墨。

一般环保型 UV 丝印仿金属蚀刻油墨主要由齐聚物（即光固化树脂）、活性稀释剂（即感光性交联单体）、光（聚合）引发剂、添加剂组成。

在金银卡纸上印刷，UV 丝印仿金属蚀刻油墨在紫外光线照射下迅速固化，印刷品表面产生磨砂效果。

在紫外光照射下，UV 油墨中的光聚合引发剂吸收一定波长的光子，激发到激发态，形成自由基或离子。然后通过分子间能量的传递，使聚合性预聚物和感光性单体等高分子变成激发态，产生电荷转移络合体；络合体不断交联架台、固化成膜。

UV 油墨对紫外光的光子是选择性吸收的，由于 UV 油墨的干燥受 UV 光源辐射光的总能量和不同波长光能量分布的影响，因此，解决好 UV 油墨与 UV 光源的匹配，有利于加快油墨的干燥速度，提高劳动生产率和能源的利用率，降低生产成本。

另外，在金属镜面光泽的印刷表面，采用丝网印刷工艺手段，将 UV 油墨印刷的干燥设备经 UV 光加工后，会产生一种独特的视觉效果，显得高雅、庄重、华贵，这种方式主要用于中高档的优雅别致的香烟、酒、化妆品、保健品、食品、医药的包装印刷。

一、UV 塑料油墨概述

UV（紫外光固化）油墨是指在紫外线照射下，利用不同波长和能量的紫外光使油墨连结料中的单体聚合成聚合物，使油墨成膜和干燥的油墨。UV 油墨也属于油墨，作为油墨，它们必须具备艳丽的颜色（特殊情况除外），良好的印刷适性，适宜的固化干燥速率。同时有良好的附着力，并具备耐磨、耐蚀、耐候等特性。

1. UV 油墨定义

UV 油墨是一种不用溶剂，干燥速度快，光泽好，色彩鲜艳，耐水、耐溶剂、耐磨性好的油墨。目前 UV 油墨已成为一种较成熟的油墨技术，其污染物排放几乎为零。据统计，UV油墨的年产量日本约1.6万吨，欧洲约1.8万吨，北美约1.9万吨。需注意的是：UV油墨中的水性UV油墨是目前UV油墨领域研究的新方向。因为普通UV油墨中的预聚物黏度一般都很大，需加入活性稀释剂稀释，而目前使用的稀释剂丙烯酸酯类化合物具有不同程度的皮肤刺激和毒性，因此在研制低黏度预聚物和低毒性稀释剂的同时，另一个发展方向是研究水性UV油墨，即以水和乙醇作为稀释剂，目前水性UV油墨已研制成功，并在一些印刷企业中得到应用。

2. UV油墨原理

UV油墨有对UV光选择性吸收的特性。干燥受UV光源辐射光的总能量和不同波长光能量分布的影响。在UV光的照射下，UV油墨光聚合引发剂吸收一定波长的光子，激发到激发态，形成自由基或离子。然后通过分子间能量转移，使聚合的预聚物和光敏感的单体和聚合物成为激发态，产生的电荷转移复合体。这些复杂的粒子不断交联聚合，固化成膜。

3. UV油墨优点

① 不含挥发性有机溶剂、污染小、不损害人体健康，固含量100%，不存在因溶剂的挥发而带来印刷墨膜厚度前后不一致的问题。

② UV油墨不堵网，有利于精细产品的印刷。

③ 印刷中，不担心溶剂对承印物的损坏，UV油墨品质稳定，干燥墨膜光泽度好，且墨膜耐磨、耐水、耐油、耐溶剂性好。

④ UV油墨瞬时干燥，可组织快速印刷生产线，大大提高印刷效率。

⑤ 印刷时节省油墨，溶剂型油墨每千克大约可印$50m^2$，而UV油墨在相同情况下可印$70m^2$。

⑥ UV油墨相对传统油墨物理性质稳定，不易燃，无爆炸危险，无腐蚀性及挥发性，略有异味，运输可按普通货物运输。

4. UV油墨与稀土发光材料

我国稀土资源非常丰富，稀土发光材料品种多，应用也比较广泛。可将稀土发光材料与油墨结合，通过网版印刷制作光致发光安全标志牌，并根据使用地点、环境及客户的不同要求，采用PVC硬质低发泡聚氯乙烯板材或阻燃ABS材料制作消防标志牌。目前，在我国开发光致发光安全标志牌有着广阔前景，其社会效益和经济效益是不可估量的。以往制作发光安全标志牌大多采用热固发光油墨，存在着溶剂挥发大、工艺复杂、费时、能源消耗大等缺点，因此开发一种工艺简单、清洁环保、节省能源的油墨成为人们关注的焦点。

将UV固化油墨与稀土发光材料结合起来，制备UV发光油墨，可使印刷过程清洁环保、能耗低、适合连续生产，并且UV固化产品性能优异，在光泽、耐磨、硬度、耐溶剂性、美观等方面具有其他固化方式不可比拟的优良品质，

UV 发光油墨是适合于现代工业生产的新型油墨品种。

二、UV 塑料油墨种类

1. 阳离子光固化体系

UV 油墨阳离子光固化体系 UV 油墨是目前人们关注的研究领域，因为该体系 UV 油墨具有以下优点。

① 不受氧抑制，有利于油墨表面高度交联，使涂层坚韧而有光泽。而自由基光固化体系油墨受氧抑制严重。

② 阳离子光固化体系 UV 油墨固化后不产生难闻气味，并且一旦受 UV 光照射后生成阳离子，停止光照后固化反应仍能继续进行，这就有利于厚墨层的深层固化和深层油墨的固化，而这一点是自由基光固化体系所难以实现的。

③ 阳离子光固化体系 UV 油墨固化后，体积收缩小（一般为 3%～5%），因此有利于改善对基材的黏附性。自由基光固化体系油墨固化后体积一般收缩 10%，对基材的黏附性影响较大。因此，采用阳离子光固化体系 UV 油墨或自由基阳离子复合光固化体系 UV 油墨，可以提高光固化速度，特别是对有色的 UV 油墨和墨膜较厚的网印 UV 油墨的固化而言，更为有利。从阳离子固化材料的市场增长率高于 UV 固化市场总的增长率可以看出，采用阳离子光固化体系或自由基阳离子复合光固化体系的 UV 油墨将是 UV 油墨新的发展方向。

2. 水性 UV 油墨

水性 UV 油墨除具有 UV 油墨对环境污染小的特点外，其黏度较小，流变性好，对氧阻聚有一定的缓解作用。解决了早期无溶剂 UV 油墨无法在凹印和柔性版印刷中应用的一些技术难题，非常适合凹印和柔性版印刷。

3. 混合油墨

采用普通油墨印刷，只有在墨膜彻底干燥后进行 UV 上光，才能得到良好的上光效果。因此，若采用联机上光，上光效果就不理想。若进行脱机上光，为防止印刷品在干燥阶段出现背面蹭脏，需要喷粉，而喷粉会使本来光亮平滑的印张表面出现砂目状，影响印刷品上光后的美观。混合油墨是把普通油墨成分与 UV 固化材料混合配制而成的一种新型油墨。这种油墨在传统的单张纸印刷机上印刷，经 UV 灯照射后，即可进行联机 UV 上光，而且 UV 光油能在纸张上迅速固化，获得均匀的高光泽上光效果。

采用混合油墨印刷有以下特点。

① 混合油墨印刷结合了 UV 光固化油墨和传统胶印油墨的特点，使油墨经 UV 光固化后能最大限度地呈现 UV 油墨的特点。油墨可瞬间固化，大大减少能耗量，降低生产、储存和处理的成本，提高生产效率。

② 混合油墨印刷不必采用特种墨辊、橡皮布和润版液。这样，就可在需要联机上光时采用混合油墨，不上光时采用普通油墨。与普通油墨印刷时的情况一样，不同的墨辊、橡皮布与混合油墨一起使用时效果可能会有些差别。

③ 用混合油墨印刷，经过 UV 上光后其光泽不会褪去，特别适合对油墨遮盖要求高的印刷产品。

④ 混合油墨的水墨平衡比较容易控制。因为混合油墨中的 UV 成分不经UV 灯照射不会发生固化，因此混合油墨在印刷机上一直是流动的，不会像普通油墨那样在墨辊上结皮而引起印刷故障。

⑤ 用混合油墨印刷由于实现了瞬间干燥，故可在印刷机上联机 UV 上光而无须用水性上光油打底，其印刷质量丝毫不逊于普通胶印油墨。

⑥ 混合油墨能印刷出清晰的网点，提高了印刷质量。

⑦ 目前，大部分 CTP 印版不宜采用 UV 油墨印刷，但是可以采用混合油墨印刷。

⑧ 采用混合油墨投资少。对已有 UV 技术的印刷厂，只需购买混合油墨即可，而对尚未使用 UV 技术的印刷厂，购买混合油墨后，只需投资 UV 固化设备和 UV 灯即可。

⑨ 混合油墨适用范围广，除适用于纸张印刷外，也适用于印刷塑料、铝箔、金属纸等非常吸收性承印材料。解决了非吸收性承印材料上油墨的干燥问题。

⑩ 混合油墨除可用单张纸印刷机外，还可用于窄幅卷筒纸印刷机。现在混合油墨越来越多地被用来印刷光泽度要求高的产品，如相册、药品和化妆品包装盒等。

4. 新型齐聚物

目前，低黏度齐聚物被开发出来，应用在 UV 油墨中，可减少油墨中对皮肤有刺激性的活性稀释剂的用量，并且，若印刷在多孔基材上，不会再出现单体吸附到表面的现象。近来，美国开发出一种以丙烯酸聚酯为基础的新型柔性版印刷 UV 油墨，其中不包含单体成分，因而可消除因单体向食品转移而产生的危害。低黏度齐聚物的使用，非常有利于配制低黏度的凹印 UV 油墨、柔印版印刷 UV 油墨，特别是现在发展势头正猛的喷墨 UV 油墨。

另外，随着 UV 固化领域中阳离子齐聚物、水性齐聚物的开发，使得阳离子光固化体系、自由基/阳离子复合光固化体系以及水性 UV 油墨被开发出来，改善了 UV 油墨的性能和应用范围。

5. 新型活性稀释剂

不少用作活性稀释剂的丙烯酸功能单体，由于毒性较大，对皮肤刺激性大而影响应用。但进行烷氧基化后单体的毒性和对皮肤的刺激性大大减小。

目前许多烷氧基化丙烯酸功能单体被开发出来。另一类新开发的活性稀释剂为乙烯基醚类单体，具有黏度小、活性大、毒性弱和对皮肤的刺激性小等优点。同时，这类单体既能发生自由基光固化反应，又能进行阳离子光固化反应，是非常有前途的活性稀释剂。另外，还有一些适用于 UV 油墨印刷的其化阳离子型活性稀释剂被开发出来。

6. 新型光引发剂

为了使墨膜深处和有色膜层很好地固化，目前开发了酰基磷氧化物光引发剂。它对 400nm 的光波有很好的吸收性，光引发效率高；生成的自由基吸收向短波移动，具有"光漂白"作用，有利于墨膜深处的光固化反应；最终产物无色，故不泛黄，非常适用于墨膜较厚的网印 UV 油墨。这类光引发还有新近开发的有机金属光引发剂。由于大多数光引发剂是小分子光引发剂，在储存过程中容易挥发和迁移，导致光聚合效率低，产品有难闻气味，甚至带有毒性，影响了 UV 油墨在食品包装中的使用。目前开发出一些低气味、无毒的光引发剂。例如高分子光引发剂，它具有较优良的性能，可减轻迁移作用。

同时，高分子光引发剂还具有以下特点：调节光敏基团间的距离，可获得具有不同反应活性的高分子光引发剂；利用光活性基团的协同作用提高光敏性能；防止墨层的黄变及老化。采用高分子光引发剂的 UV 油墨可用于食品包装的印刷，且具有较好的固化性能。

另外，随着水性光引发剂、阳离子光引发剂、复合光引发剂和混杂光引发剂的开发，UV 油墨的性能被进一步提高，应用范围进一步扩大。其中，复合光引发剂是将自由基光引发剂和阳离子光引发剂复合，采用了复合光引发剂的 UV 油墨固化速度有了极大的提高；而混杂光引发剂是在 UV 光照下，既可生成自由基又可生成阳离子，采用了混杂光引发剂的 UV 油墨可以同时克服氧气对自由基的阻聚及阳离子聚合对水的敏感性，提高墨膜的固化度和物化性能。

7. 新型 UV 固化光源

① 无极汞灯，可以瞬时开关，且寿命长、功效大。与中压汞灯的光谱不同，用于 UV 固化的无极汞灯的光谱是一个连续的光谱，可用于较厚墨膜的固化。

② 新型发光二极管 UV 固化光源。发光二极管具有很多优点，例如：瞬时接通和关闭、5 万多小时的照明寿命、操作电压低、电损耗低以及可以进行连续的能量输出等，可以说使用非常方便而且经济。这种光源本身发热量很小，非常适合对温度敏感的印刷品的干燥。发光二极管发射的几乎都是单色光（发射波长的半峰值约为 $25\mu m$），对有特殊要求的 UV 固化，发射波长可以达到 450nm。

③ 受激准分子灯。所谓受激准分子（受激二聚物、三聚物）是一种无稳定基态而只呈现弱键受激态的分子形式。一些重要的受激准分子是由稀有气体、稀有气体氯化物、卤素以及汞与卤素混合物经电子激发而形成的。

目前开发出的几种受激准分子灯产品，主要是在波长为 172nm、222nm、

308nm 和 351nm 处有 UV 光发射的光源。受激准分子灯波段分布极窄,并具有高能量,能使 UV 油墨快速固化。波长为 172nm 的受激准分子灯可使丙烯酸酯直接活化。一种氯化氙受激准分子灯在波长 308nm 处产生的能量,能使 UV 油墨快速固化。此外,受激准分子灯在固化 UV 油墨过程中不产生臭氧,对基材和生产设备无热量转移。据悉,波长 308nm 的受激准分子灯对阳离子光固化体系 UV 油墨的固化特别有效。

三、UV 塑料油墨组成与配方设计

UV 油墨的组成和传统墨有很大不同,UV 油墨的成膜是化学作用,单体和聚合物在引发剂的作用下发生聚合反应,而传统油墨的成膜是物理作用,树脂已经是聚合体,溶剂将固体的聚合物溶解成液状的聚合物,印涂在承印物上,然后溶剂经挥发或被吸收,令液状的聚合物再回复成原来的固态状。

1. 结构组成

UV 油墨的结构包括树脂、单聚物替代了溶剂、添加剂和光引发剂。UV 油墨中的树脂与溶剂挥发型油墨的树脂大不一样,它具有反应性,它能与其他化学反应过程中的某一产物反应,在 UV 油墨中,它可与单聚物反应。单聚物是一种低分子量的化学物质,在某种程度上可以替代溶剂,并可使黏度降低,以适于印刷。但除起溶剂或稀释剂的作用外,它还有一种非常重要的作用——参与化学反应。UV 油墨中的每一组分都能起化学反应,因为它是 100% 固化,所有组分都将通过化学反应变成固态。

2. 印刷问题

UV 磨砂油墨小批量印刷时,基本不会出现很严重的印刷问题,但用全身动网印机进行大批量高速生产时,就会出现问题。如印刷几千张或者上万张后,UV 磨砂油墨就不能完全密实地铺展在丝网上,导致磨砂状态下均匀;UV 磨砂油墨太稀或相容不好,导致跑边、露底。要解决这类问题,首先在 UV 磨砂油墨配方中要注意三点:一是保证 UV 磨砂油墨的触变性较好,静止时相对较稠,印刷时相对比较稀;二是保证 UV 磨砂油墨有适宜的性,对丝网有适宜的着力;三是要保证 UV 磨砂油墨有合适的稀稠度。

3. 其他问题

采用 UV 发光油墨时要注意一个很重要的问题,就是标牌制作中往往需要发光层达到一定的厚度,需要进行多次印刷才能达到厚度要求。由于 UV 油墨是在印刷一遍后立即进行固化,固化后的表面光滑,进行下一次印刷是在前一层的基础上进行的,此时需要 UV 油墨在每层间都具有较好的附着力,不能出现分层现象。因此在 UV 油墨的选择上要特别注意层间附着力的问题。

四、UV 油墨承印范围与优势

一般而言，UV 油墨并不专应用于平版印刷，它可以应用于各种传统的印刷方式，包含有凸版、平版、网版等印刷，因此 UV 技术可印刷范围非常广泛，如纸张印刷、塑胶印刷、卷尺印刷、印制电路板、铬版印刷、电子零件印刷、金属表面印刷、铝箔面印刷等。

1. UV 油墨印刷适性优势

UV 油墨与溶剂型油墨相比在印刷适性以及印刷质量上均有很大改善：由于 UV 墨是 100％的固体，没有可挥发的溶剂，因此油墨黏度不会随着环境条件的改变而发生变化。在以前印刷工要完成一项周期很长的印刷，特别是印刷精细图案时，总要遇到黏度变化的问题，在印刷时前后刮涂油墨，溶剂挥发使黏度发生改变，每隔一段时间，墨层厚度就会不同。而 UV 墨，工作一天油墨黏度不会发生改变，印刷产品质量完全一样。在清洁方面，UV 油墨在印刷后会立即放进固化设备中进行固化，因此印品接触杂质不多，可保持产品清洁。而溶剂型油墨在印刷后需很长时间进行干燥，当环境中灰尘较多时，会对产品产生污染。当制作发光标志牌时，往往需要印刷得较厚，需要多次印刷才能达到厚度要求，这时采用传统油墨进行印刷在每一次印刷后都要在烘道中走一次，需要耗费大量时间和能源。而采用 UV 固化油墨进行印刷，则不需要在烘道中进行烘干，每一次印刷后立即可以固化，进行下一步工序，大大节省了时间和能源。

总的来说，UV 油墨具有以下优点：①不含挥发性有机溶剂、污染小、不损害人体健康，固含量 100％，不存在因溶剂的挥发而带来印刷墨膜厚度前后不一致的问题；②油墨不堵网，有利于精细产品的印刷；③印刷中，不担心溶剂对承印物的损坏，油墨品质稳定，干燥墨膜光泽度好，且墨膜耐磨、耐水、耐油、耐溶剂性好；④油墨瞬时干燥，可组织快速印刷生产线，大大提高印刷效率；⑤印刷时节省油墨，溶剂型油墨每千克大约可印 $50m^2$，而 UV 油墨在相同情况下可印 $70m^2$。

UV 油墨将大举进军车身广告和条幅印刷领域：UV 油墨一直都处于发展变化的过程中，而且有越来越多的印刷厂开始采用新型 UV 数字印刷油墨。当 UV 固化油墨首次被推向市场的时候，它们在易碎性、黏着性和固化性等方面都存在着一定的问题。但随着新型 UV 油墨的出现，所有问题都迎刃而解了。新款产品具有更高的黏性和更强的灵活性，能够满足卷到卷式打印机的需求，而且它们在色域和油墨配方的多样性等方面也比以前的产品有了很大的进步。新款 UV 油墨也被称为"阳离子 UV 油墨"，它们采用了冷 UV 光固化技术，能瞬间干燥，不需要等待 24h。在未来的日子里，这些油墨将大举进军由溶剂型油墨把守的数字印刷市场，特别是车身广告和条幅印刷领域。

2. UV 油墨适用

UV 固化油墨与稀土发光材料结合起来，制备 UV 发光油墨，可使印刷过程清洁环保、能耗低、适合连续生产，并且 UV 固化产品性能优异，在光泽、耐磨、硬度、耐溶剂性、美观等方面具有其他固化方式不可比拟的优良品质，UV 油墨是适合于现代工业生产的新型油墨品种。

五、UV 网印油墨的新品种

随着数字印刷技术的迅速发展，一些人认为丝网印刷将要被淘汰，但是 UV 网印油墨的技术革新使得丝网印刷各方面性能不断提高，丝网印刷可以在印刷速度和对承印材料适应性上与数字印刷相媲美。今天，UV 网印油墨能适应越来越多的特殊材料，保证产品独特的印刷和装饰效果，优于并超出四色数字印刷机的印刷范畴。

在开发 UV 油墨的初期，原材料的选择受到很大的限制，这阻碍了 UV 油墨的发展和应用。但是在过去的 10 年，大量试验研究使 UV 油墨的性能大大拓展，原材料供应商也注意到 UV 油墨市场潜在的利益，现在，UV 油墨制造商有几千种原材料可以选择。原材料供应商和油墨制造商的共同努力带动了许多传统油墨，尤其是丝网印刷油墨的技术革新，造就了大批新型网印油墨的出现，例如：热成型 UV 油墨；强附着力的多用途 UV 油墨，可用于容器、POP（销售点）图像、标签等的印刷；厚墨层 UV 油墨，包括闪光颜料 UV 油墨、触变型特殊效果油墨、成型基材液态油墨（liquidsubstrate-forming）等；磁性（magneticreceptive）UV 油墨；耐火 UV 油墨；高遮盖性 UV 油墨；抗水 UV 油墨；特殊效果仿金属 UV 油墨；长效发光 UV 油墨等。下面对一些新型的新品种油墨作一介绍。

1. 热成型 UV 油墨

热成型 UV 油墨的研究正在如火如荼地进行着，这种油墨具有较好的附着性和柔韧性，能经受热成型中的拉伸，在真空成型中可拉伸 8 英寸甚至更多。热成型 UV 油墨配方经过改进，能在多种基材上经受热弯曲、拉伸以及其他后加工，例如苯乙烯、聚碳酸酯、丙烯酸树脂、PETG（二醇类改性 PET）、PVC 以及一些金属。

2. 厚墨层 UV 油墨

对光引发剂反应机理的深入研究和理解使油墨配方设计师调配出更多特殊 UV 油墨，其中包括颜料含量高、能形成厚墨层的油墨产品。现在，印刷商可以选择 60 线/英寸的粗网、感光胶厚度为 $300\mu m$ 甚至更高的丝网来印刷。可供选择的厚墨层 UV 油墨产品还有可以产生浮雕印刷效果的触变型涂料和油墨，这种油墨有望在应用上有大幅度增长。

3. 成型基材液态 UV 油墨

在配制热成型 UV 油墨时用到的高延展性树脂和单体，同样可以用于配置一种新型的厚墨层 UV 油墨——成型基材液态油墨，其包括一种可以称为液体承印材料的配方。换句话说，这种油墨固化以后既是成像物质也是承印材料。根据所用油墨配方的不同，印刷后可以产生压敏或静电吸附图像。这种省去承印材料的印刷方法节省了材料和模切成本，同时也减少了周转时间。

4. 磁性 UV 油墨

另一个从厚墨层 UV 油墨技术中延伸出来的产品是磁性 UV 油墨。这种油墨可以在多种承印材料上印刷，使其具有磁性，但这种油墨并不是把图像变成一个真正的磁体，而是可以通过油墨固化后的磁表面来固定印刷的图像。这种油墨适合于印刷经常需要更换的图像，如报刊亭、货架、组合模具展示等处的图像。

5. 特殊效果 UV 油墨

厚墨层 UV 油墨技术带动开发了几种具有特殊效果闪光 UV 油墨配合大颗粒发光粒子可以在印刷图案上产生闪闪发光的效果，这种油墨要求用粗网目丝网版印刷，以使闪光粒子能够通过。另一个最新开发的油墨是长效发光油墨，能够发光 14h 以上。其他 UV 油墨配方是采用一系列颜色的珍珠般、火花般或金属色的粒子，根据基材的粗略分类来使用。颜料含量高的油墨使印刷商可以考虑在深色基材上印刷，能够保证较好的颜色遮盖力。

6. 耐火 UV 油墨

另一个 UV 网印油墨技术研究热点是耐火 UV 油墨，这种油墨是针对一些消费者关注印刷品的安全性提出来的，由油墨和基材生产商共同合作研究解决办法。尽管 UV 油墨有比较高的闪点，但是一旦超过燃烧极限温度，UV 油墨也会分解和燃烧。有两种方法可以减缓 UV 油墨的燃烧：其一就是在油墨中使用抑制剂，阻止燃烧，减少甚至消除火焰；另一种方法是模仿发泡型防火涂料来设计 UV 油墨配方。发泡型防火涂料在火焰或高温作用下，涂层剧烈发泡碳化，隔绝氧气进而阻止燃烧和抑制火焰。需要谨记的是，单凭耐火 UV 油墨不能彻底防火，基材膨胀性能和抑制火焰的能力同样重要。

六、UV 网印油墨创新的举例

最近的技术革新使油墨制造商能够生产出具有良好附着力、耐用性、柔韧性和抗水能力的 UV 油墨。UV 油墨技术的最新进展在下列市场和应用领域产生了重要影响。

1. 在 POP 宣传画上的创新

过去仅有多用途的 POP 油墨在多种基材上表现出良好的附着力，包括纸张、纸板、苯乙烯、拉伸聚氯乙烯，甚至一些难附着的聚烯烃。但在几年前，单组分 UV 油墨的出现彻底改变了这种状况，这种油墨在聚烯烃材料（PE、PP）上能很好地附着，并且具有良好的性能特点，如在标签印刷等领域中表现出的优良的墨膜柔韧性和抗水性。这种新型油墨省去了添加剂的使用，减少了类似双组分油墨的浪费，同样可降低油墨库存，提高经济效益。

2. 在容器上的创新

UV 网印油墨技术取得的最大进步应该是在容器印刷上。过去需要多种添加剂和油墨体系来适应不同类型的塑料容器，而现在 HDPE、LDPE、PET、PVC、PP 以及其他材料的塑料容器都能够用单组分、不用添加剂的油墨来装饰。这些油墨能提供更好的遮盖力、更强的耐化学溶剂性，同时还免去了添加剂和催化剂的使用。

3. 在吸湿性塑料上的创新

多功能单体的开发是 UV 油墨技术最新进展之一，油墨生产商正用它来解决印刷吸湿性塑料的难题，比如聚乙烯标签和 HDPE 材料。这些基材容易吸湿，水蒸气在油墨和基材表面之间形成细微的阻隔层，影响油墨的附着。所以这些材料上的墨层易磨损、剥落。采用这种新型多功能单体配制的油墨大大提高了其在吸湿性材料上的抗水性，固化速度更快，墨层光泽度更高、更牢固，并且墨层几乎是完全耐水的。

4. UV 网印油墨的创新发展

随着原材料不断被开发出来，似乎看不出未来 UV 固化产品会发展到什么程度。早些年，UV 油墨为了提高性能加入多种添加剂，印刷商为了取得良好的油墨性能不得不扮演化学家的角色。但是今天，油墨制造商可根据客户需求来开发产品，在油墨生产中采用更多先进技术。原材料供应商也会根据油墨设计师的需求开发原材料，不像最初只有非常有限的几种原材料可供设计师选择。

竞争加剧迫使油墨制造商采取一些革新技术来提高油墨性能，同时开发适合 UV 网印的新领域。总体来说，得益于新型 UV 油墨的发展，UV 网印市场已经大幅度增长。随着原材料供应商和油墨生产商共同努力开发新产品，制定新的性能标准，UV 网印市场的这种发展趋势无疑将会持续下去。

七、UV 上光油及 UV 墨辊

1. UV 上光油

相较于普通上光油，UV 上光油主要有以下特点：

① 安全环保。UV 上光油为 100％的固含量，不存在溶剂挥发因素，是既安全又不污染环境的绿色产品。

② 不受承印物种类的限制。

③ 在低温下工作，可用于热敏型承印物的印刷（如塑料）。

④ 产品质量高。UV 涂层光固化速度快、硬度高、湿润性好，附着力强，具有较高的可扰性、耐磨性和光泽度。经 UV 上光的印刷品表面平整光亮、硬度高、耐摩擦，不易出现划痕，且具有防水、无异味等优点。

⑤ 经上光后的承印物，可以立即加工，在裁切、成型、折叠等方面有较高的适应性。

⑥ 效率高且成本较低。一般 UV 上光油，紫外线波长为 200～400nm，为不可见光，UV 光固化采用波长 316nm 的长波紫外线（UVA），UVA 光固化速度快，在 1～2s 内便可将 UV 油固化成均匀一致的涂层，生产效率高，一般干燥速度为 100～300m/min。

另外，UV 上光油生产工艺，其设备占地面积小，物耗、能耗费用等综合成本小。

a. VP1038 维格拉紫外光油，由上海维格拉印刷器材有限公司生产的 UV 光油 VP1038 具有最大光亮度；优秀的生产投入产出比；快速干燥，能充分利用印刷机速度；干燥后气味很小；优良的耐磨性和滑爽性；良好的防水、防油脂、耐脏性能；出色的抗化学性能；可用 UV 油墨或传统油墨进行联机上光；用于纸张、卡纸及各种塑料材料的高光亮涂布；供货黏度为 70s（DIN4mm 量杯/20℃）。

b. HF-518UV 光油，深圳市华恒发化工有限公司出产的 HF-518UV 光油主要成分是光固化高级合成树脂，经紫外线照射可迅速固化成膜，无污染、干燥快、高光泽，并具有优良的耐候性和耐磨性。广泛应用于不同纸张，作为表面上光之用。

c. WA-110G 凹印上光油，深圳市深赛尔实业有限公司出产的 WA-110G 凹印上光油。以专用光敏树脂为原料的紫外光固化罩光涂料，适用于各种不同印刷、涂布方式的纸品上光。

d. UV-110HTUV 胶印光油，深圳市深赛尔实业有限公司出产的 UV-110HTUV 胶印光油，是以专用光敏树脂为原料的紫外光固化罩光涂料，适用于各种不同印刷。

它具有以下特点：固化速度快；附着力好，柔韧耐模切；平滑性好，耐磨性优；低气味，对人体刺激性小；高光泽，不易变黄。

2. 水溶性 UV 光油

武汉大学印刷与包装系研制出的新型水溶性 UV 光油在全国较有名气。

水溶性 UV 光油是在 UV 光油的基础上改进的，它克服了传统 UV 光油存在的有刺激性的缺陷，开发出了低刺激性活性单体，对油墨生产者和使用者来说无污染，更安全。

产品具有光泽度强，不退色、不变色，干燥快速，纸品尺寸稳定，干后无毒性，有利于环保等优点，广泛应用于书籍、杂志的封面、挂历、图片、药盒、烟包、酒盒、食品包装等各种包装印刷。经水性 UV 上光后的印刷品，不仅使精美的彩色画面具有富丽堂皇的表面光泽度，而且可以增强油墨耐光性能，增加油墨的防热、防潮能力，起到保护印迹，提高印刷产品档次的作用。

3. UV 印刷胶辊

UV 油墨要使用专用墨辊，专用墨辊的耐酸性、耐碱性、耐油性、耐膨润性都优于普通墨辊。通常，UV 专用墨辊的使用寿命在 2 年以内，而润版辊在 1 年以内。此外，最好安装串墨辊水冷装置，这样可以有效控制墨辊的温度，确保在连续快速印刷中，不因 UV 油墨摩擦后的温度变化而引起印刷品质量问题。

采用 Chameleon 双用途胶辊，印刷者可以在传统和 UV 或者混合印刷之间进行转换，而无须更换胶辊。采用领先聚合技术制造的这种胶辊，其流变学性能与传统胶辊相比持平甚至更优。这种胶辊在工作中的蓄热量比传统胶辊有所降低，这一点对进行 UV 印刷显得特别重要。目前，博星公司通过 OEM 的方式，为许多印刷机制造企业提供这种胶辊。

（1）RotaDynt 特殊胶辊　采用 RotaDynt（诺丹）独特的、专门为高速印刷机设计的聚合材料，对于 1000m/min 的印刷速度保证正常稳定运转，适用于普通油墨、UV 油墨、普通/UV 油墨。

特殊墨辊显著优点：胶料的品质，胶辊的尺寸始终与各大印刷机的设计要求同步发展。高速运转下摩擦发热升温小，硬度稳定性好，各种印刷环境下胶辊耐膨胀、耐收缩，尺寸稳定性好，优越的耐老化性，可保证胶辊长时间保持良好的表面状态，使油墨的传递和转移稳定均匀。

（2）维尔特哈特曼系列胶辊　哈特曼系列聚氨酯及硅橡胶辊，以其独特的耐磨性、耐溶剂性、高强度、抗撕裂性、耐老化性等优点广泛地应用于包装印刷。聚氨酯胶辊具有良好的亲墨性和传墨性、耐溶剂性和亲水性能；其硬度范围在邵氏 15~90 度之间，具有良好的物理性能，表面光洁、易于清洗，是一种专用于 UV 油墨印刷的胶辊。

（3）TechnoRoll 特拉贝塔墨辊 是以 UV 油墨、普通油墨印刷兼用的软质树脂辊，该胶辊接触 UV 油墨和 UV 油墨清洗剂均不会膨胀，印刷中 UV 油墨不会发黏、匀墨性好、不妨碍油墨干燥、胶辊表面不会打滑、运转时发热少、清洗速度快，能消除普通墨辊使用 UV 油墨所带来的弊病；而耐水辊（RynoHydro Metric）作为一种高质量连续润版辊，已经广泛应用到胶印工业中。

4. UV 油墨清洗剂

当进行 UV 印刷时，必须使用专门为 UV 油墨设计的油墨清洗剂，一般该类清洗剂可以清洗橡皮布、墨辊以及水绒套等，不但清洁力良好，更不会损伤胶辊。

（1）Feboclean 全功能 UV 油墨专用清洗剂 博星国际贸易（上海）有限公司出产的 Feboclean 全功能 UV 油墨专用清洗剂为油脂性碳氢化合物，完全不含芳香烃，挥发性低，溶剂可自行进行清洁作用，清洁能力强，速度快，可用于 UV 墨辊、橡皮布、印版的清洗。本品无毒，可维持良好的印刷环境，长期使用可维护墨辊及橡皮布的品质。

（2）HY-V5 型 UV 油墨清洗剂 东莞市恒业助剂有限公司出产的 HY-V5 型 UV 油墨清洗剂 适合所有 UV 油墨清洗，闪点高，干燥速度适中，气味淡，性能优越。不含任何毒物和可燃物质，环保安全。

主要特点：
① 低气味、无毒、无腐蚀。
② 闪点 62℃，无须作危险标识，安全可靠。
③ 适用于手工或自动清洗系统，可与适量水（建议按 1∶1 比例）混合使用而获得更快、更清洁的效果。

注意：本品不可直接接触 PS 版（经烤版的除外），否则会损坏图纹。

（3）396UVWASH 油墨清洗剂 上海豹驰印刷材料有限公司生产的 396UVWASH 油墨清洗剂是专门用于 UV 油墨的清洗剂，适合所有的 UV 油墨。它闪点高，干燥速度适中，气味淡，性能优越，不含任何有毒物质和可燃物质，环保安全，是当今技术最先进的 UV 清洗剂。

5. CS-UVO 洗车水

CS-UVO 洗车水：珠海市洁星洗涤科技有限公司出的 CS-UVO 洗车水是由多种环保溶剂及安全助剂复配而成，研制这种产品的目的是为了能方便去除输墨辊上的 UV 油墨。对于任何装有人造腈橡胶材料胶辊的印刷机来说，用它来清洗橡皮布、墨辊、树脂版以及 PS 版（阳图型）上的 UV 油墨效果都相当出色。不仅能去除 UV 油墨，还能去除普通油墨，效果同样理想，对于那些既用 UV 油墨同时还用普通油墨的印刷厂来说是一种优势，当它干燥以后不会有任何油污或镜面残留。

产品特点：清洗橡皮布和墨辊时，人造腈橡胶不会发胀或变形。更好的清洗、更少量的清洗剂、无油污残留；水溶性好、气味柔和。

维格拉紫外清洁剂 2070（VP9289）：上海维格拉印刷器材有限公司出产的 VP9289 型紫外清洁剂能彻底清洁橡皮布和墨辊，不含 FCHC 和芳香类成分，是水溶性的。

八、UV 油墨的应用

紫外光辐射固化技术是国际上早已认定开发出的一种全新的绿色技术，利用该技术生产的紫外光固化油墨，简称 UV 油墨，具有不含挥发性有机化合物（VOC），对环境污染小，固化速度快，节省能源、固化产物性能好，适合于高速自动化生产等优点。而传统油墨易挥发、固化速度慢，不利于环境保护。因此，UV 油墨可以说是传统油墨的主要替代品。目前 UV 墨已成为一种较成熟的油墨技术，应用范围日益扩大。

1. UV 油墨生产关键技术的进步

随着 UV 油墨生产技术的进步，UV 油墨原材料的发展，UV 固化技术在未来会有更大的进步。UV 固化发光油墨作为 UV 油墨的一种，在网版印刷中也会有更大的应用。

UV 油墨采用紫外光作为能源，油墨中光引发剂受到紫外光照射后，产生自由基或阳离子引发聚合物固化。在 UV 固化体系中，不需要加入挥发性溶剂，原料中的预聚物和稀释剂均具有聚合反应的活性，固化时全部交联成膜，所以无溶剂挥发，被誉为"面向 21 世纪的绿色工业新技术"。

UV 油墨中不含有挥发性溶剂，是相对于早期的溶剂性油墨而言的，而不是绝对的不含有毒性溶剂，或多或少还是有溶剂排放的，从 UV 油墨的配方中就可以看出，传统溶剂的含量在 7% 左右，对 UV 油墨的生产，施工人员还是有身体危害，对环境而言还是有 VOC 排放的，不是完全的环境友好型产品，UV 油墨的发展方向在于，结合 UV 的快速固化优势，结合水性油墨的无 VOC 优势，大力开发 UV 水性油墨，目前这个方面国内的研发力量还不是很强，各个企业可以着重去研究，提高产品的技术含量。

2. UV 制备发光油墨推广应用优势

将发光粉加入油墨中是制备发光油墨的一种通用方法，过去都是将热固油墨与发光粉混合制备发光油墨。

随着 UV 技术的发展，将发光粉与 UV 油墨结合制备 UV 发光油墨已经逐渐被广大印刷厂商采用，尤其是在发光标牌的制作上，用 UV 发光油墨代替热固发光油墨具有相当大的优势。采用网版印刷技术进行 UV 发光油墨的印刷是制备发光标牌的一种常用方法。

（1）发光粉选择　UV发光油墨在网版印刷中要考虑发光粉的选择，发光粉的基本要求是亮度要高、粒径适中。粒径大无法从网版中漏下，粒径小印刷厚度不够，需要增加印刷次数才能达到厚度要求，浪费时间，采用 $50\sim80\mu m$ 的发光粉较合适。稀土发光粉是浅黄绿色的，因此选择制作标志牌的底材需以蓝色或绿色为宜。

（2）网版制作　发光标牌一般都要求发光层印刷得较厚，因此通常采用的是80目涤纶单丝的网版，这样发光粉可以通过网版，同时印出的发光层也比较厚。在制版中要考虑一般标牌产品中（如一些地名标牌）往往同一图案不会连续印刷多次，在这种情况下可选用低档耐油性感光胶，可节省成本。

（3）预涂底层　在印刷发光层之前需要印刷一层白色底层，发光层印刷在白色底层上。底层是印刷发光油墨的必要步骤之一，在基体表面预涂底层，将有助于提高涂料的发光性能。实验结果表明，使用不同颜料的底漆对涂层发光性能的影响不一样，加入二氧化钛的白色底漆最有利于提高涂层的发光性能，这是因为白色涂层可使透过涂层的入射光以及发射出的荧光更充分地反射，最大限度地发挥荧光涂层的作用。

这里需要注意的是：UV发光油墨需要在白色底层上具有很好的附着力，否则固化后发光层容易脱落，一般选用普通PVC油墨，这是因为大多数UV油墨在PVC上都具有很好的附着力，因此可避免发光层从标牌上脱落的现象。

（4）固化方式　目前，热固型油墨的生产工艺过程是印刷第一色（通常先印深色）→送高效红外线或远红外线干燥机（传送带式烘道）表面干燥→印刷第二色（色序通常由深及浅）→送高效红外线或远红外线干燥机表面干燥→印刷第 n 道色→ n 次送高效红外线或远红外线干燥机表面干燥→最后底色补色覆平（整理色）→高效红外线或远红外线干燥机表面干燥→送红外线或远红外线干燥箱彻底固化干燥。从中可以看出固化工艺烦琐，耗费能源大，而采用UV油墨在印刷后直接经过UV固化机瞬间即可固化，固化后的产品可立即进行下一程序，工艺简单，大大节省时间。

3. UV油墨推广应用评价

总之，UV油墨是一种环保性油墨，不包含挥发性的成分，如溶剂或水，不会使色彩和印刷特性产生变化。在印刷过程中UV油墨易保持色彩和黏度的稳定，一旦在印刷前将墨色调整好后，在印刷机上的调整工作量就非常小，也无须再加入其他的添加剂。印刷中途停机时，在墨辊和网纹辊上的油墨也不会干燥结皮。干燥后的UV油墨层表面具有极高的耐磨性和化学稳定性，且具有很高的遮盖力和光泽度。UV 技术能带来较高的经济效益，如提高产量、交货期缩短、节省空间、印刷品质色彩鲜艳、图像清晰度高等，无论从环保的角度还是技术发展的角度考虑，UV 油墨都有其较广阔的应用前景。随着各项技术的发展，充分的专业处理知识、高质量配套设备以及相应的原料，如特别研发的橡皮布以及清洁溶液，UV 油墨及其固化干燥系统技术日益完善。

第六节　塑料的水性油墨

一、水性油墨的主要成分

水性油墨（Water-based ink）简称为水墨，柔性版水性墨也称液体油墨，水墨构造主要成分由水溶性树脂、有机颜料、溶剂及相关助剂经复合研磨加工而成（由连结料、颜料、助剂等物质组成的均匀浆状物质，连结料提供油墨必要的转移性能，颜料赋予油墨以色彩）。因为高档水墨使用的树脂全部是丙烯酸树脂，所以高档水墨的干燥速度最快、耐水性最高、耐磨性最好、墨色稳定性最高、亮度高、着色力强、不腐蚀版材，但其成本和技术含量都较高。很多水墨厂都以高档水墨作为经济支柱。

二、水性油墨的种类和性质

水性油墨的连结料主要分为两种类型：水稀释型和水分散型。前者可以使用的树脂类型有很多种，比如顺丁烯二酸树脂、紫胶、马来酸树脂改性虫胶、乌拉坦、水溶性丙烯酸树脂和水性氨基树脂等。水分散型的连结料是在水中通过乳化的单体聚合所得，它是两相体系，其中油相以颗粒状在水相中分散，虽不能够被水溶解，但能够被水稀释，所以也可以认为是水包油乳液型。

水性油墨与油性油墨主要区别在于溶剂的不同，水性油墨以水（45％～50％）为溶剂，VOC 含量极低，对环境污染小；油性油墨以有机溶剂（甲苯、二甲苯、工业酒精等）为溶剂。在软包装行业，由于溶剂型油墨均采用挥发性干燥为主的方式，溶剂的沸点越低，就越易挥发并释放出有毒气体污染环境，在印刷完成后其表面也有残留的有毒物质，而水性油墨使用的溶剂是水和从 VOC 名单中排除的乙醇等，可以大大降低 VOC 的排放。

水墨的这种独特优点符合日益严格的环保法规，在全球范围内越来越受到包装印刷界的青睐，并逐渐向报刊印刷行业迅速扩展。

三、水性油墨的印刷条件

水性油墨的印刷适性受印刷条件、承印物表面特性、环境温湿度、存放时间长短等客观条件的影响，因此在使用时，需要用一些助剂对水墨做细微调整以获得最佳的印刷效果。水性油墨中常用的助剂有色料、pH值稳定剂、慢干剂、消泡剂、冲淡剂等，印刷中要熟悉助剂的特点和使用方法。

① 色料用于加深颜色，其用量一般应控制在 0～30％，超过 30％将会使水墨中连结料含量过低，导致其附着力和耐磨性下降。

② pH值稳定剂用于调节和控制水性油墨的 pH 值，使其稳定在 8.0～9.5，保证水性油墨印刷状态。同时，它还可以调节水性油墨的黏度，并对油墨进行稀释。

③ 慢干剂用于降低水墨的干燥程度，可以抑制和减缓水基油墨的干燥速度，防止油墨在印版上干燥，减少堵版和糊版等印刷故障的发生。慢干剂的用量一般应控制在总墨量的0～10％，如果加入量过多，油墨干燥不彻底，印刷品就会粘脏或产生异味。

④ 水性油墨冲淡剂主要用于降低颜色的深度，用量不限。但加入大量冲淡剂可能会导致水墨黏度略有上升，这时可同时加入少量稀释剂进行调节。

⑤ 稀释剂主要用于降低水墨的黏度，用量应控制在3％以内，才不致降低水墨的颜色深度，并可保持水墨的 pH 值不变。稀释剂应边搅拌边缓慢加入以防黏度过低。如果加入较多的稀释剂或使用硬度高的自来水稀释会产生气泡，这时应加入消泡剂。

⑥ 水性油墨使用中出现泡沫问题的主要原因是：其以水作为稀释剂，在乳液聚合时就必须使用一定数量的乳化剂，使乳液体系表面张力大大下降。

四、水性油墨的生产工艺

1. 水墨的原料组成与特点

水性油墨由水性高分子乳液、颜料、表面活性剂、水及其他添加剂组成。

① 水性高分子乳液。主要是丙烯酸、乙苯乙烯类合成物。作用是传输颜料的载体，提供附着力、硬度、光亮度、干燥速度、耐磨性、耐水性。成膜乳液应用于非吸收性承印物表面印刷；非成膜乳液应用于纸、纸板等吸收性材料印刷。

② 颜料。有机颜料有酞菁蓝、立索尔红；无机颜料有炭黑、钛白粉。

③ 表面活性剂。作用是降低表面张力，使墨在承印物上铺展开，提高水墨的稳定性。

④ 水及其他溶剂。可改变水墨黏度，影响涂布墨层的厚度及干燥速度。

2. 水墨的生产的特点与主要表现

水性油墨区别于溶剂型油墨，最大的特点在于所用的溶解载体。溶剂型油墨的溶解载体是有机溶剂（如甲苯、乙酸乙酯、乙醇等），而水性油墨的溶解载体是水和少量的醇（为3％～5％）。由于用水作溶解载体，水性油墨具有显著的环保安全特点：安全、无毒、无害、不燃不爆、几乎无挥发性有机气体产生。主要表现在以下四个方面：①对大气环境无污染；②减少印刷品表面残留毒物，保证食品卫生安全；③减少资源消耗并降低环保成本；④提高作业环境的安全性，保障接触操作人员的健康。

3. 水墨的生产工艺

研磨色浆：将水溶性树脂、颜料、助剂和溶剂（水）等混合，通过高速分散机搅拌分散、研磨成备用色浆。

配制油墨：将备用色浆、助剂和溶剂（水）等搅拌混合均匀，通过研磨分散，使之具有足够的细度、光泽及着色力，过滤包装即为水性油墨产品。

综上所述，我们选择各种不同类型和品种的水溶性丙烯酸树脂，通过对比试验筛选了颜料和助剂，并与丙烯酸酯类乳液复配，加入交联剂，通过正交试验优选配方，所研制成的水性油墨产品，经过有关单位检测使用，证明其各项指标均达到国内外同类产品先进水平，得到了使用单位的一致好评。

4. 水墨的生产技术指标

①颜色：与标准版近似（注：将检样和标准样相近不相连地用手动展色轮展色对比）；②细度：小于$20\mu m$，仪器：$0\sim50\mu m$刮板细度计；③黏度：$(20\pm5)s$，仪器：RIGOSHA4$^\#$杯（$25℃$）；④pH值：$8.0\sim9.5$，仪器：便携式pH仪（PHB-2型）；⑤重金属含量：符合世界包装绿色环保标准；⑥各项耐性：符合要求。

五、塑料水墨的应用

塑料水墨特别适用于烟、酒、食品、饮料、药品、儿童玩具等卫生条件要求严格的包装印刷产品。目前，我国大部分油墨生产厂家所生产的塑料水墨印刷已在凹版、柔版、丝网、喷涂等方面应用，在柔版印刷上，无论印刷塑料薄膜或纸张等，均与使用溶剂型油墨的印刷速度一样（70m/min），光泽度60℃以上，附着力100％。特别是无纺布印刷，需要低黏度的水墨印刷，其效果才理想，需将水墨黏度调低到7～9s，这样印刷面积就会增大，故耗墨成本占溶剂型油墨成本的一半。印刷塑料薄膜只需表面处理达到40达因，在印刷过程中停机检测附着力比溶剂型油墨好，无论柔版或凹版印刷，只需在上机印刷前，把当天印刷所需的水墨用自来水稀释（即调到所需的印刷黏度），印刷途中无需为水墨黏度变化而添加稀释剂，使印刷品出现颜色深浅不一，水墨只需在墨槽墨量不够时加入新墨即可。整个作业过程，印刷图案的色相绝对是一致的，这样就可以大大减少废品率。在凹版印刷方面，只要把印版（电雕版）制成浅版（15～25μm）加强热风，即可达到溶剂型油墨的印刷速度，这样耗墨量只占溶剂型油墨的一半。目前市场上印刷金银卡纸的印版大部分都采用 40u 深版印刷。每平方米耗墨量为 12g（满版涂布），而水墨采用 20u 版印刷，耗墨量每平方米只有 6g，而且耐磨等性能远远高出溶剂油墨。

一般印刷厂都有凹版印刷和柔版印刷两种业务，只需购进柔版水墨即可。如进行柔版印刷时，就采用柔版水墨；需要凹版印刷时将柔版水墨加入油墨厂提供的乳液稍作搅拌即可。这样，既避免了常见的两种油墨占用资金及场地，也消除安全隐患。水墨由于全部采用自来水生产，pH 值为 7～8，稳定性好，无毒、无味，不会燃烧，对人体无任何损害。而且，在使用过程中，几乎无损耗，也不会出现印刷品因温度高或重物压迫出现反黏现象，以及由于潮湿天气所影响的光泽度变化。它集耐冻（零下 20℃）、耐高温（220℃）于一身，存放期达到 3～4 年，溶剂油墨在使用过后，存放期在 1 年以内，还经常会出现无光泽、结糊等现象。而水墨在使用后可存放 2～3 年，不会出现类似溶剂型油墨出现的现象。无论凹版或柔版印刷机，都不需作任何的改动，均可使用水性油墨印刷。目前，水墨对柔性包装市场已产生巨大的影响。据 NAPIM 美国工业报道：水基柔版油墨占包装市场的 37%。水墨已拥有特定的巨大市场，如在窄幅标签印刷工艺具有绝对优势，其他应用包括折叠纸板、食品杂货袋、商品储存袋、多层纸袋、瓦楞纸板以及信封的水性柔版印刷。从印刷方式上看，水墨目前对胶印还不适用，其最主要的应用领域是柔性版印刷与凹版印刷。

1. 在柔印领域的应用

我们知道，柔印与凹印产品大多数是包装产品，其中食品包装、烟酒包装、儿童玩具等卫生条件要求严格的包装印刷品占相当大的比例，因此，迫切需要"绿色"印刷材料，而水墨无疑成为最佳的选择之一。在全世界掀起的"绿色革命"浪潮的冲击下，柔印发展很快，最主要的原因是柔印绝大多数都采用水墨，具有优良的环保性能，符合现代包装印刷的发展趋势。在美国有 95% 的柔印产品采用水墨，在日本，70% 柔性版用于瓦楞纸板的印刷，其中 95% 都已使用水墨。在我国，柔印占的比例与日俱增，国内现有窄幅柔版印刷生产线近 500 条，年需水墨 20 多万吨。

2. 在凹印领域的应用

水性凹印油墨于 20 世纪 70 年代就广泛应用于包装纸、厚纸板纸盒的印刷中，由于纸印刷中蒸发干燥与吸收干燥较好，因此水墨的干燥问题比较好解决，普及也较早，在美国有 80% 的凹版印刷品采用水性油墨。另外，从整体上看，水性凹印油墨迟迟得不到进一步普及的一个重要原因是，凹印速度和印刷质量与凹印干燥机的性能之间的矛盾没能得到解决。

3. 在网印领域的应用

目前已经大量使用水性网印油墨的国家有瑞典、德国和美国。自 20 世纪 80 年代以来，国际上已开发出织物、纸、PVC、PS、铝箔及金属上网印的有光和无光水性油墨。我国的网板印刷发展速度很快，而网印水性油墨的研制开发及普及的进展速度却较缓慢。值得欣慰的是，我国在网印水性油墨研发上已引起人们的关注，经过几年的努力已取得一些成果。据报道，我国在纸张和塑料等承印材料上已经应用了网印水性油墨。

第七节　网孔版（丝网）塑料油墨

网孔版油墨（screen printing ink）也称丝网版油墨（silk screen printing ink），指适用于各种网孔版印刷的各种承印物的油墨。

一、塑料网孔版丝网油墨定义与种类

1. 定义

通过印版的网孔漏印到承印表面进行印刷的一类油墨。网孔版油墨又分为誊写油墨和丝网版油墨。丝印油墨指采用丝网印刷方式时所用的油墨。

2. 丝印油墨种类

虽然丝印油墨属于印刷油墨的一种，但区分丝印油墨种类的方法非常多。主要的分类方法有以下几种。

根据油墨的特性区分种类：可分为荧光油墨、亮光油墨、快固着油墨、磁性油墨、导电油墨、香味油墨、紫外线干燥油墨、升华油墨、转印油墨等。

根据油墨所呈状态区分种类：胶体油墨，如水性油墨、油性油墨、树脂油墨、淀粉色浆等；固体油墨，如静电丝网印刷用墨粉。

根据承印材料区分种类：纸张用油墨：油性油墨、水性油墨、高光型油墨、半亮光型油墨、挥发干燥型油墨、自然干燥型油墨、涂料纸型油墨、塑料合成纸型油墨、板纸纸箱型油墨。

织物用油墨：水性油墨、油性油墨、乳液型油墨等。

木材用油墨：水性墨、油性墨。

金属用油墨：铝、铁、铜、不锈钢等不同金属专用油墨。

皮革用油墨：印刷皮革专用油墨。

玻璃陶瓷用油墨：玻璃仪器、玻璃工艺品、陶瓷器皿用油墨。

塑料用油墨：聚氯乙烯用油墨、苯乙烯用油墨、聚乙烯用油墨、丙烯用油墨等。

印制线路板用油墨：电导性油墨、耐腐蚀性油墨、耐电镀及耐氟和耐碱性油墨。

3. 网孔版的版材

网孔版的版材主要是丝网，过去多用蚕丝，现在多用尼龙丝或聚酯丝，将丝织成有均匀细孔的网状织物，网孔有粗有细，从 36 目/cm 到 165 目/cm 均有，可视印刷图案所要求的精细程度而选用。在丝网上均匀涂布一层感光树脂，将原稿用照相制版方法使感光层曝光、显影、洗蚀，洗去未硬化的感光胶，成为一块以丝网细孔组成的与原稿相对应的图案文字的网孔版。在版上加适量油墨，经手工或机械刮刀在版上刮过，油墨即从细孔中漏到承印物上，产生相应的图案文字，经过各种处理方法，油墨干燥而固着其上，即成一件精美的包装，下面介绍常用的网孔版版材。

UV 印版：一般情况下，UV 印版经过烤版后，提高了对油墨的耐腐蚀性，因此也就适于 UV 印刷。

专用 UV 印版的优点在于：耐磨、耐印，中途停机时不需上保护胶，旧版可再次使用，而且非常适合 UV 油墨的转移，晒版时网点还原率高，基本上能够达到 2% 的网点不丢失，98% 的网点可分辨。

目前使用较多的日本富士 UV 版质量较好，考虑到印刷成本，对于批量较小的短版活，文字版可适当使用普通版，但版膜极易磨损，印刷时要多加注意。

在用于 UV 印刷的 CTP 印版方面，随着 UV 激光器功率的提升，紫激光 CTP 版材的生产厂家必将版材的感光波长改变至紫外区域，以期制版更快、更好、更安全。

随着非重氮萘醌、化学增幅型 PS 版的推出，版材感光度的显著提高，有效提高 CTP 的制版速度。

华光 YP-U 型阳图 PS 版：它是乐凯集团第二胶片厂 2002 年提出研制的。经过近两年的努力，乐凯二胶从自主开发树脂、配方研制和工程化研究，于 2004 年年初正式向市场推出 UV 油墨专用阳图 PS 版，该版是目前国内唯一的适合 UV 油墨印刷的阳图 PS 版。

富士星光 BrilliaLP-NVA 紫激光型光聚合 CTP 版 BrilliaLP-NVA 紫激光型光聚合 CTP 版是富士星光在中国首度实现国产化，不仅与日本产品具有同等的高性能，更符合中国市场需求，使用更加方便。使用 UV 印刷耐印力可达 10 万印。

主要特点：采用三层涂布（对感光层进行保护的 OC 层；高感度光聚合层 P

层；保持图文部分与支撑体强力结合，同时促进未曝光部分显影的 B 层）。采用多层砂目技术，实现版材高性能、稳定品质，使印刷更加方便快捷。

富士星光 BrilliaLH-PA 型阳图 CTP 版：BrilliaLH-PA 型阳图 CTP 版是富士星光全面采用富士胶片的先进技术生产的高性能热敏 CTP 版材，是经过多次改良、改善的 LH-PJ 型 CTP 版材的中国版本。在不烤版的情况下进行 UV 印刷耐印力可达到 7 万～15 万印。

主要特点：BrilliaLH-PA 型阳图 CTP 版具有超强的耐划伤性、印刷适应性、网点还原性、耐药性，以及出色的耐印力和质量稳定性。特别采用三层涂布（提高耐印力、适应 UV 油墨、减少化学药品腐蚀性的 N 树脂层及 A 树脂层；保持图文部分与支撑体强力结合、同时提高非图文区在显影时溶解性及显影宽容度的 EDL 层），通过对光感度控制的优化，减少感光所需激光功率，多层砂目技术实现版材高性能、稳定品质，使印刷更加方便快捷。

Kodak Sword Ultra 热敏版材：该 CTP 版材是专门针对包装及商业印刷而推出的热敏型版材，由于无须烤版即可达到 40 万印的耐印力，特别适合要求高产能，不愿在烤箱上投入成本、时间和空间的客户。在 UV 印刷情况下耐印力可达 15 万印。

主要特点：超高质量及超强耐印力，即使不烤版也可获得 40 万印的耐印力，烤版后更高达 150 万印；适合不同印刷环境，即使在如 UV 油墨、金属油墨及无酒精槽等苛刻印刷条件下，也能获得高分辨力和精确色彩复制；采用双层涂布技术，不仅提高耐印力，还加快成像。

爱克发恒星版：该版是爱克发在全印展上首次推出的热敏 CTP 版材，由于采用免后期烤版技术，可实现超长版印刷。在进行 UV 印刷时耐印力达 10 万印。

主要特点：针对 CTP 版材有免后期烤版需求的印刷企业，耐印力达到 35 万印；应用于最高品质要求的印刷，能够以 $20\mu m$ 调频加网，或 340Lpi 晶华网加网成像；独有涂层技术，在任何曝光和印刷条件下的高宽容度和优秀抗化学腐蚀能力，能带来较高的印刷表现和质量。

二、网孔版油墨的性质与特点

1. 油墨流动度

流动度是黏度的倒数。黏度大，流动度小；黏度小，流动度就大。

油墨的流动度可以看作是在无外力作用下，一定量的油墨在一定时间内和一定的平坦面上自然流动的程度。油墨的流动度可以衡量油墨的稀稠。在丝印油墨中其流动度一般控制在 30～50mm。测量方式是取 1mL 油墨，在 250g 的压力经 15min 后，测量其直径即可。

油墨的流动度大，印迹易扩张，使间隙小的细线条分说不清以致合并；流动度小，印迹中线条易断线缺墨，印刷也困难。

因为丝网印刷机的印速较慢，最快不超过 1000 印/h，所以油墨比较稠厚。又因为要求油墨从网孔中漏到承印物上后不再扩展印迹，所以其流动性应比凹版与柔性版油墨小得多，相对地触变性要大得多。因为丝网印刷速度变化很大，有的每小时仅为数十次，有的达到每小时 1000 次，所以油墨的稠厚程度也变化很大。丝网版的网孔粗细变化也很大，所以油墨的流动性和触变性的大小范围也很宽。

2. 油墨可塑性

可塑性是指受外力作用变形后，能完全或部分维持其变形的性质。

丝印油墨是介于流体和半固体之间的浓调悬浮胶体，所以它既有流动性，也有可塑性。颜料和其他固体含量高，油墨就显得稠，可塑性就大；颜料和其他固体含量低，油墨就稀薄，可塑性就小。丝印油墨要求有一定的可塑性，以维持印刷的精度，否则印刷的线条极易扩张。

3. 油墨耐光性

油墨耐光性是指油墨印迹在眼光照射下色泽稳固程度的一种性能。它取决于颜料的耐光性、墨层厚度、连结料及填充剂等的性能。包装印刷和室外广告对油墨耐光性的要求甚高，室外广告常要求历时 3～5 年，印品色彩无显著变更。光的照射会使颜料发生化学反应和物理变更，导致颜料变暗、变淡以致完全褪掉。

耐光性的测定常用 8 级日晒牢度蓝色尺度与印样一起放于褪色中曝光若干小时，而后取出对比，找出试样与哪级尺度接近，该级号即为试样的耐光程度。8级日晒牢度蓝色尺度是在羊毛织物上，染以 8 种不同牢度、相同浓度的蓝色染料，它们在等量光照下，会出现 8 种不同的退色状况，H 经褪色最严重，8 级最不易褪色。

4. 油墨耐效性

视热加工要求而异，印品的油墨应在热压中不被拉脱。检测方式是将一片印刷品与一张洁净铝箔叠合在一起，用实际生产时的温度、压力和时间处理之，冷却后离开印品与铝箔，视察油墨转移到铝箔上的状况。

5. 油墨耐化学力

油墨的耐水、酸、碱及溶剂的能力，统称为耐化学力，其测定尺度与方式要从应用宗旨考虑，目前常用的有浸泡法和湿擦法。

浸泡法是将干燥后的印品，浸泡在选定的水、酸、碱及溶剂中，经一定时间后取出，对比印品浸泡前后的变更程度。

湿擦法是将布用选定的溶液浸湿后，在干燥后的印品上来回湿擦若干次，再对比印品湿擦前后的差异。

其他如油墨的颜色、光泽度及透明度，分别用色度仪、反射光泽度计及密度计予以测定，读者可参考有关印刷油墨的尺度，这里不再赘述。

6. 油墨外表张力

油墨的外表张力关系到油墨的转移性能和印迹在承印面上的稳固性。这种关系，在光面材料，特别是塑料外表上印刷时，显得更为突出。例如，当油墨的外表张力大于承印面的外表张力较多时，印迹会收缩，甚至出现鱼眼状的小孔；若承印面与油墨的外表张力相近，而网版的外表张力又大于承印面的外表张力时，印刷会出现堵网现象。这些状况，可借增加外表活性剂、微晶石蜡、硅化物等加以调整，使油墨的外表张力等于或小于承印面的表面张力，以取得良好的印刷效果。

7. 油墨硬度

指墨膜受压变形的程度，可用油漆及涂料工业用的硬度计测量。从印品应用考虑，硬度也可用耐划破性度量，如用相同的力，以不同硬度的铅笔刻划充分干燥的墨膜，以能刻破墨膜的铅笔的 H 值为所测油墨的硬度。硬度对金属、硬塑及玻璃等刚体的装潢印刷甚为重要。

8. 油墨黏度

网孔版油墨的颜色要求和着色力要求与一般油墨相同，能符合标准样即可。黏度指标不像凹版或柔性版油墨那样地用涂 4# 杯测秒数，而是用旋转式黏度计在一定温度下测算，以 Pa（帕）来表示。黏度，又称内摩擦，是一层流体对另一层流体做相对移动时所产生的阻力。它是流体内部阻碍其流动的一种特性。油墨黏度一般用泊、厘泊来示意。丝印油墨黏度为 4000～12000 厘泊。黏度过大，油墨对承印物润湿性差，不易通过丝网转移到承印物上。造成印刷困难，印迹缺墨。黏度过小，会造成印迹扩张，致使印刷品线条合并，成为废品。黏度指标可以运用黏度计进行测量。

黏度变更与印刷造性的关系是：油墨在印版上，黏度越稳固越好，但转移到印件上后，黏度变大越快越好。触变性则对前者不利，对后者有利，因而恰当的触变性是可取的，而剪切变调对印刷有害无益。加溶剂、稀释刑或增塑剂，可降低黏度；加填料、颜料、硅化物，能提高黏度。

9. 油墨触变性

触变性是指液体因为应力黏度降低而后又复原其原来黏度的能力。在丝印过程中，体现为油墨在静止一定时间后变稠，黏度变大，搅动后又变稀，黏度也变小的一种可逆现象。因为，油墨中颜料颗粒的外形是不规则的，虽然吸附了一层连结料，也是一种不规则的圆球。所以，在静止一定时间后，颜料颗粒就会接触或相距很近，造成互相吸引，阻碍颗粒的自由活动，油墨就变稠、变黏。但是，这种暂时稳固的结构，被外力搅动后，很快被破坏，解除了颗粒之间的互相吸引力，颗粒的自由运动又得到复原，流动性提高了，油墨变稀，黏度下降。丝网印刷油墨的触变性越小越好。为消除这种不利因素，在印刷之前，要充分搅拌油墨，使之复原常态，而后进行印刷。油墨中的颜料颗粒越不规则，多角多孔（如黑墨），其触变性就大。反之（如黄墨），其触变性就小。油墨中连结料多，颜料少，触变性也小；反之，则触变性大。另外，连结料的不同对触变性影响也很大，如聚合植物油所制造的油墨，其触变性小；如高分子树脂作连结料，其触变性大。

10. 油墨屈从值

屈从值是指对流体加一定外力，从弹性变形到流动变形的界限应力，也是油墨开始层流时必需施加的最低应力。屈从值太大，油墨发硬，不易翻开，输墨方便，流平性差；屈从值太小，印刷细线和网点再现性差。丝印墨层较厚，故屈从值不能太小。

11. 油墨细度

细度是指油墨中颜料及其他固体原料颗粒的大小，是表征这些颗粒在连结料中散布的平均程度的指标。可把调稀后的油墨从细度计凹槽的最深处刮到平处，对着光倾斜15°观察。在某一刻度范围内至少有 15 个油墨中的颗粒，其值即为该油墨的细度。

丝印油墨的细度一般为 $15\sim45\mu m$。细度太粗，在印刷中会产生糊版，印不出图案。如丝网较粗，细度也可相应加粗。一般最粗的颗粒应低于网孔面积的四分之一。

12. 油墨黏弹性

黏弹性是指油墨受利板压力后被剪切断裂，丝网版弹起，油墨迅速回弹的性能。油墨和承印物粘接，和丝网脱离，出现迅速缩回的现象，是典型的油墨黏弹性现象。

油墨的黏弹性，对丝印影响较大的是出现拉丝现象。拉丝现象就是指当刮墨板刮过，网版弹起瞬间，在网版与承印物之间出现很多油墨细丝。这是丝印中最忌的现象，不但易使印刷品和网版粘脏，甚至会使印刷无法进行。

拉丝长短与油墨的黏度有关。黏度大，墨丝长；反之，则短。因此，常用加减黏剂或降低树脂的分子量来降低油墨黏度，改良油墨黏弹性，减少拉丝现象。

拉丝现象还与作用力的时间有关。同一油墨，若分离速度很快呈弹性分裂，则墨丝短；分离速度很慢，则油墨像纯液体一样完全流下，不成丝。

13. 油墨干燥性

丝网印刷既要求油墨在网版上可以较长时间不干燥结膜，又要求在印刷后，在承印物上干燥越快越好。这样可以维持印迹的干净，节约场地占用，加快印刷速度，提高质量。

丝印对油墨的干燥性要求，在多色连续套印时尤为突出。一般采取的干燥方式有自然干燥、热风干燥、紫外线干燥、电子束照射干燥、红外线干燥、微波干燥等多种形式。

测定油墨的干燥程度，可采取简易方式。即制造一块宽 1.5cm、长 4cm，晒好图像的丝网印版，将油墨印在承印物上。视察油墨，以不粘纸为尺度，盘算自印刷后多长时间不粘纸，便可测定出这种油墨在此种承印物上的干燥时间。对于丝网印刷来说，网上慢干及印迹快干的油墨，才是理想的丝网印刷油墨，光固、热固及热印冷固等油墨就是由此产生的。

网孔版油墨干燥性可分以下几类。① 氧化聚合干燥，连结料需经过氧化聚合而结膜干燥，干燥时间需 1d；②溶剂挥发，使合成树脂固化而干燥，可以常温自然挥发，也可以加热促进挥发，干燥时间以小时计；③热固着干燥，系加热或红外线照射，使油墨层中的热固性树脂受热后迅速交联聚合而固着，干燥时间以分钟计；④光敏固着干燥，系用紫外线照射，使油墨层中的光敏树脂和光敏催化剂迅速起反应达到树脂固化，干燥时间极快，以秒计算，热固化或光固化的催化剂，一般与油墨分开储放和供应，称为二液型油墨。

但在机上使用时均需至少 4h 或更久，不因干结会堵塞网眼。网孔版油墨的附着牢度，必须达到印刷品上的油墨层能耐该包装在日常使用中的摩擦和搔刮（数月到一二年）而不脱落。承印物的材料不同，对油墨的附着要求也不同。网孔版油墨是近 30 年来获得迅速发展的，上述各项质量指标尚未见有国际或国内标准公布。

三、网孔版油墨的组成与使用要点

1. 网孔版油墨的组成

网孔版油墨的组成比较多样化，这是由于印刷工艺和承印材料以及干燥方法的多变所致。一般而言，颜料和填充料等固体材料的总用量较凹版油墨为多，或采用增稠剂使油墨比较稠厚，达到流动性较小而触变性较大的要求。合成树脂的用量要相对的多一些，溶剂用量则相对少一些。由于承印物材料不同，附着要求不同，所用合成树脂应随之变化。如承印物是聚烯烃材料，也可采用聚酰胺树脂、聚丙烯酸类树脂或聚氨酯树脂；如是尼龙或聚酯材料，可采用聚丙烯酸类树脂或聚氨酯树脂；如是聚氯乙烯材料，可采用聚氯乙烯或聚氯乙烯与乙酸乙烯共聚树脂。溶剂则可随树脂的变化而变化。

2. 丝印油墨使用要点

当移印头离开移印凹版之后，移印头的表层油墨中的溶剂挥发掉，这使得移印头表面墨层变得更黏。很多移印中凹版蚀刻图像的深度为 $25\mu m$，甚至更小一些。

用刮墨刀把移印印版突出部分（空缺部分）上的油墨刮干净，只让油墨进入蚀刻的凹陷图像区域中。

移印油墨步骤及留意要点：移印油墨所固有的一个明显特点是：这种油墨变黏的能力很凸出，而且颜料颗粒大小和颜料所占比例与其他类型的油墨差别很大。

综上所述，既然移印油墨对黏度变化的要求非常高，这就使得移印油墨中所用溶剂的挥发速度要比普通丝网印刷油墨所用溶剂快得多，否则很难得到理想的印刷效果。另外，因为移印印刷的墨膜厚度约为丝网印刷的 20%，为了获得足够的遮盖力，移印油墨中的颜料浓度必需足够高。

此时的油墨黏度必需足够低，使油墨能够平整地铺展在转印印版的表面上，并且能够进入凹陷的蚀刻图像区域中。因为溶剂的挥发速度很快，这将导致图像凹陷区表面上的油墨比下面的油墨要黏一些。

对印版的蚀刻凹陷区域添加油墨，此时标志着印刷周期的开始。

移印头离开承印物的表面，恢复原状。这样的话，移印油墨中所含的颜料颗粒必需比大部分的丝网印刷油墨要小。假如变化因素能够得到适当的控制，移印头会干净地离开承印物，此时一个完整的移印周期就结束了，移印头预备迎接下一个移印周期。实际上，一个设计得当的移印头与承印物的接触不会形成 0°，这样可以防止空气残留在移印头与承印物之间，假如空气残留在图像部分，会造成图像转移不完全。在这一步，尽管移印头可能会施加非常大的压力，但是移印头是设计成弧形的而且有弹性，使图像可以曲面方式而不是平面方式，与承印物接触。

移印头向动弹的凹版平均地施加压力，同时把凹版上的空气挤出去。有些移印机使用启齿的着墨孔，有些则使用封锁的着墨孔（这样的着墨孔可以阻止溶剂在着墨孔中挥发掉）。这时因为图像凹陷区域中表层油墨的黏度较大，所以能够使油墨离开蚀刻凹陷区域而黏着在移印头上。

当移印头的表面接触到承印物的表面时，因为移印头表层油墨的黏度较大，使油墨离开移印头而黏附在承印物表面上。

四、丝印油墨调色基本方法和相应的保存使用期限

1. 丝印油墨调色基本方法

所谓配色，就是将两种以上的颜色，或是除主调色色彩之外再使用少量的色彩邻接，形成色彩的组合。彩色油墨使用前调配时，首先将色样上需要配制的颜色单独露出，正确的分辨出原稿（或原样）色彩是原色、间色，还是复色。如果是间色、复色，需要分辨出主色与辅色的比例。其次一定要根据原稿指示的色调，小样调试，待与原稿相比，颜色色差较小或相等时，方可大批调配，且时间

要短，调量要适当。调得过少，造成停工，油墨色相不一，影响生产正常进行；过多会造成不必要的浪费。调墨通常在光线稳定或光线不直接照射的地方进行。

2. 相应的操作事项

①配墨时应尽量少加不同色的油墨，色墨种类越少，混合效果越好；②采用"由浅入深"原则，无论配制浅色或鲜艳的彩色油墨，当色相接近样板时，要小心谨慎。不同厂家生产的油墨，最好不要混合调用，尽量采用同一厂家不同颜色的油墨进行调色，否则会产生色调不匀的现象，严重时会出现凝聚而使油墨报废；③有些丝印油墨是通过烘干来干燥的，浅色烘干后比未干燥的更浅，深色烘干后偏深。另外，油墨的色调在印刷时干燥前和干燥后有无差别，是容易忽视的问题。一般来说，通过自然干燥的（溶剂挥发型油墨），承印物是塑料、金属、纸张、玻璃等，色彩不会发生变化；但若是陶瓷用的色料，由于在灼烧氧化后才显色，只能凭经验来调色。而对于通过热固、光固来干燥的丝印油墨，颜色在深浅上有变化，上面已提到过。调墨量大时，可以使用调墨机，可在短时间内完成调色。

3. 丝印油墨的保存以及使用期限

①丝印油墨宜存放于阴凉干燥处，开罐后如果是 UV 油墨，必须放置冷藏柜内，并且避免照射灯光；②未开罐油墨保质期在 12 个月，开罐后尽快使用，原则上不得超过 6 个月；③不同品牌不同系列油墨不可混调。

五、UV 丝网印刷油墨产品举例

许多特种效果的油墨都需要较厚的油墨才有良好表现，如发泡油墨、皱纹油墨等。由于网印墨层厚重，因此，UV 网印特种油墨种类很多，并都具有不含挥发性溶剂、无臭味、无刺激、流平好、不堵网、固化速度快、固化膜坚韧、耐水性强、耐溶剂擦洗、附着牢度佳，色彩鲜艳等特点。

（1）UV 冰花油墨　为无色透明或有色油状流体，在紫外线照射下，墨层逐渐收缩，形成大小不一的冰花裂纹图案，有强烈的闪光效果和立体感。除可印刷金/银卡纸和包装盒外，还可印刷金属、塑料薄膜、玻璃等基材。

（2）UV 发泡油墨　主要用于印制 PET 金卡纸和高档包装盒，也可在 PET、PVC、ABS 及镜面金属基材上印刷，如铜、铝、不锈钢等，制作高档标牌或面板，借助于基材的反光和油墨的独特花纹，使印刷品表面更显华丽。

（3）UV 水晶油墨　UV 水晶油墨无色无味、晶莹剔透，不挥发，固化后不泛黄，印后线条不扩散，透明似水晶，可用于各种水晶标牌、装饰玻璃、包装盒及盲文印刷，印刷时要根据基材的种类选择油墨。

（4）UV 膨胀油墨　UV 膨胀油墨经紫外线快速固化后，涂膜体积可膨胀5～10倍，还可加入金、银粉，增加油墨品种。UV 膨胀油墨印刷品色彩鲜艳，凹凸感强。由于膨胀温度低，特别适合耐热性差的材料，是替代普通发泡浆的理想产品。

(5) UV 金属油墨　适用于印刷各种金属，如铜、铝、不锈钢等基材，它不含挥发性有机溶剂。根据表面光泽不同，可分为高光泽和哑光两种，适合印刷高档标牌和仪表。

(6) UV 网印玻璃、陶瓷、塑料油墨　这类油墨无挥发性成分、无臭味、无刺激，固化膜有很好的耐水性、耐擦洗、色彩鲜艳、耐磨性佳。适用于各种玻璃制品、陶瓷制品、塑料基材和某些金属基材。

(7) UV 透明油墨　UV 网印透明油墨透明性好，适用于印刷各种透明基材，其透明度不受影响。如印刷透明 PET、PVC、ABS 及经火焰处理的 PP、PE 等，可制作高档塑料标牌、广告牌、包装盒等，耐水性强，耐溶剂擦洗。

(8) UV 光碟油墨　UV 网印光碟油墨专用于印刷 CD 光碟、DVD 光碟、PC 等硬质基材，光固速度快，附着力佳，收缩率低，墨层滑爽，硬度高，耐磨性好，分辨力高，色彩鲜艳，各色层之间结合力好，印刷性能稳定。一般分光亮、哑光、砂面 3 种。

(9) UV 玻璃/金属磨砂油墨　该油墨对丝网印刷的要求非常宽泛，150～420 目丝网均可印刷，砂粒粗细由网目控制。固化速度快，不泛黄。

可印刷玻璃、有机玻璃、各种金属及钛金板等，生产磨砂玻璃或磨砂金属标牌。固化膜耐水性好、硬度高、耐磨性好，若加入专用色浆，可制成高级彩色磨砂玻璃或金属标牌。

(10) UV 折光油墨　UV 折光油墨主要用于折光印刷，生产高档包装盒、装饰画等。

印刷底材要求平整、光洁、光反射率高，如镜面金/银卡纸、镀铝膜、镜面不锈钢等。丝网目数在 400 目以上可确保印刷图案的精细度。

(11) UV 立体光栅油墨　UV 立体光栅油墨呈无色透明状，良好的流变性能使印刷好的光栅条纹呈柱状或接近柱状，印刷品的立体效果逼真。油墨对常用的 PVC、PC、PET、玻璃等基材有良好的附着力，优异的韧性保证了光栅条纹在冲压或弯折过程中不受影响。

(12) UV 皱纹油墨　UV 皱纹油墨经特定波长紫外线照射后，涂膜表面收缩形成皱纹。可印刷 PET 金/银卡纸、塑料薄膜、金属、玻璃等基材，生产高档包装盒、标牌、工艺制品等。

(13) UV 香味油墨　与一般香味油墨的区别在于，香料包裹在缓释胶囊内，香料在储存、加工过程中不易挥发，印刷品香味持久（1 年以上），且有各种香型，如橘子、柠檬、玫瑰、酒香、国际香型等。香味油墨可采用丝网印刷生产各种高档包装盒、礼品盒、香味贺卡，印刷儿童杂志封面、书本、金属标牌等。

（14）UV 网印四色网点油墨　UV 四色网点油墨适用于加网印刷各种纸张和塑料基材，如 PVC、ABS、经火焰处理的 PP/PE、金/银卡纸等。

光固网点油墨有优异的透明度，色彩纯正鲜艳，光照后不泛黄，网点再现性好。此外，还有 UV 网印玻璃网点油墨，适用于加网印刷各种玻璃画及金属制品，也可印刷陶瓷制品。

（15）UV 刮刮乐油墨　UV 刮刮乐油墨与普通刮刮乐油墨相比，它不含任何挥发性有机溶剂，无气味，印刷时不堵网，采用紫外线快速固化，对印刷底材无侵蚀，生产效率高，遮盖力强，固化膜坚韧，耐磨性好，包装及运输过程中不易破损，用指甲或硬币可轻松刮除，无残留。适合于印刷各种以铜版纸、上光纸、PVC、铝箔等为基材的奖券、IP 卡、IC 卡、彩票以及各种需要临时遮盖的产品。

（16）UV 网印弹性油墨　UV 网印弹性油墨专用于印刷各种柔软而有弹性的基材，如人造革、真皮、尼龙布、PVC 等塑料薄膜。在拉伸或洗涤过程中，固化膜与底材同步伸缩，固化膜具有极好的抗拉伸和耐摩擦性。固化膜的韧性和附着牢度好，光泽度高，耐磨性好。UV 笔触弹性光油，无色透明膏状，有明显的触变性，UV 照射后固化膜富有弹性，能承受拉伸、弯折等张力作用。用于网印油画表面手工上油，也可丝网印刷，增加画面的立体感。适合于涂刷各种柔软而又弹性的基材，如画布、皮革、PVC 等。

（17）UV 反光油墨　UV 反光油墨内含反光玻璃珠，主要用于印制各种反光标牌，对各种金属基材和 PVC、PET、ABS 等塑料薄膜有良好的附着牢度，耐磨性佳，反光效果显著。针对钢性基材和柔性基材要用不同的油墨。

六、丝印油墨的应用举例

我们根据不同的产品，可分为图形网印和工业网印多种应用。通过这样"分类"，UV 油墨的用途可以得到更详尽的说明。

1. 图形网印

常规的图形网印的典型应用是海报展示架、招贴和购物指南标牌的印刷。

广告材料、包装盒印刷、印后整饰以及上光也同样包含在这个多彩的应用领域。因此，UV 油墨普遍应用于图形领域。这一新型的油墨技术的典型特征是网版稳定性和色彩精确性好，可确保重复印刷的活件能达到准确的色彩复制。图形领域的应用可能有一系列 UV 上光的辅助工艺，能够在有选择的或整个区域进行整饰，也可用作保护性的光泽表面，以提高户外产品的耐用性。

2. 工业网印

这一应用有很多种类，目前是由大型制造商"厂内"制造的，或通过供应商到工业的相关应用，比如印刷承包商。由于对特殊任务的新技术解决方案的不断需求，工业网印在将来仍继续得到应用，网印往往提供最佳的解决方案。在这里，UV 油墨的应用将会很多，采用新技术的解决方案是未来发展和成功的决定性因素。在工业应用领域，人们对于生产力、环境保护和应用的安全性的需求也会不断增长。

3. 光盘网印

这是一个极其重要的应用领域，在很短的时间内取得了迅速的发展。光盘包括音乐和数码存储媒体，比如 CD、CD-ROM，CD-R 和 DVD。网印非常适合这一复杂的、多种应用的领域。例如长版印刷，四色加网油墨的最好印刷质量是网点扩大小，或阴图文字的边缘清晰度高，这些已成为关键的特点，因为最终用户的质量意识已提高。

目前，光盘专门使用 UV 固化油墨系统来印刷。它们能满足机械技术的要求，并保证了必要的操作可靠性。UV 油墨能达到每分钟至少 100 张光盘的操作速度，并保证油墨与光盘信息层的相互作用的可能性最低。

色彩范围宽，包括如下暗色调：明亮的和暗的金属色主色调，荧光暗色调，适合当前所有的色标系统的许多混合色，一种专用的不透明白和黑色数码喷绘 CD 的底层亮油。

4. 包装 UV 网印

"在外面表示出里面的是什么"。确保产品信息、公司标识等直接印刷到瓶子、管子和各种材质的容器上，这是 UV 网印的任务之一。

这一应用的要求是不透明度高，特别是在带色的承印物上，表面光泽给人以有吸引力的外观；产品具有很好的抗磨性能。当然，在各种不同的承印材料，比如有机玻璃、PE、PP 和 PVC，或者聚酯上应用，墨层良好的柔软性是很重要的。以前，这一领域主要使用溶剂基油墨，但现在，环保性和更快的 UV 技术占优势。这一部分应用也要求高反应性油墨，可用在速度高达 100r/min 的机器上。

5. 标签印刷

标签印刷与包装联系密切，标签可提供独特的、信息性的宣传、解释和说明内容物、应用和产地，另外，一个设计合适的标签可进一步提供有吸引力的视觉外观，进而提高产品的价值。一般来说，标签通常用高速组合轮转印刷机生产，除凸版印刷机和柔性版印刷机外，还有一个或多个速度为 100m/min 的网印站。在这一组合中，UV 技术具有真正的优势，因为高反应性和固化快的油墨系统是这一革新的生产工艺的基础。

在暗色承印材料上，良好的不透明性，高光泽或无光泽的油墨，柔软的墨膜和抗力学性能使 UV 网印成为标签印刷不可或缺的。其他的优势是具有一些特殊的效果，比如荧光、青铜色、珠光的和安全编码等。

6. 证件印刷

支票、信用卡和电话卡，还有精致卡的生产，不仅使用各种合成材料，还采用不同印刷方法。因此，网印油墨必须与其他印刷方法（如胶印等）的油墨相适应。它们与 UV 固化光泽的、无光泽的油墨相匹配，用于丝网印刷。通过混合多种 UV 亮油，可使生产的表面具有特殊的效果。

但 UV 油墨在这一方面广泛应用还局限于由于层压不当而进行的表面印刷，也就是说，在墨膜与表层之间还不可能产生足够的胶黏特性。

7. 广告牌、刻度盘网印

UV 油墨越来越多地应用于信息或广告板、交通标志牌，以及测量刻度尺和家用设备这些不容易印刷的承印材料上（如铝或其他金属）。

精细印刷时，网版的无限稳定性、高光泽，并具有最好的耐化学性和抗力学性能，是 UV 油墨在这一应用中的另一些有代表性特点。

8. 玻璃和陶瓷精细印刷

欧洲包装指南中一个新的规定是：玻璃包装中的危险重金属的百分率必须大幅减少。其结果是，这一应用的预期是全新，因为许多中空玻璃器皿的印刷者仍然使用含有铬酸铅这一重金属的陶瓷烘焙油墨，这些油墨用于网印工艺，而后在 600℃ 的温度下烘焙。

作为一个替代方法，研究使用不含重金属颜料的油墨。这里需要强调的是，一方面，由于采用小型的 UV 干燥装置和快速固化，可以节省空间和能量，另一方面可以保证更高的生产力和快速处理时间。

9. 薄膜开关现代网印

通过薄膜开关操作，电子电路和控制器的操作简单、便利，并且具有很高的功能安全性。

薄膜开关要求有很高的抗湿和抗清洗剂的性能以及极好的柔软性，以适应零件的准确的使用寿命。通过采用现代网印工艺，在专用膜的功能性区域进行彩色印刷，防光底基似的高不透明度、最佳的黏附性、抗刻划性以及油墨柔软性都是生产这些复杂和高质量产品的必要前提。

压凸薄膜开关用的 UV 油墨在这一应用中尚未占优势。目前，溶剂基油墨与 UV 油墨组合用于最精细层次的印刷是个趋势，在今后几年内，将越来越多地关注纯 UV 技术。

10. 汽车零件 UV 油墨网印

速度表或仪表盘都是以最好的质量生产出来的，安全要求完全令人满意。网印越来越多地面临更复杂设计的最高需求，如照明用的透明色暗调。

然而，UV 油墨的使用仍然受到限制，即在通过所谓的"气候试验"，在温度和湿度极端变化的条件下，要求油墨具有"最佳的"耐抗性时。

溶剂基油墨在这一领域仍然占有优势，但使用 UV 油墨的趋势很清晰，现在已成功与溶剂基油墨组合使用。

11. 移动广告膜片上印刷 UV 油墨

移动广告指的是在自粘膜片上印刷的使用寿命长、高质量的广告，不仅用在卡车、轿车、巴士和火车上，也可用在轮船和各种容器上，以及飞机上作为特殊应用。

耐化学和力学性能的要求，如耐车辆冲洗和涂画去除剂的性能都要达到，对于长期的户外应用，油墨配方中使用的颜料必须有很高的抗褪色性。

当印到自粘箔上时，黏合的强度决不能受任何方式的削弱，并且要保证在曝露几年后揭去时不留任何残留物，对于要求长期保证的印刷品，膜片的柔软性和脆性也起重要的作用，应当在高质量的 PVC 膜片上印刷。

专门研发的高颜料含量的 4 色加网 UV 油墨系统，它已打入这个领域。柔软的墨膜也能附着在弯曲处、凸圆线脚和铆钉上。对于长版印刷，UV 油墨最有优势，原因是它们具有无限的网版稳定性和色调准确性。网印者大都喜欢这些品质，特别是对于宽幅和多个印刷活件的印刷。

12. 面板网印油墨

在这一应用中起决定作用的是对耐化学性、抗高温、蒸汽和日常磨损等严格要求。溶剂基油墨到目前为止已处主导地位。

使用 UV 油墨有很多好处，如极好的网版稳定性，适合面板上的精细印刷，以及长版的复制性能良好。现已有一个好的方案，即将 UV 油墨的色调与溶剂基油墨作屏蔽层结合起来。

与网印油墨和亮油的总量相比，在过去的几年里，UV 固化系统得到了持续发展，如前面所提到的，其优势已在一些应用领域积极地表现出来，现如今 UV 技术几乎无一例外地应用于一些产品的生产。

好的实例是光盘行业和容器印刷，它们在塑料包装的直接印刷和轮转网印生产高质量标签两个方面显现出它们的优势。显然，没有 UV 技术，多色印刷机的生产力就不能有很大的增长。

在许多图形网印应用中，UV 油墨和亮油已变得很普遍，例如用多色印刷机印刷海报、城市发光海报灯箱或招贴画。目前，在所有这些市场上，新机器正在装备 UV 干燥系统。

这种积极的发展在以后的几年里仍将继续，在许多应用中，UV 油墨将进一步带来生产力的增加和最终印刷品质量提高。

七、丝印油墨在印刷领域的应用举例

1. 丝印油墨在标签印刷领域的应用

丝网印刷起源于我国，与平版印刷、凹版印刷、凸版印刷并称为四大主流印刷技术。由于其印刷方式的独特性以及印刷材料的广泛性，除去一般的纸张印刷外，也被广泛应用于电子工业、陶瓷贴花工业、纺织印染等行业。近年来，丝网印刷工艺更是在模内注塑、广告、招贴标牌等行业中被大量采用。

（1）模内标签显著的特点　模内注塑技术即 IMD（In-Mold Decoratiom），IMD 是目前国际风行的表面装饰技术，常用在手机视窗镜片及外壳、洗衣机控制面板、冰箱控制面板、空调控制面板、汽车仪表盘、电饭煲控制面板多种领域的面板、标志等外观件上，集装饰性与功能性于一身，其产品已经进入千家万户。

通常 IMD 工艺按照最终的产品表面是否有一层透明的保护薄膜，可以分为IML（IN-MOLDFI LMLABEL）、IMR（IN-MOLD ROLE）。

IML 的中文名称是模内镶件注塑。其工艺非常显著的特点是：表面是一层硬化的透明薄膜（PC 或者 PET），中间是印刷图案层，背面是注塑的树脂层。油墨夹在薄膜和树脂中间，可使产品防止表面被刮花和耐摩擦，并可长期保持颜色的鲜明不易褪色。

（2）模内转印工艺的优缺点　IMR 的中文名称是模内转印（热转印或者热转写），此工艺是将图案印刷在薄膜上，通过送膜机将膜片与塑模型腔贴合进行注塑，注塑后有图案的油墨层与薄膜分离，油墨层留在塑件上而得到表面有装饰图案的塑件，在最终的产品表面是没有一层透明的保护膜，膜片只是生产过程中的一个载体。IMR 的优势在于：生产时的自动化程度高和大批量生产的成本较低。IMR 的缺点：印刷图案层在产品的表面上，厚度只有几个微米，产品使用一段时间后很容易将印刷图案层磨损掉，也易褪色，造成表面很不美观。另外，新品开发周期长、费用高，图案颜色无法实现小批量灵活变化也是 IMR 工艺无法克服的弱点。

2. 镜面丝印油墨在丝印中的作用

镜面油墨主要适印的承印物为 PET、PC、PMMA、PVC 和玻璃等片材，但镜面丝印油墨与普通的丝印油墨相比，镜面丝印油墨需要的印刷技术高，不但对印刷工的印刷技巧有很高的要求，同时也要有相关的印刷经验，并严格遵守镜面油墨的印刷工艺进行印刷。

镜面丝印油墨的应用领域非常广泛，一些电器类产品如洗衣机、电冰箱、微波炉等都必须采用镜面丝印油墨来制作操作面板。目前，镜面丝印油墨又被广泛应用于手机、汽车仪表盘等多种装饰性的塑料材料中。该油墨目前已经渗透到多个领域当中，相信在未来，镜面丝印油墨将得到更多推广和使用

① 首先应了解由于镜面油墨稀如水，要保证印刷质量关键是印刷技巧。当印刷速度慢时，一方面，稀如水的镜面油墨会漏流下网版；另一方面，镜面油墨易吸收空气中的水分，印刷后得到的镜面效果不好。因此，在印刷时，镜面油墨

倒入网版后，必须连续快速印刷，才能完成顺利印刷，如果边印刷边检查工件，则会给印刷效果带来影响，出现诸如堵网、油墨印不下去、在网版上结渣团等现象。

② 印刷镜面油墨时的环境温湿度非常重要，因为该油墨在网版上易干，所以就不能在空气流通下丝印，否则非常容易堵网。当空气湿度大时，镜面效果就差。因此，在丝网印刷时，尽可能避免空气流动和潮湿。

③ 由于该油墨稀如水，所以应选择高目数丝网，不仅如此，胶刮硬度应偏大些。

④ 镜面油墨使用前必须充分搅拌，使铝粉与树脂要充分地混合均匀，确保镜面效果的出现，否则，会影响到镜面效果的产生。

⑤ 网版的张力稍低，网距也调近些，适当减少刮刀的刮压力，否则将破坏形成镜面效果。

⑥ 机械印刷时，回墨刀不能用硬的铝或不锈钢制品，而应该使用胶质回墨刀，确保丝印的镜面油墨涂布均匀，使镜面效果一致。

⑦ 镜面油墨的镜面效果与干燥方式有关，就镜面效果来讲，自然干燥不及加温干燥好，并注意，加温的温度和干燥的时间应一致，否则镜面性能和色饱和度也会有所区别。

第八节 凸版零印塑料油墨

凸版印刷油墨，也称凸印油墨。是指各种凸版印刷方式采用的各种凸版油墨的总称。适用凸版印刷的一类油墨，用以印刷书刊、报纸、画册、单据、账簿等的一类油墨。凸版印刷的主要特征是印刷版面着墨部分凸出于非着墨部分。

一、凸版零印油墨分类

按印刷机种类和印制品的用途，可分为铅印油墨、铜版油墨、凸版轮转油墨、柔性凸版油墨。

二、凸版零印油墨优点

① 色泽鲜艳、光泽好。

② 优良的干燥性能。

③ 优良的印刷适性表现在油墨的流变性（如黏性、流动性）符合印刷需要等方面，使印刷者易于掌握和操作。

三、凸版零印油墨术语

① 凸版书刊油墨（letterpress ink for publication）。适用于平台凸版印刷机印制书刊及小批量印件的油墨。

② 凸版彩色油墨（letterpress color ink）。适用于平台凸版印刷机印制小批量彩色印件（如商标、广告、说明书等）的油墨。

③ 凸版轮转书刊油墨（rotary letterpress ink for publication）。适用于凸版轮转印刷机在吸收性较大的纸张上印制书刊的油墨。

④ 凸版轮转印报油墨（rotary letterpress news ink）。适用于凸版轮转印刷机在卷筒凸版纸上印刷报刊的油墨。

⑤ 凸版彩色报刊油墨（rotary letterpress color news ink）。适用于凸版轮转印刷机在卷筒凸版纸上印彩色报刊的油墨。

⑥ 铜版油墨（copper plate printing ink）。适用于铜版印刷的油墨。

⑦ 凸版塑料薄膜油墨（1etterpress printing ink for plastic films）。适用于平台凸版印刷机印刷塑料薄膜的油墨。

⑧ 柔性版油墨（flexographic printing ink）。适用于柔性版印刷机印刷塑料薄膜、金属箔、纸张及瓦楞纸等包装材料的油墨。

四、凸版零印油墨发展现状

在 20 世纪 60 年代初，某些服装等出口商品要求塑料袋包装，当时国内根本没有吹塑制袋工厂，也没有凹版和柔性版印刷厂。为了解决这个问题，提出了凸版零件印刷的办法，于是就有了凸版零印塑料油墨的问世。时至今日，这种印刷方法早已落后，应该淘汰。但因中国地域宽广，各地区经济发展不平衡，某些地区仍然采用这种工艺，所以这种油墨也仍有少量生产和供应。另外，某些物品的塑料包装袋规格特殊，数量很少，不适宜于凹版和柔性版印刷的快速大量印刷，故仍然采用凸版零件印刷。

要适应凸版零件印刷，要求油墨呈黏厚的膏状体，在机上 8h 或更久不能干燥结膜，也不能用大量溶剂，以保证印刷的顺利进行。当时研究制造了两种油墨：一种是一般的氧化聚合干燥性质油墨，另一种是紫外线光敏固化干燥性质油墨。前者缺点很多，由于氧化聚合干燥的过程很长，即使加入大量催干剂，油墨印到薄膜袋上后，至少数小时甚至 1 天才能干透，薄膜袋需要一只一只地摊开晾干，一不小心就损坏了尚未干燥的油墨印迹，变成废品。后者需印刷后送入紫外线照射器的输送带上，经照射后再吹冷风，前后约为 15s，在输送带的另一头上印迹已完全干燥，可即收叠。墨层牢度也可通过胶带试验，印刷质量（如色彩鲜艳，图案精美等）不亚于凹版印刷。唯一缺点是墨层日久易于老化脱落。

紫外线光敏固化凸版零印塑料墨的颜料和填充料的选用和一般油墨相同，主要的不同是连结料。应采用光敏树脂（如环氧丙烯酸酯的预聚体）、光敏性稀释剂（如三羟甲基丙烷三丙烯酸酯）以及引发剂（如 2-羟基-2-甲苯丙酮等）组成连结料。含引发剂的油墨在储藏中由于缓慢的化学反应，易于变厚变硬。故有的油墨不含引发剂，分开供应，称为二液型紫外线光敏油墨。这样，油墨的储藏期就可延长到和普通油墨一样。

江苏常州市南洋油墨化工厂近几年推出了塑料薄膜凸版表印油墨。它适用于印速为 20～80m/min 的橡皮凸版、柔性凸版印刷机，适合在处理过的低密度聚乙烯、聚丙烯、聚酯薄膜、玻璃纸、塑料编织带上进行表面印刷效果尤为理想。

第九节 塑料印刷油墨的选用及使用常识

原材料采购是企业实现经济效益的重要环节，原材料的质量及技术性能同样是影响产品质量的关键环节。在软包装印刷原材料中，油墨质量及技术性能是影响包装材料产品质量最主要的因素。下面就塑料印刷油墨的选用及使用常识，包括其适用性、经济性进行探讨。

一般印刷品的质量好坏，是印刷机械与印刷工艺、承印物性质及油墨的质量和合理使用，三者之间协调配合的结果。只要其中之一配合不好，就会影响印刷质量，或者会在印刷过程中发生故障。本节专从油墨的质量和合理使用对印刷品的质量关系作介绍，但有些问题与印刷工艺及承印物质关系更密切，也简单地加以说明。

首先，选用适当的油墨是前提。塑料印刷有多种印刷方法，必须选用相应的油墨。如一般塑料包装袋的表面印刷，就应选用"表印油墨"，"里印"用的复合油墨，价格虽贵，用作表印却光泽不好、附着牢度也不一定好。经过蒸煮消毒的包装袋印刷，不能采用一般的复合油墨，要用耐蒸煮的复合塑料油墨，否则就不符合食品卫生的规定。现在颇多用凹版塑料油墨进行柔性版印刷，少量印件似乎没什么问题，印刷量稍多就会损坏印版，反而造成损失。

其次，是生产中使用油墨的注意事项，稍不加以注意，就会产生印刷质量问题。

一、凹版塑料油墨的选用及使用常识

1. 凹印油墨的选用

（1）供应商的选择 对上游供应企业的选择，要根据国际通行的 ISO 9001

质量保证体系要求，先进行油墨的试用，并根据技术、生产人员及顾客的意见得出结论。如满足要求，则组织供应人员、技术人员并邀请顾客代表一同对多个油墨生产企业进行实地考察，具体内容包括生产现场、产品性能、研发实力以及顾客满意度等。因为油墨的印刷适性与环境温度、湿度有关，因而对油墨供应企业的选择还要考虑气候的差距，优先考虑地域就近的企业。根据"质量第一，比价采购""同等质量比价格、同等价格比服务"原则，选择至少两家油墨生产企业列入"原材料合格供方名录"，实现定点采购。对合格供方的考察要每两年进行一次，主要对产品质量、技术性能、价格、交货期、技术服务以及顾客满意度等进行综合评审，评审团由技术、生产、供应、销售、顾客代表及高层管理人员构成。特别是注重考察供应商的技术服务及沟通能力，在出现印刷质量问题时能积极参与解决，并能承担应有的责任。要注重油墨质量在包装印刷中的重要性，把油墨生产企业作为一级上游顾客加强管理，实现在价值链中的"双赢发展"。

（2）油墨的适用性　在进行油墨的采购时，首先要考虑油墨的适用性。而油墨的适用性要根据以下几方面确定。

① 印刷基材。不同树脂的印刷基材要选用不同树脂体系的油墨。目前常用的印刷基材有 BOPP 薄膜、BOPET 薄膜、BOPA 薄膜、PE 薄膜等。根据"相似相容"原理，只有基体树脂相似或相近，印刷基材与油墨才会有良好的附着性。而在油墨体系中，对附着性起关键作用的是连结料树脂。目前开发的凹印油墨按溶剂分为苯溶剂型油墨、醇溶剂型油墨、水溶剂型油墨等。按连结料树脂分为氯化聚丙烯油墨、聚氨酯油墨、聚酰胺油墨等。其中氯化聚丙烯油墨适用于BOPP 薄膜的里印；聚氨酯油墨适用于 BOPET 薄膜、BOPA 薄膜的印刷，可以进行高温蒸煮、水煮；聚酰胺油墨适用于 BOPP 薄膜、PE 薄膜的表面印刷。

② 印刷工艺条件。印刷工艺条件包括印刷速度（线速度）、干燥能力、版辊性能、凹印方式（表印、里印）、印刷色数、印刷次序、环境温度、湿度等。工艺条件直接影响油墨的转移率、干燥速度等，因而要根据工艺条件合理经济地选用油墨。比如在生产现场湿度较大、印刷速度较高时，要选用转移率高、干燥速度快的高档油墨，防止薄膜经印刷后发生粘连现象。在空气干燥、印刷速度较快的工艺条件下，选用黏度较高、添加抗静电剂的油墨，避免因静电引起的质量问题。

③ 印刷效果。印刷效果包括印品的色相、光泽度、透明性、遮盖性、层次性、套印精度等。不同的油墨生产厂家在色相、固体含量、黏度、光泽度、层次表现力等方面有一定差别，甚至同一厂家、不同批次生产的油墨也不尽相同。所以在做同一产品时，在打出的样稿取得顾客的认可后，尽可能一次性采购同一批次足量的油墨，保证与样稿的一致性。

④ 印后工艺条件。塑料薄膜经印刷后，还要经过挤出复合、干式复合、真空镀铝、分切、制袋等工序，在顾客使用时甚至要进行高温蒸煮、水煮、冷冻、

杀菌消毒等处理。所以要根据包装材料的印后工艺条件、使用条件来选用油墨。比如在进行干式复合时，要考虑里印油墨与黏合剂的适应性，而不影响复合后产品的剥离强度。在进行制袋、高温蒸煮、水煮、冷冻等处理时，要考虑表印油墨的耐高、低温性，防止墨膜脱离、变色等问题。

⑤ 顾客的使用条件。油墨作为由颜料、添加剂、连结料、填充剂以及溶剂等多种化学物质组成的有机体系，经印刷形成墨膜附着在塑料基材上。作为各种产品的包装材料，不仅起到吸引眼球的营销作用，更要起到保证产品品质、保护消费者生命安全的作用。因而油墨的选用首先要考虑油墨的卫生、安全性，且无味，其耐抗性满足顾客的使用条件。油墨的耐抗性包括耐光性、耐热性、耐油脂性、耐化学品腐蚀性以及与所包装产品有良好的相容性等。表印油墨要耐摩擦、防氧化、抗水、耐光，并有一定的抗静电性能。能满足油墨的耐抗性而添加的助剂要卫生无毒，无必要添加的填充剂要求不加。

（3）油墨的经济性　油墨的经济性不仅包括采购价格，还包括采购数量。要根据生产部门提供的材料需求量和技术部门编制的《原材料消耗定额》计算油墨的采购量。尽可能实现经济采购的同时，还要根据生产实际情况降低使用成本。因为油墨特别是调色墨不同于其他原材料，一旦造成剩余，再次使用非常困难，只好舍弃，造成浪费。实现向"零库存"靠近，不仅减少资金的占用，而且能根据顾客的要求选择原色墨的偏向，确保印品的色相一致。如原色红有偏大红、偏紫两种；原色蓝分偏天蓝、偏紫两种；原色黄分偏绿、偏红两种。在无法人为控制现场环境温、湿度的情况下，要针对不同现场环境选择含有不同添加剂的油墨，减少因在印刷过程中临时添加造成使用成本的增加。要求油墨有一定的抗静电性能，防止与版辊摩擦产生的静电吸附空气以及环境中的毛发、粉尘等异物，造成印刷质量问题。软包装企业应加强与油墨生产企业的沟通与了解，让油墨生产企业充分了解自己的印刷设备，包括印刷速度、印刷基材、干燥方式及能力、现场环境、复合用黏合剂、终端顾客要求以及所包装产品等，有利于配制合适的油墨。此外，为了实现产品的质量可控性和可追溯性，每批次油墨都要进行出厂和入厂质量检测，包括黏度、细度、固体含量、外观等项目。

2. 凹印油墨的使用常识

凹版塑料油墨方面包括复合塑料油墨和耐蒸煮塑料油墨。

（1）印刷画面白化

① 油墨干燥太快。油墨干燥太快会影响油墨的转移性，使承印物上沾墨太少，墨层太薄；再加溶剂挥发太快，造成墨层不平，结膜不良而泛白。应加入慢干稀释剂来解决。

② 印机运行时间较长，操作者因油墨变黏变厚，多次加入某种单一溶剂，使油墨中原来的混合溶剂中快干和慢干的成分不平衡，干燥结膜时，油墨层粗糙

不平而泛白。应加入适量的慢干稀释剂来解决。

③ 印机运行时间较长，操作者不断加入溶剂，使油墨中的合成树脂成分相对减少，不能在干燥时结成平滑的膜层，因而泛白。应在加溶剂时改加慢干稀释剂，因油墨厂供应的慢干或快干稀释剂中均含有一定量的合成树脂和比例适当的混合溶剂，不致使树脂和溶剂的比例失调。

④ 车间湿度太高。车间湿度太高或加入溶剂中含水，使墨层结膜不良而泛白。除不能加入含水溶剂外，车间应除湿。

（2）印刷画面光泽不良

① 上述各条凡产生白化现象者，均使光泽不良。有时虽未达到白化，也已影响光泽。

② 车间不清洁，尘埃黏附印刷面或混入油墨，均影响光泽。

（3）细网点印不出或粗网点也有缺损

① 油墨黏度太高，使细网眼中油墨不能很好转移到承印物上。应加慢干稀释剂降低黏度来解决。

② 油墨干燥太快，版子细网眼中油墨干结，粗网眼中油墨也有部分干结，所以印不出和缺损。应加慢干稀释剂来解决。

③ 印刷机压力不足或表面不平整也会产生印不出和缺损现象，应调整压力及平整表面。

（4）画面以外空白部分沾染油墨

① 油墨黏度太高，刮刀刮不干净。应适当降低黏度，可加入慢干和快干稀释剂各半来解决。

② 刮刀角度不适当、压力不够，也会出现此现象，应加以调整。

（5）图像尾部出现线条

图像尾部出现线条，俗称拖尾巴。

① 油墨含有粗硬颗粒或混入尘埃，只有换良好的新墨来解决。另外，车间内应除尘。

② 刮刀有微小缺损而导致拖尾，颇为常见，应换刀解决。

（6）前一层油墨上印不上第二色

① 两种油墨类型或组成不同，亲和性不良而印不上，应选用同类型的油墨。

② 印刷操作者在热天常在油墨中加入硅润滑剂，会产生印不上的情况，应绝对避免，代以慢干稀释剂。

③ 有时是第二色版太浅所致，应加以调整。

（7）印刷面有针孔

① 承印物表面不平整，或被沾污，应做清洁工作。

② 油墨中混入了较多量的水，或油墨中的各种溶剂由于印刷过程中加入某种溶剂过多而极度不平衡所致，只能换用新墨才可解决。

（8）印件与油墨层黏附

印件叠置堆放一个时期后，油墨层与印件背面黏附不能揭开。

① 车间温度较高，湿度较大印速较快，机上吹热风后未吹冷风，或吹冷风不够，印后复卷时油墨尚未干透和冷透，以致与印刷背面黏附。应注意上列印刷条件。

② 印件已裁切制袋，扎紧堆放一个时期后发生黏附现象。一个原因是印刷过程中加入慢干和残留量较高的溶剂太多（例如丁醇）所致，应尽量不加或少加；另一个原因是油墨中混入了具有促进氧化性质的物质，如多价金属铅、钴、锰的盐类，使油墨层在印件储藏期中逐渐氧化发黏所致。应避免上述类似物质的混入或接触。

③ 印件储藏条件不佳，如仓库温度、湿度太高，印件叠置太多压力太大，亦会导致黏附。应注意储藏条件。

④ 制造油墨的合成树脂软化点太低，亦会导致黏附。这种情况已极少发生，如有发生，应由油墨厂解决。

⑤ 版子太深，墨层印得太厚，也会导致黏附，应调整版子深度。

（9）复合制袋后发现有溶剂气味

① 印刷过程中加入丁醇或甲苯较多，使其干后在薄膜中残留量较多，复合制袋后仍会缓缓逸出而有气味，应尽量少加该上述溶剂。

② 印刷速度较快，加热干燥不够，油墨未干透即被复卷，并随即复合，致使溶剂残留过多所致，应针对原因使油墨干透后再复合制袋。

（10）印刷品不耐蒸煮

① 复合食品袋蒸煮消毒后印迹渗化模糊。这多数是采用一般复合塑料墨印刷，在蒸煮消毒中合成树脂受热和压力软化所致，并采用耐蒸煮消毒的复合塑料油墨。

② 复合食品袋蒸煮消毒后，其所包装食品发现有氰基毒性。这多数是聚异氰酸酯复合用黏合剂不够稳定，在蒸煮消毒中产生游离氰基所致，也有可能为油墨所采用的聚异氰酸酯所致，应在重新印刷前对两者分别进行测试，以避免发生此弊。

二、柔性版油墨的使用

柔性版印刷与凹版印刷不同，油墨方面除溶剂不同外，均为挥发干燥性质，印刷中发生故障的现象和原因也有所不同。

1. 印版不耐印，发胀，使印迹模糊毛糙

① 光敏树脂版制版时曝光不足和硬化不足，故印后不久，在压力下和油墨浸润中发胀模糊，只有重新制版来解决。

② 油墨中含有苯类溶剂较多，使版材溶胀而致，只有换用好墨来解决。

③ 印刷过程中所加混合溶剂含有一定量的苯类，数量虽少，时间一长则使版材溶胀，应加注意。

2. 印迹白化和光泽不良

① 油墨的挥发干燥性质不平衡，尤其是印刷过程中加入过多乙醇，过快和不平衡的挥发，使合成树脂结膜不光滑，轻则光泽不良，重则泛白。倘换加异丙醇和正丙醇，情况可能改善。油墨厂有配套供应的快干和慢干稀释剂，其中含有合成树脂和配比适当的溶剂。冬天可加快干稀释剂，夏天可加慢干稀释剂，就不至于发生光泽不良和泛白的弊病。

② 如在油墨中加入含水乙醇，即使量不多，也会因乙醇挥发时留下水分，使树脂结膜不良，造成失光和白化，应避免加入。异丙醇有时亦含有较多水分，应注意。

③ 柔性版油墨以醇类溶剂为主，易于吸收水分，车间湿度太高，也易使印品墨膜失光和泛白，应降低车间湿度来解决。

3. 印迹粉化，易于抹去

较长时间的印刷，油墨中加入溶剂过多，使合成树脂含量相对减少到一定程度，墨层结膜不良，以致粉化。应在加溶剂时适当加些合成树脂，或使用油墨厂供应的快干或慢稀释剂，可避免粉化发生。

4. 小印品发现针孔

① 油墨与承印物表面之间的润湿性太差，使印上去的油墨层部分收缩而产生针孔。可在油墨中加乙二醇醚等物质增加润湿和流平性，可改善针孔现象。

② 塑料薄膜表面沾有石蜡、润滑剂等物质，使印上去的油墨不能润湿，印迹墨层产生针孔。需清洁表面或作氧化、电晕、火焰处理，才能改善针孔现象。

5. 印件图案不清晰

① 印件图案不清晰，网点相连或边缘起毛　多数情况为油墨干性太快，在版上已有干燥现象；或油墨黏度太大，版上吸墨量太多，使印迹图案网点相连或边缘起毛。应加入慢干稀释剂降低干性和黏度。

② 印品图案边缘墨层增厚　多数情况为油墨干性太快，在印机上较长时间运转有黏度增加的情况，使印迹图案边缘墨层增厚，可加入慢干稀释剂来解决。

6. 印品相互粘连

① 车间温度高、湿度大，印速较快，印后复卷时油墨未干透和冷透，以致与印件背面黏附。应注意改善上述印刷条件。

② 印件制袋捆扎堆放后一个时期发生粘连，原因之一是印刷过程中加入慢干和残留量较多的溶剂（如丁醇）所致，应尽量不加或少加。另一原因是油墨中

混入了具有促进氧化性质的物质，使油墨在较长的储存期中被氧化而发黏所致。应绝对避免此类物质的混入。

③ 印件储藏条件不佳，如仓库温度太高、湿度太高、印体叠置太多、压力太大，均会导致粘连。应改善上述储藏条件。

三、网孔版油墨的使用

网孔版印刷中的油墨是由印版的网孔中漏到承印物上成为印件的，印刷过程和油墨性质与凹版或柔性版印刷均不相同，现将一些主要由于油墨所引起的故障原因和解决方法列举如下。

（1）堵网 停机一段时间后重新开机印刷，印版网孔堵塞，油墨不能漏下，图纹印不出；有时印刷进行一段时间后，部分网孔堵塞，使印件图纹有缺损。这些堵网现象，都是油墨干燥性太快的缘故，以致油墨在停机时或印刷进行中在版面上干结，堵塞网孔。解决方法是：应立即停机，用溶剂、清洗剂或开孔剂（是由数种溶剂组成，对一般网孔版油墨均有较好溶解和清洗作用的液体）洗刷版面，清除堵塞，然后在油墨中加入适当的慢干稀释剂或慢干溶剂，降低其干燥性，方可进行印刷。

（2）印件图纹发现缺损 一种情况是轻微的堵网，因为轻微，不易觉察，检查印件质量才被发现。应加强印刷进行中的印件检查，一经发现，立即在油墨中加入适量的慢干溶剂或慢干稀释剂来解决。

另一种情况是油墨中混入了杂质或干结的墨皮，正好堵住网孔。应立即除去杂质墨皮，清洗印版后再进行印刷。

（3）印件图纹边缘毛糙发糊 这是油墨的溶剂挥发较快，在较长时间印刷后，由于溶剂成分的减少而黏性变大；或者油墨本身就黏性太大，使刮板刮过后提起网版时，油墨有拉丝现象。墨丝断裂后回缩到印件上，使印迹边缘毛糙。加入适量的去黏剂或慢干溶剂，使油墨的黏性降低，不产生拉丝现象，印迹边缘就不会毛糙。

（4）印件细小、图纹扩大和并糊 这是油墨的流动性和扩展性太大，印到承印物上后，还有较大的扩展，致使细小的点线扩大变粗甚至于相并。应加入增稠剂，使油墨变稠厚和减小流动扩展性，就可改善此弊。

（5）印件图纹边缘呈明显锯齿形 网孔版印刷的图纹网点比其他印刷的网点粗，加上油墨的流动扩展性太差，漏在承印物面上的油墨就呈网孔的形状，图纹的边缘就呈明显的锯齿形。应加入适量的流平剂，增加油墨的流动扩展性，可以解决此现象。

（6）油墨拉丝，影响印刷质量 丙烯酸酯类为主要成分的油墨，在印刷过程中溶剂挥发减少到一定程度，就会在印版与承印物分开墨层分离时，产生许多油墨被拉成丝状然后断裂的现象，丝状油墨沾污承印物空白部分和印版的下面，严重影响印刷质量。应随时注意加入适量溶剂，以避免拉丝现象的发生。

四、包装盒 UV 丝网印刷油墨的使用

1. UV 机使用丝网目数

不同用途的 UV 油墨，由于印刷要求不同，印刷时所选用的丝网目数也不同。一般来说，印刷品精细程度越高，要求选用的丝网目数也越高。印刷网目产品时，一般要求选用的丝网目数与加网线数之比大于 4.2。

装饰性 UV 油墨的印刷，应根据具体油墨的要求来选择丝网目数。如采用 UV 网印仿金属蚀刻油墨印刷时，选择丝网目数应与油墨砂型的粗细程度相匹配，如果砂型较粗，颗粒度大，应选择较低目数的丝网，其丝网的孔径较大，可使油墨通过丝网漏印至承印物上，否则，会使部分残留在网版上，造成印刷品上的砂粒较稀。并且，随着印刷的进行，网版上油墨的黏度逐渐增大，油墨颗粒不断堆积。如果砂型较细，颗粒度小，则可选择较高目数的丝网，一般地，丝网目数在 150～250 目/英寸，且丝网目数越高，印出的砂纹越细。

采用 UV 网印皱纹油墨印刷时，可根据要达到的皱纹大小选择丝网目数，丝网目数越高，皱纹越小，反之，则越大。一般地，丝网目数在 120～200 目/英寸。采用 UV 网印珊瑚油墨印刷时，情况与 UV 网印皱纹油墨类似，可根据要达到的珊瑚状波纹的大小来选择丝网目数，丝网目数越高，珊瑚状波纹越小，反之，则越大。对于 UV 网印冰花油墨，选择的丝网目数应与包装盒冰花大小相匹配。

2. UV 机网距

印刷时，网版与承印物间的距离（即网距）对印刷效果也有很大影响。网距过小，印迹边缘不清晰，而且装饰性油墨印刷后的效果不明显；网距过大，对印刷精度又会有一定影响，甚至撕裂丝网。因此，印刷时网距应适当。

3. UV 机刮板角度

刮板角度与印刷时的出墨量有关，刮板角度大，出墨量少，印刷品墨色浅淡，且装饰性油墨印刷后的效果不明显；刮板角度过小，出墨量过多，会造成油墨铺展严重，印刷精细度受到一定影响。因此，印刷时刮板角度应适当。

4. UV 机印刷压力

印刷压力对印刷时的出墨量也有影响，印刷压力小，出墨量少，印刷品墨色浅淡，且装饰性油墨印刷后的效果不明显；印刷压力过大，出墨量过多，会造成油墨铺展严重，甚至撕裂丝网。因此，印刷压力应适当。

5. UV 机印刷速度

印刷速度也会影响到印刷时的出墨量，印刷速度过快，出墨量少，印刷品墨

色浅淡。另外，装饰性油墨印刷出的效果不明显，因此，印刷速度不能过快。

当然，以上这些工艺条件相互之间也应匹配，如印刷速度快，应选择较大的印刷压力、较小的刮板角度等进行印刷，同时包装盒油墨的黏度不能过高。

6. UV 机固化光源

由于 UV 油墨的固化是依靠光引发剂吸收 UV 光的辐射能后发生聚合和交联反应来完成的，因此，UV 光源的选择对 UV 油墨的固化速度有至关重要的影响。在选择固化光源时，应考虑以下因素。

① 光源的输出光谱应尽可能地与光引发剂的吸收光谱相匹配，这样才能最大限度地利用光源的辐射能，产生更多的自由基，从而提高 UV 油墨的固化速度。常用的 UV 固化光源是中压汞灯（国内包括高压汞灯），主要发射下列波长的光：405nm、365～366nm、312～313nm、302～303nm、297nm、265nm、254nm 和 248nm。

② 电能转换为 UV 光能的效率应较高。

③ 光强度应适当。强度过高，自由基产生很快，其浓度过高会导致终止反应速度加快，对交联反应有不利的影响；强度过低，产生自由基的速度过慢，氧阻聚作用会很强，这些都会使 UV 油墨的固化速度过慢。

④ UV 灯使用寿命长。UV 灯会逐渐老化，已过期的 UV 灯其光强度会降低很多，使 UV 油墨的固化过慢。

⑤ 应有很好的灯罩聚光。灯罩的好坏对 UV 油墨的固化效率有很大的影响，同样一个 UV 灯，灯罩不同，油墨的固化效率甚至可相差十几倍。

⑥ UV 灯的形状合适，能使光线均匀照射在包装盒印刷品上，并易于安装、便宜、安全可靠，一般使用管形灯。

⑦ 由于在 UV 灯照射下，空气中会有臭氧产生，所以应有通风设备。用于有色油墨固化的中压汞灯的功率密度一般为 120W/cm，用于无色油墨固化的中压汞灯的功率密度为 80W/cm，灯长可从几厘米到 200cm 不等，直径为 15～25cm。由于在应用中其温度较高，需要进行冷却，使用寿命一般为 1000h 左右。汞灯需要镇流器，灯的光强度一定，电流和电压可调节，或高电流低电压，或低电流高电压。

汞灯在开启以后需有一段预热时间，以利于汞的蒸发，在汞灯预热期间，无法得到预期应有的 UV 光。汞灯关闭以后，不能马上再次启动，需冷却一段时间，这会给使用带来一定的不便。现在，市场上已经推出了一种无极汞灯，可以瞬时开关，且寿命长，功效大。用于 UV 固化的无极汞灯的光谱是连续的，这与中压汞灯不同，可用于包装盒厚膜的固化。

五、凸版零印塑料油墨的使用

用凸版零件印刷的印件较多发生的问题是油墨干燥太慢、过早老化和有明显臭味，其原因和解决方法如下。

（1）印件上油墨不干，易于擦脱　氧化聚合干燥性的凸版零印塑料油墨印到聚烯烃薄膜上，需经过 2～3d 甚至更长时间才能干燥。必须加入适量催干剂，白燥油用量为 5%～15%，红燥油为 2%～5%，也可两者混合加入，才能缩短干燥时间为 8～24h。印件油墨不干，除薄膜表面有杂质污染或车间湿度太大（相对湿度在 95% 以上）外，多数是催干剂加入量不足所造成。但白燥油加入量也不能太多，如超过油墨重量的 20%，有时会产生墨层虽已干燥，却始终有黏手的感觉，也会造成印件叠置后相互粘连的弊病。故催干剂的加入量应加以称量，不能随手乱加。

（2）印件墨层经 1～2 月就易揉搓脱落　凸版零印塑料油墨易于老化，易被揉搓脱落，这是一大缺点。但在正常情况可维持 6 个月不老化，过早老化，是加入催干剂过多或紫外线光照过于强烈所致。注意控制可免此弊。

（3）印件墨层有较大臭味　催干剂中有一种红燥油，以环烷酸钴和环烷酸锰为主要成分，环烷酸有类似蟑螂虫所发出的臭味，油墨中加入红燥油后就会有些臭味。另有一种以松脂酸钴和锰为主成分的红燥油，没有这种臭味，白燥油也没臭味，加以选择使用就可避免此弊。

第三章
塑料印刷技术

第一节　凹版印刷概述

　　塑料印刷的工艺种类主要有凹版印刷、凸版印刷、柔性（苯胺）版印刷和丝网版等几种，本章涉及的主要是凹版印刷技术。目前市场上的塑料印刷品，包括单层或复合的印刷薄膜，其印刷工艺绝大部分均为凹版轮转印刷。

　　凹版轮转印刷方式，具有几乎可在一切薄膜上进行的优点，并与当今飞速发展的软包装密切结合，因而在很短的时间内便得到显著的普及和迅速的发展。

　　凹版印刷的鲜明特点是：一种图案文字从版子表面凹进去，在向整个版面供油墨以后，用种种方法（一般用刮墨刀）把凹部以外的油墨除去，只有凹部图案文字的油墨转移到被印刷物上去的印刷方法。

　　凹版印刷是图像从表面上雕刻凹下的制版技术。一般来说，采用铜或锌板作为雕刻的表面，凹下的部分可利用腐蚀、雕刻、铜版画或 mezzotint 金属版制版法，Collographs 可能按照凹印版印刷。要印刷凹印版，表面覆上油墨，然后用塔勒坦布或报纸从表面擦去油墨，只留下凹下的部分。将湿的纸张覆在印版上部，印版和纸张通过印刷机加压，将油墨从印版凹下的部分传送到纸张上。

　　凹版印刷简称凹印，是四大印刷方式中的一种印刷方式。凹版印刷是一种直接的印刷方法，它将凹版凹坑中所含的油墨直接压印到承印物上，所印画面的浓淡层次是由凹坑的大小及深浅决定的，如果凹坑较深，则含的油墨较多，压印后承印物上留下的墨层就较厚；相反，如果凹坑较浅，则含的油墨量就较少，压印后承印物上留下的墨层就较薄。凹版印刷的印版是由一个个与原稿图文相对应的凹坑与印版的表面所组成的。印刷时，油墨被充填到凹坑内，印版表面的油墨用刮墨刀刮掉，印版与承印物有一定的压力接触，将凹坑内的油墨转移到承印物上，完成印刷。

　　凹版印刷作为印刷工艺的一种，以其印制品墨层厚实、颜色鲜艳、饱和度高、印版耐印率高、印品质量稳定、印刷速度快等优点在印刷包装及图文出版领域内占据极其重要的地位。从应用情况来看，在国外，凹印主要用于杂志、产品目录等精细出版物，包装印刷和钞票、邮票等有价证券的印刷，而且也应用于装饰材料等特殊领域；在国内，凹印主要用于软包装印刷，随着国内凹印技术的发展，也已经在纸张包装、木纹装饰、皮革材料、药品包装上得到广泛应用。当然，凹版印刷也存在局限性，其主要缺点有：印前制版技术复杂、周期长，制版成本高；由于采用挥发型溶剂，车间内有害气体含量较高，对工人健康损害较大；凹版印刷从业人员要求的待遇相对较高。

另外，它也存在制版费用较高，版子不能修正，印刷中要使用挥发性溶剂，容易污染环境和引起火灾等缺点。

第二节　照相凹版制版

照相凹版（Phtotgravure）指利用照相方法制成图像部分低于空白的凹印版。照相凹版即采用照相方法制成的凹版制版。

用三原色油墨进行套印，即可印出色彩与原稿相符的邮票；为了表现画面的深暗部分，有时再增加黑版、灰版或其他色版套印，称为"四色版""五色版"等有时还运用专色，以达到墨色淳厚、简洁明快的效果。它的特征是：版纹深、网纹细、吃墨量大，表现能力很强，用三色版或四色版，就能印制出刷色效果比较好的邮票；色彩鲜艳、浓郁、纯正，层次丰富，柔和而细腻。

一、照相凹版的发展

照相凹版，俗称影写版，是照相制版术应用于凹版制作的工艺技术。早期的照相凹版工艺是照相腐蚀凹版制版工艺，为1894年KarlKleisch所发明。1895年嘉氏赴英国兰加斯德耳设利白兰脱凹印公司，开始以照相凹版印刷名画，盛行一时。1902年德国人梅登（DoctorMertens）在嘉氏基础上继续改良，使照相凹版技术日臻完善。到1930年，美国拔脱立克图书公司又试制彩色照相凹版成功。此后，欧美各国对此颇为重视，竭力提倡、推广。1923年，日本东京一家照相凹版印刷公司遭受火灾，在该公司工作的德国技师海尼格（F.Heinicker）准备离日反德，商务印书馆闻即信电请海尼格来华，继续其用照相凹版印刷杂志插图和风景名画之业。这是中国最早引进照相凹版。后来，海尼格又在上海与华人合资开办了中国照相版公司，用照相凹版印刷了《申报图画周刊》等刊物和印刷品。

1924年，上海英美烟公司印刷厂派遣照相师奥司丁（Austin）等3人到荷兰照相凹版印刷公司学习彩色照相凹版技术，并于次年购得照相凹版设备欲来华，后因故未曾实施，其设备转售给商务印书馆。照相凹版的引进之时，正处中国民族近代印刷业崛起之日，使发展中的中国近代印刷业如锦上添花。

二、照相凹版制版方法

一般来说，照相凹版制版方法在涂膜形成后非加热下具有所需的足够的显影宽容度，利用正型热抗蚀剂可进行极优良的照相凹版制版。在被制版辊上涂布正型感光剂，形成感光膜，感光剂由在涂膜形成后不必加热下具有显影宽容度的对红外波长区域激光有感应性的碱可溶性的正型感光性组合物构成，然后，对该感光膜利用红外波长区域的激光将正图像曝光，切断该曝光部分的感光膜形成树脂的分子的主链和侧链的部分，形成碱可溶性进一步提高的低分子，同时，形成使适当产生感光层飞散的潜影，然后进行碱显影，冲洗掉曝光部分的感光膜形成树脂，只残留非划线部的抗蚀剂。

三、照相凹版制版的工艺过程

制版工艺过程有如下要求。

（1）版辊的确定　根据用户要求及生产工艺规范，确定原稿尺寸大小、排列次序，并根据成品尺寸规格，选择相应外径的无缝钢管作为印版的基辊。

（2）选稿、画稿　根据构思设计确定的彩色原稿，须选用透射反转片。同时，画出文字、线条的黑白原稿。

（3）电子分色

① 附翻转片彩色原稿进行电子分色，根据原稿的实际情况进行必要的选择裁剪。再根据成品的尺寸要求，计算出电分时的放大倍数（放大倍数一般不要超过 5 倍）。

② 对于后道制版，如果采用电子雕刻工艺，应选用标准胶印电子分色曲线进行分色；如采用腐蚀制版工艺，则选用凹印专用电子分色曲线，两种电分都采用负网点形式。

③ 对文字黑白稿，根据原稿大小与成品尺寸，计算出照相放大倍率，然后通过手工方法对照相底片进行分色（色块线条片）。

（4）拷贝　对电分后的负片与照相分色负片，根据色相叠加拼版，并进行拷贝成单色正片。

（5）版辊加工　根据设计要求，选用直径大于设计直径约 2mm 的无缝钢管，经过金属切削加工工序，加工成符合设计直径要求的版辊。

（6）镀底铜　切削加工后的版辊，先通过手工清洗（包括酸洗），然后再通过专用电镀流水线进行电解脱脂（碱溶液）、酸洗、清洗、镀镍，然后镀底铜。

（7）研磨　在钢管辊筒上镀加底铜时，由于钢管加工的表面光洁度一般不高，所以镀好底铜后的表面光洁度一般也不会很高。然而凹版制版的版辊光洁度要求很高，所以必须通过研磨机进行研磨，经过研磨后的一套版辊（多少套彩色，即为多少根版辊作一套），要求其直径误差在±0.002mm以内，锥度误差也要求在±0.002mm以内。

（8）电雕版辊镀铜　如后道制版采用电子雕刻制版工艺，研磨后的版辊需在电镀流水线上重新电解脱脂，再经酸洗后直接镀铜，其厚度为$50\mu m$。

（9）电雕　把通过胶印电分负片拷贝后的阳图片，按电子雕刻机的操作规范固定到电子雕刻机的扫描滚筒上，同时固定好印刷标记，确定好各类扫描的数据。把第二次镀铜后的辊筒固定到电子雕刻机座上，确定好所有雕刻头的有关技术数据后，即可启动电子雕刻机扫描头，雕刻头开始工作。

（10）喷胶制版镀铜及制作　如采用喷胶腐蚀制版工艺，则研磨后的版辊需在电镀流水线上重新电解脱脂，并经酸洗后再进行镀银，然后镀面铜（约$50\mu m$厚）。接着在专用涂胶设备上淋涂感光胶，然后采用凹印专用电分负片拷贝后的阳图片，经曝光晒版后，在制版流水线上，经显影、处理、腐蚀、剥离、清洗等工序后完成整个制版工艺过程。

（11）镀铬　为使经电雕或喷胶腐蚀制版后的凹版版辊具有较高的耐印性（对印刷时刮墨刀的耐刮性），必须在版辊的铜表面镀上一层硬铬。

（12）打样　在一整套版辊全部完工后，进行打样。通过打样，一方面确认制版的质量，另一方面可确定印刷中使用油墨的各种技术数据，打样一般在专用打样机上进行。

四、新型的照相凹版制版过程举例

照相凹版，也叫影写版，是用连续调阳图底片和凹印网屏，经过晒版、碳素纸转移、腐蚀等过程制成的。印版从亮调到暗调的网穴面积相同但深浅不同，利用墨层厚度的变化来再现原稿的明暗层次。

照相凹版的制作，是把连续调底片的图像曝光到已敏化处理且晒有网格的碳素纸上，然后过版到滚筒表面，经显影、腐蚀制成凹版，制版过程为：炭素纸敏化→晒版→过版→显影→填版→腐蚀→镀铬。

（1）炭素纸敏化　炭素纸是晒版的感光材料，它由纸基及表面涂有混合颜料色素的明胶乳剂组成。一般出厂的炭素纸，明胶乳剂层没有感光性，晒版前，需将炭素纸放入4%的重铬酸钾溶液中浸渍3min，取出使其干燥，胶层就具有了感光性能。

（2）晒版　晒版分两步进行，先晒网线后晒阳图底片。

凹版印刷，用刮墨刀去除空白部分的油墨，如果着墨部分的面积较大，则刮刀不仅刮除了空白部分的油墨，同时也会刮走一部分图文部分的油墨。因此，须用网屏在炭素纸上晒出网线，把图形分割成网格。在印版图文的表面以网格支撑刮墨刀，防止刮刀对印刷部分油墨的侵袭。

凹版印刷使用的网屏，一般透明线和不透明线宽度之比为（1：3）～（1：3.5）。网目形状有方形、砖形、菱形和不规则形等。通常使用方形网屏。

炭素纸经网屏晒出网线后，即可晒阳图底片，使炭素纸胶层表面形成图像潜影。

（3）过版　把晒过网线和图像的炭素纸，黏附在磨光的铜印版滚筒表面叫作过版。

目前，大多用过版机采用干式法进行过版，在版滚筒表面和炭素纸明胶层之间加少量水的同时，靠压力辊的压力将炭素纸黏附在铜滚筒表面。

（4）显影　显影分预显影和正式显影。

预显影是将印版滚筒的一部分浸渍在温水中，边旋转边使炭素纸的胶层和纸基分离。

正式显影是指当纸基脱离胶层以后，将显影液升温至40℃并保持恒温，把未硬化的胶层全部溶解掉。

显影完后，用风扇将胶膜吹干。

（5）填版　在印版滚筒表面，没有图文的部分和滚筒两侧端，涂布沥青漆，防止不该腐蚀的部位被腐蚀。

（6）腐蚀　用三氯化铁腐蚀液透过硬化的胶膜，使铜表面的铜层溶解，形成网穴，这一工艺过程称为腐蚀，俗称烂版。腐蚀过程分三步进行：首先是明胶层膨胀并吸收三氯化铁，然后腐蚀液渗透过膜层到达铜表面，第三步是腐蚀铜表面，腐蚀液与铅反应，其化学反应式为：

$$Cu + 2FeCl_3 \Longrightarrow CuCl_2 + 2FeCl_2$$

生产中，用不同浓度的三氯化铁溶液逐次对版滚筒进行腐蚀。不同浓度的腐蚀液，在胶层厚薄不同的版面上进行渗透腐蚀，形成深浅不一的网穴，印品上将会再现出丰富的层次。

（7）镀铬　照相凹版是在铜层上腐蚀制成的，铜的硬度一般为90～180HV。印刷时刮墨刀很容易将印版刮伤。由于金属铬的硬度很高，在800～1000HV，耐磨性很好，所以，当凹版滚图文制作完成后，再在铜表面镀一层铬以提高凹版的耐印力。照相凹版制版工艺过程复杂，质量不易控制，使用的范围因电子雕刻凹版的应用正在逐渐缩小。

五、凹版制版工艺的发展

凹版制版是凹版印刷必不可少的一个重要环节。随着技术的发展，凹版制版工艺也发生了变化。

从凹印工艺本身来讲，随着工艺技术的变化，凹印工艺也经历了其兴衰变化的历史。

在 15 世纪中叶，凹印版的制作首先是用手工的方式完成的，即手工用刻刀在铜版或钢板上挖割。

17 世纪初，化学腐蚀法被用于凹印版的制作。具体做法是：先在铜层表面涂一层耐酸性的防腐蚀蜡层，然后用锐利的钢针在蜡层面上描绘，经描绘的线条的蜡层被破坏，使得下面的铜面外露，并在下一步的腐蚀过程中与酸性溶液接触，从而形成下凹的痕迹。

18～19 世纪，多项技术的发明和应用，给凹版制版工艺的巨大变革奠定了坚实的基础。包括：1782 年发现重铬酸钾具有感光性；1839 年照相技术的发明；1839 年发现重铬酸钾曝光前后物理性能的不同；1864 年碳素纸转移法等；1878 年照相凹版技术诞生，并于 1890 年在维也纳正式投入生产。照相凹版法采用照相技术制作胶片，利用碳素纸作为中间体，从而彻底代替了手工雕刻，极大地提高了制版的质量和速度，但由于工艺特点的限制，使得当时的凹版印刷仍然只能印刷较低档次的印件，而随后出现的布美兰制版法也未能从根本上提高凹印的质量。

直到出现了电子雕刻凹版工艺，从而使凹印版上不再单纯依靠一维变化来反应浓淡深浅的层次（照相凹版法是依靠网穴的深度的变化，布美兰制版法是依靠网穴表面积的变化），电子雕刻凹版依靠网穴的表面积和深度同时变化来反映浓淡深浅的层次，这就使得用凹印工艺复制以层次为主的高档活件变为可能。

特别是计算机技术在凹印领域被广泛采用以后，凹印制版及印刷技术更是如虎添翼。首先，从凹印制版来讲，率先实现了无软件技术，在胶印工艺仍在大力宣传推广 CTP 技术的今天，凹印领域的 CTP 已经成功运转了近 10 年；其次是成功运用了数码打样技术，如今数码打样技术已经被凹印领域广泛接受，并在生产中发挥着不可或缺的作用。

六、凹版印刷的分类

凹版印刷按图文形成的方式不同，可分为雕刻凹版和腐蚀凹版两大类。

1. 雕刻凹版

雕刻凹版是利用手工、机械或电子控制雕刻刀在铜版或钢版上把图文部分挖掉，为了表现图像的层次，挖去的深度和宽度各不同。深处附着的油墨多，印出的色调浓厚；浅处油墨少，印出的色调淡薄。雕刻凹版有手工雕刻、机械雕刻、电子雕刻凹版。

① 手工雕刻凹版。手工雕刻凹版是采用手工刻制和半机械加工相结合的方法，按照尺寸要求，把原稿刻制在印版上。

② 机械雕刻凹版。机械雕刻凹版是采用雕刻机直接雕刻或蚀刻的方法制成的雕刻凹版。

③ 电子雕刻凹版。应用电子雕刻机来代替手工和机械雕刻所制成的凹版。它是在电子雕刻机上利用光电原理，根据原稿中不同层次的图文对光源反射不同的光量（若用透射原稿，则透过不同光量），通过光电转换产生相对应的电量，控制进行雕刻刀具升降距离，对预先处理好的金属版面进行雕刻，获得需要的图文。印版版面日深度程度根据原稿层次日浓淡变化。

电子雕刻凹版是目前应用最多的印版。

2. 腐蚀凹版

腐蚀凹版是应用照相和化学腐蚀方法，将所需复制的图文制作的凹版。

腐蚀凹版有照相凹版、照相网点凹版。

（1）照相凹版　又称影写版，这是目前常用的一种凹印版。它的制作方法是把原稿制成阳图片，然后覆盖在碳素纸上进行曝光，使碳素纸上的明胶感光。受光充足部分的明胶感光充分，硬化透彻。反之，未受光部分的明胶则不发生硬化。而硬化部分相当于阳图片上的明亮部分，图像部分的明胶则感光不充分或未感光，将经过曝光的碳素纸仔细地包贴在镀铜后经过研磨的滚筒表面上，使硬化的感光胶膜转移至滚筒表面形成防蚀层，经显影、腐蚀而得到凹印版。由于粘贴在滚筒表面上的感光胶膜厚薄不同，腐蚀后凹下支的深度也不同，这些不同的深度就相对应地表现为图像的层次不同。图像最暗部分，印版凹陷深度最大，印刷品的油墨层最厚；图像最明亮部分，油墨层最薄或无墨层，介于两者之间部分的油墨的厚度也相应变化。这样就较完整地再现图像的细微层次，增强复制品的真实感。这种印版用来印刷照片类的原稿最为适宜。

（2）照相网点凹版　这种凹版是直接在印版滚筒表面涂布感光液，然后附网点的阳图片晒版，在光的作用下，空白部分的胶膜感光硬化，在腐蚀过程中，这些硬化了的胶膜保护滚筒表面不被腐蚀，形成非图文部分，而图文部分则被腐蚀形成深度相同而面积大小不同的网点，构成了所需要的凹印印版。它的特点是：不用碳素纸转移图像，采用网点的阳图片进行晒版。

七、电子雕刻制版方法

凹版是凹版印刷的基础，在现代凹版印刷中，凹版的制作方法有传统的照相凹版制版法、照相网点凹版制版法和电子雕刻法三种。它们具有各自的特点，照相凹版制版法、照相网点凹版制版法上述已简单介绍，现介绍电子雕刻法。

电子雕刻制版法，是一种集现代的机、光、电、电子计算机为一体的现代化制版方法，可迅速、准确、高质量地制作出所需要的凹版。按其雕刻刀具的不同，可分为电子机械雕刻法、激光雕刻法和电子束雕刻法。

1. 电子机械雕刻法

电子机械雕刻法是发展较快的一种高速全自动凹版网孔形成的方法。它改变了以往腐蚀形成的凹孔，而是由钻石雕刻刀直接对凹版铜面进行雕刻而成。其工艺是先将原稿电分为网点片或连续调片，通过扫描头上的物镜对网点片或连续调图像进行扫描，其网点大小或深浅程度是由扫描密度的光信号大小转换成电信号，大小后输入电子计算机，经过一系列的计算机处理后，传递变化的电流和数字信号，控制和驱动电雕钻石刻刀，在镜面铜滚筒表面上雕刻形成大小和深浅都不相同的凹版网孔。

现以 K304 电子雕刻机的工作过程为例，说明机械电子雕刻的工艺流程。

（1）软片制作　根据电子雕刻机转换头的不同（分为 O/C 转换头与 O/T 转换头两种），可分别采用连续调和扫描网点软片。若采用 O/C 转换头，软片应采用伸缩性小的白色不透明聚酯感光片拍摄而成的连续调图软片；若采用 O/T 转换头，软片应采用扫描加网软片。软片可用阳图，也可用阴图，主要根据加工件复杂程度和要求而定。

（2）滚筒安装　凹印机滚筒可分为有轴滚筒和无轴滚筒两种。无轴滚筒安装时须用两顶尖顶住凹版滚筒两端锥孔；有轴滚筒必须在两端轴套上安装后，用联轴器与电雕机连接。滚筒安装好后，应用 1∶500 的汽油、机油混合液将滚筒表面的灰尘、油污、氧化物清除干净，使滚筒表面洁净无污。

（3）软片粘贴　粘贴前，用干净的纱布加适量无水酒精将软片与扫描滚筒表面揩干净。粘贴时，软片中线应与扫描移动方向垂直，并与扫描滚筒表面完全紧密贴合，否则因扫描焦距不准，成像发虚，将影响雕刻的阶调层次和清晰度。

（4）程序编制　是指为控制电雕机工作而给电子计算机输入相应数据和工作指令，程序编制必须熟悉产品规格尺寸、客户要求、版面排版，并根据图案内容、规格尺寸选用网线、网角和层次曲线。版面尺寸较大的层次图案，宜用较粗线数（如 60 线/cm），并按黄、品红、青、黑使用相应的网角和层次曲线。若复制规格尺寸较小、层次又丰富的图案，宜用较细线数（如 70 线/cm），才能反映细微层次。而文字线条图案则宜采用较硬的层次曲线。

（5）试刻　通过调节控制箱电流值的大小，得到合适的暗调（全色调）、高光（5%）网点和通沟大小。电子雕刻的网点可分为四种形状，以 0#、2#、3#、1# 来表示，称为网角形状。不同的网角形状是通过改变电雕刻时转速进给速度和雕刻频率而获得的。

如较高速度将点形拉长呈"◇"形；较低速度时点形压扁呈"□"形。试刻是一项十分重要的工作，直接关系到印刷品的阶调层次。因此，试刻时应根据不同的网屏线数、网点形状、承印材料，选用相应的暗调、高光网点，可用网点测试仪测定网点的对角线和通沟尺寸来确定。

（6）扫描校准　扫描时，以扫描滚筒的白色表面作为基面，使软片上呈黑色密度的图文与白色基面有明显的反差，为了保证凹印时第一色调的印刷，扫描头设定应有恰当的密度差，它可通过将光学头移至 5% 加网密度区域，这个密度的数字输入值校准在 768，第一个着墨孔的对角线（试刻高光网点）是在这个值，余下的数字输入 768～1023，使白基面与软片空白部分间形成足够的差异，这就保证了雕刻粘贴以及底色部分所形成的边缘，都不会对雕刻或印刷过程产生影响。

（7）雕刻　上述工作完毕后，电雕机正式进入雕刻。扫描头对软片进行扫描时，与扫描同步的雕刻头根据扫描信号进行雕刻。雕刻头的动作由石英振荡器驱动，雕刻头的最高雕刻速度可达 4000 粒/s 网点。

2. 激光雕刻法

激光雕刻法是英国克劳斯菲尔德公司于二十多年以前就试制成功的，并于 1977 年首次展出了激光凹版雕刻机。开始时，该公司采用经腐蚀后铜滚筒的网格内填注环氧树脂，并使其硬化，然后在磨床上进行研磨，使其表面磨光。在雕刻时采用一能量可变的二氧化碳激光束照射滚筒，因铜表面能反射激光束，所以原来铜网墙被保留下来，而环氧树脂从网格中被去掉，去除量多少与激光束大小有关。激光雕刻法存在的主要不足之处在于：铜与环氧树脂材料性能差异很大，很难在技术上达到一个光滑的非印刷表面，使非印刷区域有污点，此外，制版还需要电镀及腐蚀设备。此后，该公司改用表面喷涂环氧树脂，然后在滚筒表面经处理再进行激光雕刻。印刷区域是由不同深度呈螺旋形排列的细槽纹构成，代替网格充墨区呈"连续槽纹"。1982 年，该公司又将激光雕刻控制系统改型，使以前连续槽纹断开，这样就形成了类同网格的凹坑。

激光雕刻法的工作原理是：从二氧化碳激光器发出的激光束，按照凹版原稿的信息要求，通过电子计算机控制调制器和光能量调节器，变成一束所需要的激光，再通过反射镜，聚光镜（透镜）照射到凹版铜滚筒表面上，熔化蒸发环氧树脂形成一个所需的凹坑，这些凹坑组成与原稿相对应的印版。

（1）腐蚀滚筒　按照传统的腐蚀方法，将经过精细加工的凹版滚筒表面腐蚀成所需要的网格状，供喷涂用。

（2）喷涂环氧树脂　采用静电喷射法喷射特别配制的环氧树脂粉末料，使滚筒表面涂布环氧树脂，再将滚筒移到红外炉中，从 180℃ 起开始熔化并慢慢旋转滚筒，整个过程由微机控制。为使滚筒达到足够的涂层厚度，可进行第二次喷涂，硬化过程结束时，温度达 200℃。整个过程约需 1.5h，最后将滚筒冷却，为使滚筒表面光洁度达到一定要求，必须进行车光、磨光，使滚筒便于激光雕刻。

（3）激光雕刻　采用 CO_2 气体激光器（功率 150W），激光束触及处的环氧树脂表面则被蒸发掉。滚筒转速 1000r/min。雕刻速度根据滚筒周长而定，一般每分钟雕刻 75mm。激光雕刻滚筒最大尺寸为长 2600mm，周长 1600mm。

根据有关资料介绍，激光雕刻机可以采用联机操作和非联机操作两种输入方式。

联机操作即是激光雕刻机与一台电分机连接。装在电分机上的原稿可以是彩色片，也可以是黑白稿或反射稿。最大尺寸是 580～610mm。当联机时，扫描信号直接输入与电分机同步运转的激光雕刻机，使激光束刻出网格中填充树脂的深度与图文对应的部位的调值相适应。

不联机操作时，来自电分机的信息储存在磁盘上，随后在需要时再输入激光雕刻机进行雕刻。

（4）镀铬　雕刻好的凹版滚筒进行清洗检查合格后，在传统的镀铬机上镀一层铬以提高耐磨性，保证经久耐用。

印刷完成后，可将滚筒上的镀层剥去，再用环氧树脂填充网格，以备下次雕刻用。一只滚筒可以重复使用十次以上。

激光雕刻的优点：质量好，图像清晰，适用 20～70 线/cm；复制准确，不需要修正滚筒，生产能力高（雕刻长 2600mm、周长 1200mm 滚筒仅用 35min）；可自动重复连雕，尤其适用包装印刷。

3. 电子束雕刻法

从事电子束雕刻凹版滚筒生产的只有德国海尔公司一家，第一台电子雕刻机于 1980 年初制成。

（1）电子束雕刻机的基本结构　电子束雕刻机的机架是一个铸铁床座。它与同长度的真空箱构成一个滚筒加工室。该室中有两个轴承座，它们通过丝杠由步进电机驱动，相互独立地顺着机器的长度方向运动。轴承座有两个辅助装置，在机器装上滚筒后自动夹紧。轴承座有一台大功率的电机驱动滚筒，滚筒速度根据滚筒直径大小而定，一般为 1200～1800r/min。

当滚筒雕刻时，电子束枪固定不动，而滚筒在电子束枪前做左右移动。电子束枪装在机器中间的加工室后部，穿过真空箱罩。电子束枪与滚筒远近的距离是由一只步进电机驱动。电子束雕刻机还有控制电子束枪和机器的电子柜、高压发生器和真空泵等部分。

（2）雕刻过程　将雕刻的凹版滚筒装到打开盖的定心装置上，将滚筒轴定心到轴承座的轴线上。其他步骤由多个微型计算机控制自动进行，其操作顺序如下。

① 关闭真空室的箱盖。

② 夹紧滚筒。

③ 真空泵抽气使电子束枪加工室内产生真空。

④ 使滚筒转动，在滚筒的起始端进行雕刻的起始定位。

⑤ 接通并调定电子束。

⑥ 开始调刻。

控制和调节过程的大部分时间是并行的，到雕刻起始需要 6min。一个长度为 2400mm、周长为 780mm 的滚筒，雕刻时间为 15min。另一个长度相同，而周长为 1540mm 的滚筒雕刻时间为 22min。雕刻时只有雕刻滚筒转动及横移，电子束枪固定不动。雕刻完毕，电子束自动切断，滚筒被刹住，加工室充气，最后滚筒被松开。雕刻一只滚筒，整个准备时间不到 15min，由此可见，每小时可雕刻 2 只滚筒。

在用电子束进行雕刻时，高能量的电子束深入铜层约 $5\mu m$，并在原子场内被刹住。它把所有的运动能传递给了铜，于是产生了过热铜溶液。在电子束中生成的等离子体压力，将铜溶液从侧面挤出熔融区。$20\sim30m/s$ 的滚筒圆周速度将溶液以滴状的形式沿切线抛出旋转的滚筒。微小的铜滴在真空中飞行，只稍冷却一点，仍以熔融状态碰撞到调换的反射板上，变成铜渣。电子束冲击后，网穴里的溶化区在溶铜表面张力的作用下重结晶，形成一个光滑面，网穴形状呈半球面形。

（3）电子束雕刻技术的优点

① 电子束雕刻速度高（10 万～15 万个网格/s），易于调制和偏转。

② 电子束在射击间与快速旋转的滚筒同步运动，即在射击网穴时，电子束始终在滚筒的同一位置上。

③ 电子束能雕刻任意线数和网线角度。

④ 采用特殊的电子束雕刻网点装置，使轮廓的再现有了明显的改善，这对文字和线条的复制非常重要。

⑤ 生产效率与电子雕刻比较提高 1～2 倍。

⑥ 电子束雕刻所产生的网格形状为半球形，当高热的铜熔化后，汽化筒被等离子压挤出网格，再结晶的表面厚度不到 $5\mu m$。因此网格内壁光滑，网墙无缺陷，利于在高速印刷情况下，实现非常好的油墨转移。

第三节　塑料凹版油墨的使用和调节

凹版油墨又称凹印油墨，是各种凹版印刷方式采用的油墨的总称。适用凹版印刷的一类油墨，印刷时凹入于版面的图纹部分上墨，需先将非图纹部分的墨擦去或刮净，然后进行印刷。凹版油墨有雕刻凹版油墨和照相凹版油墨之分。

一、塑料凹版油墨大类的选择

在柔性包装的用途中，不论复合与否，几乎全部都要经过印刷，所以绝不能无视印刷油墨的作用和影响，如果不事先了解它的性质，往往会引起很大的事故。

塑料印刷油墨分表面印刷用的凹版油墨和复合印刷（里面印刷）用凹版油墨两大类。表面印刷，一般用于非透明薄膜（如各类着色薄膜，包括纸张、铝箔等），据国内外现状，一般对单层聚乙烯薄膜（包括 LDPE、MDPE、HDPE、LLDPE）、EVA 薄膜，以及非拉伸聚丙烯薄膜等，均可采用表面印刷的方法进行加工，且一般以管膜卷筒形式进行印刷居多。除此之外，对于其他薄膜和玻璃纸，只要透明度允许（甚至包括用作复合牙膏软管的表层 PE 印刷膜等），则均以里面印刷方式进行；这是由于进行里面印刷，不仅可更显出油墨色泽之鲜明光润，而且还能起到保护油墨面的作用。

顾名思义，表印油墨即应用于印刷面直接曝露在外面的印刷品，因而特别要求做到：①耐磨性、抗刮性强；②具有能耐热封时高温的耐热性；③外观上要求光泽性佳。而里印油墨，一般都用于复合薄膜，由于油墨部分被夹在印刷薄膜和另一层复合薄膜之间，因此，只要求具有所谓的复合适应性之特殊耐久性（如复合强度、同复合用 AC 打底剂和各类黏合剂的亲和性、结合性等），而对表面印刷要求的耐磨、抗剥和光泽的耐性则几乎不需要，这是两者的不同之处。

二、塑料薄膜用印刷油墨品种的选定

选定塑料薄膜用的油墨类型时，不仅取决于其用途和组成，而且决定于印刷材料，与其他薄膜的黏合、使用期限等因素。

① 要根据被印刷薄膜的种类、牌号、拉伸未拉伸、有无表面处理等来选定。

② 要根据印后的加工内容（如复合加工及其他特殊加工）来选定。

③ 要根据用户的质量要求（如颜色、光泽、加工适应性）来选定。

④ 颜色应根据被印刷薄膜的图案设计来决定。

⑤ 由塑料印刷品在商店和流通过程中的装潢价值和保存期限考虑，要求油墨有必要的耐光性、耐久性。

⑥ 对化妆品和油脂类包装，要求油墨有耐油性和耐香精的溶解性，可选用双组分反应型的照相凹版油墨。

⑦ 取决于内装物的种类不同，如酸、碱及其他具有反应性的物质，油墨往往易发生转化或变质，故需要油墨有一定的耐药性。

⑧ 印刷品加工时（热封口）由于受热，油墨部分会发生劣化或剥落的情况，故要求不同的耐热性。

三、凹版印刷在印前控制工序

印刷前的控制：为使印刷过程顺利进行，在正式印刷前，必须对制版、调色、打样等工作进行有效控制。

制版设计：在制版时，需要根据凹版印刷的特点，对设计的原稿进行修改，使它能够更加适合印刷需要。

为了套印的需要，细小的线条、文字不能采用多色套印，套色的图案上不能有细小的反白字，更不应该在套色图案上留空，套上其他细小文字，对人像等要求套印较严的版，黑、蓝、红、黄版中间尽量不隔其他色版。为了印刷的需要，条形码应安排使线条方向与版筒圆周方向一致。颜色应保证方向，如果有条件的话，大实地底色与层次图案版最好分开制版，大实地底色尽量采用专版。挂网版必须充分考虑 80% 和 5% 这两个颜色跳跃区，渐变挂网时网点极限应在 10% 以上。

油墨调配：油墨的调配主要包括两个方面：一方面指对油墨印刷适应性的调节，如油墨的黏度、浓度，原则是用稀释剂（溶剂）调节油墨黏度，在印刷前根据版辊和机台情况确定好油墨黏度，在印刷过程中根据溶剂挥发情况经常添加溶剂，尽量保证油墨黏度不变；油墨要冲淡时，必须用冲淡剂（调墨油）。另一方面是指油墨颜色的调配。在这方面需要注意以下几点：观察颜色的光源尽量采用标准光源（D65），如果没有标准光源，需在有阳光的北窗方向为好。配制专色时，应选用原色油墨进行调配，这样的油墨墨色的明度和饱和度都能够得到保证。用尽可能少的油墨色数进行配色，色数越多，配色误差越大，重新配色的难度就越大。打样，一套印版在投印时，必须确认一个标准样张。有些厂家拿制版厂的打样稿作为标准样，最后印刷交货时就无法对样，所以在印刷前必须采用印刷机打样，由客户或有关人员确认后作为标准样。

标准样的印刷应该在正常的印刷工艺条件下进行，所以打样时应注意以下几点：选定最基本的印刷工艺条件。油墨黏度尽量选择低一点。原色油墨要加入，尽量少用多次使用的已受污染的油墨进行打样。禁止在打样时为了过分追求效果而做非规范操作，如提高浓度、黏度来增加色相，调整压力、刮刀来提高油墨的转移率等。油墨必须搅拌均匀后才能使用，特别是专色油墨。自己调配的专色油墨必须刮样准确记录留档，为以后调配作参考。打样时尽量达到正常印刷的速度。如果条件允许，在确认样本的基本颜色后，先印刷一定数量的产品，然后取样确认为标准样，作为档案资料密封保存。标准样确认后，应裁取其相连的 2～3m 作为等效标准样，在无热源、无紫外线的地方妥善保存，以后每次印刷时裁取部分作为印刷对样使用。

四、塑料凹版油墨性质的调整

（1）干燥性　照相凹版油墨的干燥是靠溶剂的蒸发来完成的，用热和风的作用促进干燥。油墨的干燥速度应与印刷速度和干燥装置相配合，并以此加以调节。干性太慢时，可在油墨中加入快干溶剂或快稀释剂；干性太快时可在油墨中加入慢干溶剂或慢干稀释剂。

（2）黏度掌握　油墨厂商供给的油墨的黏度应保证在储存过程中不沉淀，故黏度较大。使用时，在印刷现场适当稀释，以达到合适的黏度和流动性，这取决于机械结构和印刷速度。一般用 3 号察恩杯测量油墨黏度，如印速为 $20\sim80m/min$，可调节黏度为 $20\sim25s$；如印速为 $100\sim200m/min$，可调节黏度在 $16\sim20s$。

（3）溶剂配合　照相凹版油墨所用溶剂必须是纯粹的物质，同时要选择最佳的配比。即使含有少量不纯物的高沸点溶剂，也将成为堵版或印品变臭的原因。

五、印刷油墨调制方法与原则

调配油墨是彩印工艺中的一项重要工作，这项工作做得如何，直接关系到产品的印刷质量。因为色彩鲜艳、光亮度好、色相准确是彩印产品的基本要求，要实现这个要求，首先必须准确调配好印刷油墨。所以，操作者要掌握好色彩知识和调墨工艺。

掌握三原色变化规律，以便实现准确油墨调配：任何一种颜色都能利用三原色的不同比例混合调成，油墨的色相变化，正是利用这个规律。如三原色油墨等量混合调配后可变成黑色（近似）。三原色油墨等量混调并加入不同比例的白墨，可配成各种不同色调的浅灰色墨。

若三原色油墨按各种比例混调，可调配成多种不同色相的间色或复色，但其色相偏向于比例大的原色色相。若两种原色墨等量混调后，可成为标准间色；两种原色墨按不同比例混合调配后，可配成多种不同色相的间色，但其色相趋向于比例大的原色色相。此外，任何颜色的油墨中，加入白墨后其色相就显得更明亮。反之，加入黑色油墨后，其色相就变得深。

分析原稿色相：利用补色理论纠正偏色，提高调墨效果。当接到印刷色稿后，首先应对原稿中的各种颜色进行认真的鉴赏和分析，掌握一个基本原则，即三原色是调配任何墨色的基础色。一般来说，应用三原色的变化规律，除金银色彩外，任何复杂的颜色都能调配出来。但是，在工艺实践过程中，仅靠三原色墨要调配出无数种油墨颜色来，还是不够的。因为，实际上制造油墨的颜料不是很标准的，甚至每批出产的油墨在颜色上免不了存有一定程度的差异。所以，在实际工作中还应适量加入如中蓝、深蓝、淡蓝、射光蓝，中黄、深黄、淡黄，金红、橘红、深红、淡红，黑、绿色等油墨，才能达到所需油墨色相。油墨的种类很多，但不论如何，除三原色墨外，其他颜色都是用以补充三原色的不足。任何复杂的颜色，总是在三原色范围内变化的，只要掌握好这个原则，调墨也就不成问题了。当色彩分析确定主色和辅色墨及其比例后，即可进行调配。如果调配出的色相有偏差，可用补色理论来纠正其色相。

间色和复色的调配：所谓间色，就是由两种原色油墨混合调配而成的。如：红加黄后的色相为橙色；黄加蓝可得到绿色；红加蓝可变成紫色。用两配色可以调配出许多种间色。如原色桃红与黄以 1∶1 混调，可得到大红色相；若以 1∶3 混调可得到深黄色；若以 3∶1 混调，可得到金红色相。如果原色黄与蓝等量混调，可得到绿色；若以 3∶1 混调，可得到翠绿色；若以 4∶1 混调，可得到苹果绿；若以 1∶3 混调，可得到墨绿色。若原色桃红与蓝以 1∶3 混合调配，可得到深蓝紫色；若以 3∶1 混调可得到近似的青莲色。而复色则源于三种原色油墨混合调配而成。若它们分别以不同比例混调，可以得到很多种类的复色。如：原色桃红、黄和蓝等量调配，可得到近似黑色；桃红 2 份与黄和蓝各 1 份混合调配可得到棕红色；桃红 4 份与黄和蓝各一份调配，可得到红棕色；若桃红、黄各 1 份，蓝 2 份，可调配出橄榄色；桃红、黄各 1 份，蓝 4 份混合调配，可得到暗绿色等。

　　调配墨色的操作方法：调配油墨时，要根据原稿分析出的色相，测定宜采用哪几种油墨去调配合适。比如，要调湖蓝色墨，凭目测加实践经验即可调配而成。其中白墨是主色，孔雀蓝是辅色应略加。如要深些可微加品蓝。如要调橄榄黄绿墨色，可确定是以白墨为主，加淡黄和孔雀蓝并略加桃红即可。只要主色确定好了，其他的颜色都是辅助色，应逐渐微量加入搅拌均匀。而后，采用两块纸片（与印刷用纸相同的），其中一块纸面涂上一点所调的油墨，用另一块纸把它对刮至印刷的墨层厚度，再与原稿对比看是否合适。对照样稿时，要对纸面刮墨样油墨层相对薄与淡的部位，才能看得准确一些。调墨时还要掌握一个原则，即尽量少用不同颜色的油墨，也就是说，能用两种墨调成的，就不要用三种油墨去调，以免降低油墨的光泽度。另一方面，刮样的墨色调配要比原色略深一些，这样打印出的色样就能准一些。小样的墨色调准后，即可依据它们各自的用墨比例，进行批量调墨，以确保调墨质量，提高工作效率。

　　综上所述，只要掌握好三原色的变化规律，应用好色彩知识，认真实践并加以分析总结，就一定能既快又准地调配出色相准确，色彩鲜艳、明亮，印刷适性好的彩色油墨，为提高产品质量打下坚实的基础。

六、调色（配色）与印刷中的灰色平衡

1. 调色的前提

　　（1）调色技术　印刷油墨的调色，对于印刷是非常重要的，而且也是较难解决的问题。最近，随着技术的进步，把测定器械（色差计）同计算机联用，作自动调色处理，已成为印染工业的一部分，但在未普及前，手工配色仍然很重要。

　　实际的调色技术多数受到经验和直觉的支配。但是，油墨的种类很多，新品种的薄膜、印刷物的处理、用途等也多样化，因此，调色技术必须在取决于熟练程度的直觉的同时，照顾到非常广泛的范围。

　　严格来讲，调色技术的进步因人而异，但是不懂要领和窍门，尽管再努力也

是白费。因此，不管困难和麻烦，首先要靠基本调色积累原始经验，再加上直觉，即可得到尽可能理想的结果。

（2）照明灯颜色　具有所谓"变位异构性"的复杂的特异性性质。即在某种照明光源下，可看到同样颜料的同一个颜色，而在其他照明光源下，却往往不限于同一个颜色。

例如，夜间印刷作业中，调准的印刷物颜色，在白天看起来就不一样了，而且有所谓的黄色过强等现象。因此，调色所用光，最无可非议的是太阳光，并在室内间接光下进行印刷作业，这是最安全的。可能的话，最好在朝北的窗户下的光线条件中进行。

若在傍晚的太阳光下，分别在东、南、西、北窗下看颜色时，则都不相同。另外，要避免在直射光线下看颜色，反射光过强，眼睛的神经不适应，就不能正确地识别颜色。

晚间在暗处调色时，对照明的光必须特别考虑，如果可能，要求有标准光源，但最后的校色，必须在自然光源下进行。

（3）底版的使用　调色时，色标样本需精心设计，包括原稿时的和校正印刷时的，在极少的情况下，以马赛尔的色板来确定。此外，也有使用上次印刷时保存下来的调色油墨样本的，有油墨样本时则例外。而在其他情况下，都希望在用于印刷的底版上进行展色（涂布）调色。

若底版不符，对油墨颜色的影响是很大的。特别是在纸上印刷时，由于纸的表面处理、性质不同，对油墨的转移性、吸收性等条件的影响也不相同。

在薄膜上印刷时，由于没有纸那样大的差异，取决于使用的底版。若进行黏结、拉伸等预备试验，安全性就大。使用薄膜时须注意分清表面印刷还是里面印刷，这是因为冲稀、叠印等色差是很大的，特别是透明的油墨、有光泽的油墨，如金红、黄、草绿、紫色等。

2. 印刷中的灰色平衡

印刷过程是将连续调原稿的色调进行分解，并分别制成黄、品红、青、黑四个单色的网目调版，再将各网目调单色版叠印来实现色彩还原。由于印刷品上的颜色千变万化，不可能对每一种颜色的不同层次都进行检查和控制，于是人们探索出利用检验中性灰色平衡的方法来控制印刷色彩的还原性。通常，在一定的印刷适性下，用黄、品红、青三色版的网点梯尺，从浅到深按一定的网点比例组合套印，套印后的梯尺颜色失去色相和饱和度，而只有不同明度的灰色，这个过程叫作印刷的灰色平衡。因为灰色在颜色三属性中既没有色相也没有饱和度，属于中性颜色（也称为"消色"），所以有时称灰色平衡为中性灰平衡。

灰色平衡的作用是：通过对画面灰色部分的控制，来间接控制整个画面上的所有色调。它是衡量分色制版和颜色套和是否正确的一种尺度，是复制全过程中，各个工序进行数据化、规范化生产共同遵守和实施的原则。

（1）灰色平衡的原理　从理论上来讲，如果两个颜色是互为补色，那么这两个颜色以适量的比例混合后，颜色将变为中性色，这就表明，当两个颜色互为补色时，它们的混合也有个平衡的问题。否则，也不会呈现中性灰色。不过不是三个原色的平衡，而是两个互补色在量上的平衡。其实，两个互补色以适量混合以后转化为中性灰色，是一切灰色平衡的基础，三原色的灰色平衡，也是采用颜色合成的办法，最后把它们归结为互补色的平衡。印刷三原色黄、品红、青中任意两原色混合，产生的间色总是与第三个原色成互补色。

黄＋品红＝红，与青是一对互补色；

品红＋青＝蓝紫，与黄是一对互补色；

青＋黄＝绿，与品红是一对互补色。

所以，印刷三原色灰色平衡的原理是互补色定律特定的表现形式。

（2）实现灰色平衡的必要条件　实现灰色平衡是有条件的。参与平衡的黄、品红、青油墨中的每一个颜色都有确定的颜色和饱和度，它们是决定合成色是否平衡的必要条件。

① 色相对平衡的影响。不是任意的几个不同的色相混合以后，都可以获得中性灰色平衡的。就拿红色、橙色和黄色这三个色来说，不论你怎么混合也达不到中性灰色。这是因为在这三个色中，橙色不是独立的颜色，它可以用红和黄混合得到，而红与黄不是互补色，是不可能产生中性灰色的。显然，参与混合的各色的色相，或者它们就是互补色，或者它们经混合以后能产生互补色，只有这样，色相的混合才有可能产生灰色平衡。印刷三原色的色相符合这一条件。但是，黄、品红、青三个原色中，任何一个色相在印刷中发生偏移，都会影响原来的平衡。色相的偏移即色偏，它是决定三原色平衡的重要因素。

② 饱和度对平衡的影响，参与灰色平衡的各色的量应当适量。这就要求参与平衡颜色的用量，既不能多，也不能少。即使两个互补色也必须是等量的混合才能平衡，如果两个色量不相等，混合结果的色相必然向颜色多的那个色相偏移。在印刷中颜色的饱和度是以密度或网点的面积率表示的。

3. 凹印包装油墨的调配

目前国内大多数凹印包装企业由于受经济条件限制，所用的各种印版滚筒都是拿客户或生产企业所提供的原稿到专门的制版公司制作的。又由于凹版滚筒造价较高并受工艺条件的制约，很难在正式印刷前像胶印那样方便快捷地确定出所用专色油墨的色相。所以，如何在尽可能短的时间内调配出与原稿（标样）相同的色彩而不耽误正常生产，是多色凹印工艺中不可忽视的要素之一。

要熟练掌握凹印油墨的快速调配，首先应了解凹版印刷在色彩还原上与胶印的区别。在印刷方式上，凹印属于直接印刷，它对色彩的还原、层次的再现通过印版上网穴的深浅来实现，软包装实地印刷大都以 3g/m² 分布油墨。而胶印属于间接印刷，它以印版上网点大小及数量多少再现还原色彩，其上墨量不到凹印的一半。在价格上，凹印印版造价高（以 1000mm 长的版为例，每支造价为 2000～3000 元），制版时不可能像胶印那样同时晒制出多张印版（对开 PS 版每张在几十元左右），它只能每色制作一支，也不可能在上机前通过专门打样机打样调色。所以全面理解和掌握整个凹印工艺、三原色油墨及减色法原理是调配各色油墨必不可少的知识。

4. 调色的实施

（1）使用油墨的选定（基色）和颜色的配方　选择油墨必须很好地观察给定的色标样本，因此，最好的办法是必须保留各种油墨，经常与色标样本上的颜色比较。例如，尽管有红、黄、蓝色，但具有各种各样的性质，使用中视各阶段情况而定；决定使用的油墨后进行调色时，请注意以下几点。

① 调浅色时，有标准色、白色、艳丽色　对其稍加浓色或浊色，就可成互补色。与此相反，不仅增加了量，而且很费事，所以需要注意。

② 把色环位置相近的颜色相混得到的颜色是鲜艳的　两种颜色混合成所要求的颜色时，只有色环位置相近的颜色混合，才能得到鲜艳的颜色。例如，要得到鲜艳的草绿色，应把青黄和草绿色混合起来。而把鲜艳的中黄和蓝色混合时，色环距离相差较远，与前面混合成的鲜艳的草绿色油墨比，得到的则是较暗浊的草绿色。而把橙色和深蓝色混合，则成为完全浊色的橄榄色了。

图 3-1　色环

一般调色方法，先选择与色标样本最接近的色环的颜色，把它作基色，渗入少量其他色混合而成。例如配橙红色时，可把色环（图 3-1）位置较远的颜色混合起来就行了（一般来讲，要配制较暗的颜色，在主色油墨中将色环对面位置上的颜色加上去即可）。例如：紫中加少量黄，绿中加少量的红，就马上得到浊色。

总之，选用什么颜色，应根据使用颜色的各种特性酌定，加进黑色则是为降低亮度（发暗）。

目前，凹印的调色过程基本上是在装版低速套准后才开始的。它的依据是客户提供的样张和油墨厂家提供的油墨指南。在研究分析原稿的颜色后，确定出原墨的种类，然后以确定出的原墨种类少量调配，每次开机打出样张后及时与原稿在标准光源下仔细核对辨别，若有差异再次调配，直到与原稿色彩相同。

（2）调色具体操作与简单的方法　调色中必要的用具及材料：①展色刀、匙棒、硫酸纸、衬纸、棒状涂料器（6～10#）、查恩杯；②样本簿（表面印刷、里面印刷用单色和调色卡片）；③根据油墨种类，从物性上来说，需要一些特殊的颜色；④稀释油墨。

调色时颜色的识别法：①与油墨样本比较时（或用印刷样本比较也是一样），调色过程中，为了弄清颜色的变动，可以很方便地使用图 3-2 所示印有部分"黑带"的优质拉伸纸；②在拉伸纸上并排着两个油墨，右侧是调色中油墨，左侧是标准色油墨，用展色刀拉开比较颜色。此时形成加力拉伸了的淡色部及去掉力拉伸了的浓色部。以淡色部判别油墨的色相、亮度、色彩度、光泽等的差别。以黑带部分判别透明度。以浓色部判别遮盖力和透过度。调色进行到这三部分几乎完全一样时，视情况不同，有必要在白墨中兑入 1/10 的淡色，拉伸检查着色力和浓度。重复订货时，只需用拉伸纸判别一下基本满足要求即可。面对新的颜色，最终应把这两个油墨印在纸上加以确认；③在有印刷样本、色彩样本的情况下，进行调色操作，方法是一样的。但仅用拉伸纸是不能正确检查颜色的，必须使用校色机和涂色

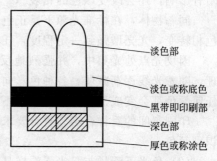

　　　　淡色部
　　　　淡色或称底色
　　　　黑带即印刷部
　　　　深色部
　　　　厚色或称涂色

图 3-2　调色用拉伸纸

机等设备，对实际所用印刷材料进行印刷并判别。没有这种机器时，用橡胶辊在玻璃板上拉伸油墨后，试把纸转动，用指尖拉伸油墨，使接近于印刷状态，也能进行检查。不过这样做，要求具有相当熟练的技术和技巧；④照相凹版油墨也可使用棒状涂料器，用一定油墨量，检查调色，这是一种简单的方法。

（3）调配时应注意的事项

① 调配人员要熟悉凹印工艺并有较强的色相辨别能力，还要熟悉掌握三原色油墨以减色法原理调色的规律。调配时要耐心地采用循序渐进的方法，不得急于求成，以免造成不必要的浪费。②要熟悉调配过程中常见的色差现象。如：绿色偏黄，可加少量青墨纠色；黑色不纯，可加少量青墨；银墨使用较长时间后变暗发黑，可加少量白墨纠正；青金中加少量黄色或品红色墨可呈现金黄、金红效果；青色过浅可加少量品红色墨等。③调色时要充分了解本厂设备日常印刷速度和印刷压力，并控制好油墨黏度。由于凹版的特性，决定了不同的印刷速度和压力下印制出的印品色相深浅不同，所以，在低速下调配好的油墨必须要待印速开到日常车速后再次打样与原稿核对，以免存在色差，造成浪费。同时要保持油墨黏度的一致性，若有条件最好加上油墨循环系统，保证油墨具有良好的流动性。④观察印样色相时，最好在标准光源下进行。若是软包装印品，观察台台面必须干净，最好铺一层乳白色的塑料或将印样直接与乳白色的塑料复合后与原稿核

对，这样可避免由于条件限制所造成的视觉误差。

七、影响印版质量问题与因素

1. 印品与样张的质量问题

无论是单色印刷还是彩色印刷，操作者都必须经常利用自己的双眼将印品与样张反复比较，以找出印品与样张的差别，及时校正，确保印刷产品质量。在印刷看样时，以下几个问题值得注意。

（1）光的强弱直接影响到对印品样张颜色的判断　光的强弱不仅对色彩的明暗有影响，还会改变颜色的相貌。

同一物体，在标准光源下是正色，若光线逐渐变强，其色调也随之向明亮的色相转变，光亮增强到一定程度，任何颜色都可以变为白色。

因反光点处光集中，并强烈地反射，黑色的瓷器的反光点也是白色的。同理，随着光线逐渐减弱，各种色彩向明度低的色相转变，当光减弱到一定程度，任何颜色都会变成黑色，因为物体不反射任何光就是黑色的。

印刷车间的看样台必须符合要求，一般要求照度达到 $100lx$ 左右，才能正确识别颜色。

（2）色光下看样与日光下看样是有差异的　在生产实际中，多数是在电源的照射下工作，而每种光源均带有一定颜色。这就给正确判断原稿或产品颜色带来一定困难，色光下观色，色彩变化一般是相同色变浅，补色变暗。例如：

红光下观色，红变浅，黄变橙，绿变暗，青变暗，白变红。

绿光下观色，绿变浅，青变浅，黄变绿黄，红变黑，白变绿。

黄光下观色，黄变浅，品红变红，青变绿，蓝变黑，白变黄。

蓝光下观色，蓝变浅，青变浅，绿变暗，黄变黑，白变蓝。

在印刷车间，一般都选择色温较高（3500～4100K），显色系数较好的日光灯作为看样光源，但要注意日光灯略偏蓝紫色。

（3）先看样张再看印品和先看印品再看样张，其结果会略有不同　分两次看一种色时感觉是不一样的，这种现象叫作先后颜色对比反应。

为什么会出现先后颜色对比反应呢？这是因为，先看的颜色使该色的色神经纤维兴奋，马上再看别的颜色，其他色神经很快兴奋引起色感，而先看色的色神经处于兴奋后的抑制状态，再兴奋较慢，引起了负色相反应。这种反应加上新看色的色相，形成新的色，所以改变了后看颜色。而且改变的色相还是有规律的，是向先看颜色的补色方面改变。

2. 印刷品色彩变化的因素

印刷品在印刷和存放的过程中，其色相、亮度、饱和度常会发生变化，无论是单墨，还是两种以上颜色的油墨，受内在和外在的作用，既可能变深，又可能变淡。优质的印刷品衡量标准为：一批印刷产品的墨色前后深浅要一致，色彩鲜艳要符合样张，墨色色相和墨色深浅也要符合样张。影响印刷品色彩变化的因素有许多，大致有以下几个方面。

（1）油墨不耐光造成的变色和褪色　油墨在日光的照射下，其色彩与光亮会不同程度地发生变化，绝对耐光而不改变色调的油墨是没有的，在强烈的日光作用下，一切油墨的颜色都将会产生不同程度的变化。这种变化可分为两种类型。

① 褪色。在太阳光紫外线的作用下，油墨的耐光性差，失去了原有的鲜艳的色泽，颜色变浅成为灰白色。尤其是浅颜色油墨，四色网点印刷黄和红两色褪色较快，反之，青色和黑色褪色慢一些。

② 变色。与油墨褪色相反，在日光的作用下，颜色变得深暗，色彩也改变了，人们把这种变化称为变色。随着胶印的发展，四色彩色套印越来越迫切需要印刷油墨具有良好的耐光性，这包括两点：a. 要求油墨色泽绚丽，图文网点饱满、结实。b. 保持一定的时间色泽不变。

（2）乳化对印迹色彩的影响　胶印印刷的印版版面离不开用润湿液涂布印版的空白部分，胶印是先上水后上墨，用水就难免出现乳化现象。油墨被乳化后，色泽会减淡，但是，水分蒸发后却能恢复原来的色泽，故水分越大，乳化量就越大，就会引起变色。特别是乳化程度完全不同的色墨调在一起，变色现象尤为突出。

所以，胶印要在不脏版的前提下，印版版面使用最少的水，才能减少和控制乳化，达到水墨平衡，使色彩尽量保持稳定。

（3）纸张的性质与印迹复制的关系

① 纸张的表面平滑度。纸张的表面平滑度与印迹复制有密切关系，不平滑的纸面往往需要较大的压力，才能使油墨与它具有良好的接触情况。如油墨黏度、流动性、墨层厚度保持一定，增加压力常使印迹铺展面积增加，同时，纸张的低凹部位，却仍旧接触不良。例如：铜版纸和新闻纸上以同一印版所印得的印迹的效果有较大差异的，可以明显地对比出不同的复制效果。

由此推论，用表面粗糙的纸张所印出来的印迹，很难使复制效果保持理想，所以精细的印刷产品必须采用高级涂料纸来印刷，以保证良好的复制效果。但是，平滑度高的纸张却使毛细孔吸附力降低。

② 纸张的吸收性。纸张的吸收性的大小，也与复制效果有关。通常在印刷疏松的纸张时，如果油墨的流动性大，黏度小，纸张就会吸收较多的油墨层的连结料，如果毛细孔的直径大于颜料颗粒的直径，那么连颜料也会被吸入，这就使印迹的饱和度减少。需要适当提高墨层的厚度。但是，增加墨层的厚度，在压印的瞬时却又会引起"铺展"影响印迹复制效果。

吸收性小的纸张，能使墨膜的大部分呈现在纸张表面，使印迹墨膜层有较好的饱和度。不同性质的纸张，质量效果有明显的差异，在结构疏松、吸收性大的纸张上所印的印迹不够理想，纸质差很难印得出高质量的产品，所以提高纸张的印刷适性，对于印刷企业来讲，要根据产品质量的要求，选用合适的纸张。

③纸张渗透的影响。纸张的渗透性大，会使墨层厚度减薄，纸面毛孔大，还会使部分颜料同时被渗入纸内，因而色泽有减淡的感觉。因此，使用表面粗糙质地疏松、油墨流动性又大的纸张，要注意变色。

（4）颜料不耐热的影响　油墨在干燥过程中，快干亮光型的胶印刷油墨是氧化结膜型的干燥，干燥之前有一个固着阶段，油墨的氧化聚合是一个放热反应，干燥过快时，会放出许多热量，如果热量散发得慢，则会使不耐热的颜料变色。例如：金光颜色油墨变暗，失去金光。

在印刷时，收纸台上堆放了大量的印张垛，如果堆放过多，中间部位的印张，会由于油墨氧化聚合放热反应，热量不易散发，温度过高，会发生变色现象，所以，发觉印张过热时，要设法及时散热，防止变色，在油墨里不要过量加放催干剂（红、白燥油），印张不要堆放过高，可采用木夹板隔离堆放、通风等办法，以减少颜色不耐热后的变色。

（5）燥油对印迹变色的影响　浅淡颜色的油墨属于冷色调，翠绿、湖蓝等间色墨，不要使用红燥油，因为红燥油本身带有较深的紫红色，会影响调淡的色墨的颜色，所以浅淡色调的油墨最好用白燥油，避免燥油对其墨色的影响。白燥油看去呈白色，但是，氧化结膜后呈淡棕色，如果白燥油用量较多，要估计印迹干燥固着后会有偏黄棕色的可能性；深颜色的油墨如青、黑、紫等颜色用红燥油，油墨颜色不会受到大的影响。

（6）油墨不耐碱的影响　印刷使用的纸张 pH 值为 7，即呈中性，是非常理想的。一般情况下，用无机颜料制造出来的油墨耐碱性比较差，有机颜料的耐碱性比较好些，尤其是中蓝、深蓝墨遇碱会褪色，中黄墨遇碱之后颜色变为偏红，烫印的电化铝箔遇碱性物质则会变成枯黄色，使其没有光泽，往往纸张偏弱碱性比较多，在印刷的后期装订制作遇到含有碱性的黏合剂，如果印刷产品是用来包装碱性物质如肥皂、香皂、洗衣粉等，就要考虑油墨的强耐碱、耐皂化性能，孔雀蓝油墨耐碱性能较好。

（7）纸在存放及使用过程中的变色因素　大多印刷产品长期存放，难免会呈现泛黄的现象，其原因有：①纸张的纤维中含有木质素多变黄色，并且容易发脆，如新闻纸、印刷报纸最容易变黄和发脆；②彩色印刷产品，大多数在光源的直接照射下，天长日久，风吹雨淋，温度、湿度的侵蚀等方面的原因，由于油墨颜料不耐光而变色或者褪色。

3. 印刷质量对油墨的要求

要提高胶印产品的印刷质量，除有优质的纸张、PS 版等原材料，电子四色分色的色相准确再现、不偏色，制版人员掌握正确的 PS 版晒版曝光时间。显影液浓度和温度适宜，单色、双色、四色胶印恰到好处的调整墨量，达到水墨平衡、颜色准确、套印准确、阶调层次再现完美、网点印刷光洁清晰、整体效果良好之外，油墨的物理、化学性能是决定印刷产品质量优劣的条件。只有适合印刷适性的高质量油墨，才能在光滑洁白的纸张上印刷出五彩缤纷的大千世界。

印刷的油墨是树脂亮光快干型油墨，由色料、连结料、适性调整剂、干燥性调整剂、提高印刷效果调整剂组成。

（1）色料由有机颜料和无机颜料组成　色料的作用：①给油墨以颜色，并根据用量的多少决定油墨的浓度；②给油墨以一定的稠厚等物理性能；③最大限度地使油墨具有较强的耐久性；④在一定程度上影响油墨干燥性，以氧化结膜型干燥最为显著。

油墨中的连结料的作用：①给油墨以一定的黏度、黏性、流动性和触变性；②决定油墨的干燥类型及干燥速度；③决定油墨光泽度、耐磨性、牢固性等。

由于印刷版材和印刷所使用的材料不一样，油墨附着的承印物不同，所以针对不同的印刷方式需要各类不同适性的油墨。例如：胶印和凹印所使用的油墨，由于它们是两种完全不同的印刷方式，油墨所需要的黏度和屈服值也都不一样。然而，各种油墨的区别在哪里呢？是在油墨的连结料上。所以，不同的印刷方式对油墨的流动性能、干燥性能形式都不同。如铅印需要渗透干燥，胶印油墨需要氧化结膜干燥，塑印则需要挥发干燥和氧化结膜干燥，因为塑印无法渗透干燥，塑料根本不吸收一点油墨，这三种油墨的色料是一致的，区别就在于油墨中的连结料上。

（2）制版中影响印版质量因素　在制版中影响印版质量的因素最多，主要有显影液浓度、显影温度、显影时间、显影液的循环搅拌、显影液的疲劳衰退与补充等。

① 显影液浓度。显影液的浓度是指显影剂的相对含量，即 $NaOH$、Na_2SiO_3 总含量。市场上销售的显影液多是浓缩型液体，使用时需要按比例稀释，显影液的浓度多以显影液的稀释比来表示。在其他条件不变的前提下，显影速度与显影液浓度成正比关系，即显影液浓度越大，显影速度越快。当温度 22℃，显影时间为 60s 时，PD 型显影液浓度对 PS 版性能的影响，一般以 3 级干净为准的曝光量，PD 型显影液浓度以 1∶6 为最佳。当显影液浓度过大时，往往因显影速度过快而使显影操作不易控制；特别是它对图文基础的腐蚀性增强，容易造成网点缩小、残损、亮调小网点丢失及减薄涂层，从而造成耐印力下降等弊病；同时空白部位的氧化膜和封孔层也会受到腐蚀和破坏，版面出现发白现象，使印版的亲水性和耐磨性变差。显影液浓度大，还易有结晶析出。当显影液的浓度偏低时，碱性弱，显影速度慢，易出现显影不净、版面起脏、暗调小白点糊死等现象。显影液的正常浓度可通过网点梯尺测试；在正常曝光条件下显影 30～100s 时，若出现小黑点丢失较多，则说明显影液浓度过大；若出现小白点糊死较多则说明显影液浓度偏低。所以，最好在厂家指定的浓度范围内使用显影液。

② 显影温度。显影温度高时，显影液中分子热运动剧烈，对涂层中树脂的溶解力就大；温度低，分子热运动减弱，对树脂的溶解力差些。所以造成在相同的曝光条件下，不同温度所需的显影时间也不同。显影温度低时对版材质量的负面影响通常比温度高时大，所以用户在冬季一定要把显影液温度调到指定的范围内，这样制版才能得到满意的结果。在其他条件不变的情况下，PS 版的显影速度与显影温度成正比关系，即显影温度越高、显影速度越快。显影温度对制版质量影响是显而易见的。PD 型显影原液与水 1∶6 稀释后，在显影 1min 的条件下显影温度对印版质量影响，一般如显影 1min，显影温度最好控制在 20~24℃。显影温度低不易显干净；显影温度高时感光层的感光性物质与成膜树脂分子间的结合力减弱，抗碱性下降，未见光的图文部分感光层也将被溶解。显影温度高时，版面上网点面积百分比也会减少，印版的再现性会受到一定程度的破坏。一般情况下温度升高 12℃，显影速度约加快 1 倍。如果显影温度过低，显影速度慢，以致难以完成显影。因此如显影 1min，显影温度宜控制在手显（22±2）℃、机显（24±2）℃。

③ 显影时间。PS 版的显影时间主要由 PS 版的种类、曝光时间及显影液的浓度、显影温度等条件来确定。当上述条件确定后，PS 版的显影程度与显影时间成正比关系，即显影时间越长，显影越彻底。但显影时间过长会产生网点缩小等现象。显影时间对制版质量的影响是明显的，用 PD 型显影液原液与水以 1∶6 的比例稀释，显影温度为 22℃时，显影时间对印版质量影响，一般如 PS 版显影时间过长，版面上的细小网点容易丢失。但显影时间不足时又达不到显影的目的，即非图像部分的感光层不能彻底溶解而导致上机印刷时版面起脏。

④ 显影液的循环搅拌。显影是通过显影液与 PS 版感光层之间的接触、溶解来完成的，因此多采用动力显影方式。如手工显影时需晃动显影盘，机械显影时则采用循环泵和毛刷辊装置加快显影液的流动与循环，使显影速度和显影均匀性提高。相反采用静显影方式，显影液不能有效流动循环，显影速度则会明显降低，显影均匀性也差。

⑤ 显影液疲劳衰退与补充。显影过程中，显影液会随着显影进行以及因吸收空气中的二氧化碳或与水中的钙、镁等离子反应而逐渐疲劳衰退，使显影性能变差、显影能力减弱。

一般来说，印版显影时，可与在相同曝光条件下晒出的灰梯尺空白级数来观察显影效果，如显影效果不好，需及时更换显影液。随着冲版量的不断增加和空气中的 CO_2 不断溶入，显影液中的 OH^- 浓度会下降，pH 值将越来越低，显影时间应慢慢变长，至最后在正常曝光条件下 PS 版无法显影，这就是显影液疲劳衰退的现象。但随着显影液 pH 值的降低，碱液对氧化层和涂层树脂的腐蚀力下降，版材的网点再现性及耐印力比用新配制的显影液好一些。但必须注意两点：

一是冲版量必须控制在显影液容许范围内；二是用后的显影液必须密封保存与空气隔绝，因为即使是没显过一张版的显影液暴露于空气中，一星期后显影性能将明显下降。

机显时还要注意以下几点。a. 要定期维护显影机，以保证已曝光的 PS 版显影能正常进行。b. 在显影之前必须保持各传动辊清洁，若牵引辊不干净，显影时印版易粘上脏点。c. 如显影机有涂胶装置，一定注意胶辊要保持清洁，否则要弄脏印版。d. 一般情况下，阳图 PS 版显影液（原液）的显影能力为 $10m^2/L$。e. 上保护胶时，一定要均匀施胶，不能太厚，以免干后导致涂层龟裂和掉版。

⑥ 烤版。如需要烤版，烤版时要注意：a. 首先要选好烤版胶，烤版胶不能太脏。如用固体桃胶配制，一定要用热水溶胶，胶要彻底溶开、过滤再用；b. 把适量的烤版胶涂在版面上，用海绵将版面涂擦均匀；c. 烤版胶不能用干布擦拭；d. 版材在烘版箱中烘烤，图像区域会均匀变色。

不同的 PS 版，烘烤时间、温度及最终颜色会不一致，所以需通过试验确定烤版条件。

烤版时还要注意：a. 烤版箱内的红外灯管一定要横向排列，如纵向排列，往往导致印版瓦楞状变形而影响使用；b. 烤版胶浓度要合适，如烤版胶太稠，烤版效果和上墨效果也不会令人满意；如烤版胶太稀，烤出的版容易上脏；c. 烤版温度不能过高，温度过高也会导致铝版基韧化和发软，树脂层焦化，影响耐印力。

烤版时间太长易导致印版上脏，烤版时间太短则达不到烤版的效果。看上去制版工艺不是太复杂，但要想制作出合格的印版，确实需要操作人员用心晒版，用心加工印版。

第四节　常用塑料薄膜性能及其印刷性能

一、常用塑料薄膜性能

塑料薄膜作为一种承印材料，其历史还比较短，它经印刷后作为包装，具有轻盈透明、防潮抗氧、气密性好、有韧性耐折、表面光滑、能保护商品，而且能再现商品的造型、色彩等优点。随着石化工业的发展，塑料薄膜的品种越来越多，常用的塑料薄膜有：聚乙烯（PE）、聚氯乙烯（PVC）、聚苯乙烯、聚酯薄膜（PET）、聚丙烯（PP）、尼龙等。

各种塑料薄膜性能不同，印刷的难易程度也不同，作为包装材料的用途也不同。

聚乙烯薄膜是一种无色、无味、无臭、半透明的无毒性的绝缘材料，大量用作包装袋、食品袋，还可制作各种容器。它是惰性材料，所以比较难印刷，必须经处理后，才能印出比较好的效果。

聚氯乙烯薄膜的耐光性、耐老化性比较好且具有比较好的耐撕裂性能，能透气，是一种洁净、无色、透明的薄膜，一般加入增塑剂，它可溶于丙酮、环己酮等溶剂。因此，可以用聚氯乙烯类树脂制的油墨印刷。适用于包装袋、书皮等。聚苯乙烯薄膜是柔软而坚韧的薄膜，干净，无色而透明，不含增塑剂时，膜层永远柔软，耐冷冻，存放不老化，印刷时采用氧化聚合的合成连结料油墨，可使印迹牢度较好。

聚酯薄膜是无色、透明、耐湿、不透气、柔软、强度大、耐酸碱油脂和溶剂、对高低温均适应的材料，经电火花处理后，对油墨有比较好的表面牢度，可用于包装和复合材料。

聚丙烯薄膜有良好的光泽和很好的透明度，耐热酸碱、耐溶剂、耐摩擦、耐撕裂、能透气，但低于160℃时不能热封。

尼龙薄膜的强度比聚乙烯薄膜大，无味、无毒、不透细菌、耐油、耐酯、耐沸水及大部分溶剂，一般用于荷重、耐磨的包装，以及蒸煮包装（食品的再热），它不需表面处理即可印刷。

聚乙烯分子上基本不带极性基团，是一种非极性高分子，聚丙烯分子中，每个结构单元上都含有一甲基，这种弱极性基团，基本上也属于非极性高分子，因此，它们对油墨的亲和性都比较差，所以在印刷前要经过处理才能得到满意的印件。

二、塑料薄膜印刷的方法与印刷性能

塑料薄膜可采用柔性版、凹版和丝网印刷。印刷用的油墨，要求具有黏性大，附着力强，能使油墨分子牢牢地附着于塑料表面，极易与空气中的氧气结膜而干燥等特点。一般凹印塑料薄膜用的油墨是合成树脂，以醇类为主的有机溶剂及颜料经充分研磨分散后形成具有良好的流动性的胶状流体，是挥发干燥型油墨，具有印刷性能好、随着牢度强、色泽鲜艳、干燥迅速等特点，适合于用凹印轮转机印刷在聚乙烯、聚丙烯薄膜上。

（1）聚乙烯薄膜的印刷性　聚乙烯可分为低密度聚乙烯（LDPE）、高密度聚乙烯（HDPE）、中密度聚乙烯（MDPE）、单向拉伸高密度聚乙烯（OPE，又称可扭结膜，可用于糖果包装）等。

聚乙烯（PE）薄膜，特别是低密度聚乙烯（LDPE），展延性较大，较难控制套印精度，对油墨的附着牢度差，印刷前必须进行表面电晕处理，使其表面张力达到 $0.038\sim0.040$ N/m。

（2）聚丙烯薄膜的印刷性　聚丙烯薄膜可分为吹塑聚丙烯薄膜（IPP）、流延聚丙烯薄膜（CPP）、双向拉伸聚丙烯薄膜（BOPP）等。常用的珠光膜，也是双向拉伸聚丙烯薄膜的一种，有可热封与不可热封之分。聚丙烯薄膜的伸展变化较聚乙烯薄膜小，套色精度较 PE 易掌握。但受热过高（120℃以上）仍会变形。油墨附着力差，印刷前必须进行表面处理，使其表面张力大于 0.038N/m。

（3）聚酯薄膜的印刷性　聚酯薄膜机械强度大，展延性小，挺度佳，具有优良的耐热性和尺寸稳定性，印刷多套色易于操作，对油墨的附着力好，一般不需要进行表面处理。但由于厚度小而卷绕长度大及静电作用大，并含有添加剂等原因，有时会引起油墨粘搭等故障。

（4）聚氯乙烯薄膜的印刷性　目前常用的单向拉伸热收缩薄膜，其机械适应性较强，油墨黏着良好，但由于具有经加热能收缩的特点，所以印刷时不能施加热风。软质 PVC 薄膜由于含有大量增塑剂，所以受热后延伸性更大，且油墨中的颜料易迁移，所以印刷时存在较大问题，目前已较少采用。

（5）赛珞玢透明纸的印刷性能　赛珞玢透明纸又称玻璃纸，分为普通玻璃纸和防潮玻璃纸，防潮玻璃纸又分为单面防潮和双面防潮等，在印刷前必须加以仔细确认。

玻璃纸因其延伸性小，油墨附着力好，故印刷适应性好。但空气干燥时易发脆断裂，潮湿天气易变软而延伸。

三、塑料薄膜和油墨等材料的质量及物化性能

一般来说，这种塑料薄膜都是很薄的，大部分塑料都可以彩印，就算本身不可以，表面做下处理或是用专用的油墨也可以到达很好效果。

首先，比较常用的是 PETG、PP、PE。PETG 就是 PET 的改性，PET 用在包装材料上很多，PET 相比 PP、PE 有一定的硬度，而 PP、PE 的价格就比较低廉，大部分的塑料袋也是 PE 的。再者，就是相对来说硬度高的，例如PVC、PET、PC。它们一般用在手机屏幕、绝缘片、手机按键冲型等方面属于高档的应用。

另外，还有一些不常用但也可以彩印的，例如 PPE、PBT、PPO、PA 等，

PE 聚乙烯从印刷性能方面讲，表面极性小，油墨黏附性差，低密度比高密度的较好，吹塑、处理、印刷联动效果好。PP 聚丙烯、未拉伸聚丙烯 CPP、定向拉伸聚丙烯 OPP，印刷性能比较好，吹塑处理联动工艺虽用水冷却，但油墨附着性不好，最好先吹塑冷却，再进行电晕处理。双向拉伸聚丙烯 BOPP 是纵横同时拉而定向，强度、透明度都比未拉伸的大，可取代玻璃纸，油墨黏附不好，用量比 PE 稍小。PET 聚酯薄膜，也叫涤纶薄膜，印刷性能好，用量正在增加。PVA 维尼纶薄膜比聚乙烯（PE）强度和伸长性都大，且耐溶剂型优良，除酮、醇以外的有机溶剂气体具有小的渗透性，水蒸气渗透性在所有塑料膜中最高，但耐水极差。物化性能随温度和湿度影响变化大，是纤维包装材料，印刷性

好，但不适用食品包装。

PVC 聚氯乙烯不能用于食品包装，包括软质聚氯乙烯薄膜、非可塑性薄膜、热可塑薄膜。E/VAC 乙烯醋酸乙烯共聚薄膜，因配比不同，性能不同，用在复合薄膜上，印刷性较好。PT 玻璃纸，印刷性能很好，但吸水基大（高达70%），易亲水软化，伸缩性大，不能热封，要被 OPP 代替。AL 铝箔光泽性性好，印刷性亦好。

PA 尼龙薄膜、PS 聚苯乙烯薄膜、PVDC 偏二氯乙烯薄膜用量较小。

第五节　塑料薄膜的表面处理

一、表面处理的必要性

一般塑料薄膜通过凹版印刷的方法印上图案以后，能起到美化商品包装的作用，对商品具有良好的宣传作用，有着其他印刷材料不可比拟的独特优点。但是其中最常用的聚烯烃薄膜材料（PE、PP、改性聚烯烃等）属于非极性的聚合物，其表面自由能相当低，仅 $2.9 \times 10^{-6} \sim 3.0 \times 10^{-6} \mathrm{J/cm^2}$。从理论上道来，若某种物体的表面自由能低于 $3.3 \times 10^{-6} \mathrm{J/cm^2}$，那么就几乎无法附着目前已知的任何一种胶黏剂。故而，要使油墨在聚烯烃表面获得一定的印刷牢度，就必须提高其表面自由能，根据目前的工艺要求，应达到 $3.8 \times 10^{-6} \sim 4.0 \times 10^{-6} \mathrm{J/cm^2}$ 才行。目前为止，国内外最普遍采用的塑料薄膜的有效表面处理方法就是电晕处理方法。

二、新型塑料薄膜解决印刷等表面处理难题

北京化工大学材料学院有机材料表面工程研究室自 1996 年开始，经间歇小试、模试及中试，开发出以表面光接枝为主要技术特征的制备亲水/疏水不对称塑料薄膜的连续生产新工艺。该表面处理技术得到的塑料薄膜产品，其一面仍具有薄膜原有的疏水性，而另一面可根据不同的需要对表面极性进行任意调节，直到达到完全亲水。当然，也可以对薄膜的两面同时进行处理，得到对称改性产品。

该技术适用于几乎所有的塑料薄膜，如 PE、PP、PVC、PET、尼龙等。接枝聚合的特点使得改性层与原基膜以化学键连接，性质非常稳定。其中开发的"长效无雾滴塑料大棚膜制备新技术"，结合应用基础和应用试验，在通过了教育部组织的中试鉴定之后，又完成了由中试向工业化过渡的工业性中试，建立了一条处理宽度为 2m 的半连续生产示范装置及车间，完成了进行工业化生产的准备。

该生产装置既可以作为单独处理生产线对成品膜进行下线处理，也可以将该处理单元附在原有吹膜或拉膜生产线上而直接得到高性能或功能薄膜制品，其投资成本更低。利用该项技术，可以使生产的塑料薄膜一面或两面引入官能团或反应基团，如酸、碱、羟基、氨基、酐基、环氧基等。这为开发各种新颖性能的特种塑料奠定了基础。

对于食品包装而言，除必须考虑和解决里层印刷、粘接、热封等问题外，对氧、水分和香味的阻隔性也是最为主要的指标。PE 和 PP 对水的阻隔性优良，但对氧的阻隔性差；PET 和尼龙对氧有较高的隔离性，但对水较差；PVDC 对氧、水均具有良好的阻隔性，但成膜性及单独成膜强度差，成本高；PVOH 是最好的隔氧性薄膜，但因其溶解于水而难以通过蒸煮消毒这一关。现在利用这种技术已生产出了单面亲水 PE、BOPP 或 BOPET 改性膜，且很容易得到 PVDC 涂层复合膜，将 PVOH 夹于两 PE 膜中间的既隔氧又隔水的高档食品包装膜，利用处理 PE、PP 或处理 PET 组成的无黏合剂中档食品包装膜，高档低成本铝塑复合膜，防雾化且防结露保鲜袋等新型复合包装膜等。

三、电晕放电处理

电晕放电的处理方法大多是通过氧化，使之增加极性，使表面结构发生变化。具体的处理方法有放电（俗称电晕、电火花）法、火焰法、紫外线辐射法、酸（硫酸、铬酸）处理法等几种，以放电法比较简单而普及。

电晕处理效果的好坏，与处理设备的输出功率、两电极之间的距离、电极的放电面积、处理速度及处理的方法（是热处理还是冷处理）和次数等都有关系，处理后的薄膜必须立即印刷，否则仍可能失效。

在电火花处理中，由于电晕放电产生的游离基反应可能使聚合物发生交联，表面变粗糙，并增加其对极性溶剂的润湿性，塑料薄膜经过处理后可改善印刷性能。可以使用抗静电添加剂（我国使用三羟十二酰胺乙基季胺过氯酸盐），以提高静电荷衰减的还原作用，改进油墨的黏附效果，使溶剂型油墨的湿性得到了改进。

1. 电晕放电处理装置

电晕放电处理装置如图 3-3 所示，这是把电解质材料包覆在接触被处理薄膜的辊筒上，使用棒状电极进行放电处理的一种方法。在辊筒上包覆电解质，避免了电晕放电变成电弧放电。电解质材料必须使用具有耐高电压和在臭氧下不致很快老化的材料，而且具

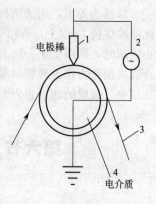

图 3-3 电晕放电处理装置
1—电极棒；2—高频发生器；
3—被处理塑料薄膜；
4—电介质包裹处理辊

有介电常数大且介电损耗小等性质。其目的在避免由于电晕放电的集中所造成的处理不均匀问题。被处理表面与电极之间的间隙也是装置中的重要条件。另外，为了使处理能有效地进行，电极间隙和频率有着密切关系，存在着一个最佳条件，再则，电极间隙与电源的阻抗匹配也是装置中的一个重要因素。

2. 电晕处理的效果

由于电晕处理一般在空气中进行，所以在高压、高频电火花的冲击条件下，一方面空气发生了电离，产生了各种极性基团；另一方面聚烯烃分子结构中的双链，特别是其支链上的双链更易打开。这样，就在处理的瞬间，各种极性基团与高聚物表面发生了接枝反应，从而使聚烯烃表面由非极性变成极性表面。可以这么说，经电晕放电处理后的聚烯烃表面，大约几个 10^{-10} m 的厚度已变成了与原聚烯烃结构完全不同的极性物质，表面自由能由此大大提高，经测定可达$(3.8\sim4.0)\times10^{-6}$J/cm^2。同时，高压高频电火花将薄膜材料表面通过冲击打毛（用高放大倍数的电子显微镜观察，可在处理表面看到小沟槽状凸凹不平），从而提高了油墨的浸润性和接触面积。由此化学和物理两方面的共同作用提高了油墨在其表面的附着牢度。

3. 电晕处理效果的测定

聚烯烃电晕放电处理的表面，用 ESCA 光谱测定可检测出相当于醚、醇、过氧化物、酮、醛、酸、酯等官能团中碳的光谱，在光谱图中，可以找到各种官能团相对应的谱线。这些含有氧的官能团随着处理程度的加深而增加。

4. 检测电晕处理方法

检测电晕处理效果的简易方法，通常采用 JISK-6763—71——聚乙烯与聚丙烯膜的浸润张力试验方法。

陈昌杰等人，用清洁棉球棒蘸取以上混合液之一，在试验薄膜上涂布约 6cm^2，此液膜保持 2s 以上，再用下一档表面张力高的混合液试验。当液膜在 2s 内破裂成小液滴时，则用比上一档表面张力低的混合液试验，如此反复，从而选定恰当的混合液表面张力作为薄膜润湿张力的试样，根据为混合液配制比例与润湿张力数据对比结果，薄膜的润湿张力大，说明薄膜与油墨及胶黏剂的亲和性良好。

第六节　凹版印刷的要素与过程绿色化及其优势

一、凹版印刷的定义及特点

顾名思义，凹版印刷是使用手工或机械雕刻凹版、照相凹版、电子雕刻凹版等印版的印刷方式，为直接印刷。凹版印刷简称凹印，是四大印刷方式中的一种印刷方式。是以印刷印版而命名的，也就是所有的印刷图案和文字，在印刷版上是凹进去的。印刷时先将印刷版上多余的油墨（非印刷面上的油墨）刮净，然后通过压印胶辊给印刷版之间的被印刷物上，加以适当的压力，把油墨从凹面内挤压到被印刷物上，而达到印刷目的的一种印刷方式。

　　凹版印刷与复印的区别是：它通常以高速度进行批量生产，而复印只从原稿直接制作少数复印件。印刷产品有书籍、报纸、杂志、课本、图片、画册、地图、招贴、商品目录、表格票据、有价证券、包装材料和各种日用印刷品等。凹版印刷与平、凸版印刷相比较，其突出的优点是印刷质量好，通过不同深浅程度的油墨层，能将连续性色调原稿丰富的层次较完整地表现出来，墨色厚实，色彩鲜艳，富于立体感，它的墨层比平印产品厚 5 倍之多，比凸印产品厚 2 倍以上。由于凹印具有能在各种大幅面的高级纸张、粗糙纸张、塑料薄膜和金属箔纸等承印物上印刷并能达到很高质量的优点，在现代印刷中常用来印刷各种精美的画册、画报，尤其在包装装潢工业中得到广泛应用，如各种造型的商标、折叠纸盒、软包装材料（玻璃纸和各种薄膜材料）、礼品装材料、各种类型的包装纸和其他商品的包装、装潢材料的印刷等均可采用凹版印刷。又由于凹版印刷的印版耐印力高，在大批量印刷中优势最为明显，经济效益很好。

　　用放大镜观察凹版印刷品时，若图像部分布满隐约可见的白线网格（菱形或方形），线条露白、油墨覆盖不完整，则是用照相凹版印刷的成品。若图像是有规律排列的大小不同的点子（多为菱形），文字、线条由不连续的曲线或点子组成，则是用电子雕刻凹版印刷的成品。

　　凹版印刷是近年来逐渐发展和壮大起来的一种广泛应用于软包装及其他材料的印刷技术，它在塑料薄膜的印刷上占据了主导地位，尽管新兴的柔性版印刷以迅猛的速度进军这个市场，但凹版印刷在欧洲还是占据着 70% 的市场，在亚洲，这个数字可能更大。

　　凹版印刷作为印刷工艺的一种，以其印制品墨层厚实，颜色鲜艳、饱和度高、印版耐印率高、印品质量稳定、印刷速度快等优点在印刷包装及图文出版领域内占据极其重要的地位。从应用情况来看，由于油墨是经凹的墨孔转移，故墨层厚实，其印刷品的色泽鲜艳、饱满、立体感强；耐印力较高，一般可达 50 万印，甚至可到 100 万印。线条分明、精细美观、色泽经久不变，不易仿造，因此，常用来印制高档的彩色画报、期刊等，也用来印制有价证券甚至钞票。

　　一般来说，凹印墨色饱满有立体感，在各种印刷方式中，印刷质量是最好的，印版寿命也长，适合大批量印刷。凹印可印刷极薄的材料，如塑料薄膜。但凹印制版复杂、价格高，其使用的含苯油墨污染环境。这两方面的问题影响了凹印的发展，特别是大批量印件的减少，短版同时要求低价的印件大量增加，使凹印不断丢失市场。

当然，凹版印刷也存在局限性，其主要缺点有：印前制版技术复杂、周期长，制版成本高；由于采用挥发型溶剂，车间内有害气体含量较高，对工人损害较大；凹版印刷从业人员要求的待遇相对较高。

凹版印刷的主要产品有有价证券、钞票、精美画册、烟盒、纸制品、塑料制品、包装装潢材料等，这些产品墨色浓重，阶调、颜色再现性好。在国外，凹印主要用于杂志、产品目录等精细出版物，包装印刷和钞票、邮票等有价证券的印刷，而且也应用于装饰材料等特殊领域；在国内，凹印主要用于软包装印刷，随着国内凹印技术的发展，也已经在纸张包装、木纹装饰、皮革材料、药品包装上得到广泛应用。

总之，凹版印刷具有墨层厚、色彩鲜艳、耐印力高、适用范围广、适合连续绵延的图案的印刷。现已广泛应用于塑料包装印刷、纸制包装印刷、装饰印刷、转移印花、出版印刷等领域。

二、凹版印刷表现层次的方法

一般印刷时，先使整个印版表面涂满油墨，然后用特制的刮墨机构，把空白部分去除，使油墨存留在图文部分的"孔穴"之中。再在较大的压力作用下，将油墨转移到承印物表面。由于印版图文部分凹陷的深浅不同，填入孔穴的油墨量有多有少，这样转移到承印物上的墨层有厚也有薄，墨层厚的地方，颜色深；墨色薄的地方，颜色浅，阶调浓淡层次分明，在印刷品上得到了再现。

凹版印刷表现画面阶调层次的方法有三种。

① 以油墨的厚薄来表现画面色彩的浓淡深浅。墨层厚的部分表现的墨色浓、颜色深；墨色薄，表现的色彩淡，用这种方法表现的画面阶调成连续调，墨色厚实，阶调丰富，表现暗调的层次尤佳。这种凹版的表面结构是：墨穴的深度不一，墨层厚的部分墨孔深，墨层浅的部分墨孔也浅。通过传统炭素纸转移法制取的凹版，即属于这类版。

② 以墨层覆盖面积的大小也即网点百分比来表现画面的阶调层次。这种方法印制的产品，墨层的厚薄是一致的，墨层的单位覆盖面积大，网点的百分比高，表现的画面阶调深颜色就浓；反之，墨层的覆盖面积小，网点的百分比低，表现的阶调就浅，色彩颜色就淡。整个画面承半色调。由于网版网眼深度一致，画面显得单薄，靠单位面积上网眼的多少来调节色彩的层次。由喷胶直接法生产的凹版就是这种形式的印辊。

③ 以墨层的厚薄和覆盖面积的不同变化来表现画面的层次，墨色浓的网点覆盖面积大，墨色淡的，网点覆盖面积小。但由于凹眼深度也在变化，因而使印刷品层次丰富，墨色厚实，复制高精度印刷品常用此法。使用电子雕刻凹版，也可获得上述效果。

三、凹版印刷的要素

（1）原稿　凹印中的原稿多为连续调。

（2）油墨　凹印油墨是由固体树脂、挥发性溶剂、颜料、填充料和附加剂组成。不含植物油，其干燥方式大多属于挥发型。凹印油墨又可分为三种：影写凹印油墨、塑料凹印油墨、醇溶凹印油墨。溶剂在油墨中的作用有：溶解或分散油墨中的一切固体组分；湿润被印基材的表面；调节油墨的干燥速度；调节油墨的稠度，使之适于印版的着墨要求。

（3）印版　凹版不同于其他版的一个显著区别是：其图文部分是由低于非图文部分的凹眼组成，印版由金属材料制成，外面还镀有铬和铜。

（4）承印物　凹印的材质十分广泛，但常用它来印刷高档纸和塑料薄膜。

（5）印刷机械　凹印机通常由开卷部分、导辊、压辊、印辊、上墨部分、刮墨刀、干燥器、收卷部分组成。当然，现实的凹印机还包括动力系统、校准系统及电气系统。

四、凹印加工过程的绿色化

在凹印油墨中含有大量挥发性有机溶剂，几乎占凹印油墨成分的50%。其中如二甲苯、甲苯、醋酸乙酯、丁酮等低沸点、高挥发性的溶剂含有的芳香烃既有毒又可燃，是环境污染的主要因素。另外，凹印速度极高，必须使用挥发性极强的快干油墨，还需靠电力或红外线加热进行外部干燥（凹印有干燥工序）才能满足印刷要求，因此废气排放量大，使凹印在所有印刷工艺的环保问题中尤为突出。印刷界的许多权威人士认为，除非采取切实可行的措施解决凹印严重的污染问题，提高凹印的环境性能，否则凹版印刷将失去市场竞争力，最终被其他印刷技术所替代。

（1）减少有机溶剂对环境的影响　凹印加工过程中大量使用溶剂，是造成凹印塑料软包装业溶剂污染的重要原因。由凹印机和复合机内废气排放系统排放含溶剂的废气造成了环境的污染，同时溶剂在使用过程中的挥发也造成了室内污染和安全问题。

随着人们环境意识的增强，凹印所使用溶剂的环保问题已得到广泛的重视。近年来，我们已经看到软包装行业及相关部门环保意识的加强，并从以下生产工艺和相关产品排放方面的改进反映出来。

整个印刷单元可实现全封闭，减少溶剂在车间内的扩散。

采用超声波凹印滚筒清洗系统，以减少溶剂的使用量。通过设置印版滚筒清洗装置，在印刷结束时，在机器上对印版滚筒进行自动清洗，可有效防止油墨在版辊上干涸。这种清洗装置可完成印版滚筒的大部分清洗工作，显著减少人工清洗工作量，对改善操作环境也有好处。

在凹印排放系统中通过溶剂回收处理等手段对溶剂进行治理，以减少向空气中的溶剂排放；一些印刷厂为了使溶剂更便于回收，开始选用单一溶剂油墨。同时采用挥发溶剂浓度的爆炸下限控制系统，通过部分热气的循环，最大限度地节省干燥能耗。

为了减少溶剂的总体用量，开发适用于浅版的高浓度低黏度油墨是一个重要的研究方向。甚至不含溶剂的固体油墨也有可能推向市场。Siegwerk 油墨公司的有关人士认为，他们正在开发的 Hof Tech 油墨技术很有应用潜力。这种已获专利的 Hof Tech 油墨是一种不含溶剂的固体凹印油墨，在转移到印刷版辊上之前可立刻溶化，有望几年内推向市场。

（2）开发应用无苯化溶剂油墨和水性油墨，实现溶剂无苯化和水性凹印墨印刷　目前使用的里印凹版油墨一般由氯化聚合物制成。在油墨生产过程中，氯化聚合物需使用强溶剂（如甲苯等芳香族溶剂）来溶解，并在印刷过程中用甲苯来调节油墨的黏度。

现在，氯化聚合物油墨被认为不适合环境保护的要求。这是因为氯化聚合物油墨在生产中挥发出的氯氟烃会破坏臭氧层。在油墨生产和印刷过程中，芳香族溶剂（甲苯）的使用会对工人的健康和安全产生危害。除此之外，在包装油墨中溶剂残留是另外一个需关注的重要问题。由于甲苯是慢干溶剂，极易残留在干燥油墨膜层中，会污染包装内的食品。

塑料凹印油墨生产正受到《中华人民共和国消防法》、《中华人民共和国劳动安全法》、《中华人民共和国卫生法》等法规的制约，因此要积极开发和应用符合环保要求的绿色凹印油墨及水性油墨将成为一个必然趋势。

薄膜包装材料凹印油墨水性化：尽管水性凹印油墨作为甲苯类油墨的替代体系已引起许多关注，但包装薄膜印刷中的油墨水性化，时至今日仍未达到真正的实用阶段。从总体上看，水性凹印油墨迟迟得不到进一步普及的重要原因是印刷性能和质量仍达不到溶剂型凹版油墨的标准。这主要是由于水的表面张力较高，导致油墨难以润湿。如果要取得凹印溶剂墨的印刷速度和印刷质量，不但水性油墨本身需要先进的技术，而且凹印设备及印刷版辊也需要改进。例如，将槽深 $38\sim42\mu m$ 腐蚀或雕刻版辊筒改变为槽深 $24\sim28\mu m$ 激光制版版辊筒，还需要更有效、更强力的干燥设备以及必须使用耐腐蚀材料制造的印刷版辊、墨泵和刮刀等组件。这些改善需要相当大的投资。

五、凹版印刷的原理及工艺

凹版印刷使用的印刷机，主要是圆压圆型轮转印刷机，平压平型和圆压平型的凹印机很少。印刷时，在收卷张力及印刷拉力的作用下，承印材料从开卷系统经导辊来到印辊和压辊之间。印辊下部浸渍在油墨槽中，图文部分的凹眼中即充满了油墨，非图文部分版面上的油墨，被刮刀刮除，凹眼中的油墨在印辊与压辊的压力下转移到印刷基材膜上，进干燥器干燥后，进入下一个印刷单元，最后被收卷部分卷取，得到印刷品。

同其他印刷方式一样，凹版印刷也包括印前处理、印中、印后处理三阶段。

印前处理：包括制版、装版、上墨、上印材、上刮墨刀。

印中处理：包括薄膜上卷—印刷第一色—干燥—印刷第二色—干燥—牵引—收卷。

印后处理：包括烘烤除臭、分割、制成品。

六、凹版印刷的未来及优势

1. 凹版印刷的未来

制版技术：激光蚀刻速度可以改变凹印工业的前景。激光成像技术极大地提高了蚀刻速度，现在，激光系统可以比传统蚀刻方式快 10 倍的速度工作，这将大大减少凹版印刷的缺点。必须指出，激光蚀刻铜版还不可行，而激光蚀刻锌版还在验证它的经济可行性。然而，即便激光蚀刻金属版还没有证明它的经济可行性，基于电子机械原理的蚀刻系统的三种蚀刻方式在生产中提供了 30%～100% 的输出。配上全自动材料处理系统和蚀刻头装置则会迅速提高生产率。激光或电子蚀刻雕刻非金属印版技术的发展已经展现出广阔的前景。一种可能的、仍在发展的解决方案就是使用轻体塑料滚筒，它可以同时降低铜或镀铬的需要。这种塑料基滚筒比以前使用的不锈钢滚筒轻 10 倍，因而具有成本低的优势。现在，轻体、非金属基/非金属套筒系统正在包装印刷中进行测试。

油墨：油墨技术方面的发展也极大地影响了凹版印刷工业。近来，由于环保问题日益突出，凹版印刷机采用的油墨也正向水性油墨方向发展。比如正在进行的固体油墨以及 ENERGY-CURABLE 油墨的推广。继续强制减少甲苯的使用，将鼓励对水基油墨和其他油墨技术的研究。

印刷机械：印刷机的印刷范围将越来越大，适合多种材料的印刷，并向多色、高速、自动化方向发展。用于印刷软包装材料的凹版印刷机，以前最多为六色或七色，现在，八色或八色以上的已成为常用机型；近年来，凹版印刷机的速度已有了很大的提高，德国阿尔伯特法朗肯特公司制造的轮转凹印机，转速达到 52000r/h；另外，电子设备的改进使得用光纤网络将电子驱动装置连接起来，取得了先进的张力控制系统和自动校准系统，更适合薄型材料的印刷，印刷机的操作和控制更加方便，机器的安全生产速度能够达到 800m/min。此外，故障监测系统能够在出现故障时发出警报，防止废品的产生，起到了很好的预防作用。

2. 凹版印刷优势

（1）墨层厚、色彩鲜艳 凹印的优点是转移到承印物上的油墨或上光剂多，其转移量比其他印刷方法多 3～4 倍，在使用金墨、银墨或珍珠粉时，为了得到理想的光泽，需要使用大颗粒的颜料。对于胶印而言，当印刷线数为 60 线/cm 时，允许的颜料颗粒为 5～25μm；而对于凹印，在同样的线数时，允许的颜料颗粒则为 10～60μm。凹印版的承墨部分是下凹的，因而可以承接较大量的油墨，如与凹印机上的静电吸墨装置配合使用，则更可获得厚实的墨层、鲜艳的色彩及丰富的层次。

（2）耐印力高，相对成本低　由于凹印版的整个版面由一层坚硬的金属铬层保护，所以即使在印刷时有刮刀与版面不停的接触，仍然保持了较高的耐印力，一般可达几百万印，所以对大印量的活件来讲，无疑是最合算的。

（3）适合连续绵延的图案的印刷　胶印是将制好的印版包在印版滚筒上的，因此，在版辊表面始终存在一条区域用于固定印版。凹印版则不同，由于凹印版的制版操作是直接在滚筒筒体上进行的，所以不需要滚筒上的图像做到无缝拼接，就能在承印物上得到连续绵延的图案。

（4）适用范围广　凹版印刷既可在传统的纸张上进行，又可在薄膜、铝箔、转印纸等其他材料上印刷。

（5）适合较长期投资　由于凹版印刷的工艺技术比较复杂、工序相对较多、整条生产线的投资也比较大，因此，它适合作为较长期的投资。

包装凹印以纸、玻璃纸、塑料、塑膜作为承印材料，印刷质量高，依承印物而使用的溶剂种类选择范围广，因而在日本，与廉价的柔性版印刷相比，包装凹印已得到普及。

第七节　凹版轮转印刷工艺及产品质量

轮转胶印机是卷筒纸胶印机的一种，是能够印刷 175 线/英寸以上的彩色精细印品的卷筒纸多色胶印机。轮转胶印机主要用于彩色杂志、高档商业广告、高档宣传品、画报等的印刷。由于高档杂志和报纸的印量越来越多，采用单张纸胶印机已不能满足日益增长的市场需求，各著名印刷设备制造商都开发出了高档商业轮转胶印机，印速大概在 20000m/min 左右，例如海德堡公司的 M-600，曼罗兰公司的 POLYMAN、ROTOMAN、高宝公司的 Compacta818、215 等。

一、凹版轮转印刷机的分类

凹版轮转印刷机主要分"转鼓式"和"组式"两大类。

1. 转鼓式凹版轮转印刷机

国产转鼓式（也称卫星式）凹版轮转印刷机（图 3-4）居多，其特点如下。

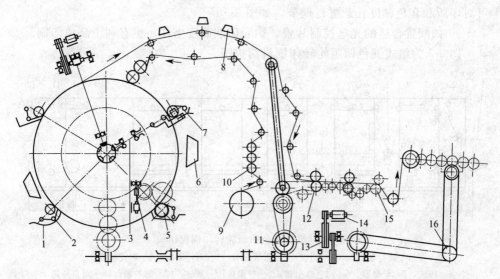

图 3-4　转鼓式凹版轮转印刷机结构

1—油墨容器；2—反刮刀部分；3—压版辊传动系统；4—版辊对花系统；

5—版子辊筒；6—红外线干燥系统；7—正刮刀部分；8—红外线干燥器；9—卷筒纸；

10—纸张张力系统；11—无级变速系统；12—同速辊筒；13—主轴传动系统；

14—主机（直流电机）；15—坡刀部分；16—收纸传动系统

① 线速度低，对塑料薄膜的张力较容易控制，套印准确度容易保证，膜裹于转鼓之上。

② 组距短，由于转鼓直径不能随意增大，油墨干燥受组距的限制，所以印刷速度较慢，一般为 20m/min 左右。

③ 刮墨刀装置有正有反，5～6 色转鼓式凹版轮转印刷机常见的有 4 正 1 反、3 正 2 反、4 正 2 反、3 正 3 反等，而反刮刀对印刷质量有一定的影响，特别是在高温季节，印刷质量较难控制。

④ 套印精度的调节范围仅限于在 1cm 内进行，超过此限度，则必须停车校正。

⑤ 常用印版宽度有 400mm、420mm、600mm 等数种。

2. 组式凹版轮转印刷机的特点

① 线速度高，对薄膜的张力和印刷套印精度不易控制。

② 组距长，油墨干燥可以充分保证，因此印刷速度可大大提高，进口机速可达 80～200m/min、国产的也可达 40～120m/min。

③ 可正印 1～6 色，也可正反面印刷（根据需要）。

④ 全部使用正刮刀刮墨，对产品质量有利。

⑤ 通过张力控制装置（张力传感器配以浮动辊、差动齿轮等），不需停车即

可对印版和套色黏度任意进行调节，如图 3-5 所示。

⑥ 如配置合适的光电控制装置，则套印准确度更佳，更有利于高速印刷。

图 3-5 为组式五色凹版轮转印刷机结构图。

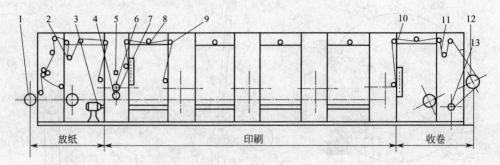

图 3-5　组式五色凹版轮转印刷机结构

1—放卷轴；2，11—动辊；3—版辊牵引马达；4—版辊；5—对花装置；

6—压胶；7—干燥器；8—同色牵引辊；9—导辊；10—基材；12—收卷轴；13—同步马达

二、国产凹版轮转印刷工艺

1. 工艺过程

国产凹版轮转印刷工艺过程如图 3-6 所示。

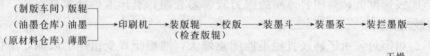

图 3-6　国产凹版轮转印刷工艺

2. 开印前的准备

塑料薄膜印刷开印之前，首先要根据客户、施工单、彩稿或黑白稿的要求进行仔细分析、研究，随后根据印刷工艺步骤进行印刷准备。

（1）领取薄膜　①选择薄膜，如选用 LDPE、HDPE、OPP、PETP、PVC等；②注意薄膜的要求、规格、宽度、厚度尺寸及牌号或特殊规定；③按施工单要求的投料量，薄膜必须称重；④检查薄膜平整度　如筒料是否有"突筋""荷叶边"等不符合质量要求的情况；⑤检查薄膜是否经过电晕处理，是双面处理还是单面处理，电晕处理强度是否达到印刷牢度对表面张力值的要求。

（2）领取油墨　①按不同材质薄膜选择相应油墨，或按施工单要求选择；②检查油墨的细度、黏度、色相、着色力等指标，应全部符合印刷质量对该油墨的要求；③摇动或搅拌原桶油墨至完全均匀（不可有沉淀）；④按照彩稿或打样稿或附样来调配所需要的墨色，尽量做到用多少调多少，一次调好，避免不必要的浪费。

（3）领取版辊　①检查版辊有无损坏、砂眼、线条、脱落露铜；②查对版辊与施工单内容（厂名、套色、尺寸）要求是否相符；③将各色版辊按套色次序查看标记、光电分切线、自动制袋色标；④选好与版辊规格相符的闷头（两头闷头规格要相同）；⑤版辊要轻放在清洁的绒毯上，防止碰伤。

（4）装版辊　①版辊装上版轴，使版轴与闷头紧密吻合，无间隙产生；②版辊螺母校紧，不能有丝毫松动，否则会发生走版现象，影响套版准确；③每只版辊套色次序正确、版辊装进机架中央；④用手试转版辊，看其运转是否灵活；⑤用水平尺置于各色版辊上面，检查版辊是否水平；⑥各色版辊对压胶的压力要平衡均匀，打空车要求版辊与压印胶辊有 3～5mm 间距。

（5）墨斗与墨泵　①对于组式机，每一墨斗搁在版辊下居中，将定位螺钉伸入固定槽内，固定墨斗，任何一边不能碰到版辊或版辊轴，也不能碰到底部，防止返墨；②对于鼓式机，第一色和第三色墨斗搁在版辊下，将墨斗的内边推入距压印胶 1cm 处，拧紧墨斗下的螺钉，固定墨斗。不能碰到压印胶和版辊，否则会轧坏胶筒和版辊，造成重大事故；③目前墨泵采用电动墨泵和齿轮墨泵两种，鼓式机一般用齿轮墨泵，组式机用电动墨泵，现在进口组式机用气泵；④深色改淡色油墨必须要清洗墨斗和墨泵、墨管，使油墨不变色。

（6）穿薄膜（印料）

① 将薄膜装在放卷轴的中央。

② 穿料通过三星辊（鼓式机）穿过电晕处理辊。

③ 穿过压印辊及印版辊之间。

④ 穿过恒张力牵引辊进入收卷轴。

（7）装刮墨刀

① 刀片规格：国产新刀片厚度为 $180\sim220\mu m$ 的弹性钢皮，进口新刀片厚度为 $150\sim180\mu m$ 的弹性钢皮。

② 衬片与刀背的距离为 1cm。衬片与刀片的距离为 0.5～0.7cm。

③ 将新刀片放在衬刀后面装入刀槽内旋紧刀背螺钉（应从中间逐渐往外，二边轮流旋紧，使刀片平整无翘扭现象）。

④ 磨刀　进口新刀片不用磨。国产刀片要磨，采用油石一块，磨刀砖一块、水砂皮、0 号金相砂皮，要求磨至刀片光滑。

⑤ 鼓式机要装挡墨板，正二、反二全部要装，因鼓式机是"喷墨"形式输墨，而组式机有半只版辊浸在墨斗内，可不必装。

（8）调整刮墨刀

① 刮墨刀两边要长于印版辊筒 1～2cm。

② 刀口与版辊成平行直线，且要吻合。

③ 刮墨刀原则上装置于印版辊的 1/4 处，应使刀口与压印点之间的距离越小越好。

④ 刮墨刀与版辊的角度为 70°~75°，斜度向上。

⑤ 刮墨刀的压力，不宜过重，掌握在 200~400kPa，目前有三种压力调整装置：拉簧、压铁、手轮。

⑥ 刮墨刀使用时间长短，取决于刀刃磨损角度、油墨的纯洁度、电镀质量、装行刀（活刀）还是死刀。

（9）调试过程

①打开墨泵电源开关，检查墨泵运转是否正常，循环墨管是否畅通，是否有漏墨，塞墨现象；②加入溶剂调整油墨黏度到规定范围；③启动主机按钮，调慢车速运转，检查各套版辊运转是否正常；④检查刮墨刀能否刮清油墨，刮刀有否抖动，刮刀横向行程是否平稳；⑤启动鼓风机开关，注意鼓风机是否异常，风口必须对准印刷面，不能对着印刷版辊吹，否则会把版面吹干；⑥启动加热按钮，检查远红外线烘箱，热风、电热是否正常；⑦启动拉力收卷装置，检查收卷装置转动是否灵活；⑧校正进料张力辊的摩擦电盘或摩擦盘，稍放松出料摩擦电盘或摩擦盘；⑨以上一切正常，启动压辊按钮，版辊打上压印辊，开始印刷；⑩出料要求拉力适度，保持恒定，进料力也要保持恒定。以前开卷采用三星辊，收卷是弹簧摩擦片。目前有的开卷已采用电磁粉末离合器，电位器控制，收卷采用力矩电机配合控制张力的方法；⑪检查各墨色图案，要求清晰完整。

（10）对花

①开机调试墨色图案，如已完整清晰地印在薄膜上，则关闭热风停车。②以第一色色标为准（现有色标十字、箭头等）。③打上压印胶筒（鼓式机用调整棒或调整斜牙轮控制，组式机压胶辊用压汽缸移上移下控制），转动第二色版辊，使它的色标基本对准第一色色标。④第三、第四、第五、第六色同样对花。再压下压印胶筒，启动收卷，开始调慢车速。⑤各色基本对准后进行微调。横向一般用手旋，纵向鼓式机用斜齿轮手工调整，组式机用张力辊调节或电动对花（进口机采用光电控制自动调整方法），使图案色标完全对准。

三、进口组式凹版轮转印刷工艺

1. 开车前准备

（1）装版辊、校版辊　首先，分清版辊前后顺序，即黑版、蓝版、红版、黄版、白版。其次，根据版辊上的光电记号和色标（光电记号和色标在制版时已做好）。在装版时，使有光电记号的一端放在外端，然后开始装版。先把版辊放在工具车上，再把版轴穿入版辊中间，如图 3-7 所示，在两端盖上闷头（其中靠齿轮的一端先固定），外端用汽缸压紧后固定，使版辊不能松动（版辊与轴转动，主要通过闷盖的键与版辊里端的键槽相配合来带动），然后放入印刷装置中。这样依次把其他版辊都安装好，装版工序完成。

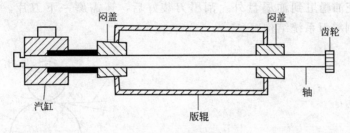

图 3-7 版辊装置

（2）调墨　在印刷时，为了使油墨保持恒定的黏度，采用油墨缸、油墨箱中的油墨能循环回流的装置，见图 3-8；同时采用自动稀释结构，即用察恩杯和秒表测定黏度后，用黏度测试器监视，如黏度增大就通过阀门自动添加溶剂；如黏度变小，则由信号灯指示，再添加油墨，使黏度恢复到原来的值。一般印刷油墨的黏度为 20～25s，所以在印刷时，必须把油墨进行稀释，黑墨、白墨为 16s 左右；蓝、红、黄墨为 18s 左右。然后倒入油墨缸内，开动黏度测试器，转动黏度调节旋钮，使黏度指示表中指针处于平衡位置（正中间）。使用自动开关，事先在溶剂箱中加入溶剂，这样通过黏度测试器随时调节油墨黏度，使之保持恒定。溶剂添加的快慢可通过频率传感器来控制。

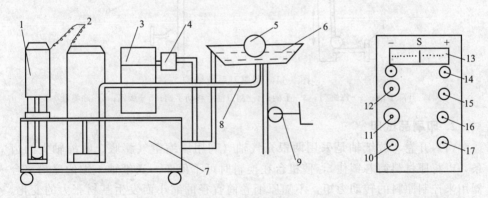

图 3-8 供墨系统

1—黏度测试仪；2—接电线；3—熔剂箱；4—阀；5—版辊；6—墨斗；7—油墨箱；8—输墨管；
9—升降手柄；10—工作灯；11—频率传感器；12—黏度调节旋钮；13—黏度指示表；
14—黏度指示灯；15—阀门按钮；16—手自动开关；17—电源开关

（3）装刮墨刀　如图 3-9 所示，刮墨刀由刮墨刀片 2、支撑刀片 1、支撑架 3 构成。刮墨刀对印版的刮墨压力用汽缸的加、减压力来实现。一般装刮墨刀时，支撑刀片伸长 15～20mm；刮墨刀比支撑刀片多伸出 8～10mm。又如图 3-10 所示，刮墨刀 1 与版辊 3 的接触点位置，可以根据需要用升降刀架的推前、缩后来调节。刀片与接触点切线垂直线的夹角越小越好。一般控制在 15°～30°，如果太小，容易使油墨甩到油墨盘外。刮墨刀装好后，还需磨一下刀片，方可使用。图 3-11 为刮墨刀系统结构。

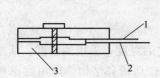

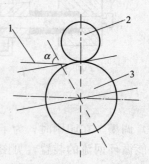

图 3-9　刮墨刀结构
1—支撑刀片；2—刮墨刀片；3—支撑架

图 3-10　刮墨刀位置
1—刮墨刀；2—压辊；3—版辊

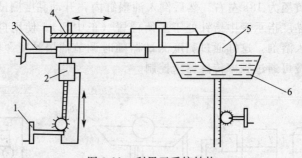

图 3-11　刮墨刀系统结构
1—升降手柄；2—汽缸门；3—手柄；4—刮刀前后移动手柄；5—版辊；6—油墨盘

2. 印刷品试印

（1）开卷　放纸轴是采用两根充气轴（利用压缩空气膨胀、收缩轴上的齿条，以将原材料筒芯锁住），使机台在换料时可不停车。送纸轴一端的磁粉离合器用来控制原料的转动力矩，不随原纸卷筒直径的缩小而发生基材张力的变化。磁粉离合器的工作原理是：依靠电磁作用使磁粉间的结合力与运转时产生的摩擦力来传递力矩，使原纸匀速运转。其大小变化由调节输入电压来控制，一般是与张力辊同时工作。张力辊的张力控制在 1.0～2.1MPa，其中张力辊产生的张力用来控制预热辊到第一色印刷点处之间的黏合牢度。如图 3-12 所示，通过电眼 18 来互换放纸轴的掣动力。压辊 2 用来压平原纸（通过预热辊加热）。电眼 18 的作用是在车台高速运转时原料断掉后，自动停止机台，一般在操作过程中不使用。横向调节盘范围是±2cm。

EPC装置（图2-13）主要是用来自动调节原纸的横向位置。利用电眼来监视，使上面两根导辊一端前后移动（一端固定不动），从而使原纸发生左右移动来工作的，一般在原纸横向不很平整时使用。

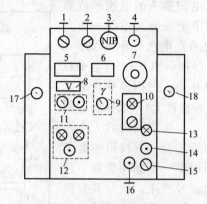

图 3-12 开卷电器控制箱

1—接料压辊开关；2—预热压辊；3—压力表；4—压力调节旋钮；5—张力辊张力表；

6—预热辊制动压力表；7—预热温度控制盘；8—磁粉离合器调压电压表；

9—预热辊制动压力工作开关及调节旋钮；10—预热辊工作开关及工作指示灯；

11—张力辊和磁粉离合器手动开关及调节旋钮；12—两送纸辊互换按钮及指示灯；13—安全灯；

14—铃；15—停止开关；16—车速减速按钮；17—换料自锁电眼开关；18—断料自停电眼开关

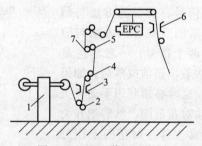

图 3-13 EPC 装置示意图

1—送纸架；2,5—压辊；3,6—电眼；4—张力辊；7—预热辊

（2）印刷　塑料层次印刷一般共印5色。机械前后两根夹送辊（放纸处是预热掣动辊，收卷处是牵引辊）与每一组装置的同速辊（冷却辊）的转速相匹配来拉紧原纸，使之移动速度保持恒定。压辊升降由机台电器控制箱的按钮控制，也可以由每一组装置单独（与电气箱分开）控制。电热温度由每一组单独控制，但由机台电器箱控制使用。

电热温度一般控制在70~80℃（观察干燥箱温度表），压辊与版辊压力一般控制在15~25MPa，印刷部分的每一组装置相同，印刷车速一般在50~60m/min（根据车速指示表），但必须根据版辊周长调节车速的线速度器。工艺操作台一般先开动主机马达，收卷马达启动再开动墨泵及版辊，供给油墨，放上刮刀，刮去多余的油墨，开动牵引轴后，再开电热风开关，压下压辊，然后加速。

（3）对花　印刷对花是由电子扫描控制器来完成，即通过每组光电扫描头的监视示波器上的脉冲信号来自动调节前一套与本身一套之间的距离，使两套之间的光电色标距离 20mm 不变。电子对花器操作过程：图 3-14 为电子对花器操作盘，接通电源开关，把扫描头对准光电信号（在版辊印刷后的材料上），根据版辊圆周大小，调节旋钮，使之与版辊圆周的大小匹配，再把转换开关转到第一套，寻找第一套与第二套脉冲信号，即利用第一套频幅旋钮，使扫描示波器的屏幕上面信号产生，信号共有两个，使之水平位置处于力轴上垂直位置处与轴左方。由转换波点旋钮看两个信号是否出现并重叠，若有，即说明第一套已经完成；再把旋钮转换到第二套，找寻第二套与第三套的信号。但由于实际套色是第三套，所以有三个信号产生，而起作用的是后两个信号；因此要排除第一个信号，留下后两个信号，找寻的方法与前一套相同，后面第三、第四套找寻的方法与前面相同，也必须各留下两个信号；一般套色是否套准，可以根据误差表看出超前或落后，如果超过一定范围，就失效，这时必须利用手动开关来调节，直到调节到自动对花范围，然后把开关拨到自动位置，即可正常工作。对花的工作过程，就是通过对花马达的正反转来带动调节辊的前后摆动以改变套与套之间的距离。有时在印刷时会出现这样的问题：版面的十字线已对准而图案与文字可能有偏差，如版面超前或落后，必须调节平移旋钮，使图案与文字套准，图案超前的使之落后，反之使之超前。还有一种左右两端发生偏差，这时必须调节偏差辊来校正它。由于偏差辊的调节，只能使版面落后，所以两端都有调节盘，直至图案与文字套准，即完成对花过程。

（4）收卷　收卷的气胀轴与放纸轴相同，收卷的卷取力由收卷马达来控制牵引辊的牵引力，一般与放纸处的张力相同，使机台正常运转。当一根卷取轴卷完后，可切割后换卷到另一轴上，如图 3-15 所示。

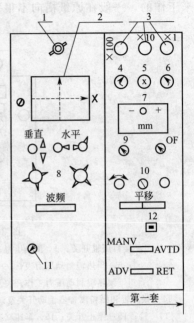

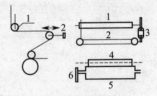

图 3-14　电子对花器操作盘

1—电源开关；2—屏幕；
3—光电信号；4—顺旋钮；
5—旋钮；6—反旋钮；
7—扫描示波器；8—波频；
9—信号；10—调整信号；
11—频幅旋钮；12—平移旋钮

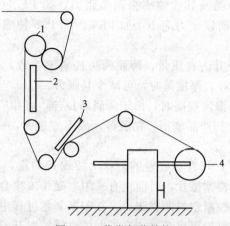

图 3-15 收卷部分结构
1—压辊；2—屏幕；3—切割臂；4—收卷

（5）塑料印刷流程 塑料印刷流程为：装版→调墨→装刮刀→开卷→调节张力辊→印一色→干燥→印二色→干燥……印第五色→干燥→对花→牵引→收卷。

（6）检验 试印品印刷好以后，必须与原样校对颜色色相是否相同，如果颜色偏深，必须加冲淡剂调到所需的色彩，直至颜色色相与原样相同为止。成品还必须以产品质量技术标准 GB 7707—1987《凹版装潢印制品》为基准。待检验符合标准即可正常投入生产。

（7）在正常印刷过程中要掌握几个变化

① 油墨变化

a. 油墨的干燥快慢与车速成正比，如果油墨的干燥度与车速相适应，印刷质量就正常。

b. 掌握油墨厚、薄和干燥度及印刷规律。

c. 选用与印刷产品及油墨相适应的溶剂。

d. 控制油墨挥发的快慢程度，保持产品达到质量标准。

② 冷热风变化

a. 根据天气及车间内的气温，掌握冷热风的间隔和热量使用，这是印好产品的关键。最好车间内有恒温设备，否则冬天气温较低，热风开足；夏季气温高，热风减少，冷风开大，势必影响车速及产品质量。

b. 早班开冷车，印辊、压印辊尚未经热量传布，车速必须适当放慢，过 1h后，车速逐渐加快，达到适应油墨干燥的程度。

c. 校正电热风的距离，可根据薄膜的性能及印刷版面的大小来校正。

d. 注意风向，冷热风对准印刷面，如果发觉风口向下，必须想法校正，否则吹着版辊会影响产品质量。

③ 薄膜的张力变化

a. 根据薄膜的种类及其收缩率来调整张力。如 PE、CPP 等伸缩率大的薄膜，其本身易变形，所以张力应小，如 PET、OPP 等伸缩率小的薄膜，张力可相应大一点。

b. 薄膜的厚度及其内在质量，薄膜两边松紧不一致，平整度不好，张力可加大点；如薄膜质量好，厚度薄时，可减少其张力。

c. 干燥箱温度，温度提高时，由于薄膜易拉伸，可相应降低张力。

d. 收卷张力考虑到产品变形、粘脏等，故不宜过大，一般以产品收卷整齐，不滑动为准。

e. 影响套色精度，开卷和收卷的恒张力要保持均衡，国内的凹版轮转印刷机多数开卷采用三星辊摩擦片，目前也有采用电磁粉末离合器，电位控制器和收卷采用力矩电机配合控制塑料薄膜张力。在印多套色过程中采用光电控制自动调正。国外目前采用电磁粉末离合器或直流电机直接控制开卷和收卷张力，套色精度采用光电控制自动调整方法。但有的组式凹版轮转印刷机在开卷轴上配备跳动辊来平衡出料的张力。

四、凹版轮转印刷质量标准

（1）印刷外观质量和理化检测

①经对花工序后，各色图案套准，误差不大于 0.3mm；②检查薄膜的规格，各色图案套准，误差不大于 0.3mm；③检查印刷产品墨色，要求色相正确，鲜艳，均匀，叠色光亮，墨色柔润、印迹边缘光洁；④印刷牢度，要求透明胶带粘拉墨不脱色；⑤图案文字线条，要求清晰完整，不残缺，不变形；⑥网纹要求层次丰富，网点清晰；⑦产品整洁，无明显脏污、刀丝；⑧印刷产品符合以上要求，可用剪刀剪下一段，连同施工单、黑白稿、彩稿，经校对签样，再开始生产。最终产品还要经理化检测同色密度偏差和同批同色色差等指标并符合 GB 7707—1987 要求。

（2）签样要求

①签样必须符合客户、施工单要求；②签样符合印刷质量标准；③保存施工单、签样、原样、黑白稿、彩稿以备查考。

（3）水基油墨的轮转丝印机发展方向

毫无疑问，如果能开发出使用水基油墨的轮转丝印机，如果丝印机的效率更高，如果刮刀压力、速度及角度等参数能被读取并能实现程控，如果在印刷重复印件时能按程序重复生产，如果从印前准备到印刷的全过程都能正确地使用生产数据，丝网印刷将肯定会得到更大发展。中国的丝网印刷今后也将向深度、广度发展。"深"就是向更高的水平发展，国际丝网印刷界早已广泛应用计算机设计、制版、电子刻绘等先进技术，而中国对这些新科技尚处于研究试用阶段；"广"就是开发新的丝网印刷产品，如室外大型丝印广告等。因此，中国的包装印刷无论在设备、技术还是规模等方面，都将有一个质的飞跃。

第八节　柔性版印刷工艺

一、柔性凸版制版简介

1. 凸版印刷简介

① 凸版印刷是使用铅合金的活字版、铅版、铜锌版、塑料版、感光树脂版、橡皮凸版、柔性版等印版的印刷方式，一般采用直接印刷。

② 凸版印刷是历史最悠久的一种印刷方法。20世纪70年代以前，主要使用铅合金字版、铅版印刷，不仅劳动强度大，而且环境污染严重。80年代以后，一直沿用的铅活字排版工艺逐渐被激光照排和感光树脂版制版工艺取代，凸版印刷又得到了新的发展。

③ 凸版印刷的印刷原理：墨辊首先滚过印版表面，使油墨黏附在凸起的图文部分，然后承印物和印版上的油墨相接触，在压力的作用下，图文部分的油墨便转移到承印物表面。由于印版上的图文部分凸起，空白部分凹下，印刷时图文部分受压较重，油墨被压挤到边缘，用放大镜观察时，图文边缘有下凹的痕迹，墨色比中心部位浓重，抚摩印刷品的背面有轻微凸起的感觉。

④ 凸版印刷使用的印刷机械有平压平型、圆压平型、圆压圆型。

⑤ 凸版印刷的产品有杂志、书刊正文、封面、商标及包装装潢材料等。

2. 柔性版印刷分类

柔性凸版又称苯胺凸版，可分为橡胶版和感光性树脂版两大类。

（1）橡胶版

① 橡胶版的种类和材料。柔性版印刷用的橡胶版分手工雕刻版和成型版两种。材料使用天然橡胶或合成橡胶。均对大部分溶剂存在溶胀的倾向，故对于油墨所用溶剂有一定的限制。

印刷对橡胶版性能要求如下：a. 印版的厚薄误差小；b. 尺寸稳定性好；c. 硬度和弹性适中；d. 耐溶剂性佳；e. 着墨性和传墨性好；f. 耐印力高。

② 橡胶版的耐溶剂性。橡胶版的耐溶剂性，视材料不同而异，根据所用的油墨类型，应选择相应的印版材料，见表3-1。

表3-1　橡胶版的耐溶剂性

溶剂	天然橡胶	聚异丁烯橡胶	丁腈橡胶
醇类	S	S	S
醚类	X	S	X
酮类	X	S	X
烃系、芳香族	X	X	X

溶剂	天然橡胶	聚异丁烯橡胶	丁腈橡胶
烃系、脂肪族	X	S	S
硝基丙烷	S	S	X
水	S	S	S

注：S表示安全；X表示不宜。

③ 橡胶版的硬度和印刷质量。在柔性版印刷中，根据印刷图案和油墨的转移性能而改变橡皮版的硬度，可以提高产品的印刷质量。

通常较软的实地版着墨比较均匀；细笔画字线或网点，用较硬的印版，能印得清晰。

以下硬度对于基材吸收面印刷时较适宜：

细笔画字线、网点　　　55～60度

实地版　　　　　　　　35～45度

（2）感光性树脂版　目前，主要采用板状的聚丁二烯系树脂和液状的聚氨基甲酸酯系树脂等作为感光树脂版的材料，感光性树脂版的优缺点是：①制版时间短；②精度高、网点再现性佳（可采用高线数网屏）；③尺寸稳定性好，版材厚度误差小；④耐溶剂性比橡胶版好些；⑤胶弹性不足（细笔画字线容易断掉）。

但是，随着材料和工艺的改进，这些缺点将逐步改善。

3. 柔性版印刷优点

① 设备结构简单，易形成生产线。在胶印、凹印、柔印三大印刷设备中，柔印机是结构最简单的。因此，柔印机的价格相对较低，印刷企业设备投资少。同时，设备简单，使用操作方便，便于维修。目前，绝大部分柔印机都与如烫金、上光、裁切、分切、模切、压痕、打孔、开窗等加工工艺联线，形成生产线。大大提高了劳动生产率。

② 应用范围和承印物广泛。柔印几乎可以印刷所有的印刷品，使用所有的承印物，特别在包装印刷中的瓦楞纸印刷有独到之处。

③ 广泛使用水性油墨。胶印、凹印、柔印三大印刷方式中，只有柔印目前广泛使用水性油墨。水性油墨具有无毒、无污染，对于保护环境有利，特别适合包装印刷的特点。

④ 成本较低。柔印成本低，已经形成广泛共识。

二、柔性版印刷油墨的选用

1. 油墨的分类及其性质

柔性版油墨根据所用溶剂的种类，大致分为水性、醇性和溶剂性三大类（表3-2），可按印刷需要分别选用。

表 3-2 柔性版油墨的分类

使用材料 油墨品种	使用的溶剂	使用的树脂	用途
水性	水 醇 溶纤剂	碱溶性树脂 乳剂	瓦楞纸 包装纸 纸袋等
醇性	醇 酯 溶纤剂	改性马来酸树脂 硝化棉等	小型纸袋 包装纸等
溶剂性	醇 脂肪族烃 酯	聚酰胺树脂等	处理聚乙烯 布袋等

水性和醇性油墨一般用来印刷吸收性一类的材料，如纸张等；而溶剂性苯胺油墨多数用来印刷非吸收性一类的材料，如聚乙烯、聚丙烯等。

在印刷工艺中，还应事先了解油墨的性能。

① 黏稠性。柔性版油墨属于低黏度快干性的一类油墨（相似于塑料凹印油墨），其在测定过程中极易干燥，故难于正确测定。黏稠性的大小主要取决于墨层整个传递的过程。

② 黏度。在实际应用时，也主要采用察恩黏度杯测定。常用的为 3 号或 4 号杯。

③ 流动性。流动性是油墨最重要的性质。流动性差的柔性版油墨会出现各种问题。

④ 屈服值。柔性版油墨尽管黏度值小，但还是有屈服值。油墨的屈服值要尽量小。在使用油墨前，要充分摇晃墨箱就是这个缘故。

⑤ 触变性。尽管油墨要求触变性小，但在实际印刷过程中，由于时间较短，稍许有点触变性也是允许的。但是，如触变性太大，就会出现各种各样的缺点。

2. 柔性版油墨的正确使用方法

在柔性版印刷中，为获得清晰、美观的高质量印刷品，油墨的传递量必须保持相对平衡。由于油墨的黏度对油墨的转移量有很大的影响，所以为获得质量稳定的印刷品，在印刷过程中应尽量保持一定的黏度。塑料用柔性版油墨一般以 Z5~40s（察恩杯 4 号）供墨，使用时用醇为主体的混合溶剂冲稀到 15~20s 后使用。

使用时具体注意事项如下：①在使用之前应很好地摇晃墨箱；②应视印刷品的图案和要求，确定印刷速度，并调节油墨的黏度；③应注意印刷过程中的黏度变化，定时检查，及时调正（兑稀或补加原墨）；④油墨在使用中起泡时，加进消泡剂（用量为油墨的 0.2% 左右）；⑤印刷结束应尽快洗净机器；⑥收回箱中的油墨，应密闭保存在阴凉处；⑦油墨重新使用时，应过滤后再使用（80 目筛网）；⑧严禁烟火。溶剂由于燃点低、挥发快，导致火灾的危险性较大，所以在工作场所要严禁烟火，易产生火花的器具不得使用。

3. 印刷中的故障和解决措施

（1）干燥不良 从导辊粘脏直到粘页，主要原因有：①与印刷速度相比，印刷后印刷品的行程和干燥设备的干燥速度不相匹配；②稀释剂用错；③油墨本身干燥不良。

解决措施：对①加强送风和加热设施，在允许的情况下降低印刷速度。对②应重新配制油墨，加入快干性稀释剂后再用；对③可根据快干性稀释剂的使用情况改善干燥程度，特别差时应调换油墨。

（2）堵版 印刷过程中，印刷的图案和文字的边缘部分容易起脏，得不到整洁的印刷品，即使擦拭版面，过不多久仍旧起脏，这种状态叫作堵版。尤其是细笔画字线和网点，更易发生这种堵版现象。其原因和解决措施如下。①油墨干燥过快，使轮廓边缘部分干燥后堆积所致，应添加干燥慢的溶剂解决。②干燥装置的风吹到版面，使版面上的油墨干燥过快，应检查送风装置，避免风吹版干现象。

其他还有出墨量过多，油墨增黏等原因，可以分别用调节搅拌器、控制黏度等方法解决。

（3）油墨水化 在印刷中，因为油墨中溶剂挥发，空气中的潮气渗进油墨中，损害油墨的性能而致。发展下去，会使油墨光泽下降，糊版。严重时可使油墨分离，以致不能再使用。

这种现象，越是在高温、高湿条件下，越是容易发生（如梅雨季节或夏季）。另外，越是使用快干的溶剂，越容易产生。

解决措施是：为了减少溶剂在墨斗和墨辊上挥发，可安装密封罩。或在干燥和干燥设备允许的条件下使用缓干溶剂。若一度引起油墨水化和分离的油墨，采取以上措施无效时，应调换新油墨。

（4）粘着不良 首先需检查所用原材料的表面处理是否充分？膜内的润滑剂之类是否渗出？否则就是油墨选用或使用不当所致。

（5）粘搭 分印刷卷取时和印品储存时发生粘搭两种情况，其原因如下。

① 印刷卷取时的粘搭 印刷速度过快，干燥装置有故障，卷压过紧，油墨干燥过慢等。

② 印品储存时的粘搭 压力太大，温度过高，油墨耐热性不良等。

解决办法是：首先弄清原因，再有针对性地逐一解决。

（6）残留臭味 内装物品为食品时，不允许发生残留臭味这样的质量问题。但与凹印印刷比较，由于着墨较少，所用溶剂也以醇类为主体，较少发生残留臭味。

4. 柔性版印刷机

（1）分类

① 大滚筒型。在共用压印滚筒的周围配置印刷机组。这种印刷机哪怕对很易伸张的薄膜材料，也能够做到套印准确，非常适于精度高的印刷，如图3-16(a) 所示。

② 堆叠型。每个机组具有独立的压印滚筒，通常有2～6色机组，同时可以变动机组间的距离，也容易调节印刷机械的精度，如图3-16(b) 所示。

③ 并列型。与堆叠型一样，每个机组具有独立的压印滚筒，因为机组是按直线型排列，故机组距离长。这种机型容易增设印刷机组，能够与制袋机和成型机连接，但占地面积大，如图3-16(c) 所示。

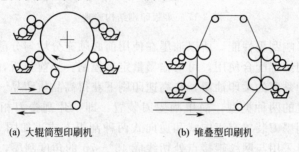

(a) 大辊筒型印刷机　　　　(b) 堆叠型印刷机

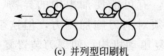

(c) 并列型印刷机

图 3-16　柔性版印刷机的种类

以上三种形式，均为卷筒印刷方式。它由送卷部分、印刷部分、干燥部分、收卷部分组成。主要附属装置有张力控制装置、卷筒纸引导装置、干燥装置、冷却装置、卷筒纸扫掠装置、油墨黏度自动调节装置等。

（2）主要结构原理　柔版印刷结构原理如图3-17所示。

① 输墨方式。印刷机组给墨部分的结构，与印刷质量有密切的关系，它有以下两种方式。

a. 刮墨刀输墨方式。如图3-18(a) 所示，上墨多少由金属墨辊的线数决定，对于非网线版，不同的金属墨辊，或不同的印刷速度，其上墨量不变（图3-19）。

● 刮墨刀装置。刮墨刀的作用是从网纹辊表面刮去多余的油墨，更好地控制向印版滚筒转移的墨量。

油墨固化不良（过快或过慢）、油墨化学成分配比不当、匀墨不均等故障，都会影响刮墨效果。柔印油墨中有机颜料的颗粒直径一般为2～5μm，这种小的颗粒一般不会造成过墨刀的磨损。但是，由于颜料颗粒在油墨中的黏结而使其颗粒变大，有的颜料颗粒直径达10～25μm，此时颜料分散的不均匀性将会加快刮

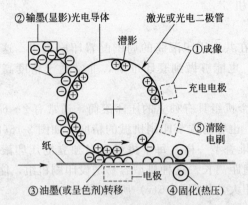

图 3-17　柔版印刷结构原理

墨刀的磨损，影响刮墨性能，所以油墨在使用前必须充分均匀分散。

　　刮墨刀与网纹辊配合使用，可对输墨量定量控制。如前分析，这可以是柔版印刷机适应各种黏度的柔印油墨，在高速印刷下获得高品质印品。

　　刮墨刀装置的两种类型。简单刮墨刀装置：即一片刮墨刀相切在网纹辊表面。这种简单刮墨刀装置有正向式和逆向式两种刮墨方式，如图 3-18（a）所示。正向式刮刀一般采用与网纹辊接点处切线成 45°～70°的角度刮墨，余墨由内向外流出由于液压会使刮刀浮起，有可能使油墨中的异物、纸毛等通过，会擦伤版面，从而影响印品质量。必须对刮刀施加压力，但这就增加了网纹的磨损。这时，就需要刮刀横向不断往复窜动机构，使墨刀装置复杂。

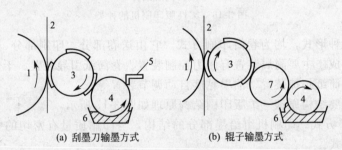

(a) 刮墨刀输墨方式　　　　　(b) 辊子输墨方式

图 3-18　输墨方式

1—压印滚筒；2—印刷材料；3—印版滚筒；
4—金属墨斗辊；5—刮墨刀；6—墨斗；7—金属传墨辊

　　逆向式刮刀一般采用与网纹辊接点处切成 140°～150°的钝角刮墨，余墨由外流出，不必施加额外压力，不伤害纹辊。

　　密封式逆向双刮刀装置：这种装置由墨室（又称刮刀座）、两片刮刀、墨式两段有耐磨软材料制造的侧面密封板与网纹辊构成一个封闭的墨腔。墨室由进墨口与出墨口，油泵经进墨口将柔印油墨喷到网纹辊表面并储存在墨室中，着墨后经刮刀刮墨，挂下的油墨可继续循环使用。因为封闭式供墨，所以具有良好的封闭性，可以有效减少油墨的挥发以及气味的外泄，对卫生和环保有很大好处。这种封闭式装置还可以通过加热或冷却手段调节油墨黏度，同时还可增设清洗装置，方便地将网纹辊墨穴内的积墨及时清洗干净，以保证稳定的输墨性能。需要补充说明的是：两片刮刀作用各不相同，一片为反向式，成逆向刮刀，起挂吊网纹辊上多余油墨的作用；另一片为正向式，成为正向密封刀片，起密封作用。

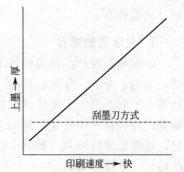

图 3-19　金属墨辊线数和墨量的
关系（金字塔形）

　　b. 辊子输墨方式。又叫双辊方式，如图 3-18（b）所示，给墨靠橡胶墨斗辊和金属墨辊的挤压传递，其挤压程度可作一定范围的调节。印刷速度和上墨量有一定的关系，如图 3-19 所示。

　　② 金属墨辊。与凹印印版一样，从着墨孔的形状来看，有金字塔型和格子型两种。用每 25.4mm 多少线数来表示网目的细度，常用 165 线左右的金字塔形网纹辊，如图 3-20 所示。在相同条件下，格子型的辊子给墨量多，如图 3-21 所示。

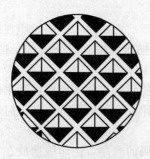

图 3-20　金字塔形

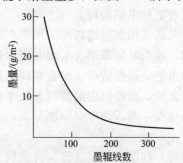

图 3-21　印刷速度和上墨的关系（双辊方式）

　　使用金属墨辊的好处是：a. 对油墨的转移性较橡胶辊的影响小；b. 用软性的油墨均匀地上墨，不易出现边缘轮廓；c. 较少产生因油墨的黏度差而上墨差的现象；d. 墨量容易调节，不过，应准备好网线数不同的辊子；e. 高速印刷时溅墨较少。

　　以刮墨刀输墨方式来说，因为印出的油墨限于着墨孔中墨量，所以虽有以上优点，但如果加粗金属墨辊的网线，上墨量就会增多，并会沿着印刷方向容易出现深浅的杠子。

三、凸版印刷工作流程

　　一般使用铅版和感光树脂版的印刷工艺流程为：装版前的准备→装版→印

刷→质量检查。

1. 装版前的准备

印刷每一件产品都需按施工单的要求进行。施工单又叫生产通知单。内容包括：书名、开本、印数、页码、印刷和装订方法，纸张规格、质量要求、完成日期等。了解清楚施工单的需求以后，才可以进行准备工作。首先对印版、纸张、油墨进行检查，核对是否符合要求，然后检查机器是否调整完毕，更换印刷包衬，还要把装版用具（如版框、版托（底板）木条、木塞等）准备好，量好各部位的尺寸，即可装版。

2. 装版

将印刷按一定规格、顺序安装到印刷机上，并通过垫版等操作，使印刷质量和规格尺寸符合产品要求的工艺过程叫作装版或上版。铅版的装版工艺最复杂，工艺流程为：分版和分贴→摆版→下垫→中垫→钉版→整版→上垫→打样。

（1）分版和分帖　分版和分帖是指合理的安排印版页码次序。一般书刊常用的印刷方法有翻版印刷和套版印刷。凡是用一付印版印完正面后，不另换印版进行反面印刷，称为翻版印刷。装一次印版可以在纸张的两面印出产品，从中间裁开得到两张印迹相同的印张。采用翻版印刷时，只要根据书刊页码顺序，把印版分成合适的书帖即可。

凡是先用整付印版的一半印在纸张的正面，然后再用另一半印版印在纸张的反面，称为套版印刷。采用套版印刷时，必须先把印版按页码分成若干帖整版，然后再把一副整版分成块数相同的正面和反面两组印版。

此外，也可以按照装订方法来分版。如：采用骑马订的书，要把全书的前后页码连在一起，而中间一部分页码的版分出来，印成单独的书页，装订时再把书页套在一起。

（2）摆版　根据装订、折页的要求，按照页码的顺序，把印版摆放在正确的位置上。

（3）垫版　调整印版表面压力的过程叫作垫版。垫版的方法有下垫、中垫、上垫三种。

当1/3以上版面的压力太轻或太重时，在底板下贴纸片或把底板下的纸片撕掉，叫作下垫。

当1/3以下，$1cm^2$以上的版面压力不平衡时，在铅版下面垫纸或把铅版背面刮薄，叫作中垫。

上垫在下垫和中垫之后进行。先将印刷机的墨色调整到基本符合印刷时的墨色，打出上垫样。再在上垫样上逐字、逐行地检查压力的轻重，然后用薄纸条，有序地在压印滚筒上粘贴，直至墨色均匀，压力合乎要求。

（4）固定印版　凸版印刷机种类较多，印版的形式以及厚度都不相同，所以固定印版的方法也不一样。例如：平面的铅板在圆压平凸版印刷机上，用小铁钉把版钉在底板上。LP1101 单张纸轮转机，是用螺钉把印版紧固在印版滚筒上，而感光树脂版，一般是用双面胶纸直接粘在印版滚筒上或粘在包在滚筒外面的薄膜片基上（薄膜可以取下来在机下上版，减少了上版时的停机时间）。

（5）整版　按照施工单的要求，把印版固定在正确位置上的操作叫作整版。通过整版，达到尺寸正确，字、行、页码等套印准确。整版有三种方法、划样、扎孔样、套红样。平面铅版的整版工作是在下垫、中垫之后把印版基本固定以后进行的，用冲板敲正或移动印版位置。弧形铅版可松开固定印版的螺钉，移动印版。感光树脂版是用双面胶纸粘上的，可将印版轻轻揭起，再重新粘贴。在装版时，还要安装印刷标记。印刷标记有两种，一种是侧规标记，安装在侧规纸边处，检查套印是否准确，有否倒头、白页；另一种是装订折标（也叫帖码），安装在每帖最外层订口处，其目的是在书刊装订时，检查书帖是否有多帖、少帖等。

3. 印刷

装版结束后，要做好开印前的准备工作，才能印刷。准备工作包括：堆好待印的纸张，核对版样、开印样，检查文字质量，防止坏字、断笔缺画等问题。检查规格尺寸是否符合规定的要求，检查印版的紧固情况，防止印刷中印版的松动。在开机印刷过程中，要随时抽样检查印刷品的质量，如有无上脏、走版、糊版、掉版等现象，发现问题，及时处理。在印刷中，还要时时注意机器运转的情况，发现异常声音，应停机检修。

感光树脂版，具有一定的弹性，传墨性好，印刷压力和墨辊压力应小于铅版，否则易使印刷图文变形，合适的压力以印迹实而不虚为好。使用的油墨浓度应比铅版油墨度高，但墨量可比铅版少。清除版面墨污时，用布蘸上煤油或汽油擦拭即可，不宜使用硬毛刷。

四、干燥部分

柔版印刷机上两印刷部件（单元）之间的走带长度为 250～400mm，而柔印速度一般达到 150m/min，这意味着料卷上某点经过干燥装置的时间仅为几分之一到十几分之一秒，因此，要求柔版印刷机的干燥装置有良好的干燥效率。

柔版印刷机的干燥装置分为两级：一级是间色干燥，即在进入下一印刷单元之前，使前色墨层尽可能完全干燥；另一级是最终干燥，即在各色油墨全部印刷完毕后，要彻底排除墨层中的溶剂，以免复卷或堆叠时造成蹭脏故障。

1. 采用水基或溶剂型油墨的柔版印刷机干燥部件

这类干燥部件采用加热烘干方式干燥油墨，加热元件是热风管和红外线发光管。经过加热烘干之后，墨层中的溶剂得以挥发，但是由于墨层在烘干时被加热，油墨的连结料中的油脂可能还处于胶黏状态，必须安装冷却装置冷却之，以免在复卷或后续加工时为固化的树脂及柔版印刷机印刷速度和干燥加热温度都很高，必须安装冷却辊或其他冷却装置，在保证高热效率的同时，也保证干燥热风不从风罩中逸出，以免对印版上的油墨造成不良影响。

加热烘干装置的安装方式有两种：一种是安装在柔版印刷机组的下部，这种方式结构稳固，可以减少机器所占的空间；另一种是安装在柔版印刷机组的上部，显然加热烘干时产生的热量向上方逸散，不会对其他构件产生不良影响，这是目前的主流。

这里还需补充说明两点。

① 由于柔版印刷机印刷速度和干燥加热温度都很高，必须安装冷却辊或其他冷却装置对承印材料（料卷）降温，以免料卷（特别是 PVC 塑料薄膜、薄纸等）在加热烘干过程中产生收缩、翘曲火热膨胀等不良现象。

② 为了减少溶剂型油墨在加热烘干过程中逸散的挥发性有机物（VOCS），应配以 VOCS 后处理设备。后处理方法主要有两种：催化氧化法和冷却回收法。

2. 采用 UV 或 UV/EB 柔印油墨的柔版印刷机干燥部分

这两种新型柔印油墨已有取代水基型及溶剂型柔印油墨的趋势。UV 或 UV/EB 柔印油墨 100％ 固态含量，这两种柔印油墨采用化学固化方法，几乎没有物理性的蒸发，因而不存在环境污染问题；又由于它们具有无毒、瞬间干燥、油墨颗粒微细、浓度高、稳定性好等优点，目前在欧美已广泛应用。UV 或 UV/EB 柔印油墨的使用，使得墨斗及干燥系统发生相应的变化。

由于 UV 或 UV/EB 柔印油墨不需要溶剂稀释，故可以省去热烘道、烘箱及挥发性有机物（VOCS）后处理设备。由于不利于加热烘干方式干燥油墨，故机构及电子元件不会受到因加热而产生高温的干扰，也不会因高温而引起料卷收缩、热膨胀或翘曲变形。因此，印刷质量大大提高。有资料表明，UV 或 UV/EB 柔印油墨性价比高，当前其用量以 10％～20％ 的速度增长。

UV 或 UV/EB 柔印油墨干燥系统的光源，大多以中压水银灯为主流，实际使用过程中要注意下面 5 个问题。

① 干燥系统的加热管理。尽管 UV 或 UV/EB 柔印油墨的干燥固化原理是利用 UV（紫外线）光线或 EB（电子束）照射油墨瞬间干燥固化，但是在水银灯发射的光能中，UV 光线所占的能量仅占 20％。IR（红外线）光线却占 60％，可见光占 20％。因为水银灯光照下可产生 800℃ 高温，所以必须去除 IR 光纤产生的能量。

UV 油墨中的光引发剂和颜料都吸收 UV 光的能量。研究表明：油墨中的不同颜料吸收 UV 光的能力也不同，乳黄色和品红色柔印颜料吸收少量 UV 光就可固化，所以其干燥性能好；而青色和黑色柔印颜料却要吸收较多的 UV 光才能干燥固化并节省能源。

另外，用 UV 及 UV/EB 柔印油墨切忌光照过度。因为 UV 柔印油墨在 UV

光照后，剩余的（未充分反应的）光引发剂还要继续反应 6～24h，即所谓后聚合反应。若一开始光照过度，UV 墨膜会越来越硬，直至脆裂，不仅无法保证印品质量，同时也无法再进行后续加工。

② 保持干燥系统清洁。实践证明，采用 UV 柔印油墨的柔印工艺对工作环境要求严格。如果工作环境条件差，再好的干燥装置也不会获得令人满意的干燥效果。

③ 及时更换 UV 灯管。UV 灯的使用寿命应该按照生产厂家规定的额定寿命使用。当超出其额定寿命 1000～2000h 时，即使灯管仍然发光，也应更换灯管，因为这时 UV 灯发射 UV 灯的能力已远远不能满足要求。

④ 反射光装置必须保持清洁，反射镜应经高度抛光以提高反射能力。因此，保持反射装置清洁是保证反射的前提条件。

⑤ 使用 UV 柔印油墨时，必须注意防辐射，UV 光辐射对人体有一定危害。其实，UV 光能量相对较小，用一层薄膜的铅皮等材料将 UV 进行适当的封闭或遮盖即可。

五、复卷收料部件

印刷且干燥后的卷筒料要复卷，以便储存或后续加工。为了保证印刷套准精度，获得松紧均匀、端面整齐、外援轮廓规矩的印刷料卷，复卷部件都配备有张力调节和控制装置。为了缩短停机时间，有的柔版印刷机设有多个复卷部件用以不停机换卷。

第九节　丝网印刷工艺

丝网印刷属于孔版印刷，它与平印、凸印、凹印一起被称为四大印刷方法。孔版印刷包括誊写版、镂孔花版、喷花和丝网印刷等。孔版印刷的原理是：印版（纸膜版或其他版的版基上制作出可通过油墨的孔眼）在印刷时，通过一定的压力使油墨通过孔版的孔眼转移到承印物（纸张、陶瓷等）上，形成图像或文字。

丝网印刷时通过刮板的挤压，使油墨通过图文部分的网孔转移到承印物上，形成与原稿一样的图文。丝网印刷设备简单、操作方便，印刷、制版简易且成本低廉，适应性强。丝网印刷应用范围广，常见的印刷品有彩色油画、招贴画、名片、装帧封面、商品标牌以及印染纺织品等。

一、丝网印刷概述

1. 丝网印刷定义

誊写版印刷为最简便的孔版印刷，始于 19 世纪末期。这种印刷是在特制的蜡纸上，通过打字机或铁笔制成蜡纸图文版，在蜡纸版上用油墨辊进行印刷，承印物上就可得到理想的印刷效果。在孔版印刷中，应用最广泛的是丝网印刷。

丝网印刷是将丝织物、合成纤维织物或金属丝网绷在网框上，采用手工刻漆膜或光化学制版的方法制作丝网印版。现代丝网印刷技术，则是利用感光材料通过照相制版的方法制作丝网印版（使丝网印版上图文部分的丝网孔为通孔，而非图文部分的丝网孔被堵住）、油画、版画、招贴画、名片、装帧封面、商品包装、商品标牌、印染纺织品、玻璃及金属等平面载体等。

2. 丝网印刷工作原理

丝网印刷由五大要素构成，即丝网印版、刮印刮板、油墨、印刷台以及承印物。丝网印刷基本原理是：利用丝网印版图文部分网孔透油墨，非图文部分网孔不透墨的基本原理进行印刷。印刷时在丝网印版一端上倒入油墨，用刮印刮板在丝网印版上的油墨部位施加一定压力，同时朝丝网印版另一端移动。油墨在移动中被刮板从图文部分的网孔中挤压到承印物上。由于油墨的黏性作用而使印迹固着在一定范围之内，印刷过程中刮板始终与丝网印版和承印物呈线接触，接触线随刮板移动而移动，由于丝网印版与承印物之间保持一定的间隙，使得印刷时的丝网印版通过自身的张力而产生对刮板的反作用力，这个反作用力称为回弹力。由于回弹力的作用，使丝网印版与承印物只呈移动式线接触，而丝网印版其他部分与承印物为脱离状态。使油墨与丝网发生断裂运动，保证了印刷尺寸精度和避免蹭脏承印物。当刮板刮过整个版面后抬起，同时丝网印版也抬起，并将油墨轻刮回初始位置，至此为一个印刷行程。

3. 丝网印刷的优点

① 不受承印物大小和形状的限制

一般印刷只能在平面上进行，而丝网印刷不仅能在平面上进行，还能在特殊形状的成型物上（如球面曲面上）印刷。此外，有形状的东西都可以用丝网印刷。

② 版面柔软，印压小。丝网柔软而富有弹性。

③ 墨层覆盖力强。可在全黑的纸上作纯白印刷，立体感强。

④ 适用于各种类型的油墨。

⑤ 耐旋光性能强。可使印刷品的光泽不变（气温和日光均无影响）。这使得印刷一些不干胶时，不用额外覆膜等工艺。

⑥ 印刷方式灵活多样。

⑦ 制版方便、价格便宜、技术易于掌握。

⑧ 附着力强。

⑨ 可纯手工丝印，也可机印。

4. 丝网印刷的区别特点

（1）印刷适应性强　平印、凸印、凹印三大印刷方法一般只能在平面的承印物上进行印刷。而丝网印刷不但可以在平面上印刷，也可以在曲面、球面及凹凸面的承印物上进行印刷。另一方面，丝网印刷不但可在硬物上印刷，还可以在软物上印刷，不受承印物的质地限制。除此之外，丝网印刷除直接印刷外，还可以根据需要采用间接印刷方法印刷，即先用丝网印刷在明胶或硅胶版上，再转印到承印物上。因此，可以说丝网印刷适应性很强，应用范围广泛。

（2）立体感强 质感丰富胶印和凸印的墨层厚度一般为 $5\mu m$，凹印为 $12\mu m$ 左右，柔性版（苯胺）印刷的墨层厚度为 $10\mu m$，而丝网印刷的墨层厚度远远超过上述墨层的厚度，一般可达 $30\mu m$。专门印制电路板用的厚丝网印刷墨层厚度可至 $1000\mu m$。用发泡油墨印制盲文点字，发泡后墨层厚度可达 $1300\mu m$。丝网印刷墨层厚，印刷品质感丰富，立体感强，这是其他印刷方法不能相比的。丝网印刷不仅可以单色印刷，还可以进行套色和加网彩色印刷。

（3）耐光性强 色泽鲜艳：由于丝网印刷具有漏印的特点，所以它可以使用各种油墨及涂料，不仅可以使用浆料、黏结剂及各种颜料，也可以使用颗粒较粗的颜料。除此之外，丝网印刷油墨调配方法简便，例如，可把耐光颜料直接放入油墨中调配，这是丝网印刷的又一大特点。丝网印刷产品有着耐光性强的极大优势：经实践表明，按使用黑墨在铜版纸上一次压印后测得的最大相对密度值范围进行比较，胶印为 1.4、凸印为 1.6、凹印为 1.8，而丝网印刷的最大相对密度值范围可达 2.0，因此丝网印刷产品的耐光性比其他种类的印刷产品强，更适于在室外作广告、标牌之用。

（4）印刷面积大 一般胶印、凸印等印刷方法所印刷的面积尺寸最大为全张尺寸，超过全张尺寸，就受到机械设备的限制。而丝网印刷可以进行大面积印刷，当今丝网印刷产品最大幅度可达 3m×4m，甚至更大。

以上四点均是丝网印刷与其他印刷的区别，同时也是丝网印刷的特点及优势。了解了丝网印刷的特点，在选取印刷方法上，就可以扬长避短，突出丝网印刷的优势，以此达到更为理想的印刷效果。

5. 丝印局部 UV 上光

局部 UV 上光是指在原有黑色印刷品上的某个图案丝印上 UV 光油。上完UV 光油后，这个上光图案与周边印刷效果相比，上光图案就显得鲜艳、亮丽、立体感强。又因为丝印墨层厚，固化后会凸起来，看起来像压痕一样。丝印 UV上光从高度、流平度及厚度都比胶印 UV 强，所以一直很受国外客商青睐。

丝印局部 UV 上光已解决了黑色印刷后再膜 BOP 或 PETPPOPP 上的附着力问题，还可击凸。且耐刮，耐折，低气味。这制造了很大的市场空间，可以应用在包装、商标、书本、宣传等印刷领域，起到画龙点睛的效果。

丝印局部 UV 上光所用设备租赁利息很低，即使少量生产也不会造成浪费（每个版的外发制作费为 50～150 元，并可反复再生使用），所需设备为晒版、印刷、紫外线固化。整套设备投资只要几万元就可以完成，如晒版外发制作，则可减少晒版设备投资。用电量约 9kW，几个工作人员即可，且简单易懂，稍有指点即可，场地占用 30m² 面积。拥有以上硬件，就可以轻松拥有局部 UV 上光，UV 上光面积可达 60cm×90cm 宽的纸张，厚度可达 5cm。

如你已拥有硬件，则发展更易，只要注意根据底材选择 UV 光油，根据 UV 光油稀浓度及印刷之回墨情况选择网纱参数。根据客户要求厚度而选择晒版过程中感光胶厚度及网纱疏与密，一般为 350～420 目。

6. 丝网印刷适用表现

丝网印刷同其他印刷一样，需要准确地再现原稿的图文及色调。丝网印刷所采用的原稿原则上和其他印刷方法所用原稿没有很大差异，但在具体的制版、印刷实践中，其要求就有不同之处，这主要是由于丝网印刷特性所决定的。特别是由于丝网印刷墨层厚实、色泽鲜艳，所以在选择原稿及制版时，要充分考虑丝网印刷的特殊效果。

另外，丝网印刷所用原稿图文线条、网点精度要求也和普通印刷方法所用原稿要求有所不同。如果原稿的线条、网点十分精细，采用丝网印刷制版则是很困难的事情。所以用丝网印刷技术不适于再现精细线条、网点的原稿。在选择印刷方法时，要充分地考虑各种印刷的特点。甚至在丝网印刷制版时，也同样要注意选择合适的网线，以求达到充分再现原稿的目的。

丝网印刷比较适于表现文字及线条明快的单色成套色原稿，同样适于表现反差较大，层次清晰的彩色原稿。通过丝网印刷的特殊效果，使得复制品具有丰富的表现力，通过丰富厚实的墨层和色调的明暗对比，充分表达原稿内容的质感以及立体效果。

丝网印刷照相制版原稿有反射原稿和透射原稿两种，通常主要使用反射原稿。彩色照相大多使用透射原稿。

丝网印刷主要用阳图片制作网版。不同的制版方法对原稿要求也不尽相同。

7. 丝网印刷主要特点

丝网印刷的特点归纳起来主要有以下几个方面。

① 丝网印刷可以使用多种类型的油墨。即油性、水性、合成树脂乳剂型、粉体等各类型的油墨。

② 版面柔软。丝网印刷版面柔软且具有一定的弹性不仅适合于在纸张和布料等软质物品上印刷，而且也适合于在硬质物品上印刷，如，玻璃、陶瓷等。

③ 丝网印刷压印力小。由于在印刷时所用的压力小，所以也适于在易破碎物体上印刷。

④ 墨层厚实，覆盖力强。

⑤ 不受承印物表面形状的限制及面积大小的限制。由前述可知，丝网印刷

不仅可在平面上印刷，而且可在曲面或球面上印刷；它不仅适合在小物体上印刷，而且也适合在较大物体上印刷。这种印刷方式有着很大的灵活性和广泛的适用性。

二、丝网印刷制版方法

塑料件的丝印，是塑料制品的二次机工（或称再加工）中的一种。所谓二次加工就是在塑料制品注射成型后，再进行一次表面装饰性的处理，比如：塑料电镀、塑料喷涂、塑料烫印、塑料丝印等。塑料制品所以要进行二次加工，主要是由塑料本身的性能决定的，如它的染色性比较单一，而且颜色的耐晒性也差。为了弥补这些缺点，改善塑料制品的外观装饰，就需要进行二次加工。

塑料制品的种类繁多，但就丝印方法来说，片材及平面体用平面丝印法；可展开成平面的弧面体用曲面丝印法；异形制品则用间接丝印法。塑料制品固树脂、添加剂及成型方法的不同，其表面性能的差别很大，尤其是表面的平滑性、极性及静电等问题，成为塑料丝印产生故障的根源。

1. 丝网的材料质量

丝网是纵横由同等数的丝线织成，而其孔眼的粗细是由筛孔来表示的。一般线的粗细为 $30 \sim 60 \mu m$，丝网孔大多用 $100 \sim 300$ 目。丝网的材料有绢丝、尼龙、不锈钢丝等。

2. 制版法

丝网印刷的制版方法，有手工制版法和感光制版法。前者有刻版法、幅轮廓法，后者有直接法、间接法等。

手工印刷是指从续纸到收纸，印版的上、下移动，刮板刮印均为手工操作。

机械印刷是指印刷过程由机械动作完成。其中又分为半自动和全自动印刷，半自动指承印物放入和取出由人工操作，印刷由机械完成；全自动是指整个印刷过程均由机械完成。

还有一种快速简易的曲面丝印网印刷方法，即活面网印，将丝网版面拆下来直接紧贴于承印物面上进行的印刷。

活面丝网版的制作：先将感光好的文字图文版进行干燥修补处理，然后摘下，按尺寸剪好。并在网版两端用木片或者铝片等作为骨架用黏胶带紧紧粘固，也可用黏胶直接粘固，这样即可制成所需的活面丝网版。

活面网的操作方法：根据承印物选用不同印料进行调配。首先选用平板和盘子，将所油墨进行调配，然后，一人双手持着活面丝网版，将所印部位紧紧贴于承印物面上，另一人用刮刀在调墨板上均匀地将油墨蘸在刮刀上口面上，然后，将刮刀在调墨板上均匀放置在版面上进行均匀的刮印。

采用活面网印方法，可印制大量加工印品，如乳胶塑料桶、纯净水桶、脸盆、热水瓶、杯、碗、盘等产品。同时，利用此方法可在汽车上印制招牌字，也可在异形平面上印字。

若印制的图形面积过大，可根据情况将油墨倒在版面上，但不要让油墨流出承印物。注意调配的油墨不要太稀，也不要太干，干湿适中为好。小面积印字、印画，可一人操作，方法是将活面版的一端用包装胶带贴于承印物机所需位置上，然后，用另一只手拉紧印版紧贴承印物上，即可进行印刷。

起版注意：一定按贴好胶带一端的方向较轻起版，若两人操作起版广告也是如此，采用此种方法印刷，具有操作方便，对承印物的要求灵活，能大能小，数量可多可少，成本低，节约能源的优点。

对丝网材料、筛孔粗细和制版法的选择，视印刷目的和条件而定。

直接制版法：

方法：直接制版的方法是，在制版时首先将涂有感光材料胶片基感光膜面朝上平放在工作台面上，将绷好绷网框平放在片基上，然后在网框内放入感光浆，并用软质刮板加压涂布，经干燥充分后揭去塑料片基，附着了感光膜绷丝网即可用于晒版，经显影、干燥后就制出丝印网版。

工艺流程：已绷网—脱脂—烘干—剥离片基—曝光—显影—烘干—修版—封网。

间接制版法：

方法：间接制版的方式是，将间接菲林首先进行曝光，用 1.2% 的 H_2O_2 硬化后用温水显影，干燥后制成可剥离图形底片，制版时将图形底片胶膜面与绷好的丝网贴紧，通过挤压使胶膜与湿润丝网贴实，揭下片基，用风吹干就制成丝印网版。

工艺流程：

① 已绷网—脱脂—烘干。

② 间接菲林—曝光—硬化—显影。

③ 1and2—贴合—吹干—修版—封网。

直间混合制版法：先把感光胶层用水、醇或感光胶粘贴在丝网网框上，经热风干燥后，揭去感光胶片的片基，然后晒版，显影处理后即制成丝网版。

3. 丝网印刷机的种类

目前，除手推印刷之外，有平面印刷机（用于表面平滑的被印材料）、曲面印刷机（用于杯、瓶、帽等圆筒或圆锥容器的侧面进行印刷）、轮转印刷机（印版呈圆筒形以进行滚印）、长卷印刷机（为丝网印染开发的印刷机，在长卷的布上进行印刷）等。已经推广的有手动式、半自动、全自动的印刷机。

4. 橡胶刮板与橡胶布

（1）橡胶刮板

① 橡胶刮板的材料。最好具有耐摩擦性和耐溶剂性。从前使用天然橡胶，现在多使用聚氨酯塑料。

② 橡胶刮板的形状。用于平面印刷者其顶端呈平形，用于曲面印刷者其顶端呈山形。

③ 橡胶刮板的硬度。可用硬度计测量，以 55～80 度为宜。原则上硬材料应用软刮板，软材料应用硬刮板。

鉴于橡胶刮板的用法，对印刷效果有很大的影响，故特别需要注意。

（2）UV 印刷橡胶布

近年来，UV 印刷橡胶布的需求在持续增长。

为保证 UV 油墨的最佳转移性和网点还原性，最好使用气垫橡胶布，因为其具有良好的耐酸性、耐油性、疏水性和油墨传递性能，所以能够保证印刷过程中网点变形最小，印刷图文清晰，高调部分再现性好，印版磨损小。

UV 印刷中，橡胶布中的橡胶组分必须经得住化学药品、UV 清洗剂和油墨的腐蚀。UV 专用橡胶布不仅含有 EPDN，并且含有天然橡胶，因此耐腐蚀性比较好。普通橡皮布不能用于 UV 印刷，普通油墨也不能用于 UV 橡胶布。然而许多印刷厂经常要在同一台印刷机上进行普通油墨印刷和 UV 印刷的切换，加上复合型油墨的出现，所以大多数橡胶布制造商都开始生产两用型橡胶布。

以意大利 Reeves 公司为例，他们已经研制成功多种兼容 UV 印刷的橡胶布，如 VulcanCOMBO、VulcanUV 等，深受欧洲用户的好评。

德国 Phoenix 公司 RubyCARAT 橡皮布可用于传统油墨与 UV 油墨混合印刷，它具有新型可压缩的中间层，不仅保证了印刷效果，而且延长了橡胶布的使用寿命。在 EPDM 的表面层使用的添加剂，不仅增强了抗 UV 油墨和橡胶布清洗剂润胀作用的能力，而且能够有效提高油墨的转移性能，防止油墨堆积。

MacDermidPFUV 橡胶布是专门为印刷企业抑制 UV 油墨和橡胶布清洗剂对橡胶布的腐蚀而研制的，耐挤压性能优良，其精细研磨的表面确保油墨传递效果优秀，同时还具有良好的剥离性能。

DayInternationaldayGraphica8200Eclipse 橡胶布采用新一代的 EPDM 表面橡胶层，可以抑制由 UV 油墨引起的橡胶布溶胀，而且保证剥离速度快，清洗容易。由于避免了橡胶布的经常更换，大大提高了印刷生产效率。

STANDARD 橡胶布、PLASTICKING 橡胶布、UVPRODUCER 橡胶布中，Printech 公司 STANDARD 橡胶布采用专门的表面涂布技术制造，既可以用于轮转印刷机，也可用于单张纸印刷机。从而可以实现快速剥离，获得完美的图像细节，并对 UV 油墨及橡胶布清洗剂拥有良好的耐抗性。

PLASTICKING 橡胶布顶部表层中含有独特的丁基合成橡胶混合物，使其表面柔软，满足硬质材料的印刷需求。

PLASTICKING 橡胶布对高温和 UV 油墨及溶剂具有较强的抵抗能力。

UVPRODUCER 橡胶布其表面由 EDPM 混合物组成，使橡胶布对 UV 油墨和橡胶布清洗剂所产生的溶胀具有非常好的抵抗能力。最近，此种橡胶布产品又进行了改善，在织物材料上采用了新型技术，使得橡胶布获得低伸长率和高抗张强度。同时，压缩层也得到了加强。这些改进使此型号的橡胶布更具竞争力。

CONTITECHUV-BlackUV 橡胶布为气垫橡胶布，使用寿命在 30 万～50 万印。

火神 COMBO 橡胶布是一种 UV 油墨和普通油墨兼容的单张纸气垫橡胶布。

其独特的胶面设计，兼容 UV 油墨及普通油墨，可实现印刷机不更换油墨，而不更换橡胶布；表面柔化技术，保证网点复制精确、清晰更容易；离纸性能好，保证印刷速度快，印刷品质高，在合理的价位上获得优越的性能。

三、塑料丝网印刷

1. 聚氯乙烯塑料的丝网印刷

聚氯乙烯（PVC）于 1931 年投入工业生产。聚氯乙烯塑料具有色泽鲜艳、不易破裂、耐酸、耐碱、价格低廉等优点。但由于制造聚氯乙烯塑料时，加入的一些辅助材料，往往带有毒性，所以聚氯乙烯制品不宜用于盛放食物。聚氯乙烯薄膜花色品种繁多，市售的五颜六色的塑料布、人造革等大都是聚氯乙烯产品。

2. ABS 塑料的丝网印刷

ABS 树脂塑料，是一种工程塑料。近年来广泛应用于电视机、计算器等产品以及国民经济许多领域。ABS 塑料是丙烯腈、丁二烯、苯乙烯的三元共聚物。由于 ABS 塑料是三元共聚物，因此兼有三种组元的共同特性，丙烯腈能使共聚物耐化学腐蚀和具有一定的表面硬度；丁二烯能使聚合物具有橡胶状韧性；苯乙烯可使聚合物具有易加工成形的特性。ABS 塑料有各种颜色，制品具有光泽的外表，吸水率低，在一定温度范围内具有良好的抗冲击强度和表面硬度，有较好的尺寸稳定性。大多数 ABS 树脂在－40℃温度下仍有相当的抗冲击强度，表现出很好的韧性，其制品的使用温度范围在－40～60℃，ABS 塑料的分子量高，物理性能好，易加工成型，印刷适性较好。

3. 聚乙烯、聚丙烯塑料的丝网印刷

聚乙烯（PE）塑料：聚乙烯塑料用途广泛，可以通过挤出、注射等成型工艺制成各种成品。聚乙烯的分子系由亚甲基构成的长链，其中含有一定量的侧基。聚合体链中的侧基越多越长，则聚合物结晶度越低。也就是说，聚乙烯的密度越高，越不利于表面涂饰。聚乙烯在多种溶剂中不清，但在温度超过 70℃时，聚乙烯能少量溶解于甲苯、乙酸戊酯等溶剂中。聚乙烯这一性质，为表面涂饰提

供了条件。可用加热溶剂浸泡塑料，使其表面溶胀，破坏部分结晶来提高墨膜在塑料表面的附着力。发烟硫酸、浓硝酸、铬酸和硫酸的混合液，在室温下能缓慢作用于聚乙烯；在 90～100℃时，硫酸和硝酸能迅速破坏聚乙烯；用重铅酸钾、硫酸、蒸馏水的混合液，在 70～75℃下浸泡聚乙烯塑料，有利于增强墨膜在塑料表面的附着力。

聚丙烯（PP）塑料：聚丙烯多年来是塑料发展的重要品种之一，适用于一切成型方法。可做各种管材、各种箱体及薄膜、纤维等。工业聚丙烯具有高度的空间规整性，有高度的结晶性，等现指数在 89％～95％ 范围，同时含有少量非结晶的无规立构和低结晶的立体嵌段结构的大分子链。熔点在 170～175℃ 范围内，玻璃化温度等规聚合体为 -13～0℃，而间规聚合体为 0℃。浓硝酸、发烟硫酸能够浸蚀聚丙烯，在较高温度下，能溶于芳烃和氯化烃类中，室温仅能使之膨胀。酸类和酯类对它也有某些溶蚀作用，随等规聚合体含量增高，耐溶剂性也相应提高。

总的来说，聚乙烯和聚丙烯都是结晶度较高，表面张力低的非极性分子结构的高分子材料。在它们的分子结构中没有像、羧基、羟基这样的极性基团，与聚乙烯比较，聚丙烯表面涂饰容易些。

4. 电子产品塑料部件的丝网印刷

电子产品特别是无线电产品如收音机、录音机、电视机等，对于外观的要求是很高的。美工设计人员对产品的外观装饰是非常重视的，而我国目前用于外观装饰的工艺较少，限制了美工人员的思路，使他们只能通过产品的尺寸，各种线条的运用，塑料本身有限的颜色，来改变产品的外观。塑料丝印开发以后，为电子产品的装饰带来了方便，因此，近几年来，国内各种电子产品的塑料丝印得到广泛的运用。

5. 塑料标牌的丝网印刷

近年来，塑料标牌及塑料成型后进行丝印图形文字的装饰部件发展很快。如在聚氯乙烯硬板（PVC 板）、聚碳酸酯、ABS、有机玻璃、改性聚苯乙烯的塑压件上进行丝网印刷，得到了广泛的应用，取得了良好的装饰效果和经济效益。

6. 软、硬质塑料件的丝网印刷

（1）塑料软管的丝印。塑料软管印刷有几种方法，其主要的方法为热转印法。热转印法是用升华性染料油墨或其他材料，将图文先印到转印纸上，然后将其与承印物贴合在一起，从转印纸背面加热，使纸面染料升华而将图文转印到承印物上的。塑料软管经过表面处理后，转印纸从软管与一块加热的铁板之间通过，加热铁板将转印纸推向软管，加热完成转印。转印后软管进入干燥装置，干燥温度一般为 65℃ 左右。

（2）软质塑料的丝印。软质塑料多用于制作玩具，如充气卡通玩具等。制作时通常是先在软质片状塑料上丝印图案，再裁切、热合成型。所用材料厚度一般为 0.8～3.0mm。若进行两道色以上的丝网印刷，大部分的塑料会有伸缩，出现第二道色与第一道色的套色误差。这种套色误差使商品失去了原有价值，无法作为合格品摆上货架。为此，进行多色印刷只能采用能固定软质塑料的长台印刷机而别无他法。进行长台印刷时，承印物要使用黏着剂固定。值得注意的是：玩具印刷必须使用有关标准规定的无毒、无害的油墨。

（3）硬质塑料制品的丝印。硬质塑料制品有硬质板和成型品两种。票券、招牌、仪器刻度盘、化妆品容器等都是由硬质塑料制成的。

7. 仪器面板的丝网印刷

面板的表面材料可能是金属、各种塑料和油漆等，选用合适的油墨，在面板上丝印一些文字和图形，表示仪器设备的一些功能，同时也美化了面板。网印的文字和图形要求清晰、附着力好、耐磨，而且也要求色调柔和素雅，给人们以美的感觉。

8. 彩色涤纶标牌的丝网印刷

涤纶标牌是国内近几年才迅速发展起来的新型标牌品种。由于它具有色彩鲜艳、装饰性好、粘贴方便、制造方法简单、成本低廉等优点，因而深受广大用户的欢迎，并迅速在高、中、低档电子产品、家用电器，以及文化用品上得到了普及应用。目前国内已有许多专业化的工厂生产这种标牌。但是，由于这些工厂的生产工艺都是按照大批量标牌加工的需要设计的，因而对于那些品种多、数量少的涤纶标牌产品来说，无论是从加工工艺，还是生产成本方面，均无法适应。这里介绍一种利用丝网印刷法来印制彩色涤纶标牌的工艺技术，供从事小批量、多品种彩色涤纶标牌生产者参考。

四、丝网印刷中的网框分类

丝网印刷中所需要的网框可以分为木质网框、铝制网框（简称铝网框）和钢制网框三种，随着印刷技术的提高，印刷条件要求的上升，人们越来越多采用铝制或者钢制的网框，因为它们具有抗扭曲或拱变性能、抗水性能、轻质特性与耐用性等优势，对丝印机印刷的质量有很大的帮助。

1. 丝印的铝网框的特点

重量轻、断面选择范围广、高屈强度、抗腐蚀性（如化学剂、油墨、溶剂以及清洁剂等）以及容易清洗。

2. 丝印的铝网框的种类及特点

铝网框分为空心型、日字型、田字型和交叉型四种主要型材。

（1）跑台印花铝框　适合于跑台印花、服饰印花、工艺礼品、皮革、塑料、有机玻璃制品和玩具印刷等厂商使用。印刷作业主要为手工型流水线（跑台）作业。

（2）精密电子铝框　适合于多层线路板、液晶显示、表面贴装、薄膜开关、陶瓷贴花纸、烟酒包装印刷等高精密度要求的厂家使用。印刷作业主要以全自动丝网印刷机为主，部分也适合于精密半自动丝网印刷机。

（3）CD、陶瓷铝框　适合于CD唱盘、标牌铭牌、滴胶、键盘、塑料、外壳等普通印刷精密度要求厂家使用。印刷作业以手工印刷和小面积印刷机器为主，可订做单边框和弧形框等异形框。

（4）大型铝框　适合于大型户外四色广告、灯箱印刷、汽车玻璃、玻璃幕墙等大幅面印刷厂使用；印刷工作主要以大幅面丝网印刷为主。

（5）电子铝框　适合于单双面印制电路板、贴花、玻璃印刷等印刷精密度要求厂家使用：印刷作业主要以半自动丝网印刷机为主，部分材料也适合于手工印刷。

五、丝网分类及正确的绷网和晒版方法

1. 丝网的分类

（1）聚酯丝网（涤纶）PET1000（SL/S/T/HD）—以120/305目为例，共分为三个规格：120-31（S极超薄型）、PW120-34（T标准型）、PW120-40PW（HD厚型）。

特性：①抗拉伸强度高（张力）；②耐磨性能好，对气候不敏感；③耐酸（硫酸、盐酸、硝酸）性能好，能耐普通溶剂。

（2）尼龙丝网PA1000（S/T）　以120/305目为例，共分为两个规格：120-30（S极）、120-35（T极标准）。

特性：①很好的耐磨性（对粗糙面或弧度面的耐磨性能好）；②表面张力好，回弹性高；③耐溶剂性能好；④较好的耐碱性。

2. 选择丝网的方法

（1）丝网结构与目数

线网的几何结构指的是丝网的所有二维和三维的外观，其几何结构的基本要素是丝网的目数和网丝的直径。

例如：120-34表示每一厘米内120根网丝，每根网丝标定的直径为$34\mu m$。

丝网的目数是指每一厘米内有多少条丝线。

①网丝的直径指的是未编织的网丝直径的标定值；②丝网的几何结构分为：平结丝网（1：1）、斜结丝网（2：1，2：2，或3：3）；③不同编织方法的网孔大小不一致，从而决定网板的透墨量（透墨量是决定印刷效果的重要因素）。

（2）丝网开孔

① 丝网印刷油墨中颗粒的最大尺寸（印刷中油墨的平均颗粒尺寸必须小于网孔的1/3）；②线条和网点印刷层次的精细程度（太大的开孔漏墨过多，得不到精细的线条）；③油墨的剥离性能（如油墨的颗粒大导致堵网，从而影响到下一次印刷时油墨的穿透性）；④印刷墨层的厚度（开孔太小透墨量也少，得不到较厚的墨层）。

一般来说，丝网的开孔大于网丝直径的丝网比网孔小于网丝直径的丝网能够复制出更高的分辨率。（当然，油墨的流动性、黏性和其他因素也会受影响）

3. 正确绷网

（1）标准的绷网步骤　丝网可在1～3min绷到所希望的张力值，但在丝网固定到网框之前，必须要等待15min以上，然后再将张力增加到最终所要的张力值，如果将此过程重复几次，会减少将来的张力损失。①如果在张好网后停留5min粘网，张力损失28%以上；②如果在张好网后停留15min粘网，张力损失15%～20%；③如果在张好网后停留30min粘网，张力损失10%。

以上的张力损失是指粘网时与刚拉好时的张力损失，而非粘好网后放置24h后的张力损失值。一般套印的网版最低限度要求拉好网后过24h再晒版，否则会出现套印不精确或线条变形等现象。

绷网之后，印刷丝网要固定到网框上，所承受的张力由丝网的抗拉伸性（即能承受最大的张力）所决定。丝网的张力是保证准确套印和确定合适网距的一个重要因素。

一般来说，目数越高的网丝就越细，网丝较粗的丝网比细丝网拉得更紧一些。

按照正确的绷网程序绷网，标准丝网的张力损失为15%～20%，PET1000丝网的张力损失10%～12.5%。

（2）张力损失原因　如果张力损失比较严重，则应该了解是否由以下原因造成。①网框采用的铝材很薄，不能承受较大张力，致使张力反复；②丝网置入夹头的方法不当，四边所承受的拉力不一致；③缘网夹头拉力不均匀，网框放置不平整；④粘网前等待的时间不足。

（3）张力不稳定出现的问题　①定位套准不可控制（对不准位，线条或图表拉长或缩小）；②印刷物上面墨层有网纹，墨层厚薄不一致；③增大胶刮对丝网的机械磨损，网板使用寿命缩短。

（4）正确选择加网的角度

① 当底片上面的线条与丝网的线径出现平行或重叠时，在晒版时，光穿过感光涂层后，遇到丝线的阻碍便会出现光涣散（光线折射），从而引起锯齿。所以选择丝网的加网角度便很必要。

② 加网的角度一般有 45°、22.5°、12.5°、7.5°等。可根据线条的粗细选择所需要的角度。加网的角度很难有一个标准，45°或 22.5°并非最佳角度。

一般做法是：准备几个不同目数且已拉好 90°直角的网版，在拉网前先将底片与网版对着光源来对比，从而选择最佳的加网角度。

③ 晒版时，感光浆如果上得太薄，也会导致锯齿，而加网角度只是其中一个因素。

（5）正确粘网

①在涂粘网胶之前，印刷网框必须彻底清理干净，不能有任何灰尘和油脂等物；②粘网后网纱必须和网框表面紧密接触，如仍有空隙，应该用重物压住，而不应使用 502 胶水作为粘网的介质。因为 502 胶水干后太硬，致丝网失去弹性，导致张力不平衡；③涂好胶之后，必须有充分的时间让粘网胶固化，再在四边涂上补边剂。然后卸下来的网框必须粘贴好完整的标签，以便在接下来的工作中识别。

4. 正确的晒版方法

（1）印刷图案　最大应是网版内径的 70%，否则会出现套印困难以及四边图像变形（在张力平衡的一般情况下如此，特殊织物印刷除外）。

（2）正确的上浆方法

①上浆要尽量缓慢，上浆器的边尽量选钝边，钝边角度与网版为 90°直角，这个角度出来的网版平整度最好，而且不会太薄；②缓慢上浆的目的是为了让感光剂充分填满丝网的孔，太快上浆会将空气挤压到网孔里面造成砂眼的出现；③对精密的网版，在第一次上好浆干透后，必须在贴片面以锐利的角度再刮 1～3 次感光浆，以保证网版的平整性；④一般网版的印刷面的感光乳剂层比油墨层要厚，作为油墨的介质层；⑤清洗过的网版必须密封处理，以免再粘上灰尘；⑥上好感光浆的网版必须尽快曝光，如暂不能用时，须用黑色胶纸遮盖密封保管，防止受灰尘沾染以及再次受潮或预先曝光等问题而影响晒版效果。

（3）选择合适的曝光时间

①曝光不足的网版始终不会硬化，在显影过程中，刮墨面上的感光乳会被冲洗掉。感光乳剂层粗糙、模糊不清是曝光不足的确切标志。冲洗不充分，一些溶解的感光乳粘在网版的通孔区域，在干燥之后，留下仅仅能看得见的碎渣，出现不平整现象，妨碍油墨的流动性而出现锯齿。②曝光不足的网版，耐溶剂和耐印刷油墨以及抗磨损性能很差。而且感光浆没充分曝光的网版很难脱膜。③如何计算正确晒版时间。取一个闲置的网版，上好感光浆后，分段做曝光测试，以得出最佳的晒版时间。a. 记录好光源的使用时间，以便按准确的时间来更换光源；b. 定期清洗橡胶皮、玻璃、灯罩、反射罩；c. 定期打扫网房、检修拉网机器、

晒版机器等设备。

由于最初使用丝绢网,故而称丝网印刷、绢网印刷等。有时也叫作蜡板印刷。

六、丝网印刷油墨的选用

1. 大类的选用

(1)根据干燥方式选用

① 挥发干燥型。是以石油系、纤维素系、氯乙烯、丙烯酸、聚酰胺、环化橡胶等树脂作黏合剂的油墨。干燥方式有自然干燥或加热干燥。干燥后的墨膜可用溶剂溶解。

② 氧化聚合型。是在亚麻仁油和醇酸树脂中添加金属催干剂制成的油墨,靠氧化聚合成膜。

③ 二液反应型。是以环氧系、三聚氰胺系、尿素系等树脂作连结树脂的油墨。借助添加硬化剂并加热进行缩聚硬化。使用时添加硬化剂虽麻烦,但密合性和各种耐抗性优越。

④ 光硬化型。是借助紫外线的照射而硬化的油墨。使用较广的为各种改性丙烯酸树脂等。

(2)按用途选用

①纸用丝印油墨;②布用丝印油墨;③塑料用丝印油墨;④金属用丝印油墨;⑤其他方面用丝网油墨(如玻璃用等)。

各种丝网印刷机结构如图 3-22 所示。

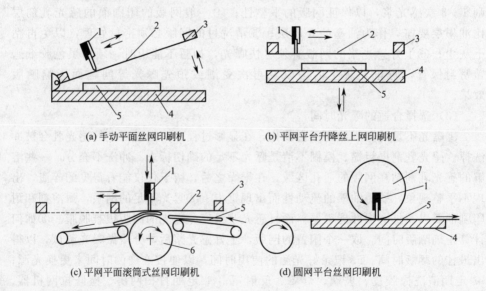

(a) 手动平面丝网印刷机　　　　　(b) 平网平台升降丝上网印刷机

(c) 平网平面滚筒式丝网印刷机　　　(d) 圆网平台丝网印刷机

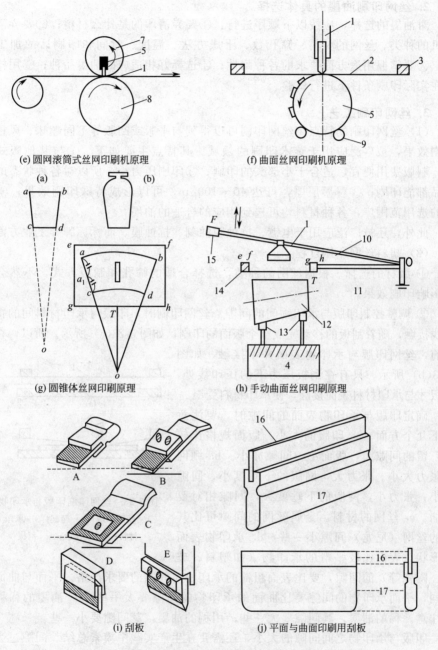

图 3-22　各种丝网印刷机结构示意图

1—刮板；2—丝网印版；3—网框；4—工作台；5—承印（物）材料；6—滚筒式工作台；

7—圆网滚筒；8—压印滚筒；9—旋转辊；10—杠杆；11—版框固定杆；12—承印物杯子；

13—滚子；14—板框；15—把手；16—橡皮部分；17—木质部分

2. 丝网印刷油墨的具体选择

对油墨的选择，应按以下顺序进行：①要弄清印的是什么材料；②要弄清印刷机的种类、丝网的材料、筛孔数、干燥方法、温度、时间和印刷后的加工条件；③要掌握用途方面要求的各种耐性；④选择好相适应的油墨品种；⑤用样品墨在实际印刷条件下进行试验。

3. 丝网印刷工艺

（1）丝网印刷的特点 丝网印刷可以得到与平版或凸版等不同趣味、风格的印刷效果，被广泛应用于美术印刷的领域。其特点主要如下。①与其他版式相比，制版费用便宜，适合于小部头的印刷；②印刷压力小，所以对各种状态的成形品都能印刷；③着墨层厚，可达 $40\sim100\mu m$，可以形成特殊印刷效果；④油墨的选用范围广，各种材料均可选到相应的合适的油墨。

此外，还被广泛应用于电镀、抗蚀膜蚀刻、抗蚀膜、商标标牌等工业方面。

（2）塑料丝网印刷过程

① 版材的选择。根据丝网的种类，选择合适的筛孔和制版方式，不然会直接影响印刷效果。

② 调整控制印版与承印物间的间隙。丝网印刷时，印版与承印材料间的接触是线接触，随着刮板的移动完成整个版面的印刷，如图 3-23（a）所示。所以，在印刷前，丝网印版与承印物表面并不接触，如图 3-23（b）所示。只有在刮板压力下的压印线处，印版才与承印材料表面接触，使承印材料受墨。

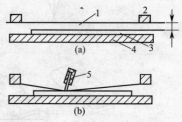

图 3-23 丝网印刷印版与承印物
1—丝网印版；2—网框；3—承印材料；4—工作台；5—刮板

确定印版与承印物表面的间隙时，要注意以下几个方面。a. 印版的大小。版面规格比较大，留的间隙大，版面小，间隙亦小。b. 绷网的张力大小。张力大，网版的下垂度小，间隙可小；张力小，网版的下垂度大，间隙相对要增加。c. 丝网的材料。金属丝网的间隙可比其他的丝网（尼龙）间隙小一些。d. 承印物表面与形状。表面比较平滑的承印物（如塑料、玻璃、陶瓷等）的间隙，要比表面粗糙的承印物对间隙的要求严格。平面与曲面也不同，平面承印物的间隙要比曲面的承印物的间隙要大一些。e. 油墨的稀稠也要注意。稀的油墨，其间隙要大一些；用稠的油墨，其间隙要小一些。

印版与承印物之间间隙的大小，还需要在生产实践中摸索总结。间隙过大或过小，都不利于生产。过大时，印刷的刮板的压力增加，印版容易疲劳破损，过小则容易蹭脏。

③ 油墨黏度的调节。通常用的丝网油墨在印刷时需要用 5%～20% 的溶剂来稀释，用于丝网印刷油墨的溶剂，要参照其树脂的溶解性和印刷适性来选用。一

般使用醇、酯、醚、酮、脂肪族烃中的中、高沸点一类的溶剂。调整后的黏度范围一般在 8～40Pa·s 时比较适宜（用旋转式黏度计或察恩杯 4# 或 5# 测定）。一般可根据印版的大小和印刷的精度要求来调节油墨的黏度。

④ 干燥速度的调节。根据季节、环境、印版大小和印刷机的种类来选择溶剂。使用缓干溶剂时，要注意不使印刷品产生干燥不良和粘搭的倾向，并可根据需要改变干燥条件。

⑤ 辅助剂。为了提高油墨的各种性能，要添加各种辅助剂。主要有消泡剂、增塑剂、蜡等。

⑥ 环境保护。用于丝印的溶剂，多数属于消防法危险品第 4 类，特别需注意防火。同时长时间吸入，对健康有害，特别是手工操作时，一定要保持良好的通风，应装置排气、换气等设施。

⑦ 刮板的磨损和印版的老化。若使用已磨损的刮板和印版，印刷效果就不好，需研磨或替换。

⑧ 印刷技术操作标准化和管理。为了得到质量稳定的印刷产品，应使印刷技术操作标准化，选定检查项目进行管理（可参照凹版印刷和苯胺印刷等的要求）。

第十节　凹版印刷机械的特点和分类

凹版印刷，采用直接印刷方式，印刷机的结构比平版印刷机简单，自动化程度高，印刷速度快，印版耐印力可达 100 万印以上，是其他印刷方法无法相比的。

凹版印刷机，按照印刷幅面，分为单张纸凹印机和卷筒纸凹印机。现在使用最多的是卷筒纸的凹版印刷机。

凹版印刷机，根据印刷品的用途，常常配备一些辅助设备提高印刷及印后加工的能力。例如，作为书刊用的凹印机，在收纸部分附设有折页装置；作为纸容器的凹印机，附设有进行冲轧纸盒的印后加工设备。无论哪一种凹版印刷机，都由输纸部分、着墨部分、印刷部分、干燥部分、收纸部分组成。其中着墨机构、印刷机构、干燥系统具有特色。

凹版印刷机的种类和结构特点。

一、凹版印刷机的种类

凹版印刷机具有印刷压力较大，印刷装置简单，采用刮墨刀刮墨的短墨路供墨等特点。凹版印刷机都是圆压圆的轮转印刷机，其分类有以下 6 种。① 按用途分，可分为书刊凹印机、软包装凹印机、硬包装凹印机；②按印刷色数分，可分为单色凹印机、多色凹印机；③按供料方式分，可分为单张凹印机、卷筒型凹印机；④按印刷机组排列分，可分为卫星式凹印机、机组式凹印机；⑤按承印材料种类分，可分为纸张凹印机、塑料凹印机；⑥按印版形式分，可分为照相凹版印刷机、雕刻凹版印刷机。

二、凹版印刷机的结构特点

无论哪一种凹版印刷机，都由收放料机构、印刷机构、着墨机构、干燥机构、传动系统、辅助装置等部分组成。

（1）收放料机构　放料机构又称放卷机构，其作用是将卷材展开，稳定并连续地将材料送入第一印刷部件，在材料到达第一印刷部件之前控制其速度、张力和横向位置，以满足印刷的需要；同时完成材料的自动或手工拼接。放卷机构由放卷轴、机架、张力控制装置等组成。卷材是安装在支架上，支架一般可同时安装 2～3 个卷材。

卷材的安装有两种方式：有心轴式安装和无心轴式安装。

现代高速凹版印刷机上已不采用有心轴式安装，而采用无心轴式安装。无心轴式安装是用两个位于同一中心线上的锥头，其中可微调纸卷的轴向位置，另一个可大幅度伸缩，锥头伸出后可自锁，通过手轮夹紧卷材锥头安装在两个宽型滚动的轴承上。这种安装方式方便了卷材的安装和调节。放卷机构中卷材提升装置也就是卷材回转支架，根据安装卷材的数目，回转支架有单臂、双臂、三臂等。

（2）印刷机构　由印版滚筒和压印滚筒组成。凹印是直接印刷，需要较大的压力，才能把印版网穴中的油墨转移到承印物上，因此，压印滚筒表面包覆有橡皮布，用以调节压力。

（3）着墨机构　凹版印刷机的着墨机构由输墨装置和刮墨装置两部分组成。输墨的方式直接和间接两种。直接着墨方式是把印版滚筒的 1/3 或 1/4 部分，浸入墨槽中，涂满油墨的滚筒转到刮墨刀处，空白部分的油墨被刮掉。间接着墨的方式是由一个传递油墨的胶辊，将油墨涂布在印版滚筒表面，胶辊直接浸渍在墨槽里。刮刀装置由刀架、刮墨刀片和压板组成。刮墨刀片的厚度、刀刃角度以及刮墨刀与印版滚筒之间的角度可以调整。

（4）干燥机构　用于凹版印刷机的干燥系统，可以采用红外线干燥、蒸气干燥以及空气干燥等。油墨干燥的速度应与印刷速度相匹配。

三、柔版印刷机网纹辊的结构特点

网纹辊是柔版印刷机的传墨辊。其表面制有凹下的墨穴或网状槽线，用于印刷时控制油墨传送量。一般采用网纹辊不仅简化了输墨系统的结构，而且可以控制墨层厚度，为提高印品质量提供了重要保证。被人们誉为柔版印刷机的心脏。

（1）网纹辊的类型　早期使用的网纹辊是机械雕刻的铜质辊，并在铜辊上镀铬，以提高耐磨性，增加携墨量。

现代网纹辊采用激光雕刻陶瓷辊技术。两种网纹辊都有较好的传墨性能，但陶瓷网纹辊价格偏高。在印刷高精度的网线版，印刷速度达到 200m/min 时，陶瓷网纹辊更能显示出其耐磨、耐热的优势，但实践证明：陶瓷辊的墨穴易堵塞，应用时必须注意清洗及保养。金属网纹辊由于有镀层，墨穴不易堵塞，但使用寿命不如陶瓷辊。

大部分用户认为，尽管陶瓷辊初期投资大，但是这种网纹辊使用寿命长（特别是在使用刮墨刀的输墨装置场合）、性能优异（激光雕刻可以得到更精致的网线），足以补偿与一般网纹辊相比的额外支出。

（2）决定网纹辊传墨性能的参数　网纹辊的传墨性能与网纹辊的墨穴雕刻角度、墨穴容积、墨穴深度、网线数、清洗情况等因素有关。

（3）墨穴雕刻角度　网纹辊的表面是由无数大小一致、分布均匀的细小凹孔组成的，称为墨穴。墨穴作为油墨载体，具有储墨和匀墨的作用，在高速运转的情况下能有效地克服飞墨现象。最新发展的激光雕刻网纹辊技术，墨穴角度主要有 30°、45°、60°和 90°，墨穴排列可相互交错或相互平行。由于雕刻过程有计算机控制，因此网纹辊及其墨穴可以反复复制。国外有人建议，网纹辊墨穴的雕刻角度为 60°适宜。

（4）墨穴雕刻形状　墨穴一般有斜齿形、棱锥形、棱台形等。斜齿形网纹辊供墨量较大，一般用于涂抹。现代激光雕刻网纹辊多采用正六边形开口。实践证明，这种正六边形的开口供墨方式可以有效避免莫尔条纹的产生（印版加网角度不当可产生龟纹）。注意，不要采用对称的墨穴圆形开口，因为圆形墨穴开口的墨穴之间的网墙面积增大（网纹辊上凸的部分称为网墙），不仅降低了供墨量，而且传墨的均匀性下降。

（5）墨穴深度与宽度　油墨从墨穴中向印版上转移的墨量，除与油墨的性能、印刷速度等因素有关外，还与墨穴的深度与宽度的比值有关。显然，如果墨层开口窄而深，那么墨穴底部的油墨就无法转移，逼近降低了墨穴中的油墨向印版上的转移率，而且也不利于网纹辊的清洗，由此造成墨穴的永久堵塞。实践证明：墨穴开口宽度 b 与深度 h 的比值 R 约等于 0.28 时，油墨转移较流畅。

现代网纹辊一般用激光雕刻陶瓷辊制成，一般而言，网线数越高，墨穴深度越浅，墨穴深度及宽度以微米计量。

（6）网纹辊网线数与网线角度　网纹辊的传墨量一般以网线数来衡量。网线数是指在每厘米范围内所雕刻的墨穴数量。一般来讲，网纹辊的供墨量随网线数的增加而降低。实践证明：要获得品质优良的印品，网纹辊的网线数应与印版加网线数保持一定的比例关系，即网纹辊的网线数一般应与印版加网线数的 4 倍左右。对于实地印刷，如果网纹辊的网线数过低，则供墨量太大，印版边缘因积墨而造成印品边缘重影；如果网线数过高，供墨量不足，实地密度不够而发花。实际工作中，必须根据供墨量合理选择线数。

网纹辊的网线角度目前尚无统一规定，实际工作表明，较为理想的网线为30°和60°，但是，目前应用较多的是45°，确定网线角度是应以减轻莫尔条纹（龟纹）为基本原则。

（7）墨穴体积　墨穴角度、网线数、墨穴形状、墨穴深度和墨穴宽度决定了墨穴的体积，网纹辊正是靠这些凹下的墨穴来传墨。墨穴体积一般用于理论分析，实际工作中很难测量出其精确度。目前，测量墨穴尺寸的方法是用墨穴的平均数量来表示，墨穴数＝$D \times \pi \times L \times M \times M$，式中，$D$ 为网纹辊直径，L 为网纹辊长度，M 为网线数。

不同的墨穴形状、不同的网线及不同的网线角度可组合成不同墨穴容积的网纹辊，不同网线网纹辊的容量对应与其相应的适用印刷产品。由于网纹辊的磨损和堵塞，实际传墨量为理论值的 70%～80%。

第十一节　卫星式柔印机的结构及工艺操作

随着包装印刷的快速发展，凹版印刷技术在国内发展极其迅速，凹版印刷机在国内的制造技术和水平也有了大幅度的提高。为了加快干燥速度，各类凹印机都装有各种形式的干燥装置。而且随着凹印机向多色、高速的发展，干燥装置不断变化，已成为凹印机制造技术和凹印质量控制的关键部分。

卫星式柔印机具有更高的套印精度，由于料带紧紧包裹在中心压印滚筒上，因此，张力非常稳定，可不用自动套准控制系统；结构简单，压印点之间距离短，便于套准质量；且机器的结构刚性好，使用性能更稳定。在欧美市场，卫星式柔印机占整个柔印机市场的 70% 左右，大部分应用于软包装印刷、瓦楞纸预印和标签印刷上。

一、卫星式柔印机的结构

放卷和输入部分、印刷部分、干燥部分（色间干燥和最终干燥）、冷却部分、输出和收卷部分或连线加工部分以及主传动和控制部分等。

二、卫星式柔印机的优点

① 控制系统较简单，投资较低。
② 套印精度高，生产效率高。
③ 生产线运行稳定可靠，适应范围广。

三、卫星式柔印机的新型结构和先进技术

印版滚筒和网纹辊都有整体式和套筒式两种。

整体式结构简单、刚性好、适应范围广，但更换复杂。套筒式更换方便，但结构复杂，每个组件带有气动快速夹紧松开装置。由于套筒式印版滚筒成本低，装卸容易，灵活性高，使用寿命长，储存方便，系统精度高，具有快速换版功能，现已被广泛用于柔印、凹印，并将逐步取代传统印版。

1. 套筒式网纹辊

套筒式印版滚筒（或套筒式网纹辊）由芯轴、气撑辊（空滚筒）和套筒组成。更换印版滚筒（或网纹辊）时，只要打开印刷机组上的气压开关，压缩空气输入到气胀辊后，从气胀辊的小孔中均匀排出，形成气垫，使套筒内径扩大而膨胀，原来所使用的印版滚筒（或网纹辊）套筒会自动弹出，更换新的印版滚筒（或网纹辊）套筒，新套筒能轻松而方便地在气胀辊上滑动到所要求的位置。关上气压开关，印版滚筒和网纹辊就会固定好。当切断压缩空气后，套筒会立即收缩，并与气胀辊紧固成为一体。套筒内径一般小于气撑辊外径，以保证其啮合。同一气胀辊上还可以装两个或更多的套筒。若需更换或卸下套筒，只要再次给气胀辊充气即可。新型卫星式柔印机印版滚筒（或网纹辊）的套筒周长和直径可以变化，而芯轴尺寸不变。

2. 套筒式印版滚筒

套筒式印版滚筒的最大优点就是可以重复使用，而且能随时在套筒上贴感光树脂印版。另外，套筒还可用于激光雕刻制版，采用无接缝柔版，印刷连续花纹或相同底色图案。若套筒系统允许的印刷周长变化范围为 150mm，说明印刷周长为 $350\sim500$mm 的套筒内径是相同的，仅需一根气胀辊。通过改变套筒壁厚，可以达到改变套筒周长的目的。

四、无齿轮直接驱动技术

老式柔印机的印版滚筒、网纹辊的转动是通过压印滚筒齿轮带动印版滚筒齿轮，印版滚筒齿轮带动网纹辊的齿轮，形成同步转动。印刷品的重复长度取决于印版滚筒和印版滚筒的齿轮，而齿轮受到节距和模数的限制，因此，印刷品的重复周长与齿轮的节距相同。而新型柔印机网纹辊的转动是通过印版滚筒直接带动的，解决了柔印机印刷产品重复长度受齿轮节距限制的问题。

卫星式无齿轮传动柔印机的每个印刷机组由 7 个马达带动，其中 4 个马达带动印版滚筒、网纹辊的前后移动，1 个马达控制印版滚筒的纵向套准和转动，1 个马达控制印版滚筒的横向套准和印版滚筒的横行移动，1 个马达带动网纹辊转动。装版后输入印版滚筒的滚筒周长，通过 PLC 控制，使印版滚筒和网纹辊达

到预印刷、预套准位置，大大缩短了印刷压力和印刷套准时间，同时也节省了原材料。同时由于采用无齿轮传动，因此更换不同周长的印刷产品时，不需要更换齿轮。无齿轮传动卫星式柔印机更换一个机组上的柔性版滚筒和网纹辊仅需1min，大大缩短了更换产品时换版滚筒和网纹辊所花费的时间。德国 EROMAC 公司推出的卫星式柔性版印刷机自动套准系统，采用一个套准探头，控制柔印机全部印刷机组的套准，而不像凹印机七色印刷需 6 套套准探头和辅助马达。当出现印刷产品套印不准时，套准探头通过 PLC 直接驱动马达调整印版滚筒的纵向、横向套印位置，不像凹版的纵向套准是通过辅助电机调整印版滚筒。采用 ERO-MAC 自动套准系统调整印版滚筒，调整时间短，消耗的印刷材料少。该系统可根据套准十字线自动套准，亦可根据人工设定进行套准，以便解决在制版和贴版时产生的印刷图案与套印十字线之间的误差问题。

五、封闭式双刮刀腔式输墨系统

虽然柔印机中采用的是两辊式，正向刮刀式、反向刮刀式结构可实现定量供墨，但由于这几种都属于敞开式供墨，均由墨槽储墨，墨辊上的油墨一部分用于印刷，多余部分又返回墨槽，这种开放式结构使油墨大面积直接暴露于大气之中，若采用溶剂型油墨，溶剂挥发到空气中，又会造成油墨特性变化和环境污染；若使用水性墨，则易产生气泡，影响印刷质量。

卫星式宽幅柔印机大多采用全封闭式双刮刀输墨系统，该输墨系统由刮刀座、两把刮刀、耐磨软材料制造的侧面密封板和网纹辊构成一个封闭墨腔，油墨经墨口将柔印油墨喷到网纹辊表面储存在墨室中，经反向刮刀刮墨，正向刮刀起密封作用。根据流体力学原理，油墨或清洗剂在墨斗中处于流动状态，因而，即使注入少量的油墨也能循环使用，用少量清洗剂即可快速清洗。由于封闭性好，对卫生与环保有很大好处。封闭式双刮刀腔式输墨系统由陶瓷网纹辊、两把刮刀、密封条、储墨容器、墨泵、输墨软管等部件组成。在全封闭系统中，刮刀、封条、衬垫、压板均装在一个腔式支架上，用机械方式（或气动式、液压式）把它们推向陶瓷网纹辊，并施加一定压力，再把输墨管和回流管分别接到墨泵和储墨容器上。该系统具有以下特点：定量供墨系统中采用反向刮刀结构，适合高速运转，避免了溶剂型油墨中溶剂的挥发和环境污染问题，解决了水性墨使用过程中伴随出现的泡沫问题。该系统还可以与自动清洗系统快速对接，便于实现快速清洗，以减少换墨时间和停机时间。

六、不停机快速换卷装置

压辊装置和断带装置以气动方式工作，采用气电式张力测量和调节装置确保张力恒定。自动接纸机构即使在最大纸卷直径时仍能正常工作，因而保证了在最高印刷速度下的张力控制。为了保证承印材料进入印刷部分的边缘位置始终正确。对于纸张等不透明材料，还要采用光电扫描头或超声波传感器所构成的纠偏装置。当印刷纸张或卡纸时，有时还要进行温度和湿度调节处理。当印刷塑料薄膜或铝箔时。还要配制电晕处理装置，以提高薄膜表面的着墨能力。

温控式压印滚筒和高功率烘干/冷却系统：卫星式柔版印刷机的压印滚筒采用双层壁结构。有利于压印滚筒的温度控制。压印滚筒的表面有一层镀镍保护层。镍层的厚度为 0.3mm 左右。压印滚筒安装在滚柱轴承上，将压印滚筒的偏心误差控制在 0.008~0.012mm。压印滚筒要经过动平衡和静平衡处理。压印滚筒配有水循环系统，以保持压印滚筒外表面温度恒定，防止压印滚筒受热膨胀。有些柔印机还有超温保护功能，当温度超过某个最大值时，整个印刷机的电源将被自动切断。印刷色组间的色间烘干装置以及桥式烘干装置均采用双回路循环空气，以减少对新鲜空气的需求量，从而降低对加热能源的消耗。

七、模块化智能化控制管理系统

卫星式柔印机的控制管理系统大致有 3 种形式：

① 以手动调节为主的快速调控系统；

② 以自动调节为主的电子信息系统；

③ 以全自动调节为主的数字化控制系统。

数字化控制系统由 7 个步进电机来驱动印刷单元，利用 PC/PLC 技术管理和监视印刷区，实现轴向和周向的自动套准以及在停机时网纹辊低速转动，并通过调制解调器为整个印刷机提供故障诊断。

八、现代卫星式柔印机的控制、管理功能

① 模块化自动操作系统，既可预选菜单、集中操作放卷/收卷单元、印刷单元、烘干单元，又可选用摄像观察模块，在显示屏幕上检视整个印刷过程。

② 智能化传动系统和定位系统，保证各色组印版滚筒和网纹辊的准确运动和横向套准。

③ 电子同步调节及计算机控制快进系统，通过步进电机测速，确保高度精确地设置印刷压力、印刷长度、印版及承印材料厚度等参数。保证设备在停机状态下进行套准设置时不会产生废品，实现印刷单元以及网纹辊之间的协调。

④ 机械手换辊系统，用于自动更换印版滚筒和网纹辊系统。

⑤ 供墨及清洗系统，用于向印刷部件定量供应油墨并自动清洗网纹辊、腔式刮墨系统、油墨泵以及油墨管，清洗顺序由计算机控制，大大降低了劳动强度，显着提高了效率，减少了换活停机时间。

⑥ 远程遥控系统，远距离调节和控制印刷压力、张力，横向以及纵向自动

套准。

九、卫星式柔印机的优点和应用

在机组式、层叠式和卫星式柔版印刷中，机组式和卫星式是两种最重要的机型。与机组式相比，卫星式柔印机具有更高的套印精度，由于料带紧紧包裹在中心压印滚筒上，因此，张力非常稳定，可不用自动套准控制系统；结构简单，压印点之间距离短，便于套准质量；且机器的结构刚性好，使用性能更稳定。在欧美市场，卫星式柔印机占整个柔印机市场的70%左右，大部分应用于软包装印刷、瓦楞纸预印和标签印刷上。目前，我国从国外引进的卫星式柔印机只有十几台。宽幅卫星式柔印机在我国印刷领域运用主要集中在三大方面：一是纸箱预印；二是软包装印刷；三是报纸印刷。

1. 卫星式柔印机在纸箱预印中的应用

在大批量生产的情况下，柔印预印具有以下的独特优势。

① 印刷速度快，生产效率高。印刷速度可达300m/min，用UV油墨，印刷速度可达500～600m/min，并且加配了快速换辊系统，不停机的情况下自动接料，以达到完全不间断印刷。

② 预印的纸箱套印精确，产生的色差小，印刷质量高。由于高精度的卫星式柔印机印刷压力均匀，不受瓦楞高低的影响，因此无论实地、线条、文字的印刷质量都很好。可采用矢量变频电机通过PLC控制器实现同步控制，在不同的速度和温度下保证印品恒张力，从而使印品在高速印刷中保持套印的稳定性，使纸箱预印的多色套印精确地得到完美的实现。纸张横向收缩量少。

③ 封闭式的刮墨刀系统，可以确保网纹辊和印版得到最佳墨量，提高了短墨路系统的传墨功能，减少溶剂挥发，使墨色一致。

④ 纸箱强度高，平整度好。卷对卷印刷后，可直接将印好的彩卷置于挂面纸工位与瓦楞粘合成纸板，通过电脑横切机直接制作成单片纸箱，充分发挥了印刷机和瓦楞机的自动、高速优势，瓦楞未受印压，不变形，纸箱强度可提高30%，从而可降低纸张克数，降低瓦楞纸箱成本。

⑤ 由于印版呈柔性，对纸张表面光洁度要求不像凹印苛刻，可降低纸张成本，从而降低瓦楞纸箱成本。

2. 卫星式柔印机在软包装印刷中的应用

当前我国用卫星式柔印机印的软包装产品主要集中在屋脊包、利乐包和薄膜这几类产品中。如上海国际纸业和山东泉林纸业都分别从德国引进了中幅和宽幅的卫星式柔印机用于屋脊包、利乐包等折叠纸盒的印刷，海南现代彩印从德国引进的柔印机则专用于塑料袋的印刷。采用卫星式柔印机印软包装产品有以下优势：①使用柔软的高分子树脂版材，对比凹印缩短了制版周期，且由于版材制造水平和制版技术的提高，网纹辊目前已能达到 175 线的水平，足以满足一般包装印刷的需要；②使用网纹辊传墨，网纹辊既是墨的传递辊又是墨的计量辊，实现了与凹印一样的短墨路，且能按工艺要求准确供墨，目前采用激光雕刻的金属陶瓷网纹辊已可达到 1600 线的水平，对于精确控制墨色和墨层厚度提供了有利的手段；③零压力印刷，既减少了对机械的振动和磨损，又减少了对版材的磨损，特别有利于软性材料的印刷。动力系统配有防振动和减振装置，传动时，通过主电机同步皮带传输，大大减少了机器运转的振动和噪声；④利用水性环保油墨，减少污染；⑤由于料带紧紧包裹在中心压印滚筒上，因此张力非常稳定，可印刷伸缩性较大的材料如 PE 膜等，弥补组合式凹印机的不足。

3. 卫星式柔印机在印报领域的发展潜力

柔印印报的优点归纳起来有：①墨色层次清晰，印品颜色较鲜艳；②由于用水性墨印刷，几乎上纸即干，读者手指不会沾污，餐桌上的台布也不会弄脏；③经济上有利，用柔印印刷彩报，纸张损耗少，纸张克重也会进一步降低；④操作比胶印简便。据有关资料介绍，用卫星式柔印机印刷报纸，欧美国家占的比例已高达 38％。在国内，媒体行业也是 21 世纪的朝阳行业，相信随着这一行业的蓬勃发展，柔印也将占据一定的市场份额。

适合宽幅卫星式柔印机的印刷产品还有扑克牌、纸币、餐巾、牙膏及化妆品的软管等，由于印版呈柔性，对印刷材料表面光洁度要求不像凹印苛刻，可印刷编织袋、牛皮纸等凹印难以印刷的材料。

十、卫星式柔印机的不足

（1）工艺上的局限性　在现阶段，柔版印刷与胶印、凹印相比有着不可克服的缺陷：传墨方式受网纹辊线数的限制，调节比较复杂，不易兼容，常常将网线层次部分与实地线条部分分开制版，增加成本。由于柔印版材有较大的弹性和柔软性，受压后易变形，造成还原原稿能力较差。柔版印刷的精细度现在比较成熟的为 136 线/英寸或 150 线/英寸，而胶印、凹印对于 175 线/英寸的印刷已驾轻就熟，对原稿的还原极为出色。另外，在一些颜色渐变或绝网处，柔印也存在不可克服的缺陷。

（2）包装设计不相适应　东方文化与欧美文化的差异使得各自的包装在设计风格上有明显的不同，这也使得柔印短期内在我国的发展受到一定影响。欧美强调以简明的色块、线条给人造成强烈的视觉冲击，而我国包装界长期受凹印、胶印的影响，更着重于写实，使用了大量的写实层次图案。要用柔版印刷去追胶印、凹印的印刷质量，最终用户势必难以接受。所以柔印在我国被接受的程度要低于胶印和凹印。

（3）成本差距　因为凹印、胶印在我国已经历了长达 20 余年的发展历程，设备、材料均已实现了国产化，所以无论是设备投资费用还是制版及后加工的成本都下降很大。而高质量柔印无论是印刷机还是版材、制版设备及材料都需要进口，所以成本基本上与欧美的一致。但欧美的胶印、凹印成本要高于柔印，这也是柔印在欧美发展如此之快的原因。而国内凹印、胶印的成本却低于柔印，所以柔印在我国的包装市场上价格的竞争力很弱。

（4）使用差距　人们对包装印刷的认识仍然停留在凹印、胶印上，包装市场对柔印的接受程度不高。柔印使用水溶性油墨，利于环保，尤其在食品、饮料等包装上占有优势。但现在凹印也已广泛使用水墨、醇溶性油墨，再加上我国现阶段对环保的重视程度相对较低，最终客户要求成本一降再降，所以环保的卖点也显得苍白无力。

（5）柔印制版费用与胶印、凹印相比并不占优势　柔印制版费用数倍于胶印，与凹印相差无几。其原因在于：生产高质量柔性版的印前设备、制版设备以及原材料都需要进口，国内尚未掌握其核心技术。目前，国内高质量制版厂家主要有大连福莱制版公司、上海东洋激光制版公司、上海任氏电脑制版公司。在近期内，制版费用不可能有较大的下降空间。

（6）柔版印刷工艺尚未能很好掌握　对于绝大多数印刷厂来讲，对于胶印、凹印的印刷工艺比较熟悉，但对柔性工艺则是全新和陌生的。如果引进柔印工艺，工厂内部的结构和管理要做相应的改变和调整。印版质量再好，如果柔版印刷工艺跟不上，也不能充分体现原设计稿的意图，不能满足用户要求。印刷工艺技术是一门综合性的技术。柔版印刷常见的故障有着墨不良、干版糊版、边缘缺陷、压力不合适、图纹变形、尺寸位移、墨杆等。

要解决这类问题，除设备与材料因素外，还必须解决印刷工艺问题。如网纹辊匹配、网纹辊与印版的压力、印刷版与压印滚筒的压力、油墨黏度与机器速度之间的变量关系等。如果没有一套数据和操作规程，就很难印出好的产品。当前柔印界不但要有自己的印刷专家，也要有制版专家、水性油墨专家。由于电脑技术的应用，对制版及印刷工艺的要求更加严格，对高素质柔版印刷人才需求将更多。

（7）柔印制版工艺问题　柔版是一种有机合成的胶体，利用光照射从而使胶体遇光硬化。现在世界各国生产数种感光树脂版，分为有底基材料和无底基材料两大类。有底基材料背面无须曝光，版材厚度约0.95mm，正面曝光后用水冲洗烘干即可。无底基印版材料厚度分别为1.7mm、2.28mm、3.94mm、7mm等，先进行背面曝光，然后再进行正面曝光。正、反面曝光时间长短是根据图案层次和气候变化确定的。感光后的显影性能极好，未感光的部分可用化学溶剂冲洗除去，然后进行除黏烘干。一块印版只需2h即可完成。

目前，我国柔版印刷品的彩色原稿设计与四色网点制作还是一个薄弱环节。关键问题要下工夫研究，借鉴其他印刷方式的有关工艺技术经验，结合柔印自身特点，摸索出一套制作柔印版的工艺技术及质量控制和检测手段，以便胜任高质量的彩色印刷工作。

（8）技术培训问题　柔性版印刷的技术、工艺、设备、器材四个方面是一个整体，相互之间有密切的内在联系。目前有一部分柔印企业设备运转不够正常，产品质量不够稳定，废品率高。除有活源不足和配套不合理等因素外，很重要的一个原因是对柔版印刷从产品设计、制版、印刷到印后加工的整个工艺、操作尚未全面掌握。而有些企业恰恰又忽视了这一问题，也是造成企业生产不正常、效益不高的一个重要原因。

（9）宽幅卫星式柔印机问题

基本依赖进口，价格高，耗材成本高，熟悉操作的人员少，保修困难。

综合以上可知，低成本、高质量、高耐印力的凹版印刷将会在相当长的一段时间内占据我国包装印刷市场的绝对主导地位；胶印虽然质量高、价格低，但其生产效率低，色彩的稳定性不够好，应用中会受到一些限制。随着国内市场对柔印技术开发的日益重视和柔印配套器材、油墨、版材、制版等技术的完善，设备实现国产化（目前西安航天华阳与意大利合作已开始生产宽幅卫星式柔印机，汕头光华机械已投产印编织袋的宽幅卫星式柔印机），必将在包装印刷领域内占有重要的市场份额。

第十二节　凹版滚筒结构和加工过程

一、凹版滚筒结构

由于凹版印刷机均为圆压圆式的轮转印刷机，因此凹版印版必须呈圆筒形，才能上机印刷，这种圆筒形的印版称为凹版滚筒。凹版印版是以空心的铸铁或刚质的圆柱体的表面为基础，经镀铜后为版基，经过晒版、腐蚀等一系列的制版过程而制成的。印版滚筒分为整体结构和组合结构两种形式。整体式凹版滚筒结构，它的特点是版体和旋转轴颈连成一体，一次铸造成型。这种结构机械加工较简单，加工精度易于保证，但铸造工艺较复杂。

组合结构凹版滚筒结构的凹版滚筒重量轻，易于更换，加工性能好，但是加工件多，精度要求高。目前在包装行业中应用得很广泛。

上述两种滚筒虽然在结构上有所差异，但是它们版体组成却是一样的。

（1）版体　版体为圆筒形，由铸铁或钢管做成，是滚筒的基体。其表面经过精细机械加工，要求平直无缺陷（无砂眼、凹坑等）。

（2）镀镍层　由于在钢或铁上直接镀铜结合力差，不牢固，一般在镀铜前应先进行镀镍处理，在凹版滚筒表面上先镀上一层薄薄的金属镍，以便在镍上镀铜，保证镀铜质量。

（3）底铜层 其厚度为 2～3mm，可供多次使用。底层电镀好后，要在专门的机床、磨床上进行车削或磨削加工，使其外圆尺寸和几何精度都达到规定要求，并且使铜层表面结构更细密，保证镀面层的质量。

（4）银处理层 为了使面铜层便于与底铜层分离，在电镀面铜前对底铜表面进行银化处理，即用浸过银化溶液或硫化铵溶液的刷子将底铜表面均匀地刷上一层银化液或硫化铵液，然后电镀面铜。

（5）面铜层 面铜层的厚度为 0.13～0.15mm，只供一次使用，在每次制作新的印版时，均需将旧的面铜去掉，重新镀上新的一层面铜。面铜电镀完后也要进行磨削、研磨和抛光等精细和超精细加工，保证面铜的表面质量（几何精度和光洁度）。

（6）镀铬层 为了提高印版表面的硬度和耐磨性，在印版制完后，在其表面镀一层铬。

为了保证印品的质量，对凹印印版滚筒的表面质量要求非常高。加工后的印版表面应呈镜面，不能有凹坑、加工痕迹，对几何精度和光洁度均有非常严格的要求。

① 旋转轴外圆面与版滚筒外圆表面应严格同心，允差≤0.03mm。

② 版滚筒外圆表面的不圆度允差 0.01mm。

③ 版滚筒外圆面的圆柱允差 0.02mm。

④ 版滚筒外圆面的粗糙度 0.02 以上。

二、凹版滚筒的加工过程

由于凹版工艺的需要，对凹版滚筒的制作提出严格的精度要求，加工过程较复杂，难度较大，许多工序还采用特殊的方法在专门的加工设备上进行加工，现介绍如下。

1. 新凹版滚筒的加工过程

（1）滚筒材料 现在一般凹版的版体材料为无缝钢管，因这种材料在市场上均有出售，不需要专门制作，一般价格便宜，货源较充足，并且钢的加工性能也比较好。

（2）金工加工 滚筒的加工一般在普通车床和磨床上进行。均要进行粗、半精和精加工，保证尺寸精度达到要求，表面粗糙度为 0.8 左右。

（3）脱脂 用弱碱或有机溶剂将加工过的滚筒表面的油脂污物去掉，使滚筒表面洁净，便于镀镍。

（4）镀镍 镀镍是在凹版滚筒镀铜前必须进行的一项重要的工作。由于在钢管上直接镀铜结合力差，一般先进行镀镍处理，在凹版滚筒上镀上薄薄一层金属镍，以便在镍层上镀铜。

凹版镀镍是以硫酸镍为主的溶液中进行，在脉动直流电的作用下，阳极镍板放出电子，$Ni-2e\rightarrow Ni^{2+}$ 阴极凹版滚筒获得电版滚筒表面沉积，即 $Ni^{2+}+2e\rightarrow Ni$，这样凹版钢滚上金属镍配方为：

硫酸镍	250g/L
硼酸	40g/L
氯化钠	25g/L
电流密度	$2A/dm^2$
温度	50℃

（5）镀底铜 镀铜是凹版加工的一道关键工艺，其质量的好坏，直接影响印版的加工质量。凹版滚筒镀铜采用硫酸铜电镀液的镀铜工艺，在直流电的作用下，阴阳极都发生电极反应，阳极的纯铜块放出电子，产生二价铜离子，$Cu-2e\rightarrow Cu^{2+}$，阴极凹版滚筒获得电子发生沉积反应，使铜离子在滚筒表面还原为铜原子，$Cu^{2+}+2e\rightarrow Cu$，经过无数次的电极反应，在凹版滚筒表面镀上一层铜。其配方为：

硫酸铜	220g/L
硫酸	50g/L
硬度添加剂	适量
电流密度	$15\sim20A/dm^2$
温度	25℃

（6）车磨加工 底铜镀成后，表面精度和尺寸精度均达不到规定要求，必须进行车磨加工。车削和磨削可在通用车床和磨床上进行，也可在专用的车磨联合机床上进行。应特别注意：在车、磨时，必须采用同一加工定位基准，才能保证各加工面的相互位置精度。加工后的底铜层的厚度为 $2\sim3mm$。

（7）脱脂 原理同（3）。

（8）银处理 又称"银化"处理，或称浇注隔离溶液。一般常用的处理液的主要成分有硫化铵 $[(NH_4)_2S]$、氢氧化钠。也有硝酸银和氰化钾配制的"银化液"，但因氰化钾有毒，故很少使用。处理时将滚筒慢慢转动，把处理液均匀地浇注在滚筒表面，形成薄薄的一层隔离层。要求能牢固地沾住铜皮，在印刷过程中不能脱开，而在印刷结束后能较顺利地将铜皮（面铜）从滚筒上剥离下来。

（9）镀面铜 镀面铜是一道十分重要的工序。要求面铜层结晶细密，表面光亮平整，厚度均匀，因此在镀面铜时，对电镀液中硫酸铜的含量、硫酸的浓度、电镀液的温度、电流密度和电解液的 pH 值等应严格控制在允许值内。精心操作，保证面铜的质量。面铜厚度为 $0.13\sim0.15mm$。

（10）车磨 镀面铜后，滚筒表面还要进行精细加工。一般在车磨联合机床上进行，采用金刚石刀头和金刚石砂轮进行车削和磨削，将滚筒表面铜层切削至所需直径尺寸和表面精度要求。车削和磨削必须在一次安装中完成。

（11）抛光 滚筒磨好后，再用羽布抛光轮，也可用特殊的软木炭对滚筒表面进行超精加工，使滚筒表面光洁度达到镜面状，表面粗糙度在 0.05 以上。

2. 旧凹版滚筒的加工过程

旧凹版滚筒的加工过程。一般各工序要求同前，不再重复。若滚筒的尺寸不变，将面铜剥离，重新进行银处理、镀面铜层、车磨、抛光即可，无须进行银处理前的各道工序。

第十三节　组合式凹版印刷机及工艺操作

组合式凹版印刷机主要由放卷系统、印刷系统、干燥系统、收卷系统等组成。

一、放卷系统

塑料薄膜在印刷过程，放卷基材的直径从大变小，放卷部分要在不同的机速下保持恒定的张力，稳定的速度，将印刷基材送到印刷机组上，并自动完成拼接。

1. 料卷安装

（1）有芯轴安装　在细长轴上装有一个附加紧料卷用的锥头，装上料卷后锁紧，然后用螺纹装置夹紧料卷。现在高速机普遍采用气胀轴的形式，装上料卷后，充气将锁定块推出，夹紧料卷，料卷用完后放气，将锁定块退出，可将筒芯很方便地从轴上拆下。

（2）无芯轴安装　装卷放入后，采用汽缸推动锥头来夹紧料卷，即完成了安装过程，装入料卷后，用横向调节轮调节卷料筒做横向位移，调整量一般为±25mm，以弥补安装料筒时在轴向方向的误差。

2. 放料架的翻转

放料架的翻转在现有高速机上都有正向点动、翻转启动、反向点动三种方式，按下"翻转启动"键时，整套翻转架顺时针方向连续翻转，无其他特殊原因，整套翻转架旋臂将在默认的手动接料预备位置接触行程开关而停止。

3. 不停机接料

为保证连续印刷，减少停机时间，印刷机没有自动换料装置，将双面胶带粘在新料料头上，按下"预备接料"键，旋臂自动回转。回转过程中转轴上的凸轮作用于行程开关后，裁切大臂开起，旋臂到达接料位置后停止旋转，此时新料处于接料位置，延时 25s 后开始预驱动，当线速度同步时，同步批示灯亮。此时按下"接料"键，接料压辊压下，旧料带动新料旋转，延时一定时间后，裁切动作，新料卷工作，同时张力控制自动换到新轴，旧卷停止运转。

二、牵引单元

牵引单元分为入料牵引单元、出料牵引单元，其功能是为了隔断收卷、放卷张力的波动对印刷单元的影响，从而尽量避免因张力波动对套色的影响。生产中可对进膜张力、出膜张力进行设定，在自动控制模式下，两牵引单元的动作及张力的恒定均在联机状态下自动完成。

三、平行调节辊

平行调节辊用于消除塑料薄膜发生扭曲一边松弛的不正常现象，补偿导辊的不平行误差。调节平行辊手轮，平行调节辊会按箭头所示方向做前后移动，在调节过程中，调节速度要平滑缓慢、直到满足要求为止。

四、刮刀单元

刮刀的作用是在印刷时将版面上多余的油墨刮掉。一般采用双列短行程汽缸柔性加压方式。既保证刮墨效果，同时又能避免机械式刚性压力对版面造成刮伤。刮刀调整装置一般由上下升降调节、前后调节、圆周转动调节、气动保压四部分组成。

刮刀相对于版辊的平行方向通过旋动两个前后移动手轮完成。刮刀相对版辊的上下方向通过旋动上下升降手轮来完成。刮刀相对版辊的圆周转动是通过刮刀转动手轮和两个汽缸合作完成的，在实际生产中，操作者必须根据印刷工艺的需要合理调整四个部件的位置，以达到合适的刮刀角度、印刷距离（刮刀刮墨点与胶辊压印点的距离），合理的刮刀角度应为 $55°\sim65°$。刮刀压力的大小应根据版面的长短、刮刀安装尺寸、刮刀的厚薄、软硬及印版滚筒图文的深浅、印刷要求的效果等因素进行设定，一般刮刀气压为 $0.2\sim0.3MPa$。

五、版辊的安装及调整

首先，分清版辊前后的顺序、各色版的色序不能有误。因为版辊的递增量、扩缩设计及叠色顺序是制版时确定好的，否则影响套印准确度。

第十四节　特种印刷技术在印包加工中的应用

一、全息烫印技术

全息烫印技术是目前在世界范围内被认证的较为安全和成功的防伪手段之

一，全息烫印工艺大批量应用全息图，烫印在承印物上的全息图非常薄，与承印物融为一体，与其上的印刷图案和色彩交相辉映，可以获得很好的视觉效果。根据烫印工艺的不同，全息烫印大致可分为 3 种类型，即低速全息烫印、快速乱版全息烫印和高速定位全息烫印。其中高速定位全息烫印技术要求最高、防伪力度最大，需要保证在较高的生产效率下，将全息图完整、准确地烫印在指定的位置上，定位精度不低于±0.25mm。全息定位烫印采用相应的防伪图案，工艺特殊，其通过使用全息定位探头，对电化铝进行精确控制，烫金质量高，已在世界范围内得到共识。由于全息电化铝制造比较困难，生产厂家较少，工艺复杂，所以成本较高。

冷烫金技术是一种全新的烫金工艺，不需要使用加热后的金属银版，而是将黏合剂直接涂在装饰的图文上，使电化铝附着在印刷品表面上。冷烫金通常采用圆压圆的方式加工形成，烫金速度快，但烫金表面效果和牢固度差，所以印刷品还需要上光或覆膜加工。冷烫金工艺成本低，节省能源，生产效率高。目前市场上有的烟厂取消了烟包条盒的纸包装，改用彩膜替代条盒包烟以降低包装成本。使用冷烫金技术，可以在纸张和薄膜上做出类似热烫金的效果，增加烟包的吸引力。

先烫后印是印刷行业和烟标设计的新创意。先烫后印是先在白卡纸上烫印银箔，再在烫印银箔的表面上印刷图文，是一种大面积的烫印技术。这种加工方法通常采用圆压平或圆压圆烫金机，烫印时压力为线接触方式，在大面积烫印时，不像平压平烫印时会出现气泡，烫印表面非常平整，同时，满版烫印不会增加机器的负荷。

立体烫金是利用腐蚀或雕刻技术将烫金和凹凸的图文制作一个上下配合的阴模和阳模，实现烫金和压凹凸一次完成的工艺过程。这种工艺同时完成烫金和压凹凸，减少了加工工序套印不准所产生的废品，提高了生产效率和产品质量。立体烫金常采用分辨率很高的烫金压凸材料，在不同的角度观看图文可呈现出不同的颜色，实现了理想的防复制和防伪造的功能。将图文细微层次进行遮盖，避免了文件被篡改和伪造。立体烫金可以采用平压平、圆压平和圆压圆烫金模切机，烫金使用腐蚀紫铜版或雕刻黄铜版。腐蚀紫铜版用于平面烫金，使用寿命短，一般为 10 万次，而雕刻黄铜版的使用寿命可以达到 100 万次，适用于长版活，而且烫金质量好。

二、雕刻凹版技术

先进的雕刻凹版制版和印刷技术印制完成的印刷品，纹线墨层厚实，颜色厚重，在纸面上凸出的线纹有一定的光泽，部分图案特别凸起的效果，使用触觉这种传统的感觉方式是很容易鉴别凸起的凹印图纹的，简单地用指尖触摸图纹即可确认其手感。同时，它的明显的凸起、厚重鲜明的颜色以及精细的连续线纹，都会给人以一种与众不同的感觉。

就是这些普通胶印无法复制的外观效果体现了其防伪价值之所在。雕刻凹印不仅是安全防卫的一种传统技术，还是如磁性、红外吸收等机读特征有效的、可靠的载体。

三、新型丝网印刷技术

丝网印刷具有墨层厚、图文层次丰富、立体感强、承印材料广等特点，在高档烟酒、食品包装纸盒方面的应用逐步增加。

使用 UV 丝网油墨，在烟盒上印刷磨砂、折光、冰花、皱纹等效果，极大地刺激了消费者的购买欲望。但由于平压平丝网印刷方式印刷速度低、油墨固化速率慢、印刷质量难以控制、印刷材料消耗大，因而无法满足香烟纸盒规模、批量生产的需要。采用高速轮转丝网印刷生产线，印刷速度快、生产率高、印品质量稳定、消耗低，改变了传统平压平丝网印刷手动供纸、供墨方式，适合高速自动、大规模批量生产精美折叠纸盒。

卷筒纸轮转丝网印刷使用镍金属圆丝网印版、内置刮墨刀和自动供墨系统，刮墨刀将印刷油墨从圆丝网版上转移到由压印滚筒支撑的承印物表面。整个印刷过程从进纸、供墨、印色套准、UV 干燥等均由电脑全自动控制。圆形丝网印版电铸成型，其网孔呈六角形丝形孔，整个网面平整匀薄，确保印迹的稳定性和精密性。因此，卷筒纸轮转丝网印刷既能满足印刷磨砂、冰花等特殊效果的要求，又能联机烫印全息防伪标识、压凸、模切成型，易于实现高速自动印刷纸盒。由于圆压圆烫印、模切是线接触，模切时线压力要比平压平的面接触压力小得多，从而设备功率小，平稳性好。由于是连续滚动模切，生产效率高，最大模切速度可达 350m/min，圆压圆模切机配有高精度的套准装置及模切相位调整装置，可获得相当高的模切精度。

四、特种光泽印刷

特种光泽印刷是近年来包装印刷界较流行的新型印刷技术。特种光泽印刷工艺目前主要有金属光泽印刷、珠光印刷、珍珠光泽印刷、折光印刷、可变光泽印刷、激光全息虹膜印刷、结晶体光泽印刷、仿金属蚀刻印刷和哑光印刷等。其中金属光泽印刷是采用铝箔类金属复合纸，着以较透明的油墨，在印品上形成特殊金属光泽效果。珠光印刷是在印品表面首先着以银浆，再着以极透明的油墨，银光闪光体透过墨层折射出一种珠光效果。珍珠光泽印刷是采用掺入云母颗粒的油墨印刷，使印品产生一种类似珍珠、贝类的光泽效果。折光印刷是采用折光版通过一定压力将图文压印在印品上产生光折射的独特效果。哑光印刷是采用哑光油墨印刷或普通油墨印后再覆以消光膜，可产出朦胧的弱光泽特色，因此也有较安全的防伪作用。

五、防伪油墨印刷

防伪油墨印刷是防伪技术最为重要的分支之一，这类防伪技术的特点是实施简单、成本低、隐蔽性好、色彩鲜艳、检验方便（甚至手温可改变颜色）、重现性强，是各国纸币、票证和商标的首选防伪技术。但使用油墨技术合理地应于防伪包装并取得理想的防伪效果需要考虑的因素很多，包括印刷方式的选择、印刷机的选用、被印件的加工处理、油墨基料的使用等，对企业技术水平要求很高。

六、多色串印

多色串印也称串色印刷，一般多采用凸版印刷机印刷，根据印品要求，在墨槽里放置隔板后，再在不同隔板里分别放入多种色相的油墨。在串墨辊的串动作用下，使相邻部分的油墨混合后再传至印版上。采用这种印刷工艺，可以一次印上多种色彩，并且中间过渡柔和。

由于从印品上很难看出墨槽隔板的放置距离，故也能起到一定的防伪作用。在大面积的底纹印刷上采用这种工艺时，其防伪作用更为突出。

七、磁性模切滚筒技术

传统烟包的圆压圆模切方式使用的是一体式模切刀，当活件的模切尺寸或图案改变后，印刷厂需要重新定制整个模切滚筒。

工厂不仅要投入大量的资金去购买各种刀辊，而且刀辊存储也要占用不少的场地空间及人力物力。而采用新的磁性模切滚筒技术，则可避免上述情况的发生。磁性模切滚筒技术，底辊为带磁性的钢辊，能重复使用，模切钢刀皮安装很方便，可以像贴胶带一样被吸附在磁性底辊上。若两批活件的模切重复周长相同，换活时只需要重新更换模切刀皮即可，不用更换模切底辊，而模切刀皮比模切滚筒便宜得多，使用这种技术，企业可以节约相当大的成本。

特种印刷技术在包装产品印后加工中的发展趋势，除各种特种印刷工艺组合之外，也包括机器设备等硬件条件的改善，总体而言，当前特种印刷技术在包装产品印后加工中的应用具有相应的特点，而这些特点也是其未来的发展趋势。

八、多工艺组合

柔印、凹印、丝网印刷各有不同的印刷适用范围，在层次表现、实地印刷和特种效果的油墨使用等方面各有千秋。一些包装印刷企业将多种印刷方式灵活地结合在一起，并根据不同产品形成了独特的工艺方法。

丝网的网滚筒制版材料分编织网和电镀金属网两种。编织网的网滚筒适用于对品质要求不高、生产批量不是特别大的产品，也可用于打白底等工艺。金属网采用整体式电镀镍网焊接而成，传墨性能比较好，印刷速度比编织网快50％左右，但制版成本相对较高。这种方式适用于对品质要求高、生产批量大的产品。凹印的上墨量大，在印刷墨色要求厚实的印品时效果非常好，在印刷有颗粒的金属油墨方面也强于柔印、胶印。另外，如灵活应用全息烫印技术，可以做到先烫、后印、再烫，使用连线全息（定位）转移，配合全息定位烫，组成定位转移＋定位印刷＋定位烫＋定位印等工艺，极大地提高了防伪特性，形成新的防伪工艺。

九、生产联机自动化

目前，由于包装产品的印后工艺较为复杂，特别是在采用某些组合工艺，如联机切大张、联机烫印、上光、模切压痕、压凸、清废、联机复合、分切时，加工步骤更是烦琐。为了解决这种问题，印刷设备供应商也在不断的改进，目前，最新型的设备都具有联机自动化生产的特点，这也是未来包装印刷及印后加工设备的发展趋势之一。如博士特公司生产的柔性版/凹版印刷机可以实现联线或独立压凹凸、压痕和模切、清废多种功能，一次完成印刷、模切、压痕等工序，模切精度高，机器性能稳定，具有高效率、高质量、高产量、低成本的优点。而欧米特十色无齿传动 Varyflex520 柔印生产线，在采用了组合工艺方面，可以配置可互换位置的丝印和凹印单元。凹印单元完全由电机直接驱动，模块式的设计使其可以与其他柔印单元互换位置。丝网单元，既可以使用编织网，也可以使用镍网滚筒，并且既可以配合 UV 油墨的大功率热风干燥系统，同时也可以使用溶剂型油墨。此外，在欧米特无轴传动机型上，可实现置于任意位置的全息定位烫，速度可达 70～90m/min，这样的联机速度可以满足工业生产的要求。

第四章
塑料印刷薄膜工艺

第一节 概　述

随着市场经济发展的需要，社会对塑料印刷薄膜的需求逐年上升，且越来越上档次。塑料印刷薄膜（软包装物）正依自身固有的色彩艳丽图案新颖，使用方便的特点而覆盖市场独占鳌头，也作为无形的产品广告而促进了销售。

可是由于当前在国内对其塑料印刷薄膜工艺了解不足，应用制造和选材的技术资料较缺乏，专业知识没能得到普及，从而使被塑料印刷薄膜及软包装物变质，损失巨大，塑料印刷薄膜业务难以扩大开展。

针对以上所述市场的需要和大多数中小包装彩印企业的实际情况，本节将理论融合在实践中来阐述，给塑料薄膜行业的经营者提供参考和建议，让众多的塑料薄膜使用者了解应用常识。

一、塑料印刷与油墨

通常印刷分纸张印刷、塑料印刷和实物印刷等不同材质上的印刷，印刷的方式又分凸印、凹印、平印、丝印等，在塑料上最先进的常用的印刷方式是凹版印刷。

印刷的工具分印刷机和凹版。因卫星式大轮转凹机已淘汰，平面凹印机难以形成大规模生产，故而常提及的凹印机就是指分组式（或称排列式）塑料凹版印刷机组而言的。

1. 印刷机

塑料印刷机的印刷速度是由印刷机本身各色印刷组传递距离的长短和烘箱效果的好坏来决定的。各色传递的距离越长，烘箱的效果越好，印刷的速度就会相对越快；反之，印刷速度就会上不去。

印刷机的套版精确度，除要求印刷机前后各个部位的运转同步外，还特别要求放料部位和收料部位的张力控制系统平稳性好，只有以上两个部位的张力控制设计合理，放料平稳，收卷稳定，印刷才不会跑版，才能保持套色的精度。

2. 印版

凹印版的制作分腐蚀（手工版）和电雕（电刻版）两种，目前手工版价格低廉，但是印刷效果还是电刻版好，尤其是层次版和照相版。在实际印刷中，电刻板对油墨的要求较高。所以印版制的好坏直接影响到印刷品效果的好坏，另外采用的印刷油墨也是决定印刷品效果的主要因素。

3. 油墨

塑料印刷油墨分凹印油墨、凸印油墨和丝印油墨。凹印油墨又分溶剂性油墨和水溶性油墨。

溶剂性油墨又分表印型油墨和里印型油墨（复合油墨）。表印塑料凹印油墨：表面光滑有亮泽，较里印墨耐摩擦，有气味，复膜加工时宜采用单组分胶水，与双组分胶水结合性差，且注意上胶量不能过大。

表印油墨中又分普通表印墨、耐水墨（又称饮料包装墨）、标签墨（挂历墨）、透明墨等。耐水墨主要用于在牛奶包装、饮料包装和冷冻食品包装制品上的印刷。标签墨则非常爽滑、防粘连、耐划伤，是印制各种标签的最佳油墨。透明墨是镀铝箔和铝箔上印刷的专用油墨。

里印油墨（复合墨）的特点是色泽艳丽，印成品无味，片剥离强度大，但结膜较软，不耐摩擦，观其印成品无光泽，利于复膜加工。如采用涂胶干式复合时，宜使用双组分胶水，这样做有两个目的：其一是增加复合牢固度；其二是气味小。但采用单组分胶水复合时，常常会将印刷品上的油墨溶下来或复合好的成品会染上胶水的不良气味，而且复合牢固度较差（注意不允许加入醇类溶剂）。另外，里印墨有普通复合墨，是印 OPP 膜（聚丙膜）的油墨。在 PET 膜（聚酯膜）印刷时则应采用聚酯墨，其印刷图案更牢固，也不会发生粘连现象。总之，在什么薄膜上用什么类型的专用墨，是塑料凹版印刷的原则。

水溶性油墨通常是对纸制品，包括纸塑复合产品印刷而使用的。其特性是能满足纸张印刷的吸墨性，使得印刷品着色丰满，更难得的是其溶剂是水和乙醇，对环境污染性小，可以说是环境保护的绿色油墨。

二、塑料印刷薄膜的复合

塑料软包装的复合，分淋膜挤出复合、干式涂胶复合和无胶热压复合等。挤出复合是指将 PE 或 PP 料热熔后挤出成膜，热压复合在印刷膜上形成的复合成品。其特点是造价低、减少胶水的污染。但是要选择好挤出用料的型号，控制好挤出温度。另外，在成膜间加少量的胶或 AC 剂作偶连剂效果会更佳。

涂胶干式复膜机本身的烘道长短、加热的方式、涂胶的方式、上胶量的控制、收放料张力的控制、热鼓温度的控制和是否具备冷却定型装置等构成了它的价位、档次的高低。

在涂胶复合过程中，首先用户应该明白：涂胶要想均匀必须将胶水稀释，要想恢复胶水的黏度又必须将涂物上的溶剂挥发掉（这就是浓缩的过程），因而控制复合物的上胶量是复合加工的关键。

单组分胶水由于是与表印墨印刷品配合的，不良气味难以消除，所以建议不要在食品包装中使用，复合时应特别注意减少上胶量。如果使用双组分胶水复合，除胶水按厂家提供的技术数据要求配比外，还应该注意固化剂的含量，要合理控制上胶量，以减少复膜产品上的气泡、胶点的产生。

另外，如果使用 PE 膜作为复膜里料，要特别注意 PE 膜的表面张力，通常应该在 45～52 达因，才能保证复膜后的牢固度（建议在复膜机上安装火花处理机）。

三、塑料印刷薄膜的选用

由于被包装物的要求不同，所以不同的包装所需要的塑料薄膜也不相同。以下将最常用塑料薄膜的性能和用途简单介绍一下，供各生产商及应用商参考。

PE 膜也就是聚乙烯薄膜，它的用途极为广泛，特点是造价低廉、防水性好，但阻气性差。低压聚乙烯膜延伸性小、拉强大，可将包装袋制得很薄，但热封性能差些，不宜作复合里膜。高压聚乙烯膜延伸性大，抗冲击力较好，但不宜作油炸食品类和真空、蒸煮袋的复合里膜。

PP 膜也叫聚丙烯薄膜，其透明度高，强度较大，阻气、阻水性好，但阻氧性差。真空、蒸煮和医药、饮料等包装不应采用此膜作面料。其 CPP 单向拉伸聚丙膜和可热封双向拉伸聚丙膜是很好的、最常用的真空包装或蒸煮包装的复合里料。

PET 又称聚酯薄膜，抗拉强度极强，抗冲击力差、透明度高、阻氧阻气性好，但不耐日晒、水蒸气透过性小，可作普通真空袋、药品袋和镀铝袋的面料和基材。不宜作蒸煮袋。

PA 膜俗称为尼龙膜，是目前用于蒸煮包装袋的面料。其造价较高，一般真空袋子不宜采用。

还有很多其他膜，如用于蔬菜和水果及肉类的 PE 保鲜膜，水溶性的 PVA 膜，PVDC 高阻隔膜，PVC、PP、PE 热收缩膜等，因此生产者和应用商要根据各种薄膜材质固有的特性来选择包装物所必须的面料及里料，力求生产出经济实惠、质优价廉的合格包装袋。

四、塑料油墨稀释剂的配方

① 里印塑料凹版油墨使用稀释剂的配比：

快干溶剂：醋酸乙酯 20%、甲苯 80%。

中干溶剂：醋酸丁酯 20%、甲苯 80% 或 100%。

慢干溶剂：醋酸丁酯 20％、二甲苯 80％。

（注：不能加入醇类溶剂）

② 表印塑料凹版油墨使用稀释剂的配比：

快干溶剂：醋酸乙酯 20％、甲苯 40％、异丙醇 40％。

中干溶剂：醋酸乙酯 5％、甲苯 50％、异丙醇 45％。

慢干溶剂：二甲苯 50％、异丙醇 50％。

特慢干溶剂：二甲苯 50％、异丙醇 50％、正丁醇 3％。

第二节　塑料印刷薄膜生产工艺

　　塑料薄膜的成型加工方法有多种，例如有压延法、流延法、吹塑法、拉伸法等，近年来双向拉伸膜成为人们关注的焦点。今后，双向拉伸技术将更多地向着特种功能膜，如厚膜拉伸、薄型膜拉伸、多层共挤拉伸等方向发展。近年来，适应包装行业对包装物要求的不断提高，各种功能膜市场发展迅速。经过双向拉伸生产的塑料薄膜可有效改善材料的拉伸性能（拉伸强度是未拉伸薄膜的 3～5 倍）、阻隔性能、光学性能、耐热耐寒性、尺寸稳定性、厚度均匀性等多种性能，并具有生产速度快、产能大、效率高等特点，市场迅速发展。

一、双向拉伸原理

　　塑料薄膜双向拉伸的原理：将高聚物树脂通过挤出机加热熔融挤出厚片后，在玻璃化温度以上、熔点以下的适当温度范围内（高弹态下），通过纵拉机与横拉机时，在外力作用下，先后沿纵向和横向进行一定倍数的拉伸，从而使高聚物的分子链或结晶面在平行于薄膜平面的方向上进行取向有序排列；然后在拉紧状态下进行热定型使取向的大分子结构固定下来；最后经冷却及后续处理便可制得理想的塑料薄膜。

　　双向拉伸薄膜生产设备与工艺双向拉伸薄膜的生产设备与工艺，以聚酯薄膜（PET）为例简述如下：配料与混合普通聚酯薄膜所使用的原料主要是有光 PET 切片和母料切片。母料切片是指含有添加剂的 PET 切片，添加剂有二氧化硅、碳酸钙、硫酸钡、高岭土等，应根据薄膜的不同用途选用相应的母料切片。聚酯薄膜一般采用一定含量的含硅母料切片与有光切片配用，其作用是通过二氧化硅微粒在薄膜中的分布，增加薄膜表面微观上的粗糙度，使收卷时薄膜之间可容纳少量的空气，以防止薄膜粘连。有光切片与一定比例的母料切片通过计量混合机混合后进入下一工序。

　　结晶和干燥：对有吸湿倾向的高聚物，例如 PET、PA、PC 等，在进行双向拉伸之前，须先进行预结晶和干燥处理。一是提高聚合物的软化点，避免其在干燥和熔融挤出过程中树脂粒子互相粘连、结块；二是去除树脂中水分，防止含有酯基的聚合物在熔融挤出过程中发生水解降解和产生气泡。PET 的预结晶和干燥设备一般采用带有结晶床的填充塔，同时配有干空气制备装置，包括空压机、分子筛去湿器、加热器等。预结晶和干燥温度在 150～170℃，干燥时间为 3.5～4h。干燥后的 PET 切片湿含量要求控制在 50×10^{-6} 以下。

二、塑料印刷薄膜的熔融挤出

熔融挤出包括挤出机、熔体计量泵、熔体过滤器和静态混合器。

1. 熔融挤出机

经过结晶和干燥处理的 PET 切片进入单螺杆挤出机进行加热熔融塑化。为了保证 PET 切片塑化良好、挤出熔体压力稳定，螺杆的结构非常重要。除对长径比、压缩比、各功能段均有一定要求外，还特别要求是屏障型螺杆，因为这种结构的螺杆具有以下几个特点。

有利于挤出物料的良好塑化。

有利于挤出机出口物料温度均匀一致。

挤出机出料稳定。

排气性能好。

有利于提高挤出能力。

若挤出量不是太大，推荐选用排气式双螺杆挤出机。排气挤出机有两个排气口与两套抽真空系统相连接，具有很好的抽排气、除湿功能，可将物料中所含的水分及低聚物抽走，可以省去复杂的预结晶/干燥系统，既节省投资，又可降低运行成本。挤出机温度设定，从加料口到机头为 210～280℃。

2. 熔体计量泵

熔体计量通过高精度的齿轮泵来实现。计量泵的作用是保证向模头提供的熔体具有足够而稳定的压力，以克服熔体通过过滤器时的阻力，实现薄膜厚度的均匀性。计量泵通常采用斜的二齿轮泵，为了进一步提高计量精度，也有的选用三齿轮泵。因为三齿轮泵比二齿轮泵脉冲小，其泵出量的波动也小。计量泵的加热温度为 270～280℃。

3. 熔体过滤器

为了去除熔体中可能存在的杂质、凝胶粒子、鱼眼等异物，常在熔体管线上计量泵的前后各安装一只过滤器。PET 薄膜生产线通常采用碟状过滤器，其材料为不锈钢网与不锈钢烧结毡组合而成。不锈钢碟片的尺寸为 $\phi12$ 英寸，过滤网孔径一般在 10～30μm。过滤器加热温度控制在 275～285℃。

4. 熔体管

熔体管的作用是将挤出机、计量泵、过滤器等与模头连接起来，让熔体从中通过。要求熔体管内壁高度光洁且无死角，熔体管串联起来的长度应尽量短，以免熔体在其中滞流、停留时间过长而产生降解。

来自挤出机的熔体进入熔体管后，分别流经粗过滤器、计量泵、精过滤器后进入模头。如是三层共挤生产线，在模头上方还配置一个熔体分配器。过滤器、计量泵和熔体管等可以用电加热，也可用导热油夹套加热。熔体管加热温度控制在 275～285℃。

5. 静态混合器

熔体流过熔体管时，沿着管壁的熔体温度与熔体中心的温度有较大的温差，为使进入模头的熔体温度均匀一致，以保证模头出料均匀，须在熔体管连接模头的一端内部安装若干组静态混合器，熔体流过静态混合器时，会自动产生分—合—分—合的混合作用，从而达到熔体温度均匀化的目的。

三、BOPA 印刷薄膜的特性及印刷工艺举例

双向拉伸尼龙印刷薄膜（BOPA）是生产各种复合包装材料的重要材料，目前成为继 BOPP、BOPET 薄膜之后的印刷工艺中的第三大包装材料。

1. BOPA 印刷薄膜的生产原料

BOPA 薄膜是以聚酰胺 6（尼龙 6）为原材料制成的。聚酰胺分子内含有极性酰胺基（—CO—NH—），其中的—NH—基能和—C＝O 基形成氢键，氢键的形成是聚酰胺具有较高结晶性的重要因素之一，但不是所有聚酰胺中的分子都能结晶，还有一部分非结晶性的聚酰胺存在活字印刷，这部分非结晶性的聚酰胺分子链中的酰胺基可以与水分子配位，即具有吸水性。有人提出聚酰胺 6 分子中每 2 个酰胺基可以与 3 个水分子配位，其中 1 个水分子以强的氢键存在，另外 2 个水分子以松散的结合状态存在。水渗透到尼龙中使现存的键变弱贴纸印刷，正是由于其分子结构的这些特点，聚酰胺 6 具有以下特性：优异的力学性能、耐磨性和耐腐蚀性；具有自润滑性；耐高温；具有良好的氧气阻隔性、耐穿刺和耐撕裂性。缺点是吸水性强。

2. BOPA 印刷薄膜的特点和主要用途

与其他薄膜相比，BOPA 薄膜比 PE、BOPP 薄膜具有更高的强度，比 EVOH、PVDC 薄膜具有低成本和环保方面的优势，是食品保鲜、保香的理想材料，特别适合于冷冻、蒸煮、抽真空包装，且无毒无害。具体表现在以下几个方面。

① 良好的透明性和光泽度，雾度低。

② 优异的韧性和耐穿刺性。

③ 极好的气体（氧气、氮气、二氧化碳）、香味和气味阻隔性。

④ 优异的耐油性、耐油脂性和耐化学溶剂性。

⑤ 便于加工，可进行涂敷、金属化处理，或与其他基材复合等。

⑥ 适用温度范围广泛（－60～－150℃）。

⑦ 耐热性强。

3. BOPA 印刷薄膜的制造方法

按生产工艺的不同凹版印刷，BOPA 印刷薄膜的制造方法可分为平膜法和管膜法，在此重点介绍平膜法。目前，平膜 BOPA 薄膜的生产方法分为两大类：两步法和同步法。

同步法双向拉伸工艺过程为：原料干燥→熔融挤出→冷却铸片→铸片测厚→同时双向拉伸→热定型→薄膜测厚→牵引、切边→收卷→分切→包装入库。

两步法双向拉伸工艺是先进行纵向拉伸再进行横向拉伸，其他工序与同步法双向拉伸工艺基本相同。两步法双向拉伸技术有一个最大的缺点：弓形效应大。

这种效应会导致生产的相当大一部分 BOPA 薄膜产品无法满足最终用户的非常严格的使用要求，如高质量的印刷包装等。而同步法双向拉伸工艺可以有效地改善弓形效应问题，生产的 BOPA 印刷薄膜具有品质均衡性好的特点，具有良好的市场前景。

实验室测试弓形效应的方法：测定对角线的热收缩率，两者差值越小，表明产品的均衡性越好；差值小于 1.5％，制袋时不会产生翘角。

4. BOPA 印刷薄膜在印刷使用中的注意事项

尼龙薄膜是一种极易吸潮的产品铜版纸印刷，吸潮后将对使用造成不利影响，如尺寸变化导致印刷时套印不准，表面的水膜导致复合强度不足、起泡等，因而在高湿度环境下要对尼龙薄膜做好防潮保护。

具体要注意以下几方面问题。

① 使用前不要过早打开包装。

② 尽量一次用完，剩下的余膜用阻隔性好的材料包好。

③ 印刷时第一色组不上版辊印刷，进行预干燥。

④ 使用前放入熟化室干燥 2～3h。

⑤ 保证生产车间合理的温度（25℃±2℃）和湿度（≤85％ RH）。

第三节　柔性版印刷工艺与技术控制

一、选择并控制柔印油墨

塑料薄膜所用的柔性版油墨国内国外均有档次较高的油墨，目前仍以国外的油墨见长。20 世纪 80 年代的柔印油墨，适用于初级柔印机（如层叠式柔印机）印塑料背心袋（也叫马夹袋）用。90 年代，塑料薄膜柔印工艺上有了长足的进步，适应于高速、精细、高色强的柔版油墨纷纷在国内市场抢滩登陆。油墨质量控制，除细度、色黏度等参数外，笔者认为应该强调色浓度。柔版油墨印精细柔性版时，由于配用高线数的网纹辊，即使目前的网纹辊制造工艺已经有了很大改革，CO_2 激光雕刻工艺纷纷被 YAG 或其他没有明确命名的激光所代替，复工墨量有了明显的提高，但高网线数的网纹辊还需要靠高色强的油墨，仍是不争的事实。

不少油墨公司在自己的生产系列中，除一般的产品以外，还专门提供其墨，或称为高色浓度油墨，就是专门为了应付这一情况的，但是正常生产中的油墨倘若其墨加得过多，超越了一定的比例，油墨中的树脂少了，油墨同塑料薄膜的附着力必定会降低，所以，其墨不是越多越好，还要控制一个度。

选择并控制柔印油墨的色强，国内专家认为在工序质量控制中是必不可少的，用密度仪测定实地密度是简单有效的，但用刮棒在薄膜上刮出的墨样同实际印刷工艺条件下（如一定线数的网纹辊、一定密度的双面胶、一定的印刷速度）印样还是有区别的，用密度仪作鉴定时，还需注意到这个差异。

另外，牵涉印刷产品的溶剂残留量时，还应该注意选择柔印油墨所用的树脂，聚酰胺、硝化纤维素、PVB 各有所长，这也是不可忽视的，国外生产的适用塑料印刷的水墨，也已经在试控国内市场。笔者曾对此类油墨做过测试，性能不错，但还有一定问题，估计全面替代醇类油墨尚需时日，柔性版印刷是使用一种富有弹性的柔性凸版进行印刷的方式。

柔性版印刷具有工艺收益高，利于再版印刷，印刷适应性广，设备操作容易，印刷效率高，以及印刷墨色质量相对比较稳定等一系列显著优点，同时由于该工艺采用符合环保要求的水性油墨进行印刷，可较好地防止油墨对印刷品或内装产品的污染，因此，较适合于食品、医药等包装产品的印刷，深受印刷厂家和客户的青睐，随着我国低碳经济趋势的发展，柔性版印刷工艺将得到更加广泛的推广和应用。

二、柔性版印刷工艺特性的分析

柔印工艺的印版有采用橡皮版进行制作的，也有使用固体或液体树脂版进行制版的，不同的材质印刷性能和印刷质量效果也截然不同。由于版材具有柔性的特点，印刷压力较轻，印刷适应性强，既能印刷较厚的瓦楞纸板，又能印刷材质薄而软的塑料薄膜；既可印刷吸收性较强的纸巾，也能印刷非吸收性的铝箔等材料。由于采用流动性较强的液体油墨印刷，并且版材柔软又光滑，可较好地克服资料外表精细的印刷弊端，进而获得墨层厚实、色彩鲜艳的印刷质量效果。

一般来说，柔印工艺的印刷机器还可联机组合胶印、凹印、丝印和其他印后加工整饰工艺，拼接灵活性强，印刷生产效率高，可较好地缩短产品的生产周期，满足用户的急需。此外，由于柔印工艺采用无毒、无味的水性油墨进行印刷，生产过程中可有效防止对产品的污染，印刷产品具有清洁卫生、平安环保的良好优点，是实现绿色包装的理想印刷工艺，较适合于医药、食品包装产品的印刷。但是，柔印工艺也有不足之处，那就是由于版材柔软的缘故，网点扩大值相对较大，印刷精细网纹版面的产品质量效果明显不如胶印的产品。由于柔印工艺的固有特性，印刷版面容易出现变形弊端，因此，制版设计和印刷时，一定要注意适当调整印刷版面的结构，如网点的大小、层次，线条的粗度、方向，以及版面的间隙等。

三、制版设计应该考虑的因素

总而言之，由于柔性版版材柔软，具有一定弹性，并且厚度相对较大，当将其粘贴在圆柱形的版滚筒上后，印版的纵向对应于滚筒周向的外表会产生一定的弯曲变形，特别是厚度越大的印版，粘贴后印版外表图文变形的系数就越大，进而使印刷出来的图文与原稿尺寸出现误差。若是网点结构的印刷版面，网点扩大变形则是造成印刷颜色偏差的主要问题。所以，柔性版制版设计环节的技术把关是否到位，对印刷质量有着很大的影响。因此，制版设计时，要根据不同厚度的印版伸长率，制版时酌情按版材特性适当缩小版面，以免造成印刷版面规格大于原稿的版面规格。对于网点版面产品的印刷，出片前，应通过调整柔性版分色特性曲线来弥补网点增大。

对于产品上有条形码版面的拼版设计，应尽量将条形码线条的方向与滚筒的周向相对应，以免因条形码线条间隙出现变形而影响正常的使用。由于柔性版细小的网点在制版和印刷过程中难以得到较好的再现，特别是高光网点容易出现丢失现象。且柔软的印版在压力的作用下，暗调网点部位又容易出现扩大、糊版而变成实地似的网点的扩大变形，将使印品版面缺乏层次感，印刷复制质量就会明显下降。因此，对于网点阶调和线数的设计，则要根据承印物硬度和表面的光泽度合理进行确定。

一般承印物比较柔软的纸面又不是很光滑的高光版面部位应考虑适当增大网点，通常版面高光部位的网点设计成不小于 4%，而暗调网点控制在 85% 以内。印版的加网线数主要视印刷材料的优劣而定，瓦楞纸箱的加网线数明显要小于预印纸箱面纸的印刷版面，若使用高档的涂布白板纸，用高性能的柔性版设备进行印刷，制版网线数有的还可达到 175 线/英寸，甚至更高一点。另外，柔性版不宜设计过细的线条和过小的文字，以免造成版面糊脏而影响印刷质量。

四、柔性版工艺印刷版材的合理选用

柔性版不同于胶印工艺的版材，印版较为柔软，受压时容易出现弹性变形，

并且不同厚度、硬度的版材印刷适性也截然不同。版材越薄、硬度越大，其变形系数就越小，这样就越有利于提高印刷质量。因此，当印刷高网线的纸箱、彩盒和其他比较精细的黑色产品，采用厚度 2.84mm 柔性版印刷效果较好，而印刷瓦楞纸板或其他材质不平的承印物，就应采用厚度大一些的版材，否则，由于印版浮雕高度浅，印张空白版面容易出现起脏弊病。

采用厚度大的版材印刷时，可以通过压缩变形来克服承印物厚薄差异或光泽度不好的缺陷，使表面不平的承印物外表也能获得相对比较均匀的墨色，有利于提高产品的印刷质量。树脂类柔性版，有固体和液体树脂版之分，由于材质特性、制作工艺上的不同，版材价格和印刷效果也有一定的差异，使用时应根据生产实际情况合理选择。固体树脂版是采用毛坯的半成品版材，直接经过晒版曝光、冲洗（显影）烘干或再经过二次曝光，就成为废品版，具有制版方便、快捷的特点。固体树脂版厚度比较均匀，伸缩率比橡胶版和液体树脂版要小得多。由于版材具有外表着墨性好，耐印率较高等特性，并且版材宽容度较好，能再现较精细的高光网点和细小的文字、线条等，但是版材价格较贵。

一般固体版较适合于印刷高档、精细的预印纸箱面纸、彩盒和其他包装产品。另外，从成本的角度上考虑，产品的印刷数量要大一些才能合算。而液体感光树脂版是以液体感光树脂为材料，要经过铺流、后背蒙片曝光、正面曝光、后背全面曝光、回收未硬化树脂、显影、干燥后再曝光等工序，制版时间相对较长一些，一般需要 1h 左右，但是其原料成本约为固体树脂版一半。

此外，由于液体版材厚度的精确度不如固体版高，且变形系数相对也大，印刷质量效果也不如固体版好。所以，一般适合于印刷数量不多，以及版面相对比较简单的产品。

五、水性油墨正确使用的技术控制

油墨是印刷的重要原材料之一，也是影响印刷产品质量的主要因素。正确使用油墨，实际上就是要控制好油墨的质量。细度好的水性油墨，其颜料、填料颗粒就比较细，显色效果好，印刷时油墨的相对涂布量少，就可以获得较满意的色彩效果。控制柔印水性油墨的细度，可以采用细度刮板仪进行检测，一般柔印水性油墨的细度在 $20\mu m$ 以内为宜，数值越低油墨的色浓度就越强，用墨量相对可以减少，就能获得理想的色彩，印刷时也不容易出现糊版等弊病。黏度也是水性油墨的主要指标之一，对印刷产品质量的影响较大，若黏度太高，油墨的流平性不好，影响油墨的均匀涂布，并容易出现脏版、糊版等弊病。反之，若黏度过低，印刷色彩质量效果不好。

通常高档的水性油墨黏度一般应控制在 20s 左右，其着色力强，色彩亮丽。调整水性油墨的黏度，可通过控制油墨的温度及稀释剂用量，使油墨的黏度达到适应印刷的要求。水性油墨的黏度检测，一般采用黏度涂料 4 号杯盛满水墨，随即从松开出料孔到流完杯中油墨的时间即为检测结果。除细度和黏度外，水性油墨的 pH 值也是个不可忽略的重要控制指标，并且 pH 值的变化会改变油墨的黏度。通常水性油墨的 pH 值控制在 8.5～9.5 范围内，这时油墨的印刷性能相对较好，印刷质量也比较稳定。当 pH 值高于 9.5 时，由于油墨的碱性偏强，黏度就会下降，干燥速度就显得慢，耐水性能也变差。而当 pH 值低于 8.5 时，由于油墨的碱性偏弱，黏度则变高，油墨容易出现干燥现象，使印版或网纹辊堵塞，进而造成版面脏污。因此，印刷过程要注意 pH 值的控制。一般采用 pH 值稳定剂调整油墨的 pH 值，使用时酌情将 pH 值稳定剂加入油墨搅拌均匀或直接加入循环墨泵中。

六、柔性版印刷工艺技术的控制

柔性版由于版材柔软，富有较强的弹性，对印刷压力的反应比较敏感，若印刷压力偏大，就容易造成网点、文字或线条出现扩大变形，以致印刷版面发生毛糙、双影或糊版等弊病，影响产品的复制质量效果。因此，柔性版印刷工艺只要用较小的压力，就可以实现均匀而有厚实的印刷墨色质量效果。除印刷压力的合理调整外，网纹辊外表与印版表面之间的接触压力的正确调整，也是重要的技术控制环节，若网纹辊与印版之间的接触压力过大，将会由于对油墨层的过大挤压作用，使印刷版面出现糊版弊病。

反之，若网纹辊与印版之间压力过小，则会影响油墨的均匀和充足的涂布。所以，每装一套版要注意调整好合适的压力。此外，印刷过程中还要注意根据油墨、承印物和印刷版面的特点，掌握合适的恒定的印刷速度，以坚持整批印刷墨色的一致。对印刷面积比较小，使用性能好的油墨和承印物材质也比较好的产品，可适当采用较高的速度进行印刷。反之，则应适当降低印刷的速度，才干获得饱和的印刷墨色质量效果。

综上所述，柔印工艺的技术控制涉及生产过程中的方方面面，只要注重从版材的合理选择到制版工艺技术的设计；从油墨的选用与合理调整到印刷过程的工艺技术环节，全面进行认真的技术把关和控制，这样生产过程中不只可有效地防止这样或那样的质量问题的发生，而且可较好提高产品的印刷质量，满足用户的要求。

第四节 塑料印刷薄膜袋生产制作新工艺流程与技术

一、环保型塑料印刷薄膜袋生产特点

一般来说，没有完全环保的印刷薄膜袋，只能一些印刷薄膜袋加入一些成分

后，容易降解一些。也就是可降解塑料。在印刷塑料包装制品的生产过程中加入一定量的添加剂（如淀粉、改性淀粉或其他纤维素、光敏剂、生物降解剂等），使塑料包装物的稳定性下降，较容易在自然环境中降解。目前，北京地区已有19家研制或生产可降解塑料的单位。试验表明，大多数可降解塑料在一般环境中暴露3个月后开始变薄、失重、强度下降，逐渐裂成碎片。如果这些碎片被埋在垃圾或土壤里，则降解效果不明显。使用可降解塑料有四个不足：一是多消耗粮食；二是使用可降解塑料制品仍不能完全消除"视觉污染"；三是由于技术方面的原因，使用可降解塑料制品不能彻底解决对环境的"潜在危害"；四是可降解塑料由于含有特殊的添加剂而难以回收利用。

其实最环保的，就是不用印刷薄膜袋或者有固定的塑料薄膜袋使用，减少用量，同时可以通过政府回收，方可减少环境污染。

一般环保塑料印刷薄膜袋分解时间：现在用的环保型的分解相对来说快一些，可能在一年之内分解。也有更快的，北京奥运环保塑料袋弃后72天就可分解。

二、塑料印刷薄膜袋种类

塑料印刷薄膜袋种类繁多，规格不定，因此，设计和制作人员往往忽视了制袋方式，其结果是虽然设计稿精美，但制得的成品包装却不合人意，甚至成为废品。经验告诉我们，只有在了解常用包装产品种类的基础上，才能尽情发挥设计思路，杜绝不符合制袋工艺的设计作品，设计出实用、完美的成品包装。

塑料印刷薄膜袋按制袋方式可分为三边封、中底封、立体中封和片料4类。

三边封是在印刷包装袋四周封口，正、背尺寸均为成品尺寸，具有一定的整体感，设计不受约束，且前后设计具有一定的连贯性。由于正、背面尺寸一致，可先设计正面，让背面与正面呼应。印刷制版时正、背要安排在同一套版滚筒上。

中底封是在背面封口，正面尺寸为成品尺寸，背面分成相等的两部分，且其宽度之和等于正面的宽度，通常在设计时是将正、背面展开，进行一体化设计，并在左右各加1cm封边，正、背也在同一套版滚筒上。立体中封是在中底封的基础上，在两侧加立体边，正背、侧3面同样都在同一套印刷版滚筒上。片料由于受印刷材料的限制，其正、反面必须分开设计，分开制版，不能同时出现在同一套版滚筒上。

三、塑料印刷薄膜袋的制作新工艺与流程

1. PE胶薄膜袋的特点

优点：①对商品的广告效应；②具有抗静电性和良好的印刷性，因此受到人

们的青睐；③具有防水性。

缺点：①给环境造成污染；②还以其难降解性，被称为"白色污染"；③塑料本身会释放有害气体，因在密封袋中长期积聚，浓度随密封时间增加而升高，致使袋中食物受到不同程度的污染。

2. 可降解塑料

目前，各国正努力寻找一种新的材料来代替化学塑料，因此一种新的环保塑料可降解塑料（PPC）产生。可降解塑料是指在较短的时间内，在自然条件下能够自行降解的塑料。可降解的塑料一般分为四大类。① 光降解塑料。在塑料中掺入光敏剂，在日照下使塑料逐渐分解。它属于较早的一代降解塑料，其缺点是降解时间因日照和气候变化难以预测，因而无法控制降解时间；②生物降解塑料。在微生物的作用下，可完全分解为低分子化合物的塑料。其特点是储存运输方便，只要保持干燥，不需避光，应用范围广，不但可以用于农用地膜、包装袋，而且广泛用于医药领域；③光/生物降解。光降解和微生物相结合的一类塑料，它同时具有光和微生物降解塑料的特点；④水降解塑料。在塑料中添加吸水性物质，用完后弃于水中即能溶解掉，主要用于医药卫生用具方面（如医用手套），便于销毁和消毒处理。随着现代生物技术的发展，生物降解塑料越来越受到重视，已经成为研究开发的新一代热点。

形形色色的塑料制品极大地丰富了人们的生活，但废弃塑料在自然界里分解得很慢，完全分解要几十年，甚至上百年，因而塑料的降解和重新利用问题摆在了当今所有环境化学家面前。然而有趣的是，可降解塑料却不是科学家们研制塑料的初衷。目前科学家们正在研制或已经研制成功的可降解塑料应用范围还比较窄，仍然无法取代大众塑料。其次，由于其成本高，技术不成熟，没有被广泛应用。

3. 塑料印刷薄膜袋的流程

塑料印刷薄膜袋制作流程为：PE 原材料—吹膜—分切—彩印—切膜—制袋—打包—产品。下面以方便面袋为例进行介绍，图 4-1 所示为膜机机器。

（1）原料：PE（聚乙烯） 聚乙烯（Polyethylene），简称 PE。是乙烯进行加聚而成的高分子有机化合物。聚乙烯是世界上公认的接触食品最佳材料。无毒、无味、无臭，符合食品包装卫生标准。聚乙烯薄膜轻盈透明，具有防潮、抗氧、耐酸、耐碱、气密性一般，热封性优异等性能。素有"塑料制花"的美称。是塑料包装印刷用量最多、最重要的材料。

（2）制造过程

① 吹膜过程。将塑料颗粒制成塑料薄膜的过程，所用的机器是吹膜机，胶袋机器工作原理如图 4-2 所示。

图 4-1 膜机机器

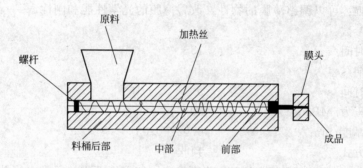

图 4-2 胶袋机器工作原理

注塑过程的参数：

| 料桶温度/℃ | 后 | 140～150 |
| | 前 | 155～160 |

模口温度/℃	160
螺杆形式	渐变压缩
螺杆转速/(r/min)	22

② 具体吹膜过程。该过程经过流延辊、定型辊、电晕辊、冷却辊，如图 4-3 所示。

流延辊：大直径的流延辊使其流程增长，有利于熔融液的冷却，避免薄膜表面产生褶皱，其转速为 50r/min。

定型辊：使薄膜冷却后提前熟化，以减少收卷以后薄膜的收缩量，从而减少薄膜受卷压力造成损伤。

电晕处理辊：①使两极间氧气电离，产生臭氧。臭氧是一种强氧化剂，可以

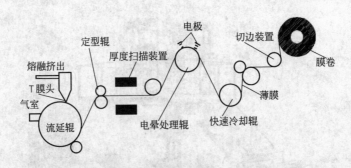

图 4-3　吹膜过程

立即氧化塑料薄膜表面分子。使其由非极性转化为极性，表面张力提高。②电子冲击后，使表面产生微凹密集孔穴，使塑料表面粗化，增大表面活性。③两极电压为 300V 左右。

冷却辊：可以调整薄膜的物性，改善薄膜的光学性能和刚性。

主要参数：

充气时间/s	15
总周期/s	40
冷却时间/s	5
充气压力/MPa	30～40
膜的厚度/mm	0.02～0.03
充气方式	顶吹

（3）分切过程　经吹膜产生的薄膜很宽，按方便面袋的标准，将其分切成宽度为 200～210mm 的薄膜，所用的机器为分切机，如图 4-4 所示。

图 4-4　分切机

分切机原理如图 4-5 所示。

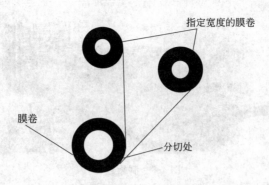

图 4-5 分切机原理

（4）彩印过程 按要求设定出图案，通过彩印机打印到塑料薄膜上，如图 4-6 所示。

图 4-6 彩印机打印

（5）切膜过程 根据要求将打印好的薄膜切成长度为 340～345mm 的长方形的塑料块，所用的机器为切膜机，如图 4-7 所示。

图 4-7 切膜过程

（6）制袋过程 将两层透明塑料分在一层非透明塑料两边，通过超声波高频熔接或热封刀热封成三边熔封一边敞开的内套袋。在三边制袋机上完成，要求缝合宽度为 13～15mm，制袋过程如图 4-8 所示。

经过以上步骤，所制成的一边开口的包装袋如图 4-9 所示。

图 4-8 制袋过程

图 4-9 一边开口的包装袋

（7）打包过程 打包过程包括：取袋、打印日期、开口、充填、振实、热合封口、整形输出，如图 4-10 所示。

图 4-10 打包过程

该过程在包装生产线上完成，所生产的成品如图 4-11 所示。

图 4-11 包装袋

四、吹膜印刷制薄膜袋工艺流程

① 混配料机：如普通搅拌机、带烘干系统的配料机、混捏型配料机。

② 吹膜机主机：根据常规杆径比不同，可分为小型、中型、大型吹膜机。小型吹膜机 $\phi45\sim55mm$；中型吹膜机 $\phi50\sim80mm$；大型吹膜机 $\phi70\sim120mm$。根据其他分类标准，还可分为高低压吹膜机、新旧料吹膜机、特殊用途吹膜机等。

③ 调速电机：如电磁调速型、变频调速型。

④ 控制、监测、配电系统：可根据主机定配。

⑤ 模头：如常规模头、旋转模头、特殊模头。

⑥ 风环：如常规风环、合金风环、特殊风环。

⑦ 空气压缩机：如小、中、大空压机。

⑧ 主体机架：如常规、升降式、特殊主机机架。

⑨ 收卷机构：如常规卷取；力矩切分收卷，包括单收或双收；特殊收卷机构。

⑩ 电子冲击机：如小、中、大功率冲击机。

⑪ 专业凹版彩印机组：如 $500\sim600$ 型、单色、多色组合；远红外烘干系；单、双面印刷；360°对版收卷、定位系统等。

⑫ 专业高速制袋机：如 $450\sim650$ 型、特殊规格型；常规光控、电脑色标扫描跟踪；变频主电机、直流调速电机；高速单、双层热封冷切或热封热切、电脑点断连卷制袋机、三边封专用制袋机。

⑬ 冲口机：如 $3\sim12t$ 机械式、电动式等。

①～⑨配套后可用新颗粒或旧颗粒原料生产农地膜、包装膜等产品；①～⑬配套后可用新颗粒或旧颗粒原料生产普通袋、彩印袋成品。

⑫、⑬配套可直接用吹好的半成品塑料膜卷加工塑料袋。

第五节　彩印薄膜软包装材料结构与复合的工艺技术

随着我国彩印薄膜材料结构与复合的工艺技术水平的提高和旅游业的崛起，各种方便食品"应运而生"。彻底改变了我国"一等产品，二等包装，三等价格"的被动局面，从而我国彩印软包装在如雨后春笋般地出现。

所谓软包装，是指二层或二层以上的薄膜材料通过一定的方式层合在一起，成为一种新的包装材料。它同时具有构成复合材料的各层薄膜优点，而克服单一材料的缺点，可代替传统的玻璃瓶和金属罐包装，主要用于包装饮料、方便面、榨菜、鱼肉、香肠、调味品、蜜饯、饼干、奶粉、洗衣粉、药品、农药等。

本节以奶粉袋为例进行剖析，并结合其他产品，为读者介绍 BOPP 薄膜彩印材料结构与复合的工艺技术要点。

一、塑料印刷薄膜基材选用和结构设计

众所周知，20 世纪 80 年代，我国奶粉包装多采用 $BOPP20\mu/LDPE50\mu$，其保质期只有半年，为了延长保香、保色、保质、保味期，防止奶粉结块，寻求高阻气、高阻湿的材料就成为奶粉包装的重要开发课题。由于塑料薄膜真空镀铝后可以大大降低水蒸气透过量，如 $12\mu m$ 厚的 PET 薄膜水蒸气透过量为 $45g/(m^2 \cdot 24h)$，降低至原来的 1%，真空镀铝膜又具有阻气、隔热、遮光、防红外线等性能，由其制成的复合软包装能保持食品的色、香、味和营养，加上其艳丽夺目的金属光泽，深受消费者欢迎。

由于单一材料各有其固有的优缺点，不可能同时具备多功能。高阻性奶粉袋经研究、试验采用三层薄膜复合结构，外层用具有一定强度、透明度好，价格低廉，易于印刷的 BOPP 薄膜，内层用具有良好热封性能，能耐低温而价廉的 CPE 膜。关键是中间层高阻隔材料的选择，开始我们选用 OPP/AL/PE 结构，由于采用塑料薄膜同铝箔复合，其水蒸气透过量大大降低，延长了保存期，加上其华丽的金属光泽，对消费者极具吸引力。然而由于铝箔脆而易断，易腐蚀，加之其水蒸气透过量同厚度成反比，所以效果并不理想。为了提高阻隔性能，AL 箔必须具有一定的厚度，随着 AL 箔厚度的增加，金属铝的需要量就增大，同时生产铝箔需要消耗大量电能，其电费约占材料费的 50% 以上。而真空镀铝 PET 薄膜，其阻隔性能极好，紫外线和可见光的透过量接近零，使保鲜、保质、保味期延长 3 倍以上，加上具有美丽的金属光泽，在 BOPP 薄膜背面印刷后再与其复合，因光线通过塑料薄膜表面增加了反射量，可以产生悦目的光学效果，特别适宜于出口产品包装，提高了产品的附加值。同时，镀铝膜铝的耗用量仅为铝箔的千分之几，从而达到节能、节约金属材料，并降低包装袋的重量，方便运输降低成本的目的。

二、油墨、黏合剂等辅助材料选择

① 油墨：用塑料里印复合油墨，其要求为：复合牢度好；易干燥，残留成分少；再现性好；价格适中。

② 黏合剂：必须具有黏结力强，与油墨相溶性好，涂布均匀，色泽透明，符合食品卫生要求等特点。为此我们选择黄岩新东方食品级双组分聚氨酯胶黏剂 PU180。

③ 甲苯、二甲苯：作油墨溶剂用。由于焦化二甲苯含有致癌物质，并往往混有炼焦生产中的苯、甲苯、乙苯等混合物，有时有难闻的焦油臭味，不宜用于

生产食品包装作溶剂，故选用石油二甲苯。同样道理，甲苯亦以石油甲苯（炼油厂产）为佳，不用焦化甲苯。

④ 醋酸乙酯：作为双组分聚氨酯胶黏剂、溶剂用的醋酸乙酯，其纯度必须≥98%，水分和醇的含量要≤0.2%，否则固化剂异氰酸酯与 OH 反应，破坏了胶黏剂中的活性基因，从而使黏合剂效率降低，影响复合牢度。

三、工艺技术要点

1. 印刷

（1）塑料薄膜及其印刷性能　塑料薄膜品种规格较多，有厚有薄，有宽有窄，各种基材性能也不同。因此在印刷过程中材料的张力变化情况不一样。材料的张力变化对印刷图套印精度有直接的影响。为了使印刷图案套色准确，印刷操作人员必须对薄膜的张力进行适当控制。另外，为了提高印刷牢度，薄膜表面必须经过电晕处理，使其达到 38 达因以上。

（2）油墨与溶剂　印刷用的油墨必须杂质少，再现性好，易干燥，残留成分少，且复合强度高。奶粉袋彩印一般用氯化聚丙烯里印油墨。软包装彩印油墨溶剂通常有甲苯、二甲苯、丁酮（甲乙酮）、醋酸乙酯、异丙醇、丁醇等。由于溶剂对树脂的溶解力和挥发性各不相同，故在印刷中，印何种薄膜，使用什么油墨，用何种溶剂稀释，均有规定要求。正确合理地使用溶剂，对提高薄膜印刷质量有密切的关系。油墨和溶剂的掺和比例受气温、印刷速度、油墨型号不同而不同。

（3）干燥　为使印刷上各色油墨的薄膜中的溶剂完全挥发，要使薄膜每印一色后都需经过烘箱。这时应特别注意风量、风速及干燥温度等工艺参数，以防印刷粘连，外观不清，制品臭味等。一般干燥温度为 40～80℃。

（4）影响印刷因素　影响印刷因素包括版辊精度、张力控制、套版技术、薄膜等级、干燥程度。

2. 复合

（1）干式复合用聚氨酯胶黏剂选择

① 干燥食品包装：如黄岩新东方 PU180。

② 煮沸用：如安吉 175 和黄岩新东方 PU8850。

③ 透明蒸煮袋用：如国产蒸煮胶。

④ 铝箔蒸煮用：进口蒸煮胶，如美国莫顿公司 585K，日本东洋油墨化学公司 AD502、德国汉高公司 UK3640/6800。

（2）稀释与涂布

① 稀释溶剂为醋酸乙酯。聚氨酯胶黏剂配制顺序为：往主剂中按用量渐渐加入溶剂进行充分搅拌后，加入固化剂搅拌，等变成均匀的溶液后再使用，胶黏

剂使用浓度通常为 20％～35％（干基含固量），3$^\#$ 黏度杯（察恩杯）18～25s。

②涂布辊一般选用网辊、光辊，所需涂布量随包装用途而定。涂布量不足常会出现质量事故，如复合膜外观及黏合力不良，容易发生脱层、热封、煮沸、蒸煮等各种耐性下降，胶黏剂的最佳涂布量，要考虑到基材结构、印刷面的大小、复合膜的后加工条件以及最终用途选用。

③干燥。为使涂上黏合剂的薄膜中的溶剂完成挥发，要使薄膜通过烘箱。这时应特别注意风量、风速及温度等工艺参数，一般干燥温度为 50～80℃。

④黏合。干式复合加工用薄膜，须经电晕处理达到 38 达因以上（如 BOPP、CPP），PET 和 PE 膜，表面张力为 42 达因以上，尼龙膜即 PA 或 ONY 为 52 达因以上。复合辊温度为 50～80℃。

⑤熟化。复合加工后，需要将其送入熟化室，促进主剂和固化剂反应的进行，以获得最佳的复合强度（复合膜置于一定的温度下保存一定的时间，此过程称为熟化）。熟化温度一般为（50±5）℃，时间 1～2 天。因黏合剂、复合结构、产品等不同而有所差异。

3. 制袋

将复合膜按不同规格要求制成不同形式的袋，如三边封袋、背封袋、中封折边袋、自立（立体）袋、冲洞提手袋等，其工艺参数主要为：温度、压力、速度（时间），根据材料结构和厚度的不同而不同。

第六节　新型塑料印刷薄膜的生产工艺发展举例

一、新型阻透性塑料印刷薄膜的生产工艺

1. 高阻隔性薄膜材料

比较常见的高阻隔性薄膜材料有如下几种。

（1）PVDC 类材料（聚偏氯乙烯）　聚偏氯乙烯（PVDC）树脂，常作为复合材料或单体材料及共挤薄膜片，是使用最多的高阻隔性包装材料，其中 PVDC 涂覆薄膜使用量特别多。

PVDC 涂覆薄膜是使用聚丙烯（OPP），聚对苯二甲酸乙二醇酯（PET）等作为基材的。由于纯的 PVDC 软化温度高，且与其分解温度接近，又与一般增塑剂相溶性差，故加热成型困难，而且难以直接应用。实际使用的 PVDC 薄膜多为偏氯乙烯（VDC）和氯乙烯（VC）的共聚物，以及和丙烯酸甲酯（MA）共聚制成的阻隔性特别好的薄膜。

(2) 尼龙类包装材料　尼龙类包装材料以前一直使用"尼龙6"。但是"尼龙6"的气密性不理想。有一种从间二甲基胺和己二酸缩聚而成的尼龙（MKD6）的气密性比"尼龙6"高10倍之多，同时还有良好的透明性和耐穿刺性，主要用于高阻隔性包装薄膜和阻隔性要求很高的食品软包装。其食品卫生性也得到FDA的许可。它作为薄膜的最大特点是阻隔性不随湿度的上升而下降。在欧洲，由于环境保护问题突出，作为PVDC类薄膜的替代产品，MXD6尼龙的使用量是很大的。由MXD6尼龙和EVOH复合而成的具有双向延伸性的新型薄膜，作为一种高阻隔性的尼龙类薄膜。复合的方法有多层化复合，也有采用将MXD6尼龙和EVOH共混拉伸的方法。

(3) EVOH类材料　EVOH一直是应用最多的高阻隔性材料，这种材料的薄膜类型除非拉伸型外，还有双向拉伸型、铝蒸镀型、黏合剂涂覆型等。双向拉伸型中还有耐热型，用于无菌包装制品。EBOH树脂与聚烯烃、尼龙等其他树脂共挤制得的薄膜主要用于畜产品包装。

(4) 无机氧化物镀覆薄膜　作为高阻隔性的包装材料被广泛应用的PVDC，由于其废弃物在燃烧处理时会产生HCl而导致环境污染问题，现有被其他包装材料替代的趋势。比如，在其他基材的薄膜上镀覆SiO_x（氧化硅）后制得的镀覆薄膜受到重视，除氧化硅镀膜以外，还有氧化铝蒸镀薄膜，其气密性能与同法获得的氧化硅镀膜相同。

2. 高阻隔性薄膜的复合技术

由于材料自身特性的局限性或价格的因素，一般阻透性材料都不单独使用。为了满足不同商品对阻透性的要求，软塑包装已经由原来的单层薄膜的生产，向多品种、多功能层次的复合包装膜发展，目前使用的最为普遍的阻透性塑料包装薄膜的复合技术有4种：干式复合法、涂布复合法、共挤出复合法和蒸镀复合法。

干式复合法是以各种片材或膜材作基材，用凹版辊在基材表面涂覆一层黏结剂，经过干燥烘道烘干发黏后，再在复合辊上压贴复合。这是目前国内最常用的一种复合膜生产方法。干式复合的特点是适应面广，选择好适当的黏结剂，任何片材或膜材都可以复合，如PE膜、PP膜、PET膜、PA膜等，而且复合强度高，速度快。但在这几种方法中，干式复合成本最高。另外，由于黏结剂的使用，因此有溶剂的残留和环境污染问题。

涂布复合法的工艺比较简单，对于较难单独加工成膜的阻隔性树脂，如PVA、PVDC等均可以采用涂布复合。PVA的熔融温度为220～240℃，分解温度200℃，要加工成薄膜需要添加增塑剂和稳定剂，以提高热分解温度，降低熔融温度。

生产PVA系聚合物薄膜的设备和技术都很昂贵。同样的原因，PVDC也难以单独成膜。所以，目前对于 PVA 和 PVDC 的使用较为成熟的技术是涂布工艺。PVA 是水溶性的，在实际使用中采用水和乙醇的混合物作溶剂，在 PE 或 PP 薄膜上涂覆一层 PVA。由于 PVA 的耐水性较差，可以采用在 PVA 溶液中添加交联剂的方法以提高其耐水性，同时也提高了 PVA 与 PE、PP 的附着力，省去底涂。为了制袋方便，涂布 PVA 的 PE 或 PP 膜可以与其他膜进行干式复合，形成涂布 PVA/PE（或 PP）/LDPE 结构的复合薄膜。这种膜的阻透性能好，抽真空效果比 PLDPE 更好，成本也比较低。用于涂布的 PVDC 是偏氯乙烯与丙烯酸酯单体进行乳液聚合的共聚物，加上适当的溶剂和添加剂后，涂覆于玻璃纸、BOPP、尼龙和聚酯上面，使之具有良好的阻湿阻气性能和热封性能，PVDC 使用的最大问题在于其安全卫生性。

共挤出复合法是利用多台挤出机，通过一个多流道的复合机头，生产多层结构的复合薄膜的技术。这种方法对设备特别是机头设计和工艺控制的要求高，近年来随着机械加工和制造技术的成熟，共挤出复合法得到较快发展，从最早的 2 层到现在的 9 层复合膜都可以生产。根据功能的需要，可选择不同的材料，比如上种典型的 7 层复合膜，其芯层是 EVOH，夹在 2 层尼龙膜之间，提高了阻隔性能，减薄了膜的厚度。外层用黏结剂复合 PE 或 EVA 作热封层，这样既确保了包装的需要，又降低了成本。据有关调查表明，发达国家的共挤包装薄膜占整个软塑包装材料的 40%，而我国仅占 6%，因此多层共挤技术在我国将有很大的应用空间。随着薄膜表面印刷油墨的开发和表面印刷技术的提高，预计共挤出复合技术将得到更大的发展。从工艺上来说，共挤出复合包括共挤吹膜和共挤流延 2 种方法。

据国外公司介绍，用于生产多层（3 层、5 层、7 层）阻隔复合薄膜的吹膜生产线，最大产量达 1000kg/h。在满足功能需要的条件下，超薄型薄膜节约了资源，减少了包装废弃物，符合环保要求。由于采用了新的技术，气泡更加稳定，对薄膜厚度偏差的控制更加精确。目前国内也开发了 5 层共挤出阻隔性薄膜吹塑设备，但其产品一般适用于低端市场的需要。共挤出复合法的另一种工艺是共挤出流延，流延薄膜是聚合物熔体通过 T 形平缝模头在冷却辊上骤冷而生产的一种无拉伸平挤薄膜。我国流延薄膜的生产始于 20 世纪 80 年代从日本和德国引进的单层流延生产线，到 90 年代中期引进了 3 层或 5 层的共挤流延设备。国外已出现 7 层和 9 层的薄膜结构的生产线。目前国内有流延薄膜生产线近 50 条。近年来，由于多层共挤吹膜的发展迅猛，冲击了流延薄膜的部分市场，因此其需求相对疲软。但是随着新材料的开发和新设备的使用，提高了生产效率，增加了产品的类型，新的应用领域不断拓宽，流延膜的制造正在进入新一轮投资热潮。

蒸镀复合法是以有机塑料薄膜为基材与无机材料复合的技术，致密的无机层能赋予材料绝佳的阻隔性能。最典型的蒸镀复合是真空镀铝技术。在高真空条件下，通过高温将铝线熔化蒸发，铝蒸气沉淀集聚在塑料薄膜表面，形成一层厚

$35\sim40nm$ 的阻透层，作为基材的塑料可以是 PE、PP、PET、PA、PVC 等。真空镀铝膜具有优良的阻透性能，在不要求透明包装的情况下，镀铝膜是最佳的选择，尽管镀铝层很薄，但是其阻透性能达到透湿 $<0.1g/(m\cdot h)$，透氧 $<0.1cm/(m\cdot 24h)$，其阻透性能不受湿度的影响。镀铝膜的保香性好，具有金属光泽，装饰美观，但不透明，包装内容物不直观，耐揉曲性差，揉褶后易产生针孔或裂痕，从而影响阻透性。为了改善镀铝膜的不足，最新的技术之一是采用在塑料薄膜上镀氧化硅（SiO_x），其中 SiO_x 是 Si、O 与 SiO 的混合物，工艺上可采用物理沉积法和化学沉积法。镀氧化硅膜的无机层致密，厚度仅 $0.05\sim0.061\mu m$，阻透性优于一般共挤出膜和 PVDC 涂覆膜。除此之外，还具有很好的透明性、耐揉曲性、耐酸碱性、极好的印刷性，适应在微波炉中使用，燃烧处理的残渣很少。可以用于蒸镀的原料除 SiO_x 外，还有 MgO、TiO 等。在阻透性塑料包装新材料的研究方面，纳米技术也发挥了其独特的作用，德国 Bayer 和美国 Nanocor 把纳米级的改性硅酸盐黏土分散在 PA 基体中制成了阻透性良好的薄膜材料。日本纳米材料公司采用微晶涂层工艺，把纳米硅灰石和二氧化硅涂于 BOPP、PET 和 PA 薄膜表面，开发出了性能优良的高阻透性薄膜。

二、三泡法生产热收缩印刷薄膜的生产工艺

目前市场上常见的冷鲜肉热收缩印刷包装一般分为 PVDC 高阻隔热收缩袋（膜）、尼龙（PA）阻隔热收缩袋（膜）和 EVA 热收缩袋（膜），其工艺一般采用三泡法。

① 一泡挤出：采用平挤下吹法挤出坯管，此时高聚物处于熔融状态。

② 二泡吹胀：坯管挤出后，马上通过真空筒冷却水套冷却，然后进入水浴或加热箱，加热管玻璃化温度以上拉伸，再利用压缩空气进行吹胀，吹胀与拉伸比为 3.5：1 左右。

这里有两个重要的概念：

牵引比：是指薄膜的牵引速度与管环挤出速度之间的比值。牵引比是纵向的拉伸倍数，使薄膜在引取方向上具有定向作用。牵引比增大，则纵向强度也会随之提高，且薄膜的厚度变薄，但如果牵引比过大，薄膜的厚度难以控制，甚至有可能会将薄膜拉断，造成断膜现象。

吹胀比：是热收缩薄膜生产工艺的控制要点之一，是指吹胀后膜泡的直径与未吹胀的管环直径之间的比值。吹胀比为薄膜的横向膨胀倍数，实际上是对薄膜进行横向拉伸，拉伸会对塑料分子产生一定程度的取向作用，吹胀比增大，从而使薄膜的横向强度提高。但是，吹胀比既不能太大也不能太小，太大容易造成膜泡不稳定，且薄膜容易出现皱褶；太小则成品的收缩率不够。因此，吹胀比应当同牵引比配合适当才行。

二泡工艺的原理是：当高聚物处于高弹态时，对其拉伸取向，然后将高聚物

骤冷至玻璃化温度以下，分子取向被冻结，当对物品进行包装过程中对其加热时，由于分子热运动产生应力松弛，分了恢复原来的状态，产生收缩。

③ 三泡定型：二次吹胀后的薄膜还需进行定型处理，然后收卷。热收缩膜即便在常温下储存，也会产生收缩，因此定型处理相当关键。

④ 热收缩膜往往还需要进行交联处理，以提高耐热温度。交联一般分为在线交联和离线交联，大家可参阅"聚乙烯（PE）辐照交联的研究"一文。

用此法生产的各类收缩膜的热收缩率可达 30%～50%。

⑤ 热收缩膜和普通薄膜工艺的关键区别在于：一泡法吹涨时高聚物是在熔点以上进行纵向和横向的拉伸，而三泡法则是将胚管温度控制在玻璃化温度以上，熔点以下，然后进行拉伸和吹涨。

第七节　水溶性塑料印刷薄膜生产的特点与工艺的控制

一、水溶性印刷薄膜的生物与环保特性

人们对水溶性印刷薄膜的生物特性和环保特性很感兴趣，这也是水溶性印刷薄膜的应用认可问题。人们对蛋白质类和淀粉类成膜剂的生物特性和环保特性的感知较多，这里不多介绍了。而简要介绍 PVA 和部分辅助剂的生物特性与环保特性。

聚乙烯醇作为一种工业和商业的产品，其价值在于它的溶解性和生物降解性。由于聚乙烯醇具有很低的毒性，被允许作为间接的食品添加剂应用在食品包装相关的产品中；聚乙烯醇还应用于很多医药领域，例如，与丝素蛋白形成皮肤创伤保护膜等。

PVA 在较高浓度（1%～12%）下对土壤物理性状具有积极作用。近些年，经研究发现，浓度为万分之一的 PVA 也有显著的形成土壤水稳性团粒的能力，浓度为千分之一的 PVA 已具有极显著形成土壤水稳性团粒结构，使土壤水分散失量减少，可抑制土壤酸化，减少土壤钾流失，使土壤的化学、物理性状得到改善。由于 PVA 改善了土壤的理化性状，因而有调节土壤酸度，提高土壤保水、保肥能力，增加肥料利用率等优点。

为了进一步研究和应用 PVA，必须对 PVA 及其化合物的致癌性有准确的评价，同时，要加强对 PVA 对改土机理和它对作物代谢的影响的研究。

1. PVA 系水溶性印刷薄膜组分的毒性

（1）成膜剂的毒性

① 生物学数据。对 PVA（mol. wt＜50000）吸收、分布和排泄的实验数据显示，大于口服剂量 98％ 的 PVA 在 48h 内被以粪便的形式排出，小于总计量的 0.2％ 的 PVA 在尿中被发现；没有发现由 PVA 产生的最终产物 CO_2 或其他挥发物，也没有发现 PVA 在机体组织内积聚。这些数据表明只有非常少的 PVA 被胃肠道吸收了。发现老鼠有总剂量的 0.05％ 存在于主要的组织中（肝脏血液、肾、皮肤、肌肉、脂肪组织）。把 PVA 移植到生物体内可能会导致再吸收。而静脉内的或口服的 PVA 会快速排出。

② 毒性。

a. 急性毒性。实验数据显示，口服的 PVA 是相对无害的。但许多研究并没有报道所使用的 PVA 的分子量或水解度。1992 年，Finch 报道说，随着 PVA 水解度的下降，PVA 的致命性会增大。

b. 亚急性毒性。对 PVA 的亚急性毒性做了研究。按 4.5wt％ 配制饲料，以 2220mgPVA/kg 体重的饲料比例喂养老鼠 2 周；接着以 2 倍的浓度再喂养 2 周。其中四周后死亡 50％，剩下的老鼠又以 20000mgPVA/kg 体重的饲料比例再喂养 2 周。这些动物在研究过程中体重增长了，在尸体解剖中没有发现大的变化，只是在最高剂量时有细微的发现——肝水肿和胃粘膜下层嗜红细胞的渗透等。1968 年，有报道说，10 只老鼠在连续 20 天以 500mgPVA/kg 的剂量连续喂养 20 天后没有发现死亡和不利的影响。

c. 亚慢性毒性。以 100mgPVA/kg、500mgPVA/kg、1000mgPVA/kg 的比例喂养 26 周后，没有发现相关的不利影响。还有研究表明：用狗做 20 天的实验的最高无影响水平是 10000mgPVA/kg 体重；用狗做 180 天实验的最低无影响水平是 800mgPVA/kg 体重，而且没有发现呕吐和腹泻。

d. 致癌性。至今还没有关于口服 PVA 的慢性毒性或致癌性的研究报道。在一些研究中，对老鼠进行皮下移植 PVA 泡沫后，发现部分老鼠出现了恶性肿瘤，但不是所有的报道都显示肿瘤出现在移植处。

e. 基因毒性。大量的研究结果表明，PVA 并不是诱导有机体突变的物质。

f. 对繁殖的毒性。有研究表明，动物在定量食用了 PVA 后，并没有对它们及其后代的繁殖有影响。

（2）PVA 系水溶性薄膜辅助组分的毒性　根据 PVA 系水溶性薄膜的性能要求，其辅助组分可以有许多品种，有的毒性不大，有的有较明显的毒性，应该很好地注意，这也是 PVA 系水溶性薄膜毒性的主要来源，这里不作详细介绍。

2. 水溶性印刷薄膜降解特性

大多数水溶性薄膜产品属于绿色环保包装材料，在欧美、日本等国均得到国家环保部门的认可。蛋白质、淀粉和它们的改性物在土壤中吸水后易膨胀，然后被真菌和细菌侵袭，最后完全被分解和消除。

蛋白膜主要由动物蛋白质和植物蛋白质经改性得到，而改性蛋白质的降解主要得到氨基酸的衍生物或低肽物质的衍生物。这些物质环保性能主要取决于改性物的环保性能，降价产物基本是符合"绿色"要求的。

淀粉的降解产物是不同的糖类物质，淀粉改性后的降解产物的环保特性也和蛋白质改性后一样，取决于改性物的环保特性。

微生物分解试验研究也表明，聚乙烯醇几乎完全被分解，使化学耗氧量（COD）降得很低。就降解机理而言，聚乙烯醇具有水和生物两种降解特性，首先溶于水形成胶液渗入土壤中，增加土壤的团黏化、透气性和保水性，特别适合于沙土改造。在土壤中的 PVA 可被土壤中分离的细菌-甲单细胞（Pseudomonas）属的菌株分解。至少两种细菌组成的共生体系可降解聚乙烯醇：一种菌是聚乙烯醇的活性菌；另一种是生产 PVA 活性菌所需物质的菌。仲醇的氧化反应酶催化聚乙烯醇，然后水解酶切断被氧化的 PVA 主链，进一步降解，最终可降低为 CO_2 和 H_2O。

二、水溶性印刷薄膜生产加工工艺的质量控制方法

水溶性印刷薄膜作为一种绿色包装材料，在国内的研究应用刚刚开始，在国外也只有 15 年的发展历史，因而有很多课题有待研究开发，具体有以下几个方面。

1. 水溶性印刷薄膜生产的质量控制方法研究

由于水溶性薄膜生产工艺独特，生产中会产生各种各样的缺陷，如气泡、厚度不均、厚边、"鱼眼"、穿孔、皱纹、"火山口"等，其成因非常复杂，常见的以聚乙烯醇及淀粉为主要原料的水溶性薄膜的主要缺点是湿度环境的影响问题。这些缺陷的产生直接影响水溶性薄膜的应用，因而，有必要进行深入的研究。

2. 各组分对水溶性印刷薄膜影响及作用机理的研究

水溶性薄膜的各种物理、化学等性能是由其各组分综合作用的结果，深入研究探讨各组分对水溶性薄膜影响及作用机理，对提高水溶性薄膜生产的质量、满足用户要求以及开发新型水溶性薄膜都具有重要的意义。

3. 水溶性印刷薄膜生产技术、生产率的改进提高

目前，已开发的水溶性湿法生产设备生产速度为 4.5m/min，国外同类设备在 7m/min 左右，与传统工艺方法生产非水溶性薄膜设备相比，生产率显然很低；而且由于大量的水分需要烘出，故能耗太大，这是水溶性薄膜成本较高的一个重要原因。如何提高水溶性薄膜的生产率和降低能耗将是今后一个重要的研究课题。

研究水溶性薄膜的干法生产技术是提高生产效率、降低能耗的主要途径，也

是水溶性薄膜生产技术的发展方向。

4. 新型水溶性印刷薄膜的开发与水溶性印刷薄膜应用新领域的开拓

PVA 不是最理想的制备水溶性膜原料，也限制了这类薄膜的应用。

研究开发蛋白类薄膜，采用动物蛋白、植物蛋白，利用对多肽进行控制性水解，是今后工作的重要途径，特别是植物蛋白的利用。我国每年食用油生产后的残渣（如豆饼、花生饼）含有大量的植物蛋白，原料丰富，价格低廉，目前已开始用作绿色纤维原料，如开发作为水溶性薄膜的主要原料，在成本和社会效益上都是十分理想的。

在品种开发方面，尽管水溶性印刷薄膜应用已十分广泛，但随着生产发展、社会进步，人类需求不断增长，水溶性印刷薄膜的应用在很多领域有待开拓，需要开发各种新型水溶性印刷薄膜。如耐热（300℃）水溶薄膜、保鲜薄膜、严格的食品包装、防腐薄膜等。

三、水溶性印刷薄膜在软包装业中的市场发展方向

薄膜软包装以其优良的综合性能和有利于环境成为包装业中发展最快的制品，不断取代其他包装，其用途日益扩大，预计未来几年仍将保持良好的增长势头。

水溶性薄膜用途广泛，市场十分广阔，并具有环保特性，因此已受到世界发达国家的广泛重视。例如，日本、美国和法国等已大批量生产销售此类产品，像美国 W. T. P 公司、C. C. LP 公司，法国 GREENSOL 公司以及日本合成化学公司等。其用户也是一些著名的大公司，例如 Bayet（拜耳）、Henkel（汉高）、Shell（壳牌）、A-gr. Eva（艾格福）等大公司都已开始使用水溶性薄膜包装其产品。

在国内，水溶性印刷薄膜市场正在兴起，就国内市场而言，据有关资料统计，目前每年需要包装薄膜占塑料制品的 20％，约达 30.9 万吨，即使按占有市场 5％计，则每年需求量也达 1.5 万吨。

此外，水溶性印刷薄膜目前的主要原料是聚乙烯醇，我国是原料生产大国，这对水溶性包装薄膜应用的市场开发极为有利，尤其是对材料应用与环境关系的重视、与国际发达国家的接轨，对包装环保要求日益提高，因而水溶性印刷薄膜在我国的应用前景一定十分广阔。

第八节　塑料印刷薄膜加工工艺和使用过程中的助剂

塑料助剂是为了改善树脂的加工性能和使用性能而加入的化学品。通常所用

的塑料助剂有十几类，随着塑料品种的增多、用途的扩大和加工技术的不断进步，助剂的类型和品种也日益增多。

在塑料印刷薄膜的加工和使用过程中要加入塑料助剂。是因为有些树脂或薄膜产品的固有性能不适应其所需的加工工艺的要求，添加助剂仅仅是需要改变其加工性；而有些材料加工性能较好，而产品性能却达不到我们的要求，这也要添加助剂，以改变其产品性能。当然，这两种作用是相辅相成的，并且有时是为了同时达到这两种目的。

这里先介绍能够改变塑料印刷薄膜使用性能的助剂，对助剂的一般要求如下。

一、塑料印刷薄膜相容性

一般来说，助剂只有与树脂间有良好的相容性，才能使助剂长期、稳定、均匀地存在于薄膜中，有效地发挥其功能。如果相容性不好，则易发生"迁移"现象。表现在液体助剂中就为"出汗"，表现在固体助剂中为"喷霜"现象。但在对薄膜要求不太严格时，仍然可以允许其相容性欠缺一些，如填充剂与树脂间相容性不好，但只要填充的粒度小，仍然能基本满足薄膜性能要求，当然若用偶联剂或表面活性剂处理一下，则更能充分发挥其功能。但是有一些改善薄膜表面性能的助剂如开口剂、抗静电剂等则要求其稍微有一些迁移性，以使其在薄膜的表面发挥作用。

二、塑料印刷薄膜耐久性

耐久性是要求助剂长期存在于薄膜中而基本不或很少损失，而助剂的损失主要通过三条途径：挥发、抽出和迁移。这主要与助剂的分子量大小、在介质中的溶解度及在树脂中的溶解度有关。

对加工条件的适应性：某些树脂的加工条件较苛刻，如加工温度高，此时应考虑所选助剂会否分解，助剂对加工设备有无腐蚀作用。

三、塑料印刷薄膜用途对助剂的制约

不同用途的印刷薄膜对助剂的气味、毒性、耐候性、热性能等均有一定的要求。例如装食品的塑料袋，因要求无毒，故所用的助剂与一般包装用塑料袋的助剂是不同的。

助剂配合中的协同作用和相抗作用：在同一树脂体系中，有的两种助剂会产生"协同作用"，也就是比单独用某一种助剂，发挥功能大得多。但如果配合不当，有些助剂间可能产生"相抗作用"，这样会削弱每种助剂的功能，甚至使某种助剂失去作用，这一点应特别注意，如炭黑与胺类或酚类抗氧剂并用就会产生对抗作用。

四、塑料印刷薄膜常用性能助剂

增塑剂，顾名思义是增加材料的塑性，即添加到树脂中，一方面使树脂在成型时流动性增大，改善加工性能，另一方面可使制成后的薄膜柔韧性和弹性增加的物质。

热稳定剂是以改善树脂热稳定性为目的而添加的助剂，主要用于聚氯乙烯及氯乙烯共聚物的加工。

增塑剂和热稳定剂主要用于 PVC 制品的加工，这两种助剂的功能和使用将另文介绍。

第九节　水性塑料复合印刷油墨生产工艺与技术举例

水性塑料复合印刷油墨是采用纳米级超细有机颜料及水性高分子乳液和相关助剂通过化学反应过程和物理混合而制得，无 VOC 等有机溶剂含量，无毒、无味、不易燃易爆，加水就能印刷；能广泛适印于 OPP、PET、CPP、PA、AL 等复合塑料基材；在配套齐全的高速印刷机上印刷速度能达到 $150\sim180m/min$，色彩展色率高，层次过渡清晰，专门为塑料凹版里印复合印刷而设计的水性油墨。

一、水性塑料复合印刷油墨产品特性及类型

水性塑料复合印刷油墨产品特性：①超细纳米颗粒，性能稳定，乳液与色浆包膜完整。②粒径小，分子之间排列整齐，快干性好。③色彩鲜艳，光泽度高，层次过渡清晰，流平性佳。④色浓度高，流动性好。⑤附着力及耐水性强。⑥无 VOC 等有机溶剂含量，无毒、无味、不易燃易爆。⑦加水就能印刷。

水性塑料复合印刷油墨产品类型：①普通型。包装结构为 PET/PE、OPP/CPP、PET/PE 等，主要用于休闲食品包装印刷专用。②水煮型、冷冻型。包装结构为 PA/PE、PET/PA/PE 等，主要用于冷冻调理食品包装印刷专用。③特殊耐高温型。包装结构为 PET/PA/AL/CPP、PET/PA/RCPP 等，耐高温 $121\sim135℃$，高阻隔食品包装袋。

二、水性塑料复合印刷油墨产品应用

过去，人们对油墨的关注大多停留在颜色和流变性能等方面，而当前环保呼声越来越高，印刷商在生产中要严格执行环境保护标准，因此，印刷原材料供应

链上的各个环节也产生了连锁反应。为消除油墨溶剂体系释放的 VOC，印刷商开始寻求新的油墨产品，水性油墨正是应运而生的一种新型环保印刷材料，特别适用于烟、酒、食品、饮料、药品、儿童玩具等卫生条件要求严格的包装产品，在特定的包装市场具有显著的增长潜力，是油墨行业发展的新方向。

三、印刷油墨及承印材料测试

为测试水性塑料复合印刷油墨的印刷适性，采用了 PET 薄膜、PE 薄膜和 BOPP 薄膜等承印材料。

1. 原料与辅助材料

溶剂：水、异丙醇。

树脂：315 树脂、310 树脂、M04 树脂、317 树脂、54 树脂、Z604 树脂、36 树脂、81 树脂、73 树脂、14 树脂。

颜料：艳红、立索尔大红、联苯胺黄、酞菁蓝、炭黑、钛白粉。

此外，还有分散剂、消泡剂。

2. 设备及检测仪器

SGM-1.4L 砂磨机、美国 5400 红魔鬼搅拌机、刮墨棒、酸度计、美国产展色轮、光泽计、QXD 型刮板细度计（$0 \sim 50 \mu m$）、$3^{\#}$ 察恩杯、同济旋转黏度仪、英国 R-K 印刷试验机。

3. 水性油墨配制

按配方准确称量各原料，搅拌均匀后送入砂磨机均匀分散，直至细度合格，逐步加水研磨至细度达到指标要求，加兑乳液即可出料。

四、水性塑料树脂、连结料、胶黏剂的选择

1. 水性树脂连结料的选择

连结料的主要成分是树脂，它是水性油墨的心脏。油墨的黏度、光泽度、抗水性、干燥性、流动性、转移性和固着性等性能主要由连结料决定，油墨的耐酸性、耐碱性和耐溶剂等性能也与连结料有一定的关系，因而水墨的开发重点在于油墨连结料的研发。

选择水溶性树脂的重要指标是分子量（M_w）和酸值（AV），而其中又以分子量最为重要。具有高固体含量的低分子量树脂，可以使油墨具有较高光泽度，减少水分蒸发，加快干燥速度。高酸值树脂在油墨中复溶性高，可改进颜料的润湿性，但会降低耐湿磨性。低酸值树脂耐碱性和耐洗涤剂性好，但颜料的分散性和复溶性较差。

选用丙烯酸树脂作为水性油墨的连结料，油墨在光泽度、耐候性、耐热性、

耐水性、耐化学性和耐污染性等方面都具有显著的优势，在直接分散溶解或合成高分子乳液时，也具有优良的性能。所以，目前国外大多数采用丙烯酸酯类碱溶性树脂及马来酸酐等改性丙烯酸酯树脂作为水墨成膜树脂使用。

聚合物之所以具有可溶性，是因为树脂中含有亲水官能团（—O—、—COOH、—NH$_2$、—OH），胺中和侧链上的羧基成盐具有水溶性。

采用成盐胺化法是高分子水性化常用的方法，含一定量酸性官能团（羧基、磺酸基、酸酐）的高分子，在酸值为 30～150 时，用胺中和盐，即可形成高分子水性体系。综合考虑墨膜附着力和油墨的黏性，选择丙烯酸树脂作为研磨分散颜料的连结料效果较好。

2. 胺化剂的选择

胺的用量和种类对树脂水化及水化后的成膜性能有较大影响，要求胺化剂可挥发，稳定性好，气味较小。水化程度越高，油墨的黏度越大，达到水溶性及储存稳定性的要求后，没必要进一步水化至 100％，一般 pH 值控制在 7.5～8.5 为佳。

在用于树脂水化的几种胺中，以氨水作为胺化剂干燥最好，但氨水容易挥发，导致树脂液稳定性不好。从黏度和光泽度考虑，以二甲氨基乙醇最合适，但从成本和性能上综合考虑，二甲氨基乙醇价格较高，可选择氨水加少量 AMP，以弥补氨水不稳定易挥发的不足，同时也提高了油墨的显色性。

3. 乳液型树脂的选择

乳液型树脂是主要的成膜树脂，通过控制乳液的流变性可保持油墨的最终性能。例如高 T_g 值（玻璃化温度）乳液能增加墨膜的硬度、光泽度、耐热性，并加快墨膜的干燥速度。低 T_g 值乳液具有优良的成膜性并能增加墨膜的耐水性、耐油脂性和柔韧性，以及对无孔承印物，如聚乙烯、聚丙烯、聚酯薄膜及铝箔的附着性。

通过对多种成膜树脂进行复配研究及正交试验，再确定适宜的乳液型树脂及水墨配方。配制的油墨在 BOPP 薄膜上进行凹版印刷并复合制袋，印刷时可通过红外加热或高频加热干燥，印刷速度达 20～80m/min，剥离强度在 2.8N/cm 以上。

4. 溶液型胶黏剂的选择

塑料薄膜与印刷油墨纸用丙烯酸酯溶液型胶黏剂原材料与配方：

① 组分

组成	用量/质量分
丙烯酸酯单体	70～93.5
丙烯腈或甲基丙烯腈	5～15
丙烯酸羟丙酯或羟乙酯	1～10

丙烯酰胺或甲基丙烯酰胺	$0.5 \sim 5$
双酚 A 环氧树脂	适量
② 组分	
固化剂（多异氰酸酯）	适量

五、制备方法、性能及应用

1. 制备方法

首先将所有共聚合的单体用碱洗或减压蒸馏法除去阻聚剂。溶剂为乙酸乙酯和甲苯。引发剂为偶氮二异丁腈（AIBN）或过氧化苯甲酰（BPO）。

在装有搅拌器、回流冷凝器、温度计和滴液漏斗的四口瓶内，加入 30g 溶剂，升温至预定温度，同时搅拌，采用缓慢滴加方法，将 100g 混合单体及 80% 的引发剂于 2h 内滴加完，使体系总处于回流状态。再反应 4.5h 后，补加所余 20% 的引发剂，再反应 2h，冷却、出料。

2. 配方及性能

按照最佳配方及工艺条件得到的可固化丙烯酸酯溶液型胶黏剂，对聚丙烯薄膜（电处理过）和印刷油墨纸的复合，可得到优异曲粘接效果。以缓慢的撕裂速度也能达到纸撕裂，即使放置一周后也没有脱离或凸起的现象，即耐油墨性好，同时由于丙烯酸酯胶黏剂固有的优异光泽性，使复合的成品光亮度、外观极佳，是其他胶黏剂不可比拟的。

3. 印刷油墨应用

适用于印刷和包装工业，特别是聚丙烯薄膜与印刷油墨纸的粘接。

第十节 新型冷饮印包珠光薄膜工艺特点及制作工艺

我国目前国内冷饮印包得到了飞跃的发展，实现了冷饮印包形式多样化，产品功能多样化。据有关报道数据显示，冷饮印包占软包装的比重达 23%，目前有部分软包装彩印企业正专注冷饮印包加工，旨在打造专业品牌企业。根据相关数据显示，我国冷饮印包目前正以 30% 速度发展，资深专家预测冷饮印包的高速发展，不仅会带动相关产业发展，更让软包装企业看到了广阔的前景。

一、珠光膜的工艺特点及应用

冷饮包装从以前的单层塑料薄膜印包形式，正逐步转向多层形式的印包，其功能性如阻隔性、超低冷冻性更佳，结构也呈多样化，例如 BOPP/BOPP（珠光）、BOPP（珠光）/PE、BOPP（珠光）/CPP 等。冷饮印包目前正向高档次方向发展，例如 PET/AL/CPP、PET/CPE、PET/L/NY/CPP（CPE），不仅要求包装产品各项性能符合质量要求，保证内容物不发生变质现象，同时对相关材料如油墨、薄膜、复合胶粘剂也提出更高的要求。目前市场上和露雪、伊利等名牌冷饮印包产品就是很好的例子。BOPP 珠光膜成为现在印包的新宠，主要是由于该材料阻隔性优良，同时由于该薄膜材料在实际的生产加工过程中加入一定量的 $CaCO_3$ 和珠光颜料，具有一定的珠光效果，装饰性很强。珠光膜在我国的发展历史并不长，但包装的需求发展很快。珠光膜是用聚丙烯树脂为原料、添加碳酸钙和珠光颜料等，混合后经双向拉伸而成。由于采用机械发泡法，所以珠光膜的比重仅 0.7 左右，而 PP 比重是 0.9 左右，所以软包装企业愿意选用，因为价廉且装饰性好、性能优良。如果要制作成剥离强度很好的热封袋就必须进行复合，也就是进行复膜加工。珠光膜在实际的产生过程中，微粒状的 $CaCO_3$ 母料均匀分散在均聚 PP 中，当 PP 进行拉伸时形成许多孔洞，正是这些孔洞折射光线形成了珠光效果。除热封型珠光膜 BOPP 外，还有三层共聚非热封型 BOPP 珠光膜，即两层均聚 PP 夹一珠光层。实际上常采用 BOPP 珠光/LDPE（CPP）复合来满足我们的客户。BOPP 珠光膜有银白珠光色，可以反射较多光线，其阻气性、阻水性也比其他品种的 BOPP 薄膜优良。厚度为 $35\mu m$ 的双面热封型珠光膜 BOPP 可以直接用于雪糕、冰激凌等冷饮包装，也可以用于糖果枕式包装、巧克力、香皂的防护包装。厚度为 $30\mu m$ 的双面热封 BOPP 珠光膜广泛应用于饼干、甜食、糖果、风味小吃等包装。BOPP 珠光膜除软包装上的应用外，还有相当一部分用在礼品包装上，一条精致的小彩带就可以表达情谊。珠光膜在冷饮印包上的广泛采用，主要和它的使用经济性及本身的特点有很大的关系。

二、珠光薄膜的印刷工艺与复合

珠光膜的购进一定要进行相关的检测：电晕处理值要符合质量要求，但最重要的还是要检测珠光反射效果。我们的做法是：取一小张珠光膜，在透光的地方手托材料让光线透过，左右移动膜面，我们将会发现珠光的分布情况。有时会是发暗、微黄的感觉；有时会是银光闪闪的感觉。如果我们将两张不同厂家的珠光膜进行比较，就很容易发现问题的所在。我们建议企业要选用反射光线好的膜，不选用微黄色的膜等不符合质量要求的材料。因为现在的冷饮珠光膜复合产品都有一个共性现象，就是印刷上的油墨很少，珠光膜什么样的颜色就会直接反映在印刷产品上。珠光膜的保护也很重要，一般应将要使用的珠光膜放置在通风干燥处，并用 PET 进行包扎，保存不当对复合性能将有一定的影响。

采用凹印方式印刷的珠光膜一般选用双面热封型膜，凹印油墨一般采用聚酰胺表印油墨，但也采用里印油墨。印刷顺序一般采用表印的方法，即先印刷黄或者红色，再印刷黑色。印刷时注意张力的控制和干燥温度的控制；另外，珠光膜的收卷也很重要，建议不收太紧以防粘连故障。现在凹版印刷机收卷装置由原来的手动调节弹簧控制张力演变成利用电子变频自动控制（如广东汕漳机械和中山松德机械的设备）。

三、珠光薄膜工艺印刷中常见的故障

（1）咬色　咬色现象是前一色印刷的油墨在套印时反粘到下一色的印版上，在后一色上明显可以看到前一色的颜色。

咬色的原因：①前一色油墨干燥不充分，下一色的干燥速度快，造成黏性瞬间增大，把前一色粘下；②油墨中树脂的溶解性太好，使油墨容易再溶解；③印刷速度过慢，使印刷薄膜的图案部位在印版上停留时间较长；④后一色印刷压印滚筒压力太大。

咬色的解决对策：①前一色使用快干溶剂，提高前一色的干燥速率；②提高印刷速度；③向第二色的版面吹风；④降低印刷压力，更换油墨。

（2）堵版现象　凹印方式印刷珠光膜容易产生堵版，一般表现为：浅版处油墨无法转移；深版处油墨转移量减少，通常从 $50\%\sim70\%$ 下降到 $20\%\sim30\%$。

产生原因：①印刷中，随着溶剂的大量挥发，油墨黏度增大，油墨无法进入细小的网点中，网穴内部的油墨逐渐干固导致严重堵版；②印刷中，刮刀位置距版滚筒远或角度不合理，版滚筒直径大或版滚筒进入油墨槽的深度不当，造成严重堵版（后一种情况在国产印刷机上常见）；③印版网线雕刻深度不适宜，网眼的角度不适宜；④印刷时环境温度过高，使溶剂挥发过快，造成堵版（夏季容易发生）；⑤油墨本身反应引起，特别是添加了固化剂系列的油墨，随着应用时间的加长，油墨固化于印版网穴内，逐渐减少了印版的深度导致堵版。这一点要求我们在使用固化剂油墨时，应时刻检查堵版的情况；⑥油墨配方设计不合理，使用了干燥速度高的溶剂。

解决措施：①调整油墨的干燥速度，根据实际的印刷情况使用一些慢干溶剂；②添加调墨油，改善和提高油墨的流动性；③印刷结束后，立即将印版清洗干净；④根据实际印刷的情况及时添加合适的溶剂，尽量保证油墨的印刷黏度一致；⑤重新设计油墨配方，降低油墨的初干性，增加油墨的流动性及转移性能；⑥对于使用固化剂引起的堵版，只能采用如下措施：尽可能不加或少加固化剂，确实要加时，印刷中时刻注意堵版现象发生，并及时清理。

干式复合珠光膜时，BOPP 珠光膜一般是作为复合材料来使用，并具有很好的热封性能。常见的复合结构有 BOPP/BOPP（珠光）、BOPP 珠光/PE（CPP）等，干式复合珠光膜主要进行材料张力的控制和平整性的控制。举例说明。制作 BOPP/OPP 珠光复合膜标签产品，标签规定长 20cm、宽 0.8cm，产品不进行热

封而是通过合掌机进行双面胶的贴合，就可以分切制出成品。我们可以看出产品一是不进行热封，二是面积很小。我们可以想象产品不平整将无法进行加工，不进行热封就像一张纸一样，所以平整性很重要。进行复合加工产品的平整性好与不好，张力控制很关键。当然也不排除因为黏合剂的原因或者其他温度控制的因素的影响。像上面提到的复合结构膜，放卷张力要小一些，是从实验得出的看法。检测复合产品的平整性有个技巧很实用，就是将复合产品的中间用刀片轻轻一划，然后仔细观察产品刀口处是向内弯还是向外卷翘，如产品向内弯曲，则说明复合材料的张力过大。

（3）层间剥离强度差　珠光膜复合产品剥离强度不高的原因分析与理解。剥离强度不高是个比较笼统的概念，其实软包装的剥离强度问题主要包括层间剥离强度问题和热封剥离强度问题，对此很多人都理解不透彻或混为一谈。

层间剥离强度差的原因：①珠光膜材料或印刷 BOPP 材料表面张力低，不符合印刷或复合要求；②干燥温度控制不当或使用的溶剂大量残留影响剥离强度；③印刷油墨与印刷基材不亲和，相容性不好；④选择的黏合剂不合；⑤复合烘箱温度控制不当，对溶剂挥发造成严重影响；⑥复合辊温度太低；⑦熟化时间或温度控制上出现问题。双组分聚氨酯黏合剂熟化时间一般控制在 24～48h，熟化温度控制在 50℃左右。

解决方法是：①提高材料的表面张力。BOPP 为 38dyn，PET 为 50dyn。②调整印刷温度或降低印刷速度，对溶剂进行调节。③严禁混用不相同的树脂体系油墨。④更换黏合剂。建议选择专用的黏合剂如 KH-B70/102。该黏合剂主要特点是，胶体柔软，抗冷冻性特别好，产品不发硬，高流动性，使用成本更低，固化速度快，8h 就可分切加工，复合适性及产品平整性佳。⑤提高胶水的浓度，检测刮刀的角度，检测涂胶辊的网孔深度与线数。⑥温度采用由低到高的控制方法，另外要考虑排风系统的风速问题，或降低复合机速。⑦提高复合辊温度。其实复合辊温度的高低，应该与机速、材料的厚薄有很大的关系，还与胶水的性质有关系。⑧控制好熟化时间和温度。

（4）冷饮包装专用黏合剂　现在冷饮食品企业对包装质量很重视。根据调查，冷饮食品企业对包装袋的主要要求是：①具有超强抗冷冻性，内容物不发生任何质量问题；②塑料包装产品不发硬，平整性好；③包装产品剥离强度高，阻隔性能优异；④要求印刷企业供货及时，保质保量。

很多印刷企业生产的冷饮包装产品在低于－30℃的环境下，产品发硬，影响内容物，甚至随着时间的延长，剥离强度也下降。其原因除材料和工艺上的控制问题外，还与黏合剂本身有很大的关系。冷饮包装企业对此很关心。为杜绝发生质量问题，我们建议选用冷饮包装专用胶黏剂。根据我们的实践，中山康和化工有限公司生产的冷饮包装专用黏合剂 KH-JL660/KH-160，是针对冷饮、果冻等包装膜的功能型双组分聚氨酯复合胶黏剂，应用效果不错。

第五章
塑料薄膜印刷中常见故障与质量问题

第一节　塑料薄膜印刷中的有关问题

一、印刷中照相制版的工艺要点原理

凹版印刷起源于中世纪的雕刻凹版画，它与平版印刷、凸版印刷、孔版印刷一样，是印刷工艺的重要组成部分，也是现代印刷中的一种主要印刷方法。

二、印刷版网穴深浅状况的影响

一般受到印刷速度的高低；压印胶辊材质的软硬和压力的大小；刮刀位置的高、低，刮刀的角度是否合适；以及印刷工作环境空气湿度的大小，生产室温等诸多因素的影响。

三、计算塑料印刷油墨用量

如何计算在实际生产时要预备的油墨用量？若预备的用量太多，在生产后往往会剩余大量废墨，既浪费成本，又增加废墨库存。若预算过少，员工又要重新配制，甚至停机等待，以致影响生产进度。

首先，我们要知道有何重要因素会影响油墨用量。基本上，油墨用量会受以下几个因素影响。

1. 印刷机的最少上墨量

当油墨放进印刷机时，并不是都会被转移在塑料纸张上。油墨会经过很多不同的滚筒，并分散及转移其上，最后印刷在塑料纸上。所以，有部分并没有用于印刷，并损耗在印刷机上，覆盖滚筒。再加上墨斗亦要预留一定的油墨量以稳定供墨，因此滚筒上及墨斗内的油墨应要计算在使用量内。这个用量可以理解成印刷机的最少上墨量。特别要留意不同品牌及型号的印刷机，其最少上墨量会不同。当然，印刷数量越多，印刷机的最少上墨量便会变得越无关紧要。

2. 印刷面积

印刷品的专色面积与墨量成正比。专色面积越大，油墨用量越多。因此，印刷品专色面积会用作计算墨量。如果印刷面积的图案较规则，当然可以很容易利用数学的不同图形公式计算面积，否则，则可用以下方法计算：

① 先把图案复印在复印纸上；

② 然后把图案从复印纸上剪出来；

③ 把剪出来的图案放在天秤上计算重量；

④ 再把空白的复印纸剪成 10cm×10cm 的方块；

⑤ 把 10cm×10cm（100cm²）的方块放在天秤上计算重量；

⑥ 图案面积便可以通过以下公式计算：

$$图案面积（cm^2）＝\frac{图案重量}{方块重量}×100$$

3. 印刷品数量

印刷品数量直接与油墨用量有关。印刷数量越多，油墨用量亦会增加。

4. 油墨损耗率

一般印刷过程，除了部分油墨会损耗在滚筒上，有些会在机头作测试印刷效果时损耗。此外，因油墨损耗率可用作调节计算墨量的误差，操作员可自行决定是否要就此作评估。

5. 印刷油墨厚度

印刷专色油墨厚度，并不直接代表印刷密度，故不能用一般密度计 Densi-tometer 计算。由于油墨厚度相当薄，在不能用密度计及尺量度厚度时，可借助油墨定性仪或展墨机用间接的方法计算。

专色油墨越厚，则油墨用量会越增加。故在印刷前要先决定油墨的印刷厚度，以便计算油墨用量。不要为了节省油墨用量而减少油墨厚度，因为某些颜色要在特定厚度下才能印刷出来，但是油墨过厚，也会产生其他印刷问题。

6. 油墨密度

油墨密度是指每立方厘米的油墨重量，此参数可利用油墨定性仪或展墨机计算。

计算油墨用量时首先要知道每张印刷品的基本油墨用量，利用专色图案的印刷面积及油墨厚度，可知道一张印刷品的油墨用量体积，接着再利用油墨的密度，把体积用量换算成重量，便可算出一张印刷品的油墨用量。其计算式为：

一张印刷品油墨用量（g）＝印刷面积×油墨厚度×油墨密度

计算出一张印刷品的油墨用量后，便可计算整个印刷订单的油墨用量，然后再加上油墨损耗率及印刷机最少油墨用量，便可计算生产时的油墨用量。

生产油墨用量＝一张印刷油墨用量×损耗率×印刷数量＋最少油墨用量

四、塑料薄膜印刷中油墨颜色与上墨率的有关问题

1. 印刷品上油墨颜色的色差产生的主要原因是什么?

不同时间印刷机油墨槽内印刷油墨的浓度高、低(稠、稀)不同,也就是油墨的黏度不同,致使印刷品上油墨量的大小不等。

将印刷品的色差降低到最小,在凹版印刷全过程中,就得保持油墨黏度的相对稳定性和一致性。油墨的黏度,常常因印刷环境的温度变化而变化。

印刷时最佳室温为 18~25℃,空气湿度为 55%~60%,油墨在出厂时,黏度测定的环境温度是 20~25℃。

2. 油墨循环差发生印刷品颜色的差别?

油墨长时间暴露在空气中,因溶剂挥发会使油墨稠化,而使印刷品的颜色产生差别。如要保持油墨循环流畅,具有良好的品质和流动性,最好采用油墨循环系统,以保证方便添加稀释剂,及时添加新油墨。

墨盘(槽)中的油墨流动不畅时,沉淀更会促进合成色的析出分离。调色时如搅拌不充分,随着印刷的进行,深颜色或白色会出现浮色。

3. 油墨稀释剂配制是消除印刷品上色差的关键?

印刷进行得是否顺利和印刷品是否精良,油墨稀释剂的配制很重要,凹印油墨浓度(稠稀)的大小、黏度的高低,直接影响印刷品的色差和印刷图案的清晰度,油墨调制不当,会造成印刷废品率的上升,甚至影响印刷的速度。

不同性能的油墨要设定不同的溶剂混合,需要根据印刷操作的环境温度、湿度、印刷设备、印刷速度、印刷版辊的不同,拟定溶剂的配制比例。

4. 凹版印刷品上油墨颜色的差别,主要取决于油墨的浓度和转移率?

首先印刷油墨的着色率,取决于印刷油墨黏度的大小,也就是印刷油墨的浓度(稠、稀)。其次是印刷油墨干燥得快、慢(干燥的速度)。

5. 印刷机速和油墨干燥的速度影响印刷品的上墨率?

印刷速度和油墨干燥速度的变化,都会引起印刷品上油墨颜色的改变。刮刀的位置、刮刀的角度、刮刀的压力、压印胶辊的材质软硬和压力对墨色,特别是浅层次部位油墨的颜色有较大的影响。

初次印刷时,有必要在油墨内添加 10% 的冲淡剂。随着印刷品量的增加,要根据印版辊(滚)筒磨损的程度,逐渐减少冲淡剂的量,来求得前后印刷油墨颜色的一致。

五、一般塑复薄膜纸张印刷常见故障问题及质量问题

塑复薄膜纸张印刷常见故障问题是套印不准,即图文和塑复薄膜纸张之间位

置配合不准确。下面为叙述方便，将塑复薄膜纸张简称为纸张。

一般纸张通过纸路传递，图文通过水、墨路传递。纸路传送不准确，水、墨路传递不准确，以及纸路同水、墨路的配合不准确等都可能造成套印不准。

从纸路来看，套印准确就是纸张在印刷过程中的每一环节的位置不随时间、条件的变化而变化，只要其位置发生变化，就会造成套印不准。线路套印不准一般分为前后套印不准、左右套印不准、左右及前后同时套印不准。因此，分析纸路套印不准时，就要找那些造成纸张位置（前后、左右、前后及左右同时）变化的因素，采取相应措施加以解决。

1. 纸路造成全部套印不准如何解决?

① 规矩定位不准确。仔细检查前规和侧规的工作状况，前规什么时候结纸张定位，侧规什么时候结纸张定位，按说明书的要求将其调节好。同时要注意前规及侧规的高度是否符合要求。

② 递纸牙取纸不准确

a. 递纸牙取纸时抖动，造成交接不稳。调节递纸牙的靠塞，使其在输纸板上保持静止，而且过渡最平缓。

b. 递纸牙取纸时轴向窜动。调节轴向锁紧螺母，使其有 0.03mm 的窜动量即可。

c. 递纸牙的咬力不足，纸张滑动。增大咬力，尤其是高速时应注意这一点（主要是由纸张的惯性引起的）。

d. 递纸牙开闭牙时间不准确。重新调整开闭牙时间。

③ 递纸牙和规矩之间配合不准确

a. 递纸牙还未取纸时，规矩部分已放开纸张。调节规矩使递纸牙和规矩之间有共同的交接时间。b. 规矩还未定位完毕，递纸牙就取纸，按上述调节。c. 递纸牙叼纸离开输纸板时，规矩部分还未放纸。调节规矩使其提前放纸。d. 上摆式递纸牙的牙垫高低不合适。如太低，容易对纸张形成冲击，使纸张移位；太高，递纸牙合牙时将纸张向上拉，纸张的位置也会发生变化。应仔细检查其在输纸板上的高低位置。一般其高度应为纸张厚度＋0.2mm，即与前规帽和侧规压板的高度一致。

④ 递纸牙和前传纸滚筒（或压印滚筒）之间的交接不准确。a. 交接时间太短。调整相应开闭牙凸轮的位置。b. 牙垫之间的距离不合适。重新调节，使其距离为纸厚＋0.2mm。不过一般此距离不宜调节。

⑤ 压印滚筒咬牙的咬力不足，纸张在压印滚筒内滑动

a. 牙片的压力太小。增大牙片的压力。b. 牙垫的摩擦系数太小。更换牙垫。c. 油墨的黏度太大。加调墨油或撤黏剂降低油墨的黏度。d. 橡皮布表面发黏。更换橡皮布。e. 印刷压力太大。减小印刷压力。

⑥ 后传纸滚筒咬牙的咬力不足，纸张在咬牙内滑动时，由于一般机器上的后传纸滚筒都参与了后半部分的印刷过程，所以对其要求同压印滚筒。

⑦ 其他滚筒咬牙的咬力不足。其故障排除方法可参照④、⑤。

⑧ 收纸链排的咬力不足，其故障排除方法同⑥。

⑨ 所有滚筒的轴向窜动都会造成套印不准，一般用双螺母机构限制滚筒的轴向窜动。如发现轴向窜动量超过规定要求（＞0.03mm），调整锁紧螺母，使其完全锁紧后，再反转1/3转即可。调完后，一定要把螺母锁紧。轴向推力轴承磨损也会造成滚筒的轴向窜动，如有磨损应及时更换。

2. 纸路造成的局部套印不准如何解决？

局部套印不准指的是纸张的局部位置在印刷过程中出现相对滑动。

① 只有两个前规定位时，纸张在到达前规时，中间部位向前突出，纸越软，这种情况越明显。可降低速度或增加前规的数目，从而使纸张前四在规矩处准确定位。

② 送纸牙上个别叼牙的咬力不足，从而使该处纸张的前四位置发生变化增大，需压力或更换牙垫。

③ 递纸牙的咬纸量不均匀，一边多，一边少，咬纸量少的部位容易出现相对滑动。可调节前规使其咬纸量均匀。

④ 压印滚筒上个别咬牙的咬力不足，需更换牙垫或增大咬纸力。

⑤ 局部印刷压力过大，造成纸张前进的阻力增大，从而造成该处的纸张移动，检查橡皮布和衬垫，重校印刷压力。

⑥ 印版表面图文分布不合理，实地面积大的部位，纸张容易出现相对滑动，可加调墨油或减小印刷压力。

⑦ 纸张通水膨胀，从而造成纸张后半部分甩角，可将纸张在印刷前先进行调湿处理。

3. 水、墨路造成的合印不准如何解决？

① 印版松动。由于印版松动，印迹的位置在印刷过程中是变化的，所以不可能套印准确。调整紧固螺钉，卡紧印版。

② 印版下面的包衬不合适，使印迹变大或变小，从而造成套印不准，需重新检测衬垫的厚度，按技术说明书重新垫包衬。

③ 橡皮布松动。由于橡皮布松动，因而每次印迹位置都有变化，从而造成套印不准。

④ 上水量太大，致使纸张的张力变小，纸张容易受拉变形，应减小上水量。

⑤ 上墨量太大，致使纸张在叼牙中滑动，可降低油墨的黏度。

4. 制版部分造成的套印不准如何解决？

① 拼版拼的不准。印刷时以十字线或角线为基准线，拼版时也是以十字线

式均线为基准。如果图文与规矩线之间的位置配合不准确，则印刷时要套印准确是极其困难的，有时甚至是不可能的。因而应最大限度地提高拼版的精度。

②　晒版时晒的不准。如果是一晒的话，一般不存在这个问题。两晒或两晒以上就容易出现这样的问题。因而应尽量避免晒两晒以上。如必须这样做，则应先晒台纸。

③　拉版时版材变形。由于印版抵抗变形的能力差，受到较大的力后容易出现变形，有时甚至会出现裂口。因而拉版时不宜用太大的力，拉不动时应仔细查找原因。

④　工艺编排造成的套印不准

a. 多色叠印容易出现套印不准，叠印的次数越多，误差的可能性就越大，因而应尽量减少叠印次数。b. 多色叠印的反白字或线条最容易出现套印不准，因而在这些场合应尽量采用专色代替叠印。另外，也可采用合理的工艺使叠印次数最少，造成误差的可能性也就最小。

5. 凹版预印套印不准如何解决？

纸张在印刷过程中严重收缩，造成套印不准。纸张是印刷过程中不可缺少的原辅材料之一。外界的温度、湿度，印刷车间的温度、湿度，都会对纸张的干湿性产生一定影响。

印刷时，各色组烘干箱温度设置过高，纸张会严重收缩，各色组套印识标会产生不同程度偏、跳动，致使套印"露白"，造成电脑自动跟踪套印系统接收的颜色感光信号强弱不同，不能把套印识标锁定在特定位置，从而使套印出现偏差，影响印品质量。解决方法是保持印刷车间恒温、恒湿，适当降低烘干箱温度。

压印辊控制压力不平衡，造成跳动，出现这种现象应首先排除人为因素（如装卸压印辊时位置不能完全吻合出现偏差）。造成压印辊两端压力不平衡的一个主要原因是气路系统漏气，即连接压印辊两端的汽缸，因气压不足或两端压力调节不平衡造成压印辊在印刷时不能保持恒定，产生上下跳动，时间长了就会造成压印辊外周变形，纸张拉力松紧不定，产生套印不准。解决方法是：检查气路系统，确保气路不漏气，并更换漏气的气动元件和压印辊，使压印辊与印版在印刷时吻合顺畅。

跟踪电眼自身的问题造成套印不准。跟踪电眼是一种感应式光电传感器，其工作原理是通过感应印刷识标上的颜色，把反射的光信号转换成电信号，经模/数转换电路处理，把数字信号送到电脑进行定位跟踪。如果电眼与印刷识标之间距离太远，电眼聚光点未正对印刷识标，电眼外镜面被纸粉覆盖，电眼内发光灯泡烧坏，都会造成信号变弱，或无信号返回，致使电脑套准系统跟踪缓慢、失灵，不能及时纠正套印偏差，使印品出现套印不准现象。解决方法是：清洁电眼镜面，调节纸与电眼间距离，使电眼正对印刷识标（如果发现电眼发光灯泡烧坏，应及时更换），同时仔细观察电脑套印波形，直到印刷色相内十字识标稳定。

送纸张力设置不当或张力装置发生故障，造成套印不准。凹版预印机色组较多，走纸距离长，为确保输纸稳定，一般在入纸口和出纸口设置一套张力缓冲装置。应根据纸张的不同特性（如纸张的厚薄，干湿度，环境温度、湿度等）设置张力的大小。如果张力参数设置不当，或张力装置发生故障，就会造成纸板在印刷时左右晃动，印刷色相十字识标不能保持在有效范围内，使套印识标左右不停跳动，套印出现偏差。

解决方法是：根据纸板特性设置好输纸张力参数值，使纸板能稳定输送。如果张力装置发生故障，应找电气技术人员维修。自动套准跟踪系统部分环节失控或不工作，从而影响套准。自动套准跟踪系统是印刷套准的"神经中枢"，它把来自跟踪电眼的光信号经过电脑分析处理，把处理后的控制指令输送到各印刷色组的套准控制板，使控制指令转换成电信号发送到与之对应的套准马达，自动调整套印偏差。

在实际工作中任何一个环节出现故障，都会造成套准马达失控不停机或不工作，不能及时纠正印品偏差，就会造成套印不准。解决方法是：对每个环节都进行检查，直到找出问题所在。发生自动套准跟踪系统失效的情况，大部分是因为套准控制板自身故障造成的，也不排除套印马达自身存在问题。为进一步确定问题是否出在控制板，可用一新控制板或用另外色组上的控制板进行替换，然后进行测试找出问题所在，如控制板正常，则问题出在套印马达，修理马达即可。也有一种情况是：传动齿轮与版轴未锁紧，致使印版滚筒发生移位，造成套印不准。凹版预印机各色组都有一套独立的锁定装置，使版轴与传动齿轮相连接，此锁定装置如果未锁紧，将导致印版滚筒在高速运转时出现前后移动，造成套印不准。解决方法是：检查锁定装置是否损坏，传动齿轮与版轴是否出现滑移，并加以锁固。

6. 塑料印刷中多色印刷套印不准原因分析及排除？

（1）套印不准原因分析

① 设备原因。在长期生产过程中，设备的某些主要部件磨损，如闷头未装正，印刷轴弯曲、搭牙磨损，套筒轴不加油造成磨损，牵引辊不干等会影响套印不准。

② 印刷版辊各套色压力不均，印版辊左右两端压力不均，印刷辊松动等造成套印不准。

③ 工艺技术方面，开、收卷张力控制不平衡，操作失误，风热量不适当，张力失调等影响套印不准。

④ 制版各套规格不符（超过正常误差范围）造成套印不准。

⑤ 油墨黏度大，影响套印不准。

⑥ 薄膜性能变化（厚薄不匀）影响恒张力，造成套印不准。

⑦ 主观因素方面，要认真操作，按规定检查产品质量，注意以下问题。

a. 印刷版拉伸变形。金属版材都有一定的延伸性，在拉力的作用下会产生拉伸变形，而锌版的拉伸变形更为明显。一般情况下，发现套印不准，大都可以通过拉伸印版来调节。当版面受到外力拉伸时，印刷版紧紧贴在滚筒壳体表面，拉力越大，版面拉伸变形越大，且拉伸变形的分布不均匀，在版的叼口边和拖梢边受力最大，其拉伸变形也大，里边受力小，拉伸变形也小。因此，通过拉版不一定能解决套印准确问题。

b. 减少装版引起套印误差的途径。装版时，不可用力过大，以拉紧为准。印刷版移位时，应先放松相对应的力，即放松拉版螺钉，使印刷版背面与滚筒表面间的摩擦力减到最小，这时印刷版在拉力作用下，便会产生位移，并且使印刷版的拉伸变形控制在最小值。其次，上印刷版时规矩线要对准。多色套印过程中，第一色印完卸下印版前，将规矩线的位置在版滚筒体上做好记号，当安装第二色以后的印版时，则对准第一色的规矩线。这样不仅能提高上版速度，还能减少拉版次数，可以避免不正常的拉伸变形。因为套色后发现规矩不准，则需要拉版，拉的次数越多，产生拉伸变形的可能性就越大。因此，尽量少用拉版的方法来解决套印不准问题。

c. 印版的厚度与图形尺寸变化。平版的图形是复制在金属版表面上的。当印刷版绷紧在滚筒上时，金属版被弯曲，版里面部分被压缩，外面部分被拉伸，使图形有所伸长。因此金属版越厚，图形尺寸伸长越大。在制版印刷中，应尽量用同一生产厂家、同一型号或同一盒装的印刷版。

（2）滚筒衬垫的增减对套印的影响

在印刷过程中，由于纸张的伸缩使套印不准时，可采用增减滚筒衬垫厚度的方法，来解决径间套印不准的故障。但衬垫增减厚度不宜太大，增减量较大会产生另外弊病。

① 印版衬垫的增减。印版衬垫的增减，影响印版的拉伸变形。印版衬垫越厚，图形尺寸伸长越大。

② 橡皮滚筒衬垫的增减。当减少印版衬垫、增加橡皮滚筒衬垫时，因橡皮布的挤伸变形增加，图形径向变形增大。另一种是减少橡皮滚筒厚度，同时增加印版衬垫厚度，则橡皮布挤伸变形量减少，一般常用后者。

（3）橡皮布伸长率对图形套印的影响

橡皮布具有伸缩性，橡皮布在滚筒上绷得越紧，伸长率越小，图形变化就越小。

① 选用伸长率小的橡皮布。安装时应注意橡皮布纵、横方向，纵向应与滚筒轴线垂直，以减少伸长率。

② 在套印过程中，尽量使橡皮布绷紧程度保持不变。

③ 如有微量的宽度套印不准，应适当调节橡皮布松紧，一般不采用拉版方法。

④ 橡皮布的裁切、打孔、个别螺钉未拧紧、橡皮布局部撕裂、衬垫局部不平整等，都会引起局部松紧不一，产生局部套印不准。总之，除机械、调节、纸张等问题外，还应注意上述这些微小变化带来的套印不准。套印不准通常是在高速印刷时的瞬间产生的，是由微量的变化积累形成的，很难直接观察到。因此我们只要在印刷中充分注意，分析原因采取最恰当的措施，便可避免或减少套合误差的出现。

六、常见凹版印刷产品质量问题及解决措施

影响塑料薄膜印刷质量的因素，包括薄膜材料、油墨、制版、设备、工艺技术等各个方面，要印好一个产品还与溶剂使用、环境气温、热风、温度等有关系。如某一方面考虑不当，在印刷过程中就会产生有关质量问题，主要有下列几种。

1. 墨色粘连

①溶剂问题。由于溶剂的配比不当，挥发太慢，在溶剂中含有少量的高沸点物如环己酮、丁醇等，还有树脂对溶剂的释放性差；②设备方面。干燥装置热风量不足，冷热风使用不当，车速太快；③制版方面。印刷凹版辊深度太深；④油墨方面。油墨太厚，油墨中含有增塑剂过多；⑤牵引辊拉得太紧，收卷张力过大；⑥薄膜方面。因含在薄膜中的添加剂对溶剂具有可溶性，影响溶剂释放，电晕处理没有或没有达到所需的表面张力指标；⑦气温过高、空气潮湿、压力过大等环境因素造成墨色粘连。

2. 图案线条残缺

①油墨干燥太快，造成燥版；②风、热过大，影响印辊凹面干燥；③制版腐蚀过浅，油墨附着少；④印辊与压印辊压力太轻；⑤刮墨刀在印辊上与压印点之间距离过远（鼓式机反刮刀容易燥版）；⑥车速太慢。

3. 线痕方面

①刮墨刀口紧贴印辊面处有硬性微粒、杂质，须及时清除，凡是不固定的线痕，只要磨刀或换刀即可；②如果线条是固定的，可能印辊网点内嵌有硬性杂质，必须停车去除；③新版辊开始印刷时，发现固定线痕一般因印辊经镀铬后毛面未砂光洁或修版针眼造成；④油墨内树脂和颜料未磨细，也会造成线痕，必须用铜丝刷，清除网点内杂质，用 120 目铜丝网过滤后再印；⑤刮刀角度、位置、硬度、厚度等必须调整适当。

4. 常用配备工具

①活络扳手：20(8)cm（英寸）、25.4(10)cm（英寸）、30.5(12)cm（英寸）；

②呆扳手：20(8)～30.5(12)cm（英寸）、30.5(12)～35.5(14)cm（英寸）；③内六角扳手：2mm、4mm、5mm、6mm、8mm、10mm、12mm；④月牙扳手：68mm×70mm；⑤螺丝批：一大一小；⑥尖嘴钳、老虎钳、管子钳各一把；⑦油壶两把；⑧纱头若干；⑨胶带二卷；⑩铜丝刷；⑪漆刷；⑫棕刷；⑬剪刀；⑭墨刀；⑮水平尺；⑯卷尺；⑰千分尺；⑱厘米尺；⑲0号金相砂皮；⑳水砂皮。㉑500kg磅秤一台；㉒台虎钳一台。

第二节　塑料薄膜印刷工艺中的糊版现象的原因与处理方法

塑料薄膜在印刷过程中，会经常遇到糊版现象，糊版是指版面暗调网点扩大变形，互相合并，使暗调的层次没有了，在印品上形成了模糊的印迹，严重的会形成脏斑，产生糊版的原因主要有以下几个方面。

一、塑料薄膜印刷工艺中的糊版现象的有关问题

1. 供墨量过大和油墨的印刷适应性不强造成的糊版

① 供墨量过大，造成版面堆积的墨层太厚，在印刷压力作用下，生成图文网点铺展，线条加粗无棱角，从而引起糊版。

② 油墨过于稀薄，流动性大，引起网点铺展造成糊版。

③ 油墨中燥油过多，会使油墨乳化加重，使印版上的墨层不能从中间断裂，多数留在印版上，造成堆墨，在滚筒挤压力的作用下，使网点逐渐扩大，造成糊版，过量的干燥剂使油墨的黏性增强，对空白部分的附着力增强，容易使印品上的暗调部分引起糊版。

④ 日常工作中，我们使用调墨油或去黏剂过多，会加大油墨的油性，印刷过程中会使图文部分网点之间界线模糊而引起糊版。

解决办法是：根据印品的图文要素情况，适当控制好供墨量，控制好燥油、调墨油和去黏剂的使用量，使用油性较强的油墨时，适当增加润湿液的酸性。

2. 供水不足引起的糊版

由于着水辊与印版滚筒之间压力太小，水辊绒表面脏污，水辊使用时间过长绒毛失去弹性，在印刷时，印版上要素多的地方对应的水辊套处磨损的相对严重，该处的吸水性也相对差一些等原因引起的供水不足，印刷过程中失去水墨平衡导致糊版。

解决办法是：①根据工作量和水辊的使用程度，适时更换水辊套；②用在瓶盖上打孔的饮料瓶装上润湿液，往水辊磨损严重的地方适当喷水，这样既可减少

更换水辊套的次数，又可减少糊版，这种方法虽然土了点，但很实用。

3. 橡皮布绷得太松或印刷压力过大造成的糊版

橡皮布过松，在印刷过程中产生堆挤变形大，容易造成糊版。而且印刷压力过大，不但加重了印版的磨损，还直接加重了图文墨层铺展，导致糊版。

解决办法：在换橡皮布时要松紧恰当，印刷前调整好印筒压力，这样就可减少糊版。

4. 印版磨损严重引起的糊版

印版上暗调处亲油的图文部分面积远大于亲水的空白部分面积，该处空白部分砂目一旦磨损，就会导致亲水性减弱，很容易被周围的油墨侵占铺展，产生糊版现象。

解决办法是：①调整好各滚筒之间的压力，以免压力过大，引起印版的磨损。②在运送印版和上版过程中不要碰撞和摩擦印版。

5. 润湿液酸性减弱导致的糊版

润湿液中的磷酸或柠檬酸对版面油污具有清洗作用，在印刷过程中脱落的碱性纸毛、纸粉会被传到水斗中，中和酸性的润湿液，使润湿液酸性减弱，润湿液酸性太弱，对版面油污的清洗能力不足，印刷油性较重的油墨时容易糊版。

解决办法是：①定期更换水斗中的水。②印刷用的纸张有条件的话最好用晾纸机进行吹晾，这样做既可以把纸张中夹杂的杂质、纸毛、纸粉吹掉，又能使纸张的含水量均匀一致，保证纸张含水量和印刷车间的温湿度相平衡，使纸张的滞后现象产生在印刷之前，即降低纸张对水的敏感程度，使纸张在印刷前就适应印刷车间的温湿度，使整个印刷过程能够顺利完成。

二、印刷糊版的原因与处理方法

1. 凸版的糊版

该印刷现象最明显的是如"品""日""口"等字被油墨填满成实地状，甚至网点连成一块，因此常被称为堵版。

其原因是：①油墨的干性太大，使印墨提早干结；②油墨的黏性太大，造成纸或塑料上的墨层小点以及纸、塑碎屑集中在版上或网点部分上；③油墨干得太快，墨斗中的油墨结皮或有干硬颗粒；④油墨太稀，在印刷压力下油墨被挤出来；⑤纸或塑料吸收连结料太多，导致油墨中颜料含过多；⑥辊子有弊病或不通心；⑦印刷的凸版不平实或过高；⑧在胶版纸上或光滑的塑料上（尤其是塑料编织袋）用了太稠的油墨；⑨给墨量太多或干性太慢。

排除该故障的方法是：①采用干性合理而又较稠的油墨；②高调部位或网点部位减轻印压；③重新过滤油墨（15～25μm）；④在印刷上侧以原纸、塑料隔开或改换承印物；⑤在稠油墨里添加稀释油墨的助剂，以提高油墨的流动率；⑥补加快干性油墨或溶剂；⑦染料型油墨应减少树脂的含量；⑧减少供墨量或添加减慢的油墨抑制剂；⑨不要使干燥装置上的风吹到版上；⑩在油墨里添加 TM3 或硅油。

2. 凹版（凹印）的糊版

在塑料印刷尤其是制造复合油墨时，小字或层次版图纹印不出来，甚至承印物表面形成深浅不一的墨迹。有人认为是因黏附（着）性差而导致的，不讲科学地加入促进附着的增黏（树脂）剂，虽能克服拉脱之弊，但过量加入往往会导致油墨成膜后的软化，从而无法控制糊版（染色）。

其原因是：①由于浮色造成其表面与金属凹版、刮刀的亲和性；②复合树脂的酸值太低；③油墨对凹版上的镀铬表面润湿性较强，导致刮刀刮不净油墨；④刮刀迟钝或角度不对；⑤版筒表面粗糙；⑥油墨初干（期）太慢［如在里印油墨体系里将乙酸乙酯（快干溶剂）引入］，印刷成膜上 1～3s 内为宜；⑦在湿度大的环境下，带电的油墨对铬有亲和性（加大抗静电剂比例）；⑧印刷速度太慢或印版不良造成的糊版。

排除该故障的方法是：①如果新版滚筒的镀铬表面比较粗糙，则在油墨中加入快干性溶剂，使刮刀和压印滚筒间形成油墨干燥薄层，待 2h 甚至数小时后，将铬表面磨光，再换用正常混合溶剂（如按乙酸乙酯 7 份，甲苯 2 份，乙酸丁酯 1 份的比例或按乙酸乙酯 8 份，甲苯 2 份的比例）清除之。②如果油墨中有颜料颗粒及纸、塑屑等杂质，应加大溶剂，最好的处理方法是采用 250 目筛网过滤油墨。③换用新刮刀片，并调整其角度。④如果是慢干油墨所致，添加快干溶剂稀释油墨；如果是因快干油墨造成，则可添加慢干溶剂或硅油以减慢干性。⑤如果是因吹风而使油墨干结在版穴里，应调节吹风角度，一般可提高印机速度或重新制版。⑥补加溶剂以降低油墨黏性或加入撤黏抗脏剂（如蜡类）等。⑦加入调金油或树脂液，或换无颗粒油墨。

3. 孔版（丝印）糊版

孔版（丝印）糊版往往表现在油墨干结在丝网版上。通常处理方法：是更换慢干油墨，或采用慢干溶剂调节油墨。

第三节 凹版印刷技术问题与常见故障及解决方式

一、塑料凹版印刷与纸张凹版印刷的差别

什么是凹印呢？凹印就是凹版印刷，是四大印刷方式之一。是以印刷的印版

而命名的，也就是所有的印刷图案和文字，在印刷版上是凹进去的。凹印是指印刷时先将印刷版上浇墨或浸墨，然后将印版上多余的油墨（非印刷面上的油墨）用刮刀刮净，再通过压印胶辊给印刷版之间的被印刷物，加以适当的压力，把油墨从凹面内挤压到被印刷物上，而达到印刷目的的一种印刷方式。

因为纸张大部分是不透明的，故而纸张的凹版印刷，基本是表面印刷。印刷版上的图案和文字是反向的，也就是制版时所称的"反版"。通常印刷时涂罩光油或印刷后复合塑料薄膜，来提高印刷品的光亮和抗摩度。

二、塑料凹版印刷对印刷油墨要求

塑料薄膜的材质不同，适应的印刷油墨也不同。原则上使用相同性质树脂的油墨印刷，也就是不同树脂的塑料薄膜，用相类似树脂连结料的油墨印刷，如聚乙烯印刷凹版油墨、聚丙烯凹版印刷油墨、聚酯凹版印刷油墨、聚氯乙烯凹版印刷油墨等。塑料薄膜表面处理与不处理，使用的印刷油墨不同。表面处理过的塑料薄膜，使用普通塑料凹版油墨印刷；表面未处理过的塑料薄膜，使用特殊塑料凹版油墨（未经处理油墨）印刷。印刷单层包装和复合包装的塑料薄膜不同，适印的油墨也不同。印刷单层包装的塑料薄膜，应该使用塑料凹版表（刷）油墨；印刷复合包装的塑料薄膜，则最好用塑料凹版复合（里印）油墨印刷。塑料包装的用途不同，所使用的印刷油墨也不同，如高温蒸煮塑料凹版油墨、液体包装膜凹版油墨、奶制品包装膜凹版油墨、标签凹版油墨等。

总之，纸张凹版印刷与塑料凹版印刷，除上述表面印刷、里面印刷或特种印刷用墨不同外，影响印刷的环境和因素也有所不同。纸张凹版印刷主要受纸质不同、空气湿度、静电等影响而有不同的印刷效果，印刷速度和室温也对印刷效果有很大的影响。再者，塑料包装的选材与应用如果不相匹配，那么塑料薄膜上的印刷效果再好，也不会得到好的包装结果。

三、塑复纸张凹版印刷对使用的油墨要求

初干要快、彻干要缓，黏度低会出现洇色（洇墨），黏度高会漏印或印色不实。纸张预印，也就是预涂，可以节约油墨、提高印刷速度、增加墨色的亮度。使用水性凹版油墨比溶剂性凹版油墨，更适合印刷纸张，纸张凹版印刷油墨又叫纸张凹版油墨或俗称纸凹油墨。

筒状的塑料薄膜或透明片状的塑料薄膜，有些品种需要进行双面和单面印刷，因此在塑料薄膜上印刷，分表印和里印。用凹版在塑料薄膜表面印刷，印刷版上的图案和文字是反向的（反版）；用凹版在塑料薄膜里面印刷，则印刷版上的图案和文字是正向的（正版）。如今在备有翻料架装置的新型塑料凹版印刷机组印刷，筒状的塑料薄膜的正、反面印刷，使用全是"反版"；而透明片状塑料

薄膜的正、反面印刷，还需要用"正版"和"反版"来印制。

四、凹版印刷中油墨的色彩

油墨色彩是物体反射或透射光在人眼睛中的反映，因此，进入没有光线的黑暗中，就看不到色彩。事实上，任何一种彩色度都可以由色相、明（亮）度、饱和度三个特性来概括阐述。这三个特性彼此可以独立表达。色相是彩色的基本特征，红、黄、蓝（三原色）是色彩的基本色相。色彩明（亮）度是颜色的鲜明度及饱和度的变化。

五、凹版印刷中的调墨与调色的区别

印刷中的调墨，是指根据印刷版辊（滚）筒上图文的深浅，印刷机的机速，印刷场地的温度和湿度，用稀释剂和冲淡剂，将油墨的性能调整至适合该印刷之用。油墨的调色，则是用两种或两种以上的基色油墨，混合调制成新的油墨颜色或专色。

用稀释剂和冲淡剂调整油墨色浓度，达到印刷墨色的一致性，是调墨的范畴。调墨是指调配专色油墨，按设计彩稿和印刷版打样稿的颜色追色，而配制印刷油墨的颜色则是调色。

六、塑料凹版印刷刀线/跑墨/挂脏等故障怎么解决

印刷品产生刀线是塑料薄膜在凹版印刷中常出现的质量故障之一，也是长期困扰着印刷企业的难题。刀线频繁产生，会使产品的废品率上升，给企业造成经济损失，浪费社会资源，污染环境。

软包装的印刷企业，亟须对其产生原因加以总结或分析，找到相应的解决措施，最终把刀线故障降低到最低。印刷品上刀线出现的形式多种多样，产生的原因也不同。只有找到造成各种不同刀线故障的真正原因，才能确实消除它，有效提高产品合格率。

在以往的凹版印刷书籍和报刊上，往往把印刷品上的跑墨、夹毛、干墨、飞丝、挂脏等现象统称为刀线。

目前解决刀线问题的方法是：

① 调整印刷机刮刀的角度，磨、换刮刀；

② 在油墨里添加稀料，过滤油墨，甚至更换油墨；

③ 打磨印刷版辊，重新电镀或重制印刷版辊；

④ 封闭生产车间，改善生产环境，减少进入油墨里的灰尘等。

虽然采用上述方法，但是还会出现印刷刀线，而且刀线是时有时无，尤其容易出现在印刷提速和高速印刷时，这样，为避免出现刀线，往往采用低速印刷，

而印刷速度提不起来，会造成生产效率低下，印刷成品的品质差、油墨消耗大、残留溶剂也多的弊端。

七、常见凹版印刷复合问题

1. 表印油墨的问题？

凹印工艺中根据印刷后加工工艺是否复合来选择不同的油墨。如印刷后要复合，不论是干式复合或挤出复合，凡是油墨被两层薄膜包裹起来而夹在其中的，称为里印油墨，或称为复合油墨。反之，印刷后不复合，且不论其油墨层在薄膜的哪一面，均称为表印油墨。表印油墨可以印在透明薄膜的内侧，先印黑、蓝、红、黄诸色，再用白版托底，充分利用薄膜反光的特性，使印刷品表面更亮。曾经风行一时的凹印塑料挂历和近几年的使用的 PVC 热缩膜标签，均是利用这一工艺的成功范例。也有将表印油墨印在不透明的 OPP 标签膜上取代纸张标签的，如可口可乐、百事可乐、旭日升饮料等 PET 瓶的瓶贴等。

一般表印里印区别在于是复合或不复合。因为后续工艺复合与否，对构成油墨的主要树脂，差别是很大的。据我们了解，表印油墨的主要树脂以聚酰胺为多，而里印油墨则不同，主要是氯化聚丙烯和氮化 EVA。表印油墨要求耐磨，抗刮擦性好，因为它外面没有任何保护层，只能靠自身的连结料来保证自己的油墨面不受外力的损害。它要具有一定的耐热性，在热封的瞬间，油墨层要能抗得住 $100℃$ 以上的高温。

由于塑料凹印工艺中主要是靠热风来干燥，热风把油墨面吹干，这种干燥机理是从最外面干起，由外而内，逐步干透。但正因为是外面先干，这样就先结成膜。这层膜的形成，虽然避免了下一色组印刷时粘墨，但也阻止了内层溶剂散发。

另外，由于无法靠薄膜的光亮来增色，表印油墨必须要强调自己的光泽性。但是，聚酰胺树脂有一个问题，即它的溶剂残留量过大，因此，采用聚酰胺油墨印刷时，为使油墨彻底干透，热风要适当开大些，但车速不能过快。要尽可能将残留溶剂去掉。否则，就会遇到这样的情况：一卷成品印下来，包装入箱，过一段日子再打开，一股刺鼻的气味扑面而来，这就是经常招至客户投诉的残留异味问题。

要解决这个问题，在不改换油墨的基础上，可采取以下措施。

① 适当加大干燥温度，放慢车速，使溶剂挥发充分。

② 检查凹印机的废气排放系统，检查进风与出风压力，参照印刷机制造商提供的数据，使压差尽可能大些。

有时，热量已经开得很大了，但仍然有气味，就要检查一下风压，因为如果仅有温度而没有合格的风压，溶剂仍然不能很好地挥发。要注意检查风管是否畅通，在气压比较低时，排风系统本身达不到工艺要求，就要检查一下排风系统的合理性。因为机器的排风系统是制造商设计的，但设备在工厂安装，其安装效果则要视各厂家的技术力量而定。排风烟囱的安装位置，进风口与出风口的高度，都会直接影响排风效率的高低。

排风系统，应该合理利用这个压差。最彻底的办法是更换油墨，用溶剂残留量尽可能小的油墨来取代聚酰胺油墨。根据我们的经验，向读者推荐大连施密特油墨公司（DSPI）的几种油墨。其中，DSPI 的 PA-C 油墨是醇溶性油墨，连结料为聚乙烯缩丁醛树脂，可用于凹印，也可用于柔印。溶剂是醇的混合物，油墨中不含乙酯。该油墨用于表印时，要在油墨中加入一种特殊的蜡化合物，可耐110℃的高温，适用于纸、塑、铝，对热封 OPP 与珠光膜，完全能够使用。DSPI 的 MV-F-KA 系列油墨，连结料是硝化纤维素，醇溶性，表印，耐高温，可达 160℃。

2. 油墨的耐温性的问题？

BOPP 印刷品在与 CPP 镀铝膜挤出复合过程中，有烫伤条纹。这其实是一个油墨的耐温问题。根据我们的经验，挤出复合在不涂 AC 剂时，挤出机温度控制在 240～340℃。若涂 AC 剂，挤出机温度稍低些。但 AC 剂须耐温 100℃ 以上，因此，对油墨耐温性选择也须在 100℃ 以上。DSPI 公司的 MV-F-KA 系列油墨，可达 160℃。

3. 关于复合工艺中的"隧道"现象的问题？

通常所说的"隧道"现象，一般是指复合好的产品出现横向皱纹，尤其是在材料两端为多。这种皱纹，以一种复合基材平整，另一种凸起，形成了"隧道"状。在皱纹的凸起部分，复合层分离，没有粘牢。这种现象，在两层复合中就有不少，在 BOPP/AL/PE 三层复合中，因多了一次复合过程，出现的机会又会多一些。造成这种现象的原因，一般有以下几种。

（1）基材的张力问题 干式复合工艺是将两卷不同基材之一涂上胶黏剂后，通过加热辊筒压合，从而复合在一起。因此，这两种不同基材的张力对复合后的成品的张力关系是至关重要的。一般来说，两种基材在复合时的张力不适应，其中一种太大，另一种太小，复合时由于各膜卷是绷紧的，似乎看不出什么，复合后，原来张力太大的基材必然要收缩，而且，它的收缩量明显地比原来张力小的基材的要大，这样就造成相对位移，产生皱纹。以 BOPP 与铝箔复合为例，BOPP 涂胶后，在烘道内加热，若放卷张力较大，拉得较紧，再受热，势必拉长变形。但铝箔的张力不可能像 BOPP 那样大，且延伸率小。因此，复合后一旦冷却，BOPP 收缩，产生皱纹，铝箔凸起，横向出现一条条"隧道"。当然这是个较极端的例子。其实，只要两种基材的放卷张力没有配合好，均会出现这种情况。解决的办法有两点：一是调整好两种基材的放卷张力，使它们互相适应。干式复合机上往往装有用磁粉制动器构成的放卷张力调节装置，是专为派这种用处的。二是适当降低烘道温度，由于变形大的基材是经过烘道干燥的，温度越高，膜的延伸率增大，变形越大，冷却后收缩也越厉害。当然，此法须考虑到溶剂残留量问题，温度不是越低越好。

（2）胶黏剂的黏合力问题　这个问题的解决需注意以下几个方面。①选择适用的胶黏剂，常用的聚氨酯胶黏剂主剂的固体含量是 35％或 50％，固化剂的固含量是 75％。为了适应高速干式复合工艺，现在大都采用高含固量、低黏度的做法。但低黏度的胶黏剂往往分子量较小，内聚力不大，一定要等它固化交联生成大分子结构时才能达到理想的黏合力。而刚复合时的初黏力很小，黏力不足，因此，当一种基材收缩时，上下两种不同基材间就会产生相对位移，即出现皱纹，或称出现"隧道"。因此，选择高含固量、低黏度、但初黏力又大的胶黏剂，是解决这一问题的首选办法。②选择合适的涂布量。影响涂布量的因素：一是上胶用的网纹辊线数的粗细、网孔的深浅都直接影响其所能携带的胶黏剂量。二是胶液的配制，胶液浓度的控制。各胶液供应商均应有详细的配制比例及办法介绍。三是要注意橡胶辊的软硬、压力、刮刀的角度及压力。一般而言，塑/塑复合、塑/铝复合，不论复合物是以大面积印刷为主，还是以不印刷的空白为主，$2.0 \sim 5.0 \mathrm{g/m^2}$ 的上胶量是必须的，上胶量不能太低。太低了，看似节约了成本，实际复合不牢，反而前功尽弃。当然，上胶量太高也没必要。在一定范围内，牢度与上胶量成正比，但到了一定程度后就不成比例了。

（3）复合后的收卷张力问题　收卷张力过小，卷得不紧，复合有松弛现象，给要收缩的基材提供了收缩的可能。这种现象在复合产品的两端最明显，往往中间部分是牢的，但两端暴露在外的部位由于收缩不均匀而起皱纹。解决的办法很简单，尽可能收卷收得紧些。收卷张力要大，卷紧压实，不出现松弛现象。即使里面有些张力不够，初黏力不足，但压得住的膜卷，收缩的可能性就小一些，等到熟化时胶黏剂交联固化后，初黏力大大提高，复合基材间的相对位移也就失去了生存条件，这样，皱纹也不会出现。

4. 关于镀铝膜放置一段时间后，镀铝膜上印刷的油墨与喷镀的铝粉均会脱落的问题？

镀铝膜上的印刷一般是印在非喷铝面，若印在非喷铝面上的油墨与喷在另一面上的铝粉均脱落，或许是薄膜本身的稳定性出了问题。有时，薄膜中的抗静电剂泄出，可能会有类似情况。建议检查一下薄膜两面的表面湿润张力。喷铝面应达到一定的表面湿润张力，印刷面也应达到合格的表面湿润张力，这样，喷铝与印刷的牢度均能得到保证。

5. 复合里层薄膜和镀铝影响印刷品颜色的问题？

在不同颜色的复合里层薄膜和复合胶黏剂的颜色的衬托下，加热部位颜料的色变化会影响印品颜色。

复合铝箔膜、镀铝薄膜或镀铝加工的颜色直接影响到印刷品整体的色相。印刷品上油墨印刷不均匀或是遮盖力差，真空镀铝后颜色的变化更大。

八、油墨网纹辊清洗的问题

网纹辊回转时转移到印版上的墨量实际是一个变量，受到多种因素的影响。在正常情况下，墨穴内所填充的油墨量能转移到印版上的在70％～80％范围内。即使油墨本身的稳定性及分散均匀性均符合质量要求，且网纹辊的制造精度也很高，但是，转移到印版上的墨量也是很有限的。当印品质量的稳定性受到严重破坏时，其根本原因不在于油墨本身的性能，也不在于网纹辊的精度，而是由于网纹辊在工作过程中其墨穴被干固的油墨堵塞所致。墨穴底端的干墨，尤其是水基油墨干燥后较难溶解于新墨，除非溶解时间很长。阻塞故障将减少墨穴的有效传墨量。

其阻塞的基本原因有：①更换印件时，网纹辊清洗不彻底；②长时间停机，没有清洗网纹辊；③油墨干燥性能过快。"工欲善其事，必先利其器"，所以，要保持墨量的精确传递，必须对网纹辊进行合理的清洗。

目前，有以下5种清洗网纹辊的方法。

1. 化学溶剂刷洗法

将化学溶剂喷洒在网纹辊表面，根据网纹辊材料选用适宜的细密刷子（陶瓷网纹辊用不锈钢刷，金属网纹辊用铜丝刷子），用刷子反复刷洗。这种方法只适于清洗粗网线的网纹辊。其优点是成本低、清洗方便、不污染环境；缺点是无法深入到墨穴中刷洗，所以清洗不彻底。很难清洗墨穴底部的污垢及积墨。因此，不能恢复墨穴容积。

2. 化学溶剂浸泡法

将网纹辊全部或部分侵入高pH值的强腐蚀性清洗剂槽内，让溶剂溶解软化干固的油墨，最后用清水洗去腐蚀性清洗液和经充分腐蚀且软化的油墨，这种方法虽然较为有效，但长期使用，腐蚀性溶剂会渗透保护层，腐蚀钢体，也不利于环保。

3. 超声波清洗法

将网纹辊浸放在一个充满化学清洗溶液的超声波清洗系统的槽内，槽内变频装置发送高频声波，使溶液振动并产生气泡，墨穴内的干油墨、树脂、涂布料在溶液振动及气泡定向爆炸面产生的内向爆炸力的共同作用下，从墨穴中一处出来并随清洗液流走。清洗时间需根据辊的大小和基油墨阻塞情况而定，一般需要0.5～24h。在这个时间内，网纹辊长期处在高频超声波振动下，会破坏陶瓷层，对网纹辊的墨层、墨穴内必会造成一定的损害。另外，这种方法占地面积大，投资成本高，工艺复杂，虽然有一定清洗效果，但是否完善，尚需经实际检验后确定。

4. 低压喷洗法

用二碳酸钠、小苏打作为清洗粉，在低压下喷洗网纹辊，可以彻底清洗残留在墨穴中的干油墨、树脂、涂布料等，但要注意喷射压力不宜过高，否则有可能把陶瓷土层从网纹辊体脱离，一般压力不得超过 0.1MPa。由于二碳酸钠、碳酸氢钠是一种软化性清洗介质，易溶、无毒无害，符合当今全球性的环保要求，因而较为广泛应用。实践证明：这种方法清洗效果好，既可恢复墨穴容积，又可在现场直接进行清洗，还可以清洗墨斗、油脂、墨迹等。这种方法尽管近年来才发展，但很有潜力，值得推广。

5. 塑料细珠喷射清洗法

其原理与低压喷洗法类似，不过清洗粉用的是塑料细珠。这种清洗方法可使网纹辊的清洗速度提高 30%，并能在提高印品质量的同时，延长网纹辊的使用寿命。这种方法塑料细珠的耗量少，清洗过程没有任何有害物质的排放和化学物品的沉淀，有利于环保，高效安全。

油墨阻塞墨穴是柔印中令人头疼的问题，用 10 倍或 20 倍放大镜可以清楚地观察墨穴阻塞的情况。

从印刷工艺角度考虑，柔印墨量一般要求为 $1.2g/m^2$（UV 油墨则更少），如果采用 $60°$的墨穴角度，当网纹辊的网线数为 300 线/英寸时，墨穴体积则为 $3.5cm^3/m^2$。使用这样的网纹辊，墨穴所能转移的墨量可达 40%。印版图文部分的墨层厚度约为 $1.5\mu m$，这时网点扩大率最低。

第四节 塑料薄膜凹印中的质量问题分析举例

塑料软包装在商品包装行业中具有独特的优势，目前，在发达国家已把塑料包装的人均消费量作为衡量一个国家工业水平的重要标志。从 20 世纪 80 年代以来，在整个包装领域，塑料软包装材料的地位越来越重要。随着我国人民生活水平在逐步提高，消费结构和生活习惯在变化，生活节奏在加快，省时、省力、易存、易放的软包装方便食品及生活用品等小商品包装越来越受欢迎。塑料软包装材料和传统的包装材料相比，具有轻便透明、防潮抗氧、化学性能稳定、气密性强等优势，并且塑料薄膜在印刷复合后，图像格外清新明快，色泽鲜艳，由于油墨夹在薄膜中间，有不易污染包装内容物、不易褪色等优点，同时，可以有效地保护商品，具有介绍商品、再现商品的造型、款式和色彩的功能，越来越受到广大消费者的欢迎。

塑料软包装加工工艺泛指以塑料为基材的特种加工工艺，主要是印刷复合工艺，包括吹塑、电晕处理、制版、印刷、复合、分切、热封和制袋等过程。

一、凹版印刷工艺中工艺与基本结构的问题

塑料软包装的印刷主要是凹版印刷。凹版印刷的塑料薄膜印品，具有色泽鲜艳、清晰明快、反差适度、形象逼真、立体感强、印品质量高等特点，是其他印刷方式难以达到的，再者，凹版印刷耐印力高，印刷之后能够进行复合处理，在大批量生产的薄膜印刷中更具优势。

1. 凹印机的基本结构

凹版印刷机由输卷、收卷装置，纵向、轴向套准调节装置，张力控制装置，供墨、印刷装置，干燥装置等组成。

印刷时，印版滚筒的下部浸在墨槽里，通过滚筒的旋转使整个印版涂满油墨，经过紧贴在版面的刮墨刀时，高出版面的空白部分的油墨被刮净，再经过弹性压印滚筒施加压力后，印版上的油墨转移到承印材料（如 BOPP 薄膜）的表面上，经干燥装置后，形成清晰的图像和文字。

2. 凹版印刷工艺

凹版印刷工艺流程为：开卷（给料）—调节张力—印色—干燥—印二色—干燥—对花—牵引—收卷（收料）。工艺过程中重点控制"四度三力"，即温湿度、速度、黏度和墨刀角度及张力、墨刀压力和胶辊压力。

二、工艺中的质量问题分析及解决方案

塑料薄膜印刷过程中往往会发生因一些由塑料薄膜、油墨、印版、设备、工艺技术、工作环境等因素导致产品质量不合格的印刷故障。现就凹版印刷中常出现的质量问题进行分析。

1. 跑版质量问题

套印不准是指各色版的图文或十字线在承印材料上没有套准。

产生原因：①印刷车间温度、湿度不当，烘箱温度过高，薄膜变形严重；②印刷色序安排不当；③前后压印辊的压力不一致；④传动齿轮与版轴未锁紧，使印版滚筒发生移位或版辊发生弯曲而使印版出现跳动，影响套色精度；⑤自动张力装置发生故障；⑥传动轴转动不灵活或表面粗糙不清洁，造成塑料薄膜在传动过程中出现两端的张力不一致。

解决方法：①保持印刷车间恒温恒湿，降低烘干温度；②正确安排工艺流程，统一压印辊的压力；③画线检查传动齿与印版是否产生滑移并加以锁固，并

对装配好的版辊进行目测检验，如果有条件的话，可用百分表测试一下版辊的径向圆跳动，一般控制在 0.25mm 以下。同时在印刷过程中应注意观察版辊的跳动情况，应定期校验、调直版辊轴；④凹版印刷机一般有 4 个自动张力检测点，如放料、喂料、出料和收料，尤其是输料和出料张力不平稳时，更影响套色精度；若是自动张力装置发生故障，应找电气人员检查和维修。

总之，影响套印质量的因素是多方面的，解决套印不准的方法也是多种多样，需要摸索一定的规律和技巧。建议先用"摸""听""看"三字法去处理，就是对相关部件用手去摸，感觉其变化是否异常，听其声音是否正常，观察转动是否灵活，观察各控制器件的工作指示状态、信号检测状态等是否正常，检查发现问题的过程，实际上就是三者灵活运用过程。如果套印不准的问题不能解决，还可采用其他方法如"排除法"去分析，就是把影响的因素或故障范围罗列出来，然后逐一排除。但是，影响套印不准的因素非常复杂，还需要大家在实际工作中去进一步归纳总结或借鉴。

2. 印样与原稿走样质量问题

色相不照主要是指印样与原稿相比，颜色出现的差异，包括颜色过浓和颜色过淡。对于叠加色来说，产生的原因主要是印刷过程中多种因素造成的颜色变化。

颜色过淡产生的原因：①油墨所加的溶剂过多；②油墨沉淀。

解决方法：①补充新的油墨，把油墨调整为适当的黏度；②把油墨放入油墨盘或墨槽前应充分搅拌；③墨槽中添加搅拌装置。

颜色过浓产生的原因：①油墨的黏度过大；②油墨浓度过大；③凹版雕刻过深或有损伤。

解决方法是：①对油墨加配方量的溶剂，把油墨调整为适当的黏度；②添加稀释溶剂；③重新制作凹版滚筒或填补凹痕；④对于专色来说，产生的原因可能是一开始所配备的油墨的颜色就和原稿上对应的颜色有误差，需要对此做些调整。

3. 墨线缺陷刮刀受损质量问题

印刷过程中在非印刷图文处出现连续或间断的墨线称为刀线。凹印中刀线尤如胶印中的墨杠，是很难避免的，我们只能将其控制在允许的范围内，如果很明显就要进行调整。

产生原因：①由于印版滚筒表面光洁度不好，即印版滚筒表面铬层不光洁，使得刮刀不能够将印版滚筒上非印刷表面的油墨刮干净或印版辊筒表面的镀铬层硬度不够，在刮刀压力的作用下，使得铬层被破坏，从而出现一种极细的刀线。②刮刀在生产过程中由于压力的作用以及刮刀与版滚筒间相互长时间的摩擦造成刮刀刃磨损；或是刮刀本身具有缺陷，使得刮刀无法将版滚筒非印刷表面（即无网点处）的油墨刮净。③油墨本身颜料细度不够（颗粒过大）；油墨在使用中混入颗粒性杂质；因油墨长期使用造成油墨树脂氧化交联无法通过刮刀与版滚筒间的空隙；油墨长时间对刮刀进行冲击，造成刮刀受损；油墨黏度过大，导致油墨对刮刀的冲击力增大，使得刮刀无法将油墨彻底刮净。

解决方法：①若是印版滚筒不光洁造成的刀线，可在印版滚筒高速转动的情况下，用特定的砂纸对印版辊筒表面进行打磨（此时应掌握适度），或用特制的工具清理刮刀进行处理；若是由于版滚筒铬层硬度不够造成的，那么就应及时更换版滚筒（此时若用砂纸打磨，会出现更多的刀线）。②由于刮刀本身的原因造成的刀线，可通过如下方法解决：在印刷机开始工作前，首先正确地选择刮刀的种类进行安装，然后检查刮刀刃是否残缺并对刮刀刃进行适当的打磨；其次要对刮刀的使用压力和刮刀与印版滚筒之间的角度进行适当的调节，使其达到最佳；最后，注意在刮刀使用一定时间后，要对其进行再次打磨或是更换。③对油墨进行过滤或更换油墨亦可加入适量助溶剂并充分搅拌使其颗粒分散均匀；适当调整油墨黏度（为了减少由于油墨的原因导致的刀线，在实际生产过程中应采用适当的装置进行连续过滤；回收的油墨在使用前应充分过滤，若发现油墨已经凝絮则不得使用）。

4. 消泡剂除气泡与泵质量问题

与复膜中产生的气泡不同，它是指印辊旋转产生气泡，出现印刷转移不均一的现象。

产生原因：①油墨储槽中因搅拌有大量的空气混入后没有及时消除；②油墨返回墨槽时的落下高度太大；③油墨中的空气出不去；④油墨的组成不适当。

解决方法：①检查泵的循环方式，并在油墨的循环装置中增加过滤网，同时检查泵流速及溢流速度；②提高油墨槽的位置，并改用适当的配管，把油墨配管的弯曲部分做圆，并在墨槽中放置消泡气棒并使其旋转；③降低油墨黏度，并用消泡剂。

5. 胡须状印疵质量问题

毛刺是指在印刷字体或图文的边缘部分向外浸出的无规则的丝状印疵。

产生原因：①油墨的黏度调整不当；②印刷压力过大；③静电作用。

解决方法是：①保持适当的油墨黏度，印刷过程中要经常检查黏度；②调整适当的印刷压力；③保持车间湿度，使用静电消除装置。

6. 油墨附着不良问题

油墨印刷后残留溶剂多、印刷基材处理不够、选用的稀释剂纯度不够、复合使用的胶黏剂不良等造成油墨在印刷基材上的附着不良，印迹很容易从薄膜上脱落，造成黏着不牢的现象。

产生原因：①油墨对塑料的可黏性不够；②油墨黏度过低；③印刷机速度不

够高；④印版滚筒腐蚀深度过大；⑤印刷压力过大；⑥基材前处理不良。

解决办法：①调整刮刀角度，并改用适当的溶剂；②提高油墨的黏度；③提高印刷机的速度；④重新制作印版滚筒；⑤降低印刷压力；⑥重新处理基材。

7. 网点、文字印迹不全质量问题

网点、文字印迹不全是指印品上的图文或网点残缺不全的现象。

产生原因：①油墨黏度过高，印版上墨层太厚，正负离子难以透过纸张，静电吸墨作用减小，不易将印版上的油墨转移到承印物表面；②承印物表面平滑度差；③静电胶辊两边粘有油墨，使其未形成绝缘而产生电流导通偏漏，影响吸附力；④刮墨刀压力过大；⑤油墨挥发过快，转移率降低；⑥印版在墨槽内吸墨量过少。

解决方法：①适当降低油墨黏度；②检查承印物表面质量；③静电胶辊两边可切削 2mm 深，宽可根据长期印刷面积来定，防止黏墨；④刮墨刀接触角度上倾；⑤加入慢干溶剂，提高油墨转移性能；⑥升高刮墨刀架，缩短转移时间，提高网穴存墨量；⑦抬高墨槽，使印版吸墨充分。

8. 印刷基材背面蹭脏现象

印刷基材背面蹭脏是指印刷卷起后，印品上的油墨粘在另一层印刷基材反面的现象。

产生原因：①收卷时油墨干燥的不够；②溶剂残留过多；③收卷张力过大；④基底材料。

解决方法：①降低收卷张力；②收卷前让印刷基材得到充分冷却；③使油墨充分干燥；④设计不受收卷压力影响的图文排列位置；⑤使用快干稀释剂，提高油墨的干燥速度；⑥使用适量的防黏剂。

9. 印刷基材上的印迹模糊的问题

印刷基材上印迹模糊是指印版的非图文部分的油墨由于未刮干净而转移到印刷基材上的现象。

解决方法：①降低或调整印刷速度及油墨黏度以减少剪切应力；②向印版的非图文部分吹风，使未刮干净的油墨迅速干燥，因而不会转移到印刷基材上；③调整刮刀角度；④用快干稀释剂稀释油墨以提高油墨的干燥速率。

10. 印版清洗堵版问题

印版清洗堵版是指印刷过程中油墨的转移率不断减小或停机后再开印时版中网点内油墨不溶解的现象。

解决方法：①调整刮刀角度；②使用慢干稀释剂；③添加新配制的油墨；④添加调墨油用以提高流动性；⑤停机后立即将印版清洗干净；⑥出现堵版后用印版清洗液洗版。

11. 异味处理的问题

一般来说，产生异味的原因有两种：①使用慢干溶剂因而溶剂残留量大；②稀释剂本身有异味造成印刷品气味大，这也是食品包装中最忌讳的。

解决方法：①加强热风干燥使溶剂在收卷前充分挥发；②使用无异味的纯净稀释剂。

在凹印油墨中的溶剂一般有丁酮、二甲苯、甲苯、丁醇等高沸点、有毒性的溶剂。特别是丁酮，残留的气味很浓。由于油墨中的颜料颗粒很细小，吸附能力很强，虽然在印刷时已经加热干燥，但由于时间短、速度快，往往干燥得不彻底，特别是着墨面积较大、墨层较厚的印刷品，其残留溶剂较多，这些残留溶剂被带到复合工序中，经复合后更难跑掉，会慢慢地渗透出来。在上述的溶剂中，特别注意要少量使用，最好不用丁酮。

12. 其他故障与问题

反印重叠印刷时，前一色的油墨转移至后一色的印版上。

解决方法：①降低压印辊的压力；②不要向后一色的印版吹风；③后一色的刮刀向前伸出；④提高前一色油墨的初期黏着性，提高干燥速度；⑤降低后一色油墨的黏度；⑥延缓后一色油墨的干燥；⑦将后一色油墨的稀释剂改成不溶解前一色油墨的。

白化：印刷后的油墨层变白。

解决方法：①降低印刷机附近的湿度；②提高印刷机的干燥能力，使油墨层迅速充分的干燥；③使用慢干稀释剂。

水化：印刷时空气中的水蒸气渗入墨槽内的油墨中。

解决方法：①降低印刷机附近的湿度；②添加适量的调墨油；③添加或更换新的油墨；④不使用含有过量水分的稀释剂。

粘导辊：印刷基材在通过导辊时，油墨转移到导辊上。

解决方法：①使用快干稀释剂；②使用适量的防粘添加剂；③使用适量的润滑剂。

粘压辊：印版的非图文部分未被刮取的油堆积在压辊上，结果产生套印不准。

解决方法：①降低印刷速度；②对印版上的非图文部分吹风；③将刮刀直立；④用快干稀释剂稀释油墨；⑤降低油墨黏度；⑥把压辊的粘墨部分用胶带纸缠上。

墨斑：由于印刷转移不均匀造成的花纹。

解决方法：①降低印版网点的深度；②提高印刷速度；③改变印版浸入墨槽油墨内的位置；④提高油墨黏度；⑤选用不透明的油墨。

静电：由于印刷时产生静电，使油墨移动造成起毛、飞墨、模糊、边缘切断等现象。

解决方法：①降低版深，提高油墨黏度；②提高印刷机附近的湿度；③使用经过防静电处理的印刷基材；④安装除静电装置；⑤选择能消除静电，配比合适的稀释溶剂；⑥在油墨中添加适量的防静电剂。

沉淀：在印刷或放置过程中，墨槽内油墨上层墨色变淡、油墨颜料产生沉淀导致版污和堵版。

解决方法：①使用库存期较短的油墨；②在使用油墨前将油墨桶倒过来充分摇晃；③使用溶解性较好的稀释剂；④库存过长沉淀较严重而尚未变质的油墨可再研磨一次后继续使用。

以上是塑/塑复合膜生产中经常出现的一些质量问题。由于印刷复合塑料软包装工艺较为复杂，影响因素较多（如原材料、设备、工艺技术、工作环境等），因此，要求技术与操作人员结合实际生产，及时学习新材料、新工艺和新设备等方面的知识，不断总结经验，以生产出高质量的软包装产品。

第五节　塑料薄膜凹版印刷产品质量问题及解决措施举例

一、凹版油墨常见印刷故障与质量问题

凹版油墨是比较稀薄的，在储存中，固体料因重力关系，总是要发生下沉现象，所以，使用前不应忽略对包装中墨的搅拌。从未经搅拌的油墨上层倒出的墨，黏度可能低，颜色浓度和遮盖力可能差一些，从下层取出的墨黏度会大一些，颜料对成膜物的比例也会高一些，附着力将会差，所以在使用前，应用清洁的木棒或金属棒将其搅拌均匀，一般需把墨搅拌 3~5min。如果油墨储藏时间较长，则需要更多的搅动。

其次，油墨在使用过程中，要注意对墨桶的密封，防止杂物混入。由于这些油墨属挥发性，涉及刮刀和网点问题，因此要防止干结块状物，也要防止储存中的挥发。如发生上述问题，应彻底除去干结的油墨颗粒及杂物，以保持墨的原来状态。

总的来讲，印刷出现问题不外乎三种原因：第一是油墨；第二是印刷机及印刷对象状况；第三是操作者的技能。当问题发生时，必须对这三者进行详细的分析，弄清发生故障的真正原因，并采取相应对策。下面列举常见故障及其对策。

（1）糊版　现象：小字或图案印不出来，严重时可看见一层墨迹。

原因：油墨干性过快，使墨干结在凹穴内；机速慢了，印版不好。

处理方法：墨中可调入 120~150℃沸点的适当溶剂减缓干性；适当提高机速；重新制版。

（2）咬色　现象：在套印中，第二色油墨黏拉掉第一色图案油墨。

原因：油墨彻干性不好；第二色机器压力太大；机速快了；兑稀料不适；给冷热风不良；附着力不好。

处理方法：对第一色，加入快干溶剂或加大热风量。对第二色减少压力或调得比第一色黏性小；减速。

（3）粘脏　现象：印品互相粘在一起，印迹沾背。

原因：墨干性慢；机速过快；通风不好。

处理方法：加入快干性溶剂；减速；加大吹风。

（4）粘附性差　现象：印品揉搓即掉色（印塑料、铝箔时）。

原因：油墨不对，墨中树脂量太少；塑料处理不好；皮膜脆硬。

处理方法：换印薄膜的油墨，调墨时用树脂稀释剂；重新处理塑料表面。关于附着力，这是一个不易解决的问题。大体与油墨对薄膜的适应性有关，即油墨所用树脂、溶剂、颜料体系应对薄膜表面有较大的柔和性；也与薄膜对油墨的适应性有关，即与薄膜表面对油墨有较大的吸附性有关。就油墨而言，聚酰胺树脂及另外一些树脂对薄膜有较好的亲和性，但因颜料性质各异，对此作用减弱程度不一。对薄膜表面的处理，就是为了克服其光滑、无极性的缺陷，以增加对油墨的吸附。处理时间长，次数多，附着力好，随处理随印效果好。电压越强，冲击效果越佳，电压至少在 9000V，最好是 12000～15000V。表面能处理到 $38dyn/cm^2$，或者吹塑时在塑料中加入一些蜡。

（5）针孔　现象：印品上出现微小的小孔，特别是图案较大面积部分。

原因：一是当印下去时，油墨成为很稀薄的透明层，能看到版辊子上网线，印品呈大小一致的针孔（砂眼），均匀遍布印品，这叫作机械针孔。二是由于油墨流平性和对承印物湿润差，印品上形成凌乱不一的针孔，叫作化学针孔。

处理方法：对机械针孔，可适当增加油墨黏度或使墨干得慢一些，就可以解决。对化学针孔，则要在调整油墨时，不要撤黏过短，以保证油墨的黏附性和流平性。因此，在调稀时同时加入聚酰胺树脂油或其他增加湿润的物质调整，即可纠正。

（6）发虚和晕圈　现象：图案印迹不实，墨层薄淡（叫作发虚），围绕印品边缘起双边（叫作晕圈）。

原因：主要是印版压力不均匀，或橡胶布垫不适；也有油墨浓度不足或过稀引起发虚的。印版辊筒压力太重，油墨黏度不足，使凹穴的墨在压印前泛出来，产生静电现象，引起晕圈。

处理方法：调整压力，调整油墨浓度和黏度，提高干速。

（7）刮痕　现象：印品非图纹部分有一条一条颜色。

原因：总原因是刮刀问题。其中有油墨引起的刮刀问题：①油墨中有杂物，粒子粗硬；②油墨黏度过高；③油墨对印版辊筒附着性过强；④油墨干燥过快或过慢。也有因印版辊筒引起的：①辊筒加工不良；②版纹过深；③镀铬材料差。又有因刮刀引起的：①刮刀不平直或有损伤；②压力不适当；③刮刀与辊筒角度不适。

处理方法：属油墨原因，事前过滤，调整到适当黏度，调整干性及附着性；属辊筒原因，改用光滑辊筒，修正版纹，镀铬均匀；属刮刀原因，则改用平直锋锐的刮刀，调整刀的角度和压力。

（8）色调不准确　原因：油墨质量不符合商品要求，色彩单薄。

处理方法：①可以根据油墨减色原理调配到希望的色调；②彩色墨中调入1%～2%的白墨以增强遮盖力。

（9）白化　现象：印刷成白膜状，如有云雾。

原因：①溶剂白化，多见于柔性凸版中。当周围环境润湿度高时，由于溶剂蒸发潜热现象，印迹降温，从而部分溶剂冷却下来，但又混入水分而造成印膜的白化；②树脂白化，由于油墨中溶剂失去平衡，真溶剂先挥发掉，稀释剂增加使墨中树脂沉淀析出，引起白化。

处理方法：①降低环境湿度；②加强热力干燥；③提高真溶剂的沸点，使其挥发速率变慢；④换用慢干稀释剂。

（10）墨性差　现象：①墨在桶中倒不出来，冬季成冻状；②墨较稠，触变性大；③稀释后不流动成胶状。

原因：①墨中树脂连结料耐冻性差；②墨中颜料量大，润湿性差，性质不适；③兑稀过度，稀释剂中有水分；④稀释剂用得不对。

处理方法：①提前一天置20℃以上工房或在暖气上回性；②先搅拌，恢复墨性；③墨中加稀料，用墨厂生产的专用稀释剂；④用墨少兑、勤兑，兑稀料时同时兑入墨；⑤墨不要调得过稀。

（11）凹版版纹中干燥及埋版等　原因：①墨干性过快，墨黏度大；②杂物混入；③再溶解性不良，墨残量干于版中。

处理方法：①按下列接触印刷时间，减缓干性。高速轮转机0.015～0.02s；中低速轮转机0.04～0.1s；高速单张机0.1～0.15s；低速单张机0.5～0.6s。上述接触印刷时间是刮好墨到用纸压印所经历的时间；②吹风吹到版面上；③增加真溶剂，增强再溶解性。

（12）溢出　现象：油墨满版部分发现斑点，以及油墨有从画线部分溢出。

原因：油墨黏度过低。

处理方法：①黏度过低时，添加新墨或加入带树脂的调整剂，以提高黏度；②提高印刷速度；③改变刮刀角度，使用锐角刮墨；④版纹过深时，则使用浅版纹面（暗调标准为30～50μm）。

（13）印品光泽不佳　现象：印品达不到光泽要求，表面发粗。

原因：油墨中树脂成分少，调稀过分。树脂成膜不好，墨性不好，承印物太粗糙。

处理方法：①用带树脂的调整剂，如塑料墨中可加入硝化棉液等；②适当减缓干速；③更换好的承印物。

（14）起橘皮状斑纹　现象：印迹不平实，水纹呈橘皮状，特别是满版部分。

原因：①干燥速度过快；②油墨浓度过淡；③油墨流平性不良；④油墨触变性大；⑤水性油墨中印版辊筒及纸张之间亲和性欠佳；⑥静电影响；⑦速度缓慢。

处理方法：①改良油墨的流动性；②调整干燥速度；③提高油墨黏度，增加流平性；④不要将色冲淡过浅；⑤减少静电。

（15）颜料沉淀　现象：颜色变浅或变色，产生糊版。

原因：①颜料与介质亲和性差，分散后凝结在一起；②分散不充分；③黏度过低，搅拌不充分。

处理方法：①做油墨时，加入防沉淀剂；②充分分散、轧制；③选择亲和好的颜料和介质；④使用时充分搅拌。

（16）导向辊筒系统摩擦污损　现象：传送中的杆上发生摩擦而剥膜，产生污损。

原因：①油墨干燥速率过慢；②或因树脂成分太少，产生粉化，粉落；③皮膜干后，耐磨性差；④接触不良。

处理方法：①修理好导向辊筒及传动杆上不平整处；②加快干性；③增加树脂黏合剂量。

（17）脏版　现象：非图文部分上有一层很薄的油墨转印在承印物不应有油墨的部分上。

原因：油墨中的树脂和溶剂对金属表面黏附强或是对其湿润性强。例如，使用时间长或湿度高，油墨产生静电；对铬亲和性大，铬层出现树皮层，即整个镀层有树皮状微条纹；镀层粗糙或有不规范的麻点；刮刀角度太小或刮刀已钝而刮不净。油墨初干太慢时，遇到以上情况也会脏版。

处理方法：首先要降低油墨黏度，减少其对印版的黏附性。若是镀铬层发生问题，一要重新做版，二要使油墨加快干燥。

（18）水纹　现象：印品实填部分有水波纹现象。

原因：调整过失，油墨稀薄到了极点。使用黏度没有掌握好。

处理方法：不要将油墨兑得过稀，若墨槽中还有过稀的油墨，应补充一部分原墨，检查油墨的品质，看油墨的黏度是否太低并解决。

（19）重影　现象：油墨在叠印部分出现双影或多影现象。

原因：主要是由于压力辊压力过大或张力不均匀所致。

处理方法：调整好各印版压力辊筒的压力，调整好印刷机的张力。

（20）不上版　现象：油墨转移性不良，印品着墨量少。

原因：稀释剂含杂质造成的，如含有水或者其他对油墨不溶解的物质。也有油墨制造本身的原因。

处理方法：在印刷前，预先测试一下油墨与稀释剂的混合效果，以免造成损失。若出现不上版的现象，可用原墨上机印刷测试。

二、塑料薄膜凹印常见的印刷故障

GB 7707—1987《凹版装潢印刷品》对于实地印刷的套色极限偏差要求是：主要部位≤0.5mm，次要部位≤0.8mm。对于网纹印刷的套色极限偏差要求是：主要部位≤0.3mm，次要部位≤0.6mm。主要部位指画面上反映主题部分，如图案、文字、标志等。

在塑料凹版印刷过程，套印不准是最常见的印刷故障之一，在塑料薄膜进行多色印刷过程中，产生套色误差的主要因素有：承印物经放料装置，传导辊进入第一单元进行印刷，而后进入烘干装置，再在传导辊的带动下进入第二单元印刷，依此类推，最后进入收卷装置。在这个过程中，为了避免或减少套印不准造成的损失，既要保证承印物的放卷与收卷张力一致，还应注意套印不准的走向，进而采取相应的解决措施。

引起塑料薄膜凹印套印不准的原因有很多，既包括机械设备、油墨适性、环境温度等客观因素的影响，也包括操作人员的质量意识等主观因素的影响。下面就逐一进行详细分析。

（1）设备因素　印品的套印精度在很大程度上取决于设备本身的机械制造精度（如印刷机墙板、牵引辊、导辊等）和所使用的计算机自动控制系统的技术水平，它直接决定了运行的平稳性，除设备的制造精度外，安装精度对印刷套准的影响也是十分重要的，光电扫描器、横向套准调节机构、纵向套准机构或控制电路中的任一部分出现故障都会影响印刷套准，这就要求在出现套印不准现象时，必须对套准控制装置的各组成部分逐一检查、排除，如：① 开关是否接通？② 电眼位置是否良好？有无沾上杂物？反光板是否清洁？③ 标记线是否明确？（颜色太浅引起电眼捕捉困难）④ 后视镜是否被污染？⑤ 电脑套色是否使用正确，是否工作正常？⑥ 套印系统是否存在机械故障？

（2）薄膜张力　在印刷过程中，张力变化范围小，套印精度就容易控制，印刷张力及其变化直接影响着薄膜的伸长率，因此，也就不同程度地改变着印刷路径的长度，张力设定太小时易导致薄膜进给时起飘，张力设定过大时导致薄膜伸长率过大，都会影响套准精度。

印刷张力是根据印刷膜的宽度、拉伸强度及在一定的干燥温度下的热稳定性来设定的，膜在印刷张力的作用下伸长率过大会影响套印，如印刷膜、CPP、PE 等的初始拉伸强度不够好，伸长率较大，补偿辊在小范围内具有补偿作用，但连续的同一个方向的补偿量累积到一定程度后，由于受补偿辊位置限制，补偿辊不再起作用，从而出现间断套印不准的现象。

在设定合理的张力后，应保持最小限度的张力变化，张力不稳定主要由自动张力控制系统的控制部件失灵、损坏和气压不稳定等原因引起的，除上述原因外，造成张力变化的因素还包括：①薄膜不平整，荷叶边，边缘不整齐，卷内接头，卷芯偏心等都会引起一定的张力变动，因而在一定程度上也影响套准。②基材的平行度差，张力在横向方向上不均匀，若是在套印标记线一侧张力很松，膜起飘，则电眼不能准确读取脉冲信号，带来套印问题。③运行中速度的变化引起的张力变化，各色组使用的压印胶辊直径不一致，引起膜所受摩擦不一致，跑版严重。

（3）印刷张力 印刷压力影响膜与压辊、印版、油墨间的摩擦力，间接影响着各印刷单元的张力。对汽缸的加压方式而言，想要印刷压力稳定，就必须保证气源稳定，汽缸供气不足或汽缸气压不稳定都会造成压辊两端的压力不一致，导致压辊运转不稳，压印力分布不均匀，从而造成套印不准确。造成印刷压力不均匀的因素有：①如果印刷压力过大，两端受到强压，胶辊发生弯曲，产生弓形，中央部分的压力比两端小，也就造成套印不准。②胶辊轴承必须平稳运转，胶辊出现松动或晃动时造成胶辊压力不稳。③当胶辊的有效长度大于印膜宽度，经长时间使用，由于油墨影响，胶辊两端会发生溶胀，就会在加压时，产生弓形状态。另外，胶辊发胀后，表面有发黏的倾向，也影响印刷的套准。④胶辊如果存在锥度，运转时有振动，膜就容易起褶子，横向套印就容易产生不稳定，另外，如果同一套版辊所用胶辊不是同一圆周长，则由于膜与胶辊的包角不一致，在机速变化时所受摩擦力的变化量不一致，相对更容易产生纵向套印不稳定。

（4）卷筒直径的影响 料卷直径越大，塑料在运行中越易走偏，给套印带来隐患。根据经验，料卷直径一般为 35～40cm 较合适。印刷时，随着料卷直径的逐步减小，应相应减小放卷张力，以保证走料张力稳定。这要通过手动齿轮或磁粉制动器来实现。在进行这一操作时，应注意观察印刷的色标有无走样。

国产多色凹印机的版滚筒轴向是靠滚筒端的 U 形槽与机架上的轴承配合来定位的，轴承的厚度恰好等于 U 形槽的宽度，当 U 形槽磨损引起宽度增加时，版轴带动版滚筒可能产生轴向窜动，引起套印不准。当磨损量超过 0.3mm 时，套印不准、图案走样就会十分明显。作为操作者，应时常在凹印机的滑动部分、齿轮等运转部位力口注机油，以保证套印的准确性，并达到延长机械寿命、减轻磨损的目的。当发生显著磨损时，则应当更换磨损机件。当版轴发生轴向窜动时，承印物上色样不稳定，色标向上发生位移。

（5）导辊带电 塑料薄膜在印刷过程中要受传导辊牵引进入下一单元印刷或者进入烘干装置。但塑料薄膜与传导辊摩擦后，传导辊会带上静电，吸附空气中的灰尘，使传导辊局部增大，导致薄膜轴向滑动，引起套印不准。为此，在停机时，应对传导辊进行清洁处理，为下次印刷打下良好基础。导辊可能会松动变形，运转阻力发生变化（如轴承损坏），从而改变机组间的路径，导辊的平行度有问题时，会出现套印标记线的一边套印准确而另一边套色不准确的情况，而且偏差量也很有规律。

（6）印版因素 印版的周向跳动会导致膜张力变化无规律，不同程度地改变整个印刷路径长度，从而导致套不准。

装版时，必须确保印刷版辊两端锥孔和固版锥头清洁，不能黏附油墨或其他杂质，否则会影响安装精度，装版完毕后，应用手试转，检查版辊转动是否灵活，是否有松动现象。

(7) 烘道温度、风量设定　薄膜在热力作用下易拉伸，温度的设定要充分考虑材料的热稳定性，如 CPP、PE 40℃左右，NY、PET 65℃左右。风量也是引起烘道内膜张力波动的一个因素，因而在保证充分干燥的前提下不宜过大。

(8) 其他因素　①冷却辊的作用是使从烘道内出来的膜尽快冷却，在进入下一印刷单元前减少拉伸；②光电头有蓝色和白色两种光源，检测浅蓝色时，应用白光源的光电头，检测银灰色时，应用蓝光源的光电头，以免影响颜色信号的识别。

(9) 装版不正确　套印不准还与装版有关。装版前应先将版轴洗干净，再将印版安装在轴的中心位置。印版两端的堵头（又称"闷头"）也要装平整，而且在锁版时，用力要均匀，这样才能保证套印准确。一般来说，版轴配合间隙为 0.04～0.06mm，当磨损至 0.2mm 时，套色就很困难了；当磨损至 0.4～0.6mm 时，就应更换版轴了。

(10) 齿轮磨损　经过长期运转，各印刷单元的齿轮也将不同程度地受到磨损。如果版滚筒齿轮与传动轴上的主传动齿轮不在分度圆处啮合，转速就不稳定，从而导致精度下降、套印不准。表现为承印物上的色标出现上下偏移，很不稳定。

(11) 胶辊选择不当　为获得精度更高的套准，胶辊的选择也应非常慎重。一般会发生一次套印不准故障，碰到这类情况，如通过换材料、重新检测印版或调节张力，还未能获得良好的效果。那么可查找橡胶压辊问题，如发现橡胶压辊两头的直径相差有误差，更换上新的橡胶压辊，即可排除故障。

一般来说，印刷厚度为 $12\mu m$ 的宽幅薄膜时，对胶辊的要求更为严格。同时还应保证压辊与印版的压力均匀，否则也会造成套印不准等故障。胶辊压力不均衡和塑料薄膜厚薄偏差都将会直接导致套印不准.在承印物上，多半表现为图像横向偏移。

(12) 环境温湿度的影响　在印刷过程中，最后一个单元和第一单元相比，薄膜会随着温度的变化发生伸缩现象，从而导致套印不准。因此，在印刷过程中，只要能使溶剂有效地挥发，烘干温度越低越好。同时，还要控制好印刷环境的温度。湿度、一般车间内温度控制在 25℃、湿度控制在 40％为宜，过高、过低都将影响套印精度。

(13) 油墨　油墨的黏度过大也会导致图像产生位移，所以黏度值应根据实际情况来调节。

(14) 印版递增量　在凹版印刷中，考虑到塑料薄膜的拉伸，根据色序，印版有一个递增量，它是逐步增大的。如果递增量有误差，超过允许范围，套色精度同样会下降。所以在印版滚筒未上机前，要认真检查，并做好记录，在印刷时要将印件与原样认真进行对比。

(15) 收卷张力　塑料薄膜在运行过程中，要求收卷张力平稳，随着收卷直径的逐步增大，收卷张力也应相应增大。同时要注意收卷的抖动范围，因为收卷张力是靠收卷轴端摩擦滚动轴承上的摩擦片来调整的，若抖动范围大，薄膜收缩，张力值便增大。一般控制张力值可通过磁粉制动器或手动调节来实现。我们还应注意到，料卷越长，越易拉伸，张力值应相应变动，恒定平稳的张力十分重要。总之，要想获得套印准确、印刷精美的塑料薄膜印品，必须处理好每一道工序，而且还应对问题作认真分析，总结经验，以备以后借鉴。

三、收卷部分墨色粘连的问题

问题：在收卷的上下两层膜间印刷面粘接在另一层膜的背面。

①溶剂问题：油墨干燥过慢，溶剂的配比不当，挥发太慢，在溶剂中含有少量高沸点物，如环己铜、丁醇、二甲苯等。②设备问题：干燥热风量不足，冷热风使用不当，车速太快，收卷张力过大，印刷后的卷膜收卷温度过高，应控制在室温的5℃以下。③油墨问题：油墨太厚，油墨中含有增塑剂过多，还有树脂对溶剂的释放性差等，对油墨使用粘连防止剂（油墨厂提供）。④薄膜问题：因薄膜中所含的添加剂对溶剂具有亲和性，从而影响溶剂释放。未经电晕处理或没有达到所需的表面张力指标造成油墨不牢。⑤天气问题：气温过高，空气潮湿，收卷时含水量过大。

四、版面上图案线条残缺的问题

①油墨干燥太快，造成干版。②风、热量过大，致使版面干燥。③制版网点过浅，油墨附着少。④胶辊压力太轻，胶辊硬度不够。⑤刮刀刮墨点离压印点之间距离过远。

解决办法：①主要是根据机器速度，即刮刀与压印点的距离经过的时间，使用溶剂调节其干燥速度，可采用在溶剂比配中宜适当加大慢干溶剂，如二甲苯、丁酯、丁醇等。②检查吹风、加热装置是否因方向变动吹到版面上，若是则要立即纠正。③检查版辊腐蚀或电雕、镀铬、抛光的质量是否合适，一般在其他条件正常的情况下，发生糊版，擦洗一次后，如不久再次发生堵版，并从图文中可以看到层次不协调，则可以认定为印版造成的，这就要重新制版。

五、印刷线条的问题

如果薄膜中夹杂纸芯屑及油墨皮被带入刮刀与版面的间隙中，其又不能通过刮刀转移到承印物上，还可能并列产生多根刀线，可以在印刷进行过程中前后、上下移动刮墨刀，摆掉黏着的异物或用一根竹签直接在刮刀刃上剔除，必要时需停机，对刮刀进行彻底清理。

部分油墨在墨槽的死角位置，因得不到良好循环而造成树脂析出，形成大小不同的结晶与结块，或过分干燥造成表面形成墨（夏天易产生墨皮，春秋两季因为气温的影响，油墨结晶或结块的情况较多），随着油墨的循环，有一部分油墨结晶或墨皮被转动的印版滚筒带到刀刃处，刮墨刀将其打碎而形成无规则拉丝，所以，必须从油墨的循环和过滤两方面进行改进。旧墨在使用前必须用 100 目以上的金属丝网先行过滤，对使用了较长时间的油墨也应重新过滤后再使用，并保持车间的环境卫生，防止尘埃落入油墨中产生刀线，油墨在墨槽中循环的过滤工作也很重要，它可以很好地过滤掉油墨在使用过程中形成的树脂结晶和外来杂质，选择的网目应更细，简便的方法是在油墨进口处或出墨处上套一只丝袜。

六、油墨气泡的问题

在印刷过程中，若墨槽中的油墨产生大量气泡，这些气泡就会附着在印版滚筒上，使此处图案上的网点部分消失，或印品上出现类似水一样的东西。

①油墨的黏度较大，产生的气泡不容易破碎，应使用油墨保持适宜的印刷黏度。②大量气泡是由于油墨槽或循环泵中油墨的流动状态不好引起的，或油墨循环时的落差引起的冲击力及印版滚筒的高速运转时搅动作用引起的，因而在油墨落下的地方，其落差不要太高，尽量减小距离，减少因液体冲击力搅拌引起的气泡，另外，在墨盘中使用 PE 管搅墨棒，有利于减少气泡的产生。③有时有较多气泡是由于油墨的质量问题引起的，此时可添加适量的消泡剂，但消泡剂太多对油墨性质有不良影响，使用不当反而引起油墨的黏着力及复合适性下降。

七、凹版滚筒铬层腐蚀现象的分析

凹版滚筒铬层的腐蚀，一方面与外部客观条件有关，另一方面与镀层的内在质量关系很大。对于铬层的腐蚀情况，我们用放大镜和网点测试仪对版滚筒进行了长期观察，发现从形状上大致可分为 3 种：第一种表现为腐蚀点不明显，面积较小，且呈圆点状或葡萄状，多分布在版滚筒的两端；第二种表现为腐蚀形状和面积比较明显，用肉眼可以直接观察到，其形状和分布没有规律；第三种表现为局部铬层剥落，露出底层，其面积较大，用肉眼也可以看清楚，这种情况一般出现得比较少。其中，第一种和第二种情况的腐蚀又分为两种，一种是从外向内的腐蚀；另一种是从内向外的腐蚀。第三种情况主要是从内向外的铬层起皮现象。

下面首先分析一下从外向内的腐蚀现象。在任何镀液中，不论 pH 值的高低，由于水分子的电解，都存在一定的氢离子。当金属在阴极析出的同时，往往伴有氢气析出。镀铬液是析氢最严重的一种镀液，析氢对镀层的影响极大。吸附在基体金属或中间镀层细孔内的氢，随着周围介质温度的升高，会发生膨胀而使镀层产生小鼓包。当氢气滞留在版滚筒表面时，会阻止金属离子在这些部位的沉积，使镀层上出现麻点或针孔，这些都是造成铬层发生"点腐蚀"的潜在隐患。

要克服析氢现象，需做到三点：一是要控制镀铬的阴极电流密度不超过上限，因为镀铬液电流效率随电流密度的增大而降低。二是克服电镀过程中导电系统的发烫现象，因为吸附在基体金属细孔内的氢，由于周围介质温度升高，氢气膨胀会使镀层产生较小鼓包。三是保持镀液清洁，尽量减少有机杂质和无机杂质混入，否则杂质容易吸附在阴极表面，从而使铬层产生麻点等现象。

导致从外向内腐蚀的另一个主要原因是外来因素。例如，若有油墨长期滞留在铬层上，油墨中的酸性物质对铬层会产生腐蚀作用。如果版滚筒放在潮湿不通风的地方，也容易通过铜与空气中的二氧化碳和水形成铜绿，其对铬层形成微电池作用，加速对铬层的腐蚀速度，所以，印刷厂在版滚筒用过后，应把油墨彻底擦洗干净，并在铬层表面均匀地涂一层防锈油，放置在通风干燥处。

从内向外的腐蚀现象一般有明显的小鼓包产生，主要是由于镀铬前表面处理不当，铬层与铜层结合不好造成的。以上所指的第三种情况也多是由于这个原因造成的。

第六节　柔性版印刷中的问题与柔印油墨的故障原因

一、柔性版印刷中的问题

① 边缘轮廓。是凸版印刷方式特有的现象，是由于印版的高低不匀，或因磨损、施加印墨过度等造成的。如金属墨辊与印版滚筒或印版滚筒与压印滚筒之间的压力过大，则版面的油墨被挤向四周，印版周围的油墨以堆积的状态转移到印刷材料上，印出的字就呈现边缘、网点压溃。这种堆积的油墨不仅影响印刷品的美观，而且会引起各种故障。

② 为了防止边缘轮廓，可采取以下方法。

a. 调节金属墨辊。印版、压印滚筒相互之间的压力，应轻微地接触。三者之间的压力，任何一方过大都会发生边缘轮廓。因此，应将接触压力减轻到最小程度。

b. 垫版平整（调节版面的高低）。包括印版的加工质量和粘贴的状态。如果版面不平整，要使低的部分有适当的压力，则高的部分必然加大压力，从而出现边缘轮廓。由此可见，垫版工作是非常重要的。尤其对于实地部分和细笔画字线在一起的图案，应使实地部分垫得稍高一些（图5-1）。印版的调整分为版面的研磨和背面粘贴纸带的方法。

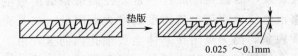

图 5-1　垫版示意图

c. 印刷图案和油墨的关系。根据印刷图案，着墨情况以及调色，应适当地调节印刷压力。当实地版较多时，应使用较硬的油墨，适当加大着墨量和印刷压力，印刷效果较好。

当以细笔画字线和网纹为主时，应使用稍软而流动性好的油墨，适当减少着墨量和印刷压力，印刷效果更好。

另外，要掌握好印刷压力与油墨传递的关系，即使细笔画字线和网纹，只要使用稍硬的油墨，稍微增大压力，也能印出精美的产品，但需注意印刷图案和油墨深浅之间的关系。

③ 因边缘轮廓而带来的故障

a. 影响印刷部分的美观。出现细笔画字线、网点堵死，挂须，搭笔画等现象。

b. 干燥不良。在导辊上沾污未干的油墨而弄脏印刷品，在收卷处形成反面粘脏、粘页。如与后加工工序直接连接时则进一步成为后道工序的障碍。因而要经常擦拭印版，造成印版的磨损，降低耐印力。

④ 墨量与墨辊的关系。双辊方式因为使用橡胶辊来刮墨，墨量的大小从下面几点来考虑：a. 墨辊间距。越是贴紧就越受限制。b. 墨辊硬度。越硬越能限制墨量；若软，不管贴得多紧，也限制不了墨量，形成着墨过多（通常橡胶辊的硬度以 60～70 度为适当）。c. 印刷速度。越慢越能限制墨量。d. 油墨黏度。越软越能限制墨量。

当使用的金属墨辊线数越多，着墨就越少。

⑤ 印刷速度和油墨的黏性。在印刷中采用双辊方式，并加快印刷速度，能增大着墨量。当加快印刷速度时，由于油墨往外推金属墨辊和橡胶辊的力得到增加，因此，墨量难于限制，黏性越高的油墨这种倾向越强。由此可见，当采用双辊方式印刷时，印刷速度快，就应减小油墨的黏度。反之，就应增大油墨的黏度。

⑥ 印刷速度和干燥设备。快干性是柔性版（苯胺）油墨最大的特点之一，但是如采用类似纸张那种表面吸收性能的印刷材料高速印刷时，则需要干燥设备。塑料膜是一种非吸收的表面，如果溶剂在印刷机上迅速挥发，油墨的黏性便会增加。若使用挥发慢的溶剂，印刷品的干燥相对也慢，形成反面粘脏和粘页。所以，高速印刷时，特别需要强调干燥设备的能力匹配。

二、柔性版印刷的印刷材料及印刷质量要求

同凹版印刷的印刷材料和印刷质量要求基本相同。本节不作详细介绍。

三、柔印油墨引起的印刷应用中问题及故障排除方法

薄膜柔印水性油墨在应用中有四个问题及故障排除方法是必须要注意的。

1. 柔印水性油墨在薄膜上的附着，核心技术是选用合适的水性乳液

目前包装印刷业使用的薄膜有极性与非极性两大类，因此针对不同极性的薄膜选用不同的柔印水性油墨是必不可少的。

前几年，当凹印油墨从苯类溶剂向非苯类溶剂过渡时，业内曾经有过一个争议：究竟是开发一种可以适应所有薄膜的油墨为好，还是针对不同极性的薄膜开发不同的油墨为好？前一种方案可以归纳并减少油墨品种，使用户积压的残墨最少，这样可以节约油墨库存。后一种方案的不同油墨有不同的价格，针对不同薄膜可以用价格最合理的油墨，可以节约油墨成本。后一种方案其实还牵涉包装印刷企业的产品竞价和市场争夺，笔者是支持后一种方案的。这个观点同样也适合于柔印水性油墨。

柔印水性油墨在薄膜表面附着，要求薄膜表面张力在 38mN/m 以上，若薄膜表面张力不达标，必须事先对薄膜进行电晕处理，或底涂合适的涂层以改变薄膜本身的性能。

在已经处理过的薄膜表面印刷，若要油墨的附着力高，必须要符合三个条件。一是水性乳液的树脂特性必须与薄膜特性相近，水性油墨在转移到薄膜上的瞬间，应该对薄膜有一个微溶阶段。就像溶剂型油墨在薄膜上的附着一样，油墨同薄膜相似相近而达到相溶，符合溶解性第一特点——极性相近原理。微溶阶段其实就是在薄膜表面建立锚固点，建立墨膜可以附着其上的根基。二是墨膜在薄膜表面的润湿，这种润湿能力越强，锚固点越多。三是细密而坚固的墨膜，将各锚固点有效连接。

因此，选用不同的水性乳液，以应对不同特性的薄膜，维持最低的油墨成本。除非各种水性乳液的价格相同，才可能采用同一水性乳液应对各种薄膜。

2. 注意干燥后的墨膜表面张力

国内油墨行业有一个行业标准，要求油墨干燥后墨膜的表面张力大于 38mN/m，这是为保证油墨叠色率建立的一个重要基石。多色印刷中后一色墨在前一墨膜上的相叠，光油在墨膜上的相叠，均离不开这个基石。检测这个数据的方法比较简单，只要一支电晕笔即可；但改善这项性能还需从水性油墨配方着手，这是大意不得的。

3. 印刷完成后水性油墨的回收

UV 油墨的回收很容易，但若改为价格便宜许多的柔印水性油墨，生产中就需注意及时回收和储存。墨槽需涂布特氟龙，清理时不使其黏附油墨，避免浪费。

4. 注意鬼影的预防

不管网纹辊与版辊的速度差异如何，UV 油墨印刷中是没有鬼影（ghosting）的。而柔印水性油墨与柔印溶剂型油墨一样，若网纹辊与版辊在速度配合上有异，很有可能会产生鬼影。因此，在生产中需要加以预防。

用柔印水性油墨挑战柔印 UV 油墨，这在降低产品成本方面对包装印刷业有着极大的诱惑。这个方案在国外已有成功的案例：美国柔印标签业大部分都采用水性油墨，而不是 UV 油墨，成本大幅度下降了，操作人员也没有感到很大的不方便。可见，柔印水性油墨还是存在许多胜出空间的，关键在于其性能的改善和油墨配方的调整。

第七节　塑料印刷油墨中常见故障和质量问题与对策方案

一、缺陷与不足故障现象和产生原因与对策方案

① 塑料印刷油墨和上光油在生产和储存过程中往往出现沉淀、析出、胶化、增黏、返粗、增稠、结皮、发花、混色、变色、褪色、颜填料沉淀和结块等现象。

颜料分散不良，树脂配伍不佳，溶剂拼混不妥，颜料生产质量不好、储存不当发胀，凝胶。这些缺陷严重地妨碍了正常的油墨生产、储存和使用。

② 塑料薄膜印刷及涂布整饰过程中往往出现流挂、墨膜泛白、渗色、浮色、图文迁移、变形、墨膜软化、裂纹、橘皮、起皱、无平整度、咬底、串色、缩孔、缩边、针孔、起泡、侧光彩虹、变黄、褪色等现象。

③ 塑料薄膜印刷和后印刷整饰后往往出现变色、褪色、粉化、裂纹、墨层剥离和脱落、起泡、腐败、针孔、起霜、雾化等现象。

①③主要与塑料薄膜印刷油墨或上光油的质量有关，②主要与油墨或上光油的品质及印刷、整饰工艺设计、整饰质量管理、印刷、整饰环境条件等有关。所以，油墨、光油的开发生产人员必须了解包装印刷及整饰制品的不同，生产工艺和环境要求不同，选用的油墨或上光油也不相同。例如春夏秋冬气温不同，沿海及高原的湿度的不同，晴朗天气与梅雨季节的不同，印刷机械或整饰涂布机械的不同或速度不同，干燥（红外、紫外等）条件的不同，可能产生

的缺陷也不会相同。

（1）故障现象　对于塑料薄膜印刷制品（纸张或塑料软包装薄膜）的油墨或上光油，特别要注意以下几点：

① 承印载体（底材）的表面状态，不同的承印物材料表面的平整度，气泡、内应力产生的变形、裂纹、粘连等。一方面应改进印刷或整饰成型技术，另一方面要采取必要的表面处理措施，实施处理，例如电晕电火花处理或化学喷涂的表面处理等。

② 承印物尤其是聚烯烃材料的表面极性一般表面极性大，结晶度低的承印物与包装印刷油墨或上光油附着力强，例如 PE、PP 等软包装承印载体表面必须进行特殊的预处理，方可进行印刷或上光。

③ 油墨或上光油体系里的助剂的表面浓度，例如软包装承印物载体中的增塑剂易向表面迁移，尤其是软化点低的油墨膜在复合或蒸煮时其图文迁移变形。还有一个成型后甚至储存过程中有机硅、石蜡等脱膜剂的存在，不利于包装印刷油墨或上光油的正常展示显现及附着，应该进行脱脂、清洗，但过量的使用硬脂酸或硅油的地方，完全清除是非常难的。例如软包装塑料制品的表面的带电荷状态，但作为绝缘体，该承印物和油墨或上光油表面容易由摩擦产生静电，因此，其表面很容易吸附尘埃。油墨或上光油在生产前，必须进行消除静电的解决方案。

（2）产生原因　我们为了便于对包装印刷承印载体的缺陷进行认真的分析，下面就其产生的原因作一粗略的细分类。

① 油墨或上光油质量有关的因素有：a. 油墨或光油在成膜后的表面张力与包装印刷承印载体的润湿、附着性以及墨膜、油膜表面的流平性；b. 包装印刷油墨或上光油体系的溶剂、稀料的溶解度参数是否相近？表面张力及挥发速率，尤其是挥发梯度是否平衡；c. 油墨或光油的黏度、黏性以及流变特性，特别要注意黏度在成膜过程中往往会随着油墨印刷、光油涂布的方式方法以及印刷、涂布环境发生变化时的表征和特点；d. 油墨或上光油中各种助剂在其体系里的合理性和兼容性及容忍度。

② 塑料印刷油墨或上光油的稀释和搅拌分散过程中存在有关因素有：a. 灰尘和杂质的混入；b. 过滤；c. 稀释是否适合该油墨或上光油；d. 油墨印刷、光油涂饰的黏度的调节和保持稳定。

③ 工厂尤其是车间在包装印刷、涂布环境的有关因素有：a. 温度、湿度、生产时室内的风向、风量、风速；b. 印刷油墨飞溅、气雾的污染；c. 灰尘杂质的预防。

④ 露天生产、印刷涂布的环境因素有：a. 油墨印刷、光油涂布的时间选择——气温、湿度；b. 风向、风量、风速等；c. 天气情况，例如阴天、晴朗、早晨和晚间等。

⑤ 承印物载体的有关因素有：a. 是否是满版油墨印刷或满版上光涂饰底油，特别是套印中间的版与版的间隔距离、印刷速度、墨层、光油层的厚薄等；b. 表面处理，吹风去尘及电晕处理；c. 溶剂、化学试剂、表面活性剂处理，交联剂及偶联剂的添加促进；d. 干燥原理、除静电装置、方式等。

⑥ 油墨的塑料薄膜印刷和上光油的涂布整饰过程因素有：a. 印刷、涂布方式方法（如手工或机械，高速或低速/胶印、凹印、柔印、丝印或转移印刷及转移涂布）；b. 除油墨、光油、承印物的质量外，操作工的技术（经验和技巧）水平；c. 印刷、涂布的角度、速度、距离、墨膜和油膜厚度、包装的单色印刷或一版多色套印以及底油、光油的涂布道数、厚薄及类型等；d. 空气的压力、风量、光能、光强、固化方法和干燥固化程度；e. 包装印刷油墨或光油的补充系统中的循环速度、补充量和间隔时间以及稀释剂的黏度高低。

⑦ 干燥方式及放置时间的因素有：a. 干燥（烘干、气干、红外、紫外等）及晾置时间；b. 温度及升温速度及恒温时间的长短；c. 环境通风和换气的速度。

⑧ 与油墨或上光油成膜条件有关的因素有：a. 烘道（链式烘床）温度及分布情况、升温速度和恒温时间；b. 干燥时间长短；c. 换气速度和空气污染程度。

我们在上述的交流中可以逐条地分析：油墨印刷、光油涂布所能造成的塑料薄膜印刷缺陷是多方面的。有的是一因一果，有的则是几因一果，还有是一因几果。只要我们思路开阔，条理清晰，再对因提出自己的解决方案，我们在总结教训、积累经验中就不会生搬硬套传统的对症处理的方法了。

尽管涉及的一些理论分析是理想的，但实际情况往往会比分析复杂得多——理论与实践的结合刚好能够缩小这种差距。

二、流挂故障现象和产生原因与对策方案

（1）故障现象　当在垂直表面上进行油墨的包装印刷和光油涂布整饰生产工艺流程中，油墨或上光油在成膜时往往由于重力的作用向下流动（A. 当墨或油接触承印物一下铺展；B. 当达到一定重力在最后一刻铺展；C. 接触承印物逐渐铺展），这种流动情况保持到成膜之后，从而形成表面流（铺展）不平，上下膜厚薄不匀以及底部边缘增厚等状态，从上述 A、B、C 三种情况，我们希望看到的是 C 的状况令人鼓舞。因为从观察到的流动性，是在规定的时间内完成了铺展任务，但 A 往往产生水纹，B 往往产生裂纹。这就是我们根据上述流痕的形状又分为以下几种类型：①流挂：油墨和上光油向不上不下（前）流动并逐渐增厚，或滞留在底边上，干燥固化后往往照原样保留；②流淌：油墨或光油在被机械印刷在承印物表面时，大面积流挂，常称水纹；③流坠：这是本文所讲 B 状况，即印刷、涂饰或升温干燥过程中产生局部流挂，形成波浪形（称水纹）、半圆形（称气纹）或条纹状的次

废品。

（2）产生原因 从油墨或上光油流挂的本质上讲，其产生与印刷、涂布过程中油墨的或光油的流动性或流变特征有关联。有的时候则与承印物的处理好坏有关系，如在当附着不良的光滑表面上，印刷或涂布的压力依旧时，也容易出现所讲的流挂状况。

当我们调整了包装印刷油墨或上光油的流变特性后，大大促使了油墨或上光油在高剪切速度下，印刷涂布具有的低黏度，进而有利于该油墨或上光油的流平性。同时当我们在低剪切速度下（油墨或上光油成膜）具有高黏度便防止了流挂，这是一个十分艰难的任务，大多数厂家采用适当的低黏度、高含量树脂连结料，选择 pH 值值适中的颜、填料及助剂，制造的油墨或上光油使之具有一般印刷的触变性。其追求预防流挂和达到流平这一矛盾的统一目的。

包装印刷油墨和上光油的黏度在印刷、涂布过程中与溶剂挥发速率及挥发梯度的关系很大。溶剂挥发的平衡又快，油墨增黏快，有利于预防流挂，但不易流平。对于热固性或光固化包装印刷油墨或上光油的干燥固化速率直接与黏度变化有关。反应慢、黏度低，容易流挂是应慎重对待的。

我们知道，温度、光强对黏度的影响很大，挥发干燥性、氧化渗透干燥性、光固性、热固性的塑料薄膜印刷油墨或上光油体系中，氨基油墨的湿膜在高温烘烤时黏度下降，往往引起流挂是令人十分头痛的故障之一。通常采用"湿对湿"的印刷生产解决此问题。

这就是我们常说的牛顿流体在垂直面上受重力作用的流动状态。不考虑墨膜或油膜干燥过程中黏度的变化，包装印刷油墨或上光油的流出（铺展）的速度与流出的墨或油墨铺展的状况，这与油墨或上光油的密度、重力加速度有关。

实际上，塑料薄膜印刷油墨或上光油的黏度在质子接受体（酸）和电子给予体（碱）相协平衡过程/成膜和干燥过程是非牛顿型流体。我们从上述两个形式中可以看出，并不适合于油墨或上光油。但可以看出与膜厚 n 的平方以及 Q 与 n 的三次方成正比。因此，为预防流挂，严格控制墨膜或油膜厚度是至关重要的。

另一方面可以提高油墨或上光油的屈服值以提高流挂极限——它们之间成正比关系。还有可以采用"湿碰湿"的印刷涂饰或超高速杯式的静电印刷机等新技术去达到自己的目的。

（3）对策方案 流挂和流平是油墨塑料薄膜印刷和光油涂布开发遇到的最常见故障之一，开发能够满足油墨印刷操作，光油涂饰要求具有一定触变性的油墨或上光油是预防流挂的基础。其一，针对不同的油墨、光油，选择防流挂助剂和流平剂的适当组分是有效的途径。若把两者协调统一起来，其一，助剂是发展的方向。比如水墨加入天扬化工厂生产的 TM-200S，溶剂型油墨加入 TM-27 偶联剂，便可增加黏度，提高光泽，凝胶、已胶化的油墨加入 TM-3 便可立即流动，预防堆版印不上墨。

其二，正确选择溶剂和稀释剂，控制油墨或上光油黏度及干燥过程中黏度的变化。其三，有光的热固油墨或上光油，光固化的 UV 油墨或上光油采用上述的方法也是可以的。墨膜、油膜重印、重涂或预先打磨处理。其四，包装印刷或涂布整饰，严格墨膜、油膜厚度管理，印刷上光时对操作工的技能考核，对各承印物的印刷制品的质量参数的把关，以及空气压力、印制速度、干燥时间、吹风角度、套印间距等均应掌握。其五，严格控制印刷、涂饰过程中的环境管理，包括时间、温度、湿度、换气和通风的控制等。

三、白化故障现象和产生原因与对策方案

（1）故障现象　油墨或上光油（又称涂料）在干燥过程中或成膜后产生白霜的云雾状的油墨膜或光油膜称为白化，常称为泛白。通常产生于溶剂挥发干燥型油墨的印刷或上光油的涂布生产过程，严重时引起失光。也有 UV 油墨或 UV 光油因未被光子吸收的分子固化，当在一定温度环境条件下，残留在膜内的分子溶剂（水）仍会重新释放而产生白霜雾化的泛白。

（2）产生原因　印刷或整饰过程中，墨膜、油膜中残留的溶剂或混入了水分。①溶剂快速蒸发引起墨膜表层温度急剧降低至环境温度的露点以下，从而导致湿气凝结成水而混入油墨中；②高温季节油墨印刷或光油涂布时，压缩空气中的水分未完全分离干净而又混入墨膜或油膜里；③UV 油墨或 UV 光油表干内湿（未被光子吸收的分子）的膜，当在一定的环境、湿度及光条件下，有机会释放残留的溶剂仍会被释放过程中的水分子侵入，因而油墨或光油自身带有残存的水溶剂或承印物表面未干燥好。

塑料薄膜印刷油墨墨膜或光油油膜在成膜过程中，由于聚合物连结料树脂析出而影响墨膜或油膜的透明度，一般采用真溶剂和稀释溶剂作为混合溶剂时，如果强溶剂挥发速度快，留下不良溶剂的比例增大就会引起油墨、光油体系里的树脂连结料析出沉淀而泛白，当然水分的混入（包括承印物的水分）也可以降低上述两体系里树脂的溶解度而析出。而 UV 油墨或 UV 光油则应因光强达不到使分子未被吸取完全（过度的光强则会使 UV 油墨分解）。

（3）对策方案　白化（泛白或失光）与环境及承印物的相对湿度、溶剂和连结料有关，以及残存在 UV 体系溶剂分子，都应严格控制下面六大因素以预防墨膜、油膜的白化。①选择适当的承印物和溶剂以及稀释溶剂，控制其挥发速度及光的强度，防止墨膜表面温度过低以及预防树脂连结料的析出；②严格控制环境相对湿度，湿度大时可加入防潮剂，也叫防泛白剂，属慢干溶剂。通常主要是环己酮、乙二醇、丙二醇类化合物，既可与水，也可与有机溶剂混溶，促使水分一起挥发，但其加入量要严格控制；③提高光能，主要是 UV 类油墨、光油固

化时的光强；④承印物表面要烘干，最好保持温度高于环境温度；⑤塑料薄膜印刷甚至光油涂饰，稀料要采用脱水溶剂，杜绝压缩空气带水；⑥严格连结料与溶剂体系及稀料的配合，预防树脂聚合物油墨、光油生产、储存，甚至在印刷、涂饰过程中析出。

四、渗色、起霜故障现象和产生原因与对策方案

（1）故障现象　打底的光油或满版图文的油墨，在承印物载体中，颜料的渗入墨膜、油膜中导致表面油墨或上光油色彩颜料的改变或发花。容易渗色的颜料在印刷油墨的图文墨膜或上光油的油膜表面析出叫作起霜。

（2）产生原因　包装如塑料或铝箔承印物表面的着色物质或底印层中的着色颜料被表面的油墨的溶剂溶解并迁移至墨膜或油膜中导致渗色和起霜，通常无机颜料不存在此类问题。红色或紫色的有机颜料问题较多，打底的油墨或底油在和表面油墨体系里溶剂配伍，选用颜料的耐溶剂性能等方面都应考虑进去。

（3）对策方案　针对包装塑料或铝箔承印物的多样性，可采用下列方法：①为预防渗色，可采用封闭性好的底油或满版的白色或黄色油墨，它们的耐溶性和流平性均好。再如，醇溶性的聚酰胺树脂配上聚乙烯醇缩丁醛或达玛树脂与银粉、云母粉等封闭颜色组成单组分封闭的白色油墨或上光油以及双组分的聚氨酯油墨、光油；②在使用有机颜料时，要选用耐溶剂性好的颜料、底油、面油、油墨颜色和结构颜色尽量接近的色相的颜料；③当油墨、光油满版印刷或底涂为单组分热塑性油墨或上光油时，适量加入少量热固性树脂连结料以保证蒸煮后的墨膜附着性。墨膜表面的溶剂应该选用溶解力较差的进行配伍；④当满版白墨或黄墨或满版底油完全固化后，再进行表面的套色印刷，里印时，套印的颜色干燥后，再进行最后一道的遮底印刷或满版的光油罩光。

五、粘连、迁移故障现象和产生原因与对策方案

（1）故障现象　在数千种包装承印物中，例如软质的聚氯乙烯或纤维素类塑料等，油墨印刷或光油涂布后出现墨膜的软化，其他承印物的表印后的粘连、迁移、回粘现象，相反一些含有增塑剂的油墨或上光油、软化点过低的油墨体系的连结料树脂，经过一段时间，墨膜或油膜层发脆（增加过量的增塑剂，一旦被承印物吸收，就是反迁移）。

（2）产生原因　软化点过低的树脂连结料或过量的增塑剂在塑料和墨层之间的可迁移性往往受多种因素的制约，我们知道这种制约应具有以下条件：①与承印物的种类和类型有关，当仅为增加承印物弹性加入少量增塑剂

时，迁移性小，而软质的软包装塑料薄膜制品中常常含有比较多的增塑助剂，难免不发生迁移现象。当然，化学稳定性好和分子量大的承印物发生上述现象的可能性就会小。②与增塑助剂的种类有关。大家知道，增塑剂的迁移性与其本身的黏度的平方成反比，这与分子量太小、分子结构、低聚物增塑助剂是否带有支链等有关，增塑助剂与塑料承印物之间的内聚能越接近，相互结合就越高，迁移性越小。③与承印物塑料的 2 次、3 次的加工方法及包装印刷或涂布整饰和生产工艺有关，如温度高、时间长容易发生粘连及迁移。

（3）对策方案　在包装印刷制品中，为解决因油墨、光油体系树脂软化点低而粘连和增塑助剂的迁移问题，我们应从承印物塑料和印刷油墨或上光油两个方面考虑：①尽可能采用软化点高的树脂作为油墨或上光油的连结料，尽可能少用或不用增塑剂。②尽可能选用迁移性小或非迁移的增塑助剂。③力求使油墨或光油与承印物之间的亲和性达到最佳状态（平衡）。

在日常生产中，为了包装印刷的目的，我们往往改变承印物本身的可能性很小，而且在很多情况下对包装印刷制品中增塑助剂、连结料树脂的软化点参数不得而知，这就要求油墨或上光油的研究单位或生产企业结合表面预处理对油墨或上光油的配方设计中的配伍成分通过实践实验去调节。

六、墨膜裂纹故障现象和产生原因与对策方案

（1）故障现象　PS、PMMA、ABS、PC 等热塑性包装印刷承印物往往在印刷涂饰后，墨表面产生微细裂纹，常称为微裂，或者叫溶剂开裂。相反，热固性承印物却很少发生这种故障现象。人们知道，当适当的偶联或交联后可大大提高其抗裂纹性能，最简便的方法是在热塑性承印物体系加入热固性树脂，或在油墨、光油体系里加入粉状碳纤维粉。

（2）产生原因　承印物或油墨墨膜、光油油膜裂纹产生的原因很复杂，既有环境和温度的，又有溶解与聚合物接触后表面能会降低等方面的原因，至今尚无一个完整的、令人信服的学说予以说明。但起码是以下原因促成了这种故障现象：①温度；②聚合物与溶剂接触；③溶剂渗入聚合物内部；④溶剂使聚合物表面层发生溶胀；⑤热塑性承印物（此仅指塑料）印刷加工中残留内应力与外应力协同作用等导致裂纹。现大多数人认为是塑料制品在印刷或上光后表面开裂的重要原因，这可能是该制品内部和外部应力同时存在。这就是通常所说的临界开裂应力，或者叫作软包装塑料的抗开裂与油墨、光油的内聚能、溶剂类型以及溶剂接触时间以温度存在的相互关系。当我们从 PC 对己烷、乙酸乙酯、邻甲酚三种溶剂的温度依存的不同关系上看到，其中抗裂性能会随着温度的升高（$-15 \sim 60℃$）对己烷来说会急剧下降，而对乙酸乙酯则呈升高趋势，但变化往往不大，而对邻甲酚在 30℃ 时

有一个最低点，然后呈升高趋势，PMMA 在二甲苯、乙醚、氯化碳三种溶剂的抗裂性均会随着温度的升高而急剧下降，其中乙醚中最易开裂，其次为二甲苯。

塑料薄膜或软包装承印物——塑料及印刷墨膜的开裂性与溶剂的挥发速度也有关系。即溶剂挥发快，极容易产生应力，也就易于产生裂纹。所以说，高沸点溶剂和低沸点溶剂应混合搭配使用，使溶剂在挥发过程中的梯度平衡也是抗墨膜开裂的有效途径之一。例如在油墨或上光油体系里添加天扬化工厂生产的 TM-27 偶联剂 1％～3％也是一个不错的方法。目前，添加微量的聚四氯乙烯蜡也是有效的方法。

（3）对策方案　塑料薄膜印刷制品为了预防墨膜或油膜的裂纹，应从下面几方面着手：①溶剂尤其是稀料适当选择溶解力和挥发梯度平衡的溶剂配伍；②选择适当的印刷或涂布的干燥方法，特别升温速度及衡温时间，尽量减少干燥过程中产生的应力；③印刷或涂布前对承印物进行冷却降温处理，消除软包装塑料加工中的残余内应力，最大限度减少内应力。除在加工生产工艺流程方面严格外，必须通过实验寻找适当的熟化（冷却、降温）条件，否则就很难达到消除裂纹的目的。

七、稳定塑料印刷油墨图文成膜质量与对策方案

能够控制塑料印刷油墨墨膜的自由基聚合、催干或溶剂的挥发，以及氧化的活性作用，就能达到防止结皮的目的。但这种控制作用必须根据需要，既不影响印刷图文成膜的干燥速率，又不影响该油墨制品的性能和质量，这是油墨制造的最起码标准。为了实现这一目的，建议采用以下三种方法。

方法一：加入抗氧及缓凝剂。在印刷油墨体系中，加入抗氧剂或缓凝剂的作用在于，预防包装印刷图文成膜过程中产生自由基，从而达到中断墨膜氧化、挥发聚合。一旦在极短的时间内溶剂挥发，油类的氧化过程也随之减少，其油墨产生的自由基会继续聚合成膜（如天津力生化工厂产品系列）。

方法二：加入隔氧剂。采用被称为隔氧剂的液状石蜡添加在塑料印刷油墨里，产生的蒸气填充在油墨桶、罐、盒之间，使之形成一层隔氧层（膜），从而有效地阻止因蒸气压极易挥发掉油墨体系里的溶剂。

方法三：加入络合剂。使用肟类化合物（甲乙酮肟、丁醛肟等）控制油墨体系催干剂的活性，起到延缓或防止结皮的作用。

长期以来，塑料印刷油墨添加防结皮剂（即阻聚），已有五十余年的历史了，近四十年来大都采用酚类，而在水墨里则选用苯甲酸，比起最早选用高沸点的溶剂既省时，又省力。因为酚类化合物本身是一个质子给予体，能在氧化反应过程中产生过氧化自由基反应，生成 ROOH，同时形成一个稳定的抗氧自由基，捕获活性自由基，而终止了氧化聚合的反应，防止印刷油墨的结皮。

随着科学技术的发展，人们对使用肟类化合物作为油墨防结皮剂后，发现丁醛肟与甲乙酮肟对防止油墨结皮效果最好。一些油墨制造商和包装印刷操作者认为，肟类化合物的防凝胶效果已超过了传统的酚类化合物。20 世纪 80 年代，我国首次研制成功了甲乙酮肟防结皮剂，继丁醛肟的问世后，使我国的应用及效果达到了世界先进水平。

八、起皱不平故障现象和产生原因与对策方案

（1）故障现象　塑料薄膜印刷油墨墨膜和涂布光油油膜干燥固化过程中往往会产生皱纹、气纹、锤纹等的表面缺陷。由于产生的原因是多方面的，可分为以下几种情况：①一版多色套印产生的发皱；②由于重印咬底产生印刷图文墨膜起皱不平整；③油墨或上光油在高温成膜时，由于酸性气体引起的皱纹气裂；④环境湿度大时易产生气纹，墨膜或油膜厚则易产生皱纹，冷却风大极易产生锤纹。

（2）产生原因　塑料印刷油墨体系采用氧化聚合交联固化的醇酸树脂、改性醇酸树脂或干性油，由于它们在油墨印刷、光油上光场合下，如过量使用钴催干剂，极容易发生起皱，这是因为墨层或油层表面吸收了氧化固化而结皮，从而阻止了氧渗透至墨膜、油膜层内部，因此，印刷油墨、涂布光油层上下产生应力而引起发皱，冷却风大产生的应力引起气纹也是这个道理。醇酸树脂或苯乙烯改性醇酸树脂油墨体系在进行第二、第三道套印或上光时，如果打底的满版墨膜层或光油层未完全固化时，可能会被二道或三道的印刷油墨或上光油涂饰体系的溶剂溶胀而发皱。产生气纹的原因是：高温气体中含有的酸性气体对油墨、光油连结料固化，产生催化作用，引起墨膜层、油膜层表面硬化，而产生内应力引起的发皱，严重时，油墨或光油在墨斗生产过程也会产生发皱结皮现象。还有，在氧类的高固体分的 UV 油和 UV 光油层也容易产生气裂就属这个范畴。

（3）对策方案　我们适当选择催干剂进行油墨、光油的配方设计，尤其是注重调节醇酸类油墨或上光油的干燥方式及速度，控制印刷图文墨膜和涂布上光油油膜厚度，从而确保墨层均一固化，以避免发皱。更主要的是，避免在上层油墨（或光油）中使用真溶剂，最好采用挥发速度快的稀释溶剂，并严格控制油墨印刷、光油涂饰的间隔时间，确保打底满版印刷或满版涂饰层能够充分固化后再进行第二道的油墨印刷或涂饰上光。这样不仅可以消除由于咬底或串色产生的发皱，例如含有轻质氧化镁的油墨或氯化聚烯烃及醇酸树脂连结料在打底油墨印刷，表面光油涂布加入不当或含有二甲苯等真溶剂就容易聚结、发皱。

影响气裂的因素还有酸性气体、湿度、光、温度、混入杂质、膜厚、接触时间过短等。

为减少和避免产生气裂的缓慢迁移，使用高沸点溶剂、表面活性剂和偶联剂。例如水性包装印刷油墨和水性上光油添加胺类物质都是有效的方法，其中加

人吗啉的效果优于其他。另外，要严格控制油墨在印刷、光油在涂布时生产环境，不断提高换气能量，避免异物、尘埃混入都是十分有益的。

九、塑料印刷油墨结皮故障现象和产生原因与对策方案

1. 防结皮剂的应用范围和注意事项

塑料印刷油墨的氧化尤其是溶剂的挥发速度，改性树脂的油类，使用的颜料、填料，催干剂用量，油墨成品的储存环境温度、湿度等诸因素对油墨的结皮（凝胶）都有一定的影响，因此在使用防结皮剂（凝胶剂）时，必须考虑到上述各个方面的因素，同时也应注重添加量等七个方面的基本情况。

① 添加量。一般按油墨料计算（因结皮的主要成分是油墨的主要原材料）或按包装印刷油墨总量计算，同时还要考虑到受其他成分影响。通常添加量为 0.1%～0.3% 就可以了。因为一年四季气温、湿度的不同，其结皮的快慢有一定区别。故冬季为 0.1%，夏季为 0.3%，春秋季为 0.2%。再视配方的组分而定才是科学的。

② 墨膜干率。无论是常温的氧化或挥发速率或是蒸发的速率，我们在实践中已证明：在醇酸树脂制造的胶印油墨中，甲乙酮肟用量一般为 1%，虽干速稍长，但仍在包装印刷规定的标准范围内。这是因为该助剂与催干剂形成的络合物，使催干剂暂时失掉活性的原因造成的，所以，与传统采用酚类化合物捕获活性自由基终止聚合反应原理不同，因肟类化合物对干率影响不大，如果用量过多，挥发时间延长，络合物解体过慢，往往影响包装印刷油墨成膜干燥速率。

③ 泛黄性。防结皮剂一旦超过 0.3%，往往便会导致印刷图文墨膜的泛黄，尤其是在白色油墨中使用，经长时间储存会产生泛黄问题。因此，严格控制添加量或改为丁醛肟就可以避免泛黄的故障发生。

④ 色泽度。包装印刷油墨在加防止结皮剂后，往往会直接影响油墨的色泽度，通常调墨油影响大于色墨，白色或黄色油墨影响大于深颜色的包装印刷油墨。一般这种现象靠目测是很难观察到的，并与添加量无关。尽管我们已经知道了包装印刷图文成膜干燥后对墨膜的应用色相是没有影响的，可是在某些颜料（如两性颜料）和催干剂的存在下，包装印刷的彩色图文墨膜色调之间就会出现显著的差别，对调色产生了困扰。遇到这种情况时，应在制墨连续打样时，先做色差方面的试验，其目的是在印刷后避免因变色影响墨膜的外观质量。

⑤ 印刷墨膜状态。虽然防结皮剂不会对印刷墨膜的状态产生任何影响，但包装印刷油墨在低温长期储存时，会析出结晶，从而导致包装印刷油墨成膜后的浑浊而影响墨膜光泽。如因该材料与油墨体系里的连结料、颜料、填料和催干剂设计配比不当，便会出现较大颗粒。因此，应在印前先进行试验。

⑥ 光泽及耐候性。加入防结皮剂后，印刷油墨的光泽不仅不会受到影响，

而且还有保光性。添加助剂后，印刷图文墨膜的耐候性便得到了改善和提高。

⑦ 使用方法。防结皮剂一般在调墨时加入，并在常温下边搅拌边加入。对于挥发性油墨，为了控制墨料、色料在研磨分散和储存期间特别是印刷过程结皮，可采用在制墨时添加一部分，在印刷前再补加一部分为宜。

2. 油墨结皮现象的原因

所谓油墨的结皮，就是指因常温氧化、渗透、挥发、蒸发等干燥，造成包装印刷油墨在储存或印刷过程中其表面层印刷与空气接触，植物油的氧化或有机溶剂的挥发，导致油墨体系聚合等作用形成的凝胶。当印刷油墨浓度增加到一定值时，其表面就会被一层分子所覆盖，这时即使采用补加溶剂或油脂以减少油墨的浓度，已经结皮（凝胶）的表面也不可能再容纳更多的分子。

当油墨结皮现象严重的时候，首先会对印刷成本的稳定有很大的影响。据推算，轻者浪费1%，重者将近4%。这种有形的消耗给包装印刷企业增加了沉重的经济包袱。其次对于印刷产品质量的影响也是不能忽略的。当印刷过程中油墨结皮后，墨皮会在滚压的作用下向传输油墨的各个环节分布，对正常输墨的影响很大，同时当墨皮黏附到靠版墨辊上的时候，会使印版上图文出现密度的突变；当墨皮传输到印版和橡皮布上的时候，会使印品上出现环状斑痕；当墨皮黏附到水辊上的时候，会使输水不正常，出现上脏现象；墨皮还有可能直接附着到纸张表面。由以上我们能够看出预防和处理油墨的结皮现象是必要的。

那么油墨的结皮现象是如何出现的呢？

上面谈到了，油墨结皮现象就是一种油墨中连结料的氧化结膜现象。其结膜的机理和油墨干燥的机理一样，同样受到温度、湿度、空气中的氧气、油墨中的干燥剂含量等因素的影响。简单地讲，油墨的结皮现象实际上就是一种我们不希望看到的油墨的氧化结膜现象（因为结膜是在我们不希望结膜的时候出现的）。

能够导致油墨结皮的因素有很多，但归结起来主要有这么几类：油墨中的燥油含量过高；由于温度原因造成；由于油墨和空气的长时间接触导致。以下我们分别来做一些分析。

① 油墨中的燥油含量过高。一般在制造油墨的过程中或是印刷过程中都有可能出现这样的失误。添加干燥剂一定要结合印刷条件和环境温度进行适量添加，否则油墨会在你不希望干燥的时候出现干燥（结皮）。至于干燥剂的使用问题，这里不再赘述。

② 由于温度原因造成。由温度造成的油墨的结皮，主要是温度高造成的。当温度过高的时候，油墨中的不饱和分子活性增强，尤其是表面接触空气的部分更容易在氧的作用下结膜氧化。这里所说的温度高有以下几个方面。

a. 环境温度过高，根据我们的经验，一般夏天油墨的结皮现象比冬天明显得多，如果在车间没有空调时就表现得更为明显。合理控制工作环境的温度是必要的，一般来说，能把车间的温度控制在 20℃ 左右是比较理想的，既能够保证油墨的良好流动性和转移性能，又能够将油墨的结皮控制在一个比较低的程度。

b. 当机器上（如墨辊间）温度过高同样也会使油墨在印刷过程中出现结皮现象。当墨辊间的接触压力过大的时候，温度升高比较明显，这时候油墨很容易在墨斗和墨辊上出现结皮的现象。

什么颜色最难印刷？首先是灰平衡，根据理论与生产实践的经验，印刷品最难控制的颜色就是灰平衡。灰平衡是在一定的印刷适性下，黄、品红、青三原色版从浅到深按一定网点比例组合叠印获得不同亮度的消色（白、浅灰、灰、深灰、黑），即得到视觉上的中性灰的颜色，影响其因素很多，印刷使用的墨量、纸张、满版浓度、网点面积、叠印以及网屏线数，都会对灰平衡产生千丝万缕的影响，这是最考验机器的套印精度及操作人员技能水平的。

其次是几色网点的叠加，特别是超过 70% 网点。具体地说，深褐色、咖啡色、墨绿色（平网、含有蓝）、深蓝色、紫蓝色等由于存在颜色差值，在印刷机器上不易找平衡，所以都是很难印刷的颜色。再次比较难印刷的就是四色叠的漏空字。过多的多色极线细、极小字透较难印刷，对机器的叼纸牙要求极高。

这也是较为常见的问题，所以印前设计师输出前必须检查出版物文件内黑色文字，特别是小字，是不是只有黑版上有，而在其他三色版上不应该出现。如果出现，则印刷出来的成品质量会大打折扣，RGB 图形转为 CMYK 图形时，黑色文字肯定会变为四色黑。除非特殊指定，否则必须将其处理一下。

最后印刷中一般满版的东西，专色满版或面积较大，反白字，相同的标志，还有相同的色块，一般很难跟色，容易产生色差、鬼影、蹭脏、划伤现象。

总之合格的印刷品必须满足：套印精确；墨色均匀；网点饱满；水墨平衡；印品无印刷故障，如蹭脏、划伤、花版、糊版等；严格忠于原稿。我们必须追寻高品质的印刷品，以适应人们日益提升的审美观念。

（1）故障现象 油墨在塑料薄膜印刷和光油在涂饰时，不是生成平滑的表面，而是形成如橘皮那样凸凹不平的墨膜或油膜故障现象，使用溶剂挥发快的溶剂型油墨或水型油墨进行印刷时，容易发生橘皮、结皮。

（2）产生原因 塑料薄膜印刷制品出现图文墨膜或满版罩光后出现橘皮的故障现象，其根源在墨膜或油膜不能很好地流平。在墨膜或油膜干燥过程中，由于该体系里溶剂的蒸发，其表层与内部从微观上分析是不一样的，这可能是表层的连结料（树脂）浓度高于墨层、油层内部，从而产生了表面张力梯度和黏度的梯度。这就会在开始流动，当流动停止时就会出现这种（橘皮）缺陷。也可能是由于油墨或上光油的浓度的增加，溶剂的挥发速度降低，溶剂逐步扩散导致浓度差和表面张力差的逐步消除。最终能形成平整的墨膜或平整的油膜——流平。其二油墨或上光油的黏度上升至一定的程度后停止流动。其三是油墨或上光油的浓度上升到屈服值以上停止流动所致。有的在一开始流动到一定刻度值，有的则是在最后某一瞬间流动到一定刻度值，我们需要的是逐步、在一定时间内完流（动）平。

大家知道：前两种情况下都可能会引起不良的流平而产生凸凹不平的结果，当我们在采用喷码打印或喷涂上光时，也可能由于溶剂选择不当（如含有过量的挥发速度过快的溶剂或稀释溶剂），加上印刷、涂饰的环境温度过高或过度的通风（吹风），再加上喷、涂距离太远（包括凹印的刮刀过低），印刷油墨或上光油黏度过高等都极有可能造成橘皮的产生等。

（3）对策方案　我们为了预防墨膜或油膜橘皮的产生，其重要的一条就是改善油墨印刷、光油涂饰层的表面张力状态。往往添加少量二甲基硅油等助剂可取得明显效果。二甲硅油聚集在墨膜的表面，调节溶剂能够十分均匀的蒸发、挥发、氧化。调配适当的高沸点溶剂和稀释剂，加入流平剂以改善墨膜的流平，以及控制一定的印刷压力，保证墨膜的厚度均匀一致平滑。

3. 塑料印刷油墨结皮后采取的措施

大家都知道，当印刷过程中墨斗里的油墨因表层干燥而形成一层次膜时，要么放置一个搅拌装置，要么干脆将该墨倒掉，不然的话，皮膜将会附着到辊筒上，结果会使版面形成凹凸不平，从而导致印品出现乱刀痕的污染。其原因，油墨界倾向于：①油墨干燥过快；②油墨流动性差；③油墨的沉淀已干燥。对于这种现象是因油墨体系的挥发或蒸发或氧化干燥的梯度大造成的，而印刷界则认为：油墨的墨桶或墨斗结构不好，产生不流动的滞留部分，从干燥机漏出的空气烘干了油墨的表层或热吹风吹到墨斗里的油墨所造成的。虽众说不一，但围绕这种现象的出现，印刷操作工一般采用的处理方法是：①不能用干燥过快的油墨；②添加中慢干溶剂；③更换已变质的油墨（即由流动性差到流动性优良）；④在墨斗里不停的搅拌；⑤在墨斗上设置一个封闭的顶盖；⑥调节热吹风角度。一般有印刷经验常识的人，当干速过快油墨浓度过淡、流动不良、油墨触变性大或油墨静电时，会采取将印刷机械速度调快的办法，既防止油墨提早干结在印版上，又克服包装印刷油墨成膜形成的结皮，消除了图文的斑纹故障。

由于油墨储存形成的结皮和在印前或印时出现的起皮，往往给包装印刷企业带来无尽烦恼，同时也给企业增加了近1‰的生产成本。这种故障是因包装印刷油墨在储存或印刷过程中由于其表面与空气接触，造成植物油的氧化或有机溶剂的挥发，导致油墨体系发生聚合等作用，形成凝胶，即俗称印刷油墨的结皮。由于结皮后很难复溶，故一般都会倒掉。

我们知道，当印刷油墨浓度增加到一定值时，其表面就会被一层分子所覆盖，这时即使采用补加溶剂或油脂以减少油墨的浓度，但已经结皮（凝胶）的表面也不可能再容纳更多的分子。在这种故障出现后，不仅给印刷带来麻烦，而且造成用料的很大浪费。据测算：轻者浪费 1‰，重者浪费将近 1%。这种有形的消耗给包装印刷企业增加了沉重的经济负担。为了防止此类现象的发生，油墨生产者或印刷操作工通常采用人工或放置聚乙烯管搅拌和补加防结皮剂的方法进行挽救，其目的无非是将印刷费用降到最小值。

十、塑料薄膜印刷问题与油墨、上光油关系评价

上述塑料薄膜印刷油墨中常见故障和质量问题与对策方案九大问题，所谈的都是在正常的油墨、上光油与薄膜印刷或后印刷整饰技术中大问题，现印刷企业有的人总想把薄膜印刷上出现的次品、废品问题单纯地归因于承印物质量，或油墨或上光油（俗称涂料）质量的低能及适性不好。而印刷者之所以理直气壮的推卸责任，这首先应从过去点滴的事件中找原因。他们之所以断然而毫无掩饰地把责任推给别人，是因为他们当中的一些人不愿意科学而系统地学习和掌握包装印刷技术及整饰技术知识，更不愿让别人判定自己的技术低能。

上述总结出技术现象上的缺陷，并就和质量问题与对策方案，从理论上归纳成条，足以证明上述的断言是错误的。一些人往往不是真实地看到薄膜印刷为了低成本过多过量的稀释油墨或上光油，结果导致色彩的低劣；为了追求高利润，采用劣质的承印物以次充好，这种出于无奈的现象创造了新问题的发生，令我们的操作工整天穷于应付。目前，因为时代在变，环境在变，潮流在变，印刷油墨或上光油的质量也在变，如果今天不变，明天不变，薄膜印刷技术上的问题将越积越多，反而成了包袱，直至技术的倒退。这就像过去对症处理方案，落后于今天的对因解决方案，这应该归结为油墨或上光油的性能、承印物的性质、操作工的技巧三大主因。也与历史的潮流、印刷的方式、整饰的手段、个人的技能共同促成了这一新的学说。

事实足以证明，追求一流，并不是量化的标准，只能分上中下等级，对症处理方法也同样会错误地沿着一条思路制造出一个又一个麻烦，花费巨大的经济实力去改造和浪费了多少个宝贵的时间去处理。如本节上述所谈的技术难题，主要内容以便于读者商榷，请指予不同意见。

第八节　塑料印刷油墨引起的印刷故障成因及处理方法

油墨是印刷用的着色剂，是印刷的主要原料。油墨对印刷质量的优劣有很大

的关系，特别是当油墨性能不适合印刷的时候，会引起工艺上的一系列故障，严重影响生产的正常进行和产品的质量，印刷者必须改变油墨的某些性能以适应印刷的需要，但有些工艺故障不单是由油墨造成的，还与其他因素相关，所以印刷操作者必须认真分析，正确处理。本文先就油墨在印刷过程中所引起的故障及处理方法进行论述，希望能有所帮助。

一、塑料印刷油墨堆墨问题

现象及原因：在印刷的过程中，从墨斗下来的油墨不能平衡经过墨辊、印版和橡皮布转移到纸上，而是堆积起来，失去了良好的传递。发生这样的情况，除机器的压力不合适以及橡皮布过硬等因素外，常见的还有如下原因。

① 连结料黏度不合适，没有足够的黏合度把颜料传递，而使得部分颜料的颗粒堆积在墨辊、印版及橡皮布上。

② 颜料颗粒越粗或比重越大，连结料对其的传递能力就越差，越没有足够的能力将其传递，从而使油墨沉积在墨辊、印版及橡皮布上。这种情况常见于印刷黄墨时。因油墨中黄颜料的比重较大，可占 75%，颜料越重，连结料的连接力就显得越重要。

③ 油墨中含油量太少，颜料颗粒没有足够的连结料来堆积。

④ 油墨黏度太高或太硬，其流动性就小，印刷墨斗里的油墨不易下到墨辊上，如果油墨间的吸附黏力大于印版、橡皮布及纸张对油墨的吸附力，则油墨仍会堆积在墨辊、印版及橡皮布上。

⑤ 油墨中燥油加放太多，会使油墨在墨辊上干燥或使油墨变黏，尤其在夏天或停机时间过长时，一旦油墨在墨辊上干燥，它就失去传递性能，墨斗下来的油墨就堆积在墨辊上。

⑥ 纸张质地疏松或"脱粉"，致使纸毛及粉质混入油墨中，也会产生堆版及堆橡皮布。

处理方法：

① 由于连结料黏性差或颜料颗粒粗、比重大，可加 0 号调墨油或树脂油来增加黏度提高传递性能。

② 由于油墨黏度太大、太硬，纸张质地疏松、脱粉，或含油量不足，可加 6 号调墨油、康邦、凡士林、维利油等来改变油墨黏度，增加润湿性能。

③ 减少燥油量（加新墨）或适当地加些不干性的辅料。

④ 油墨颜料颗粒粗，比重大，增加黏度仍不能解决，可将油墨在轧墨机内碾轧后再使用。

⑤ 如改变某些性质后，还不能彻底解堆墨现象，可与多洗胶辊、印版、橡皮布等方法相结合进行处理。

二、塑料印刷油墨花板问题

现象及原因：花版是网点逐渐变小而脱落，印版失去良好的感脂能力，使印刷品的层次减少，墨色减淡。造成花版的原因很多，例如滚筒、水辊、墨辊的压力太大，水斗药水太大或水分太大，纸张沙粒太多或橡皮布太硬等，常见的由油墨造成花版有如下原因。

① 油墨颜料颗粒太粗太硬，对版面的摩擦就大，特别对细小网点处，摩擦破坏了图纹吸墨基础造成了花版。有些颜料，对版面有轻度的腐蚀，破坏版面图纹的吸墨基础，同样也会造成花版。

② 油墨的油性不足，对酸性药水的抗拒能力弱，版面图纹基础上的墨层被酸性药水腐蚀破坏。

③ 油墨的黏度不合适，黏度过大，油墨内聚力也大，在传递过程中，在墨层不易断裂，造成版面图纹基础上的剩余墨层不足而花版；黏度过小，油墨对版面的附着力不强，版面的图纹基础得不到应有的剩余墨层来保护，图纹基础直接受到酸性药水的侵入和摩擦而造成花版。

处理方法：

① 油墨油性小，黏度低、附着力小，常见于黑墨和 915 冲淡墨，可适当添加些 05-90 或 05-93 亮光浆，以改善性能（黑墨不要超过 10%）。

② 油墨黏度过大，造成版面剩余墨层不足而花版，可加放 6 号调墨油或康邦等撤黏剂来改善。

③ 油墨颜料颗粒太粗，腐蚀性太强（例铬黄墨），调换油墨或将油墨碾细后再用。

三、塑料印刷版面糊版现象与原因及处理方法

现象及原因：糊版时版面图纹不清，网点线条扩大，相邻网点相互并合，使印刷品墨色很深并发粗，层次减少。糊版的原因除药水太淡、辊筒压力过大，以及橡皮布绷得过松等因素外，还有以下几点。

① 油墨调得太稀薄，质地太松，其内聚力较小，极易向外铺展，造成网点及线条的扩大。

② 下墨量大，超过版面图纹所能容纳的墨量时，向外铺展而造成糊版。精细网印刷要严格控制油墨质量，否则极易糊版。

③ 油墨颜料太粗或粉质太重，连结料对其传递性能降低，造成沉积在版面上阻塞网点。另一方面因颗粒太粗，细网容纳不下而向外扩展，同时对版面摩擦加大，破坏了空白部位的亲水性能使其感脂，致使相邻网点互相并合而糊版。

④ 油墨油重，使版面的空白部分感脂而产生糊版。如果油墨中加入的辅助料太多，能降低油墨的黏度、墨质变松而且使油墨的油性加大，也会造成糊版。

⑤ 油墨堆积在印版上，阻塞网点的空隙，扩大线条，引起糊版。

处理方法：

① 油墨发生的糊版常见于金、红墨，可在水斗中适当加些阿拉伯树胶。也可用915维利油和05-93亮光浆各一半冲淡，使用效果较好。多数因油墨调得太稀，造成油墨过于稀薄而产生的糊版，可调换新墨或适当加些浓调墨油。

② 下墨大时可把油墨颜色调色后，减少下墨量。

③ 减少康邦等辅料用量以控制糊版。

④ 堆版造成的糊版要从堆版的根本原因解决。

四、塑料印刷油墨的脱墨技术及其解决方法问题

目前的脱墨技术可以去除绝大部分杂质和油墨。但是在新的印刷技术不断被开发、油墨配方日益复杂化的今天，完全取出油墨已经成为一大挑战。脱墨操作在很大程度上取决于废纸中的油墨及杂质的类型。

1. 常规脱墨技术及其解决方法

（1）现象　脱墨是指橡胶辊或金属辊上产生的线状脱墨，油墨从墨斗上下不来的现象。脱墨会造成印刷面上下浓度不匀（印刷不均匀）故障。如果印刷机墨辊被风吹干了水分，上水不久就会发生线状脱墨。

（2）原因　印刷机墨辊上的油墨一般含有 5%～15% 的水分。而且，油墨表面的润版药水通常也是以所谓表面水的形式存在。

有些机器润版装置采用"达格伦"润版装置。即不让水辊与印版直接接触，而在着墨辊上着水，使油墨和水混合后同时供给印版的方式。这种方式是从保持油墨和水的平衡出发，抑制过多向印版着水的思路加以考虑的，但这也是油墨容易产生乳化的原因之一。

由于墨辊以 150～200r/min 的高速旋转，同时橡胶辊和金属辊相互间有 107dyn/cm 的作用，所以，水和墨之间产生强烈摩擦。从而促进了油墨的乳化。油墨的乳化同时也是随印刷机的给水方式、墨辊直径、橡胶硬度、润版药水中的配比、印刷图案大小、印刷速度、室温等条件而变化的。表面水量也随之改变。

如何确定油墨自身基本达到平衡的含水量，主要看辊接触线间的表面水是否出现呈水滴状的多余水。如果出现，这就是说会有脱墨产生。另外，看油墨浸出的二价钙离子（Ca^{2+}）和润版药水中的亲水性物表面产生亲水化，从而促进墨辊脱墨的产生。

（3）处理方法　要使墨辊接触线间的表面水不形成水滴而在油墨中乳化，使油墨的乳化率（饱和含水率）上升，可采用添加界面活性剂、有亲水基的树脂或亚麻仁油等使其改性，从而降低油墨界面张力的方法。当然，也有使用含（Ca^{2+}）的添加剂的。

从印刷方面看，用强酸或砂纸仔细擦拭墨辊表面的亲水性附着物，即用物理

作用擦净表面是非常有效的方法。

润版药水酸性太强、油墨为混合墨时，添加白墨过多或橡胶硬度过高、老化等，也是成为墨辊脱墨的重要原因。

2. 典型的脱墨的原因与处理方法举例

（1）脱墨的原因　脱墨是指油墨在墨斗内不随墨斗转动，而与墨斗轴分离，使得串墨辊、匀墨辊不上墨。脱墨后，将影响墨辊正常传墨，使印版得不到所需要的油墨而变淡，造成印件墨色深浅不一。常见的脱墨原因如下。

① 油墨油性不足，黏度小，不能带动油墨随着墨斗轴的转动而运动，引起脱墨。

② 油墨流动性差，不易流入墨刀轴与刀片之间，影响下墨引起脱墨。

③ 油墨胶化成冻胶状态，使黏度和流动性降低，失去印刷性能，而静止在墨斗上引起脱墨。

④ 油墨含油量太少，粉质太多，不能很好地传递颜料颗粒而停留在墨斗内形成脱墨。

⑤ 油墨干燥太快，使墨斗轴干结固化，失去传墨性能，并阻塞墨斗辊与刀片之间的间隙，形成脱墨。

⑥ 油墨内墨皮、残渣等杂质过多，阻塞墨斗与刀片之间的间隙，影响下墨形成脱墨。

⑦ 水斗药水酸性太强或阿拉伯树胶液用墨过多。

⑧ 版面水分太大。

（2）处理方法

① 油墨问题造成的墨辊脱墨，黑墨较为多见。以油烟里灰制造的油墨油性大，不会产生脱墨。而以炭粉为原料的黑墨油性差，脱墨现象时有产生，可用稀调墨油调稀一些，如果产品图像反差大，不能将墨调稀时，可在墨中滴些油酸解决。

② 油墨黏度小且墨丝短，常见于用撤淡剂调配的浅色墨，这种油墨极容易乳化，水斗中酸液侵入油墨中，腐蚀墨辊表面，使墨辊表面产生亲水层，从而排油脱墨，这时可适当在油墨中加入浓调墨油，以增加黏度。

③ 发生墨辊脱墨现象后，应尽量减小版面水分，并降低水斗药水酸度，去掉阿拉伯树胶液。

④ 油墨太厚太硬，适当加入 6 号调墨油来增加其流动性。

⑤ 勤搅动墨斗并去除墨斗内里皮及杂质，防止油墨干燥或胶化，防止脱墨现象。

五、塑料印刷油墨乳化问题

1. 现象及原因

水分成细小的液滴分散在油墨中称为乳化，在印刷过程中，油和水并不是绝对不相调和，由于油墨和水分的经常接触，且在机械力的作用以及其他因素的参与会存在着不同程度的乳化。在印刷黄墨和淡蓝墨时，这种现象常会出现，而且大都在墨辊两头产生。油墨的乳化对印刷有很大的危害性，冲淡墨色，影响印迹干燥，产生浮脏，油墨发"懈"、墨辊脱墨，印迹变色失去光泽，纸张变黄或变蓝，影响产品质量等不良后果。造成油墨乳化的原因主要是油和水之间的表面张力降低了，除版面水分过大、水斗药水酸太强、树脂含量太多，纸张表面的活性物质的脱落等因素外，常见油墨乳化的原因有以下几种。

① 油墨的酸值过高，油墨和水的分界面上的表面张力取决于它们的极性差，油墨的极性常以酸值衡量，油墨中游离脂肪酸的含量越多，酸值越高，极性越强，乳化的可能性就越大，一定的酸值能保证油墨中颜料的分散度，转移过程中油墨的附着力，但酸值过高是促使油墨乳化的最大原因。

② 油墨颜料的抗水性差，特别是胶印用油墨的颜料，既要不溶于水及酸，又要具有抗水的性质，由于普通的色淀颜料的体质料往往是亲水性的粉末，颜料中的染料成分遇到酸性水后，染料会很快析出溶解水中，造成乳化故障。若油墨颜料的颗粒较粗、黏度不够、轧制过程中同连结料的结合不够牢固，在印刷过程中与酸性接触后极易吸收水分而自身产生膨胀，逐渐与连结料脱离而产生乳化。

③ 印版两端没有图文，水分较大，促使两头产生乳化。

④ 油墨中冲淡剂加放太多，常用的辅料白油的成分是碳酸，维利油的成分是氢氧化铝，本身都是乳化剂，所以辅料加放越多，越会促使油墨乳化。油墨中催干剂加放过多，印刷过程中必然要增加水斗药水的酸性，酸性太强极易引起油墨乳化，加之催干剂本身就是强乳化剂，所以油墨中催干剂加放越多，越能引起油墨产生乳化故障。

2. 处理方法

彻底解决油墨的乳化是不可能的，因为油和水在机械的作用下，本身就会产生乳化，微量的乳化对印刷的影响不大，如果乳化严重就须加以解决。

① 调换新墨。

② 在油墨中加入浓调墨油、减少药水酸度和阿拉伯树胶的用量。

③ 少加油酸、白油及维利油。

④ 减少催干剂用量。

六、塑料印刷拉纸毛问题

1. 现象及原因

拉纸毛是指油墨和纸张两者之间不能很好地适应，把纸面的纤维拉起，图纹印迹出现白斑点现象。产生拉毛的原因除纸张纤维结构松弛外，由油墨造成的有如下原因。

① 油墨黏性太强。

② 油墨流动性太小。

③ 燥油加放太多，使油墨变黏变厚。油墨黏度太大或太厚（燥油太多，而出现的变黏变厚），其内聚力就大，印刷时橡胶布上油墨转移到纸张上的张力也就增大，如果纸张纤维之间的内聚力（结合力）小于油墨间的内聚力，则纸张纤维结构就会被破坏而出现拉纸毛现象。

2. 处理方法

① 油墨黏性太强，可加康邦、凡士林，来改变油墨黏度。

② 油墨太厚、流动性差，可加 6 号调墨油稀释。

③ 燥油过多或油墨变黏、变厚，可适当加入新墨解决。

④ 如已将油墨调整后，拉纸毛现象仍然严重，可采用套印一次白油打底的方法来解决。

第九节　UV 油墨选择和辨别与塑料薄膜表面的印刷及储存有关的质量问题

一、选择 UV 丝印油墨品牌与要点

1. 丝网印刷技术推动 UV 丝印油墨品牌成长

虽然 UV 丝印油墨只是印刷油墨的一种，但 UV 丝印油墨的种类却非常的多，通常按照四种方式来区分，如可根据油墨的功能进行区分：代表性的有荧光油墨、亮光油墨、导电油墨等。根据油墨的状态可分为水性油墨、油性油墨、树脂油墨、淀粉色浆等。根据油墨的特性可分为紫外线干燥油墨、升华油墨、转印油墨等。根据油墨的承印材料来进行区分，就更加广，代表性的有木材油墨、植物油墨、金属油墨等，多不胜数。

UV 油墨类型多样也决定了 UV 丝印油墨品牌的多种多样，而近些年丝网印刷技术的飞速发展也推动了不少 UV 丝印油墨品牌的诞生。目前 UV 丝印油墨知名品牌就多达 20 款，可谓是品牌林立，竞争激烈。

2. 选择 UV 丝印油墨品牌

许多 UV 丝印油墨品牌在生产的油墨类型上都瞄准了应用范围较广的承印材料油墨，如 PET、PS、尼龙亚光/亮光、PVC 油墨等，几乎每一款 UV 丝印油墨品牌都开发了相应类型的 UV 丝印油墨，如美嘉 PVC 油墨/东洋 PVC 油墨等。如此多类型的产品在选择上就会给用户特别是新的用户造成一定的困惑，到

底如何选择这些功能类型的油墨？选择什么品牌的 UV 丝印油墨才好？

3. 选择 UV 丝印油墨的 3 个要点

其实这个"表面问题"，看起来有点麻烦，实际上却是非常简单，大致搞清楚 3 点，就可以轻松地选购到满意的 UV 丝印油墨品牌。

① 首先应用是最重要的，需要什么功能类型的 UV 丝印油墨，相信采购者比任何人都清楚。

② 再者选择什么品牌？选择品牌说到底就是选择服务，所以我们务必先对该品牌有一个比较客观的了解，还需对 UV 丝印油墨的供应商的规模、口碑、实力等进行一番观察，选择优秀的 UV 丝印油墨供应商才是长久的合作之计，尤其是用户对该 UV 丝印油墨品牌的口碑。所以相信用户的眼睛是雪亮的，相信众多用户的选择。

③ 最后，还要看价格，价格才是用户购买一款 UV 丝印油墨的最终决定因素，一款价格合适、质量好的 UV 丝印油墨是每一个消费者所喜闻乐见的，当然，这还得取决于供应商家的规模和实力。

二、UV 丝印油墨辨别

1. 观察油墨颜色

采购 UV 油墨时要"察言观色"。UV 油墨对紫外光是敏感的，施工后的 UV 油墨如果继续暴露在紫外光下（如太阳光和日光灯），UV 油墨会继续反应而变黄，这是 UV 油墨的本身缺陷。对于常规 UV 油墨，目前暂时无法从根本上改善，但不同供应商的 UV 油墨变黄的程度是不一样的，除非使用特定的不黄变或特白 UV 油墨。

对于 UV 油墨上光后油墨变色，主要原因是油墨的问题。油墨中有一些颜料，如射光蓝，是一种蓝色酸性色淀颜料，是有机染料三苯甲烷染附在体质颜料（如氢氧化铝）上，形成在水中不溶性的色素颜料，其价格低，色相鲜明，但耐光性、耐溶剂性及耐碱性差，遇醇类等溶剂或遇碱时，红相易被溶解、减弱或消失。这些颜料，如使用在书刊油墨中（印刷后表面不再上光处理）是可行的，但如果用在彩盒油墨中，则非常危险，因为大多数的彩盒是有后加工处理的。检测办法是在油墨表面滴一滴底油和油墨，1h 后看油墨是否变色，非常明显。

对于已印刷好的纸张，如果油墨变色，可以采用强制油墨干燥，如烘干或多放置一点时间来解决，或使用中性底油、不含溶剂的 UV 油墨、不含溶剂的书刊 UV 油墨等办法来减少油墨变色倾向。

2. 分辨油墨味道

当求购油墨中，我们还要"辨味"。评估 UV 油墨的气味有两个指标：一是施工过程中的气味，其主要来源是 UV 油墨中的残留溶剂，正常情况下，残余溶剂量为 2% 以下，特殊情况下，如烟包 UV 油墨要求小于 0.5%，但在石油价格飞涨的今天，很多供应商为降低 UV 油墨的成本，添加了大量溶剂，如酒精和甲苯等，最高可达到 25%，这样对 UV 油墨的长期发展和环境保护是不利的。

评估 UV 油墨气味的另一个指标是施工后 UV 油墨的残留气味，放置很长一段时间后依然不能消失，其主要来源是 UV 油墨选材不当，使用了一些味道较大但价廉的化学物质，这一点要从根本上改善有一定难度，主要是成本和选择合适材料的问题。

更重要的一点就是采购 UV 油墨的价格了，采购 UV 油墨价格要从油墨的品牌与性价比去评估。现在许多油墨多级供应商良莠不齐，不对比可能就买到价格偏高的产品，或者是油墨产品不正宗。我们在采购 UV 油墨的同时还要考虑到运输成本的问题，所以选择一个价格合理、值得信赖的油墨供应商是非常重要的。这里推荐国内最大的印刷耗材网上商城——我的耗材网，在网站上购买任何印刷油墨、印刷材料都非常方便，只需点几下鼠标就可以购买到自己想要的油墨。所售油墨价格低至出厂价格，是印刷公司、印刷厂采购油墨的最佳平台。

三、在喷过 UV 的塑料表面印刷

UV 油墨附着力促进剂有何作用？UV 油墨对承印物附着力较差时，加入该助剂可以提高其对承印物的附着力，加入量一般不超过 3%。

1. UV 油墨固化不彻底、表面发黏的原因有哪些？如何解决？

① 灯管老化。柔性版 UV 油墨吸收 200～400nm 波长的紫外光，一般功率要大于 150W/cm 才能彻底固化，目前使用的中压汞灯，平均使用寿命在 1000～1500h，随着灯的使用电极逐渐分解，灯管内壁产生沉积，透明度和紫外光的透过率逐渐减弱，因此要定期对灯管进行检测，及时更换灯管。

② 光源功率不够。印刷速度快也是造成 UV 油墨固化不彻底、表面发黏的原因。此时可降低印刷速度或增大光源功率。

③ UV 油墨本身固化速度慢。可加入光固化促进剂，降低印刷速度或找油墨供应商解决。

④ 有些厂家使用乙醇来稀释 UV 油墨，而过量的乙醇会影响光固化程度，造成光固化不彻底、表面发黏。因此应尽量避免使用乙醇稀释，如需要降低油墨黏度，可使用 UV 油墨稀释剂。

2. 用 UV 油墨印刷 PE、BOPP、PET 等薄膜时，为何会出现附着力不理想的现象？如何解决？

① 膜表面电晕处理程度不够。一般表面张力要达到 $3.8 \times 10^{-2} N/m$ 以上，才能使油墨获得很好的附着力。

② UV 油墨固化程度不够。因此必须保证 UV 油墨彻底固化。

③ UV 油墨收缩性大影响附着力。加入一定量的单官能活性稀释剂或少量填料，可提高附着力。此外，加入 UV 油墨附着力促进剂，可提高 UV 油墨与承印物的物理吸附，从而提高附着力。

3. UV 金墨固化促进剂问题？

现场调配 UV 金墨时，主要使用 UV 金墨固化促进剂，帮助提高光固化干燥速度，提高车速，增加产量。一般用量控制在 5%～10% 即可。

4. UV 油墨附着力促进剂有何作用？

UV 油墨对承印物附着力较差时，加入该助剂可以提高其对承印物的附着力，加入量一般不超过 3%。

四、UV 油墨固化不彻底、表面发黏的原因

① 灯管老化。柔性版 UV 油墨吸收 200～400nm 波长的紫外光，一般功率要大于 150W/cm 才能彻底固化，目前使用的中压汞灯，平均使用寿命为 1000～1500h，随着灯的使用电极逐渐分解，灯管内壁产生沉积，透明度和紫外光的透过率逐渐减弱，因此要定期对灯管进行检测，及时更换灯管。

② 光源功率不够。印刷速度快也是造成 UV 油墨固化不彻底、表面发黏的原因。此时可降低印刷速度或增大光源功率。

③ UV 油墨本身固化速度慢。可加入光固化促进剂，降低印刷速度或找油墨供应商解决。

④ 有些厂家使用乙醇来稀释 UV 油墨，而过量的乙醇会影响光固化程度，造成光固化不彻底、表面发黏。因此应尽量避免使用乙醇稀释，如需要降低油墨黏度，可使用 UV 油墨稀释剂。

五、UV 油墨储存过程中稳定性差的问题

① UV 油墨见光或遇热易发生交联，因此在使用中应避免光线直接照射，也不能在高于 30℃ 的环境中长期存放，一定要在 16～28℃ 以下通风、避光保存。

② 为了提高光固化速度，加入过量的光引发剂，也会影响 UV 油墨的稳定性，因此应避免加入过量的光引发剂。

③ 不同厂家生产的 UV 油墨混合使用不当也会造成 UV 油墨稳定性的变化，因此在油墨需要混合使用时，必须先做试验，无任何反应时才能混合使用。

④ 层间剥离 印刷油墨时，如果下层油墨度固化，会造成与上层油墨附着性的降低，在这种情况下，应调整固化条件。

⑤ 热变形 由于 UV 照射时的热量，粘胶标签及薄膜会发生卷边、变形；特

别是黑色等暗色油墨由于具有吸热性能，所以更容易卷边、变形。应对 UV 照射条件作调整，并对冷却装置作研究。

⑥ 带有传送机的网目痕迹　在通过 UV 照射机后，有时印刷面上会留下网带传送机的网目痕迹。特别是在黑色油墨和薄片材料上此种现象最易发生，其原因在于加热不均，应更换传送机。

⑦ 正确存放 UV 丝印油墨　UV 油墨应保管在避光冷暗处，在此储藏条件下，一般油墨品质有效期大约为一年。如果在超过 30℃以上的地方保管，则容易引起油墨的胶化与增黏。切勿将油墨放在容器里。

⑧ 搅拌　从容器里把 UV 油墨取出之前，必须进行搅拌。因油墨中的少量成分会出现分离，通过搅拌才能均匀。在存放中增黏的油墨，通过搅拌能回复到原有的适性黏度。

⑨ 油墨的混合使用　一般来说，不能与其他系列的 UV 油墨混合使用。

UV 油墨的印刷与以往印刷相比，有很多复杂的因素。UV 照射机、油墨印刷及印刷条件如不能达到要求，往往得不到令人满意的印刷效果。

六、UV 固化油墨在储存时需注意的问题

UV 固化从物理性的角度分为表面固化、内层固化、深层固化、完全固化。在使用 UV 油墨时，一定要充分搅拌油墨，这是油墨使用的最基本的原则。这是因为，油墨中的树脂、溶剂、颜料、助剂的比重不同，油墨放置一段时间后必然会出现分层现象。如使用前未充分搅拌，比重轻的成分在上层，比重大的成分沉淀，这样，就会出现油墨质量不稳定，前后使用的油墨的遮盖力、附着力不同等现象。

因 UV 油墨为紫外线光固油墨，而阳光中含有紫外线，因此建议 UV 油墨丝印印刷车间室内阳光光线不宜太亮，如光线太亮的车间可装上窗帘以遮挡光线，如室内有较多日光灯的丝印印刷车间，请注意日光灯外表银粉脱落造成紫外线透射现象，室内光线太强与日光灯紫外线透射现象都会造成 UV 油墨在丝印印刷过程中网版上出现固化，从而堵塞网版。

第十节　塑料薄膜水性印刷墨的一些常见质量问题的解答

一、水性油墨和油墨传递问题

水性油墨就其摩擦阻力、可印性、印刷密度、网点增大以及其缺乏 VOC

（不稳定的有机化合物）而言，适合纸张和纸板的印刷。油墨供应商配制不同性质和特点的印刷油墨、光油和涂布以运用到不同的生产场合。

根据工艺流程的需要、承印物的类型以及印刷速度，油墨在颜色、匀度和组分方面都会有所同。大部分印刷工艺使用的油墨都由颜料和展色剂组成。油墨的颜色来自于颜料，随后颜料溶于展色剂或者光油中，后者在印刷流程中传输颜料并将颜料黏合到承印物上。最初的彩色颜料是从动物、植物和矿物质中提取的，如今的彩色颜料通常为石化产品。颜料的质量及其溶解度决定了油墨的质量以及其对于成品印刷的影响。

除了颜料和展色剂，配置油墨的过程中还会使用油墨添加剂（诸如稀释剂、干燥剂和消泡剂等）以便油墨达到规定的标准。质量较高的油墨浓度较大，其覆盖印刷表面的能力高于廉价油墨。展色剂是油墨的主要液体成分，彩色颜料悬浮在展色剂中。展色剂可以对颜料进行干燥或者将颜料黏合到纸板上，并且根据油墨所需的浓度和干燥性质也分为多种类型。油墨在印刷的时候应呈流体状，这样才可以被送入印刷机并在测量后传递到承印物上。但是一旦印膜位于承印物上，其必须能够承受来自其他表面的摩擦力和压力--简而言之，考虑到多方面的因素，印膜在此时必须已经变干或者变硬。油墨的质量对于纸张表面的光滑度非常重要，因此油墨中的颜料和展色剂不可分离，否则会导致油墨防摩擦效果较差，面纸上也会出现粉墨。

干燥温度的控制十分重要，油墨的传递在很大程度上就依赖于干燥温度的控制。必须对此小心控制以保持恒定的温度。若提高温度，就会降低油墨的黏性。比如，将油墨的温度提升几摄氏度之后，稳定溶液形式的糖浆将会转换成可流动的水状。要牢记这一点，温度低油墨的印刷效果不如温度高油墨，特别是当使用刮墨系统并且需要维持一定的油墨传递量的时候。这个问题在北美洲和北欧比较多见，因为油墨温度会随着季节的更替出现大幅度的波动，从而影响了印刷温度的控制。同时，为了保持一致的黏性，对稀释剂的用量也要加以控制。通常，油墨温度越高，所需的稀释剂就越少。油墨的稀释在很大程度上会影响到印刷密度。水性油墨的稀释剂可以是水或者黏性降低介质。

若在具有吸收性质的纸板表面使用水性油墨，其干燥效果取决于多种因素，包括油墨蒸发率、穿透率和沉降率。油墨会在气流和热力下蒸发干燥。受热的气体经过印刷表面，将油墨中可挥发的物质带走。穿透干燥则是油墨在毛细管作用下进入纸张表面内部，当油墨被完全吸收后，它既不会被污染，也不会转移到其他印刷表面。液体油墨在沉降过程中分为两个阶段：固体阶段和液体阶段。液体部分被吸受到纸张纤维中，纸张表面则留下油墨树脂和颜料。

水性油墨系统通过在印刷机上的蒸发得以快速干燥。为了减少水斗辊或者刮墨刀片系统的水分蒸发量，现代的瓦楞后印印刷机配有封闭式的输墨装置。

水性油墨对于稀释剂的添加比较敏感，因此要不时调整油墨的黏性。当向油墨中添加水的时候，必须注意不要稀释过度，同时不应为了增加油墨黏性而向油墨中添加新鲜油墨。因为实际操作中，通常会加入过量的新鲜油墨。因此，正确的做法是：将稀释过度的油墨缓缓入新鲜油墨中。黏性的控制对于维持油墨性能以及控制印刷颜色来说非常重要。水性油墨的优点表现在蒸发时溶液流失少，因此其对于油墨的调整要求要小于溶剂型油墨。由于纸张和纸板印刷用的水性油墨主要通过沉降进入感光底层内进行干燥，只有一小部分通过蒸发干燥，因此，要特别关注感光底层表面的质量。油墨在感光底层内的干燥速率取决于感光底层表面的吸水率以及在配置油墨时所使用的树脂/水的比重。介于此，应在油墨干燥速率和适印性之间找到某种最优化的效果。高速印刷机使用的快干油墨在版和网纹辊上更易干燥，因此要密切观察印刷机的工作状况。

在油墨中加入添加剂能够提高油墨的性能并起到特殊的作用。实际添加的比率非常小，但是量比较大。若想最好的利用添加剂，则需了解其功能、缺陷以及可能产生的任何副作用。水性油墨的添加剂有以下几种类型：消泡剂、防腐消毒剂、蜡助剂、表面活性剂、润湿剂、传输剂、结合剂、防阻塞物质等，每种类型都有其不同的作用。

使用表面活性剂有助于分散颜料，这样可以提高印刷的光泽和色彩的质量，并且减少稀释油墨时颜料絮凝的可能性。而泡沫在油墨的制备以及印刷过程中会带来麻烦，特别是在高速搅拌时，因此需要消泡剂。泡沫的消除比较困难，可能需要额外的消泡剂，这样就可能导致印刷凹道甚至印刷不匀。此外，某些消泡剂含有碳氢化合物，这类物质会破坏（用于印刷制版的）感光性树脂版。泡沫作用根据所使用的水的硬度不同而不同。硅类消泡剂应用水稀释后以恒定的搅拌速度加入到油墨中。如果使用未经稀释的硅类消泡剂，则会导致印刷表面出现小孔和缺失油墨的空白点。添加消泡剂时应格外小心，最多添加量为油墨量的 1％。

水性油墨 pH 值的变化也会影响给墨和印刷质量。如果 pH 值过高，油墨中的胺导致油墨干燥较缓慢；相反，如果 pH 值过低，油墨的黏性会产生较大的变化，树脂甚至会从溶液中沉淀出来。使用标准 pH 值计量器可以方便地检查成品油墨的酸碱性。传统的水性油墨呈碱性，pH 值高于 7。通常比较合适的 pH 值范围在 8～9 之间。然而，油墨的配方类型会影响 pH 值的调整。

二、水性印刷墨主要指标问题

1. 细度问题

细度是衡量油墨中颜料、填料等颗粒大小的物理指标，由油墨生产厂家直接控制。用户一般了解即可，在使用中无法改变其大小。柔印水性墨的细度一般在

$20\mu m$ 以下，测量细度的仪器是细度刮板仪。

2. 黏度问题

黏度是水性印刷墨的主要指标之一，黏度值会直接影响印刷品的质量，因此在柔版印刷中要严格控制水性印刷墨的黏度。水性印刷墨的黏度一般控制在 $30\sim60s/25℃$ 范围内（用涂料 4 号杯），黏度控制在 $40\sim50s$ 之间较好。若黏度太高，流平性差，会影响水性墨的印刷适性，容易导致脏版、糊版等现象；若黏度太低，则会影响载体带动色料的能力。

如果水性印刷墨放置时间久了，有些稳定性差的油墨容易沉淀、分层，还有的会出现假稠现象。这时，可进行充分的搅拌，以上问题便可自然消失。在使用新鲜水性墨时，一定要提前搅拌均匀后，再作稀释调整。在正常印刷时，也要定时搅拌墨斗。

水性印刷墨在 $0℃$ 以下容易结冰。如果水性墨结冰，可放置到温度高的房间内，让其自然溶解，搅拌均匀后，可继续使用。在冬夏季温差大时，黏度的表现最为敏感。温度高时，水分蒸发快，干燥亦快，操作时就要注意降低干燥时间或提高机器速度；温度低时，水分蒸发慢，水性墨干燥也慢，操作时可增快水性墨的干燥速度或加开烘干装置。冬季使用时，最好提前把库房存放的水性墨放置到车间里面，以平衡黏度。

3. 干燥问题

干燥是水性印刷墨中最主要的指标之一，因为干燥的快慢和黏度一样，能直接表现在印刷品的质量上。操作人员必须详细了解干燥原理，才能根据产品或承印物的不同，合理调配水性墨的干燥时间。保证水性墨干燥良好的同时，还必须考虑到黏度适中或 pH 值稳定。

水性墨的干燥包括挥发、吸收和反应性凝固三种方式。水性墨印刷品彻底干燥后，具有很强的抗水性和耐摩擦性。干燥过快，墨层表面容易结皮，水性墨易干涸到印版上，造成脏版、图案周围不清晰，以及令内部水分无法排除，从而引起套印不准，可用阻滞剂调整，也可以通过提高印机速度或关闭烘干系统来解决。在停机时，最好清洗网纹辊或墨斗，短时间停机时，也要经常搅拌墨斗，防止表面结皮；干燥太慢，纸张伸缩，降低光泽，会影响叠色印刷，并有可能发生粘连，给机台操作人员带来很多麻烦。这时，应先检查 pH 值是否正确，可根据 pH 值的高低，适量加放稳定剂或乙醇调整，使水性墨干燥更快。

4. pH 值问题

水性印刷墨中含有一定量的铵溶液，用于提高稳定性或增强印后的抗水性，因此，pH 值是重要的指标之一。水性墨出厂时的 pH 值，一般控制在 9 左右。机台使用 pH 值，可调整或控制在 $7.8\sim9.3$ 之间。

应根据承印物和温度的不同而灵活掌握。同时，要考虑到干燥和黏度的关系，适量加放各种助剂调整。金墨 pH 值不宜太高，可控制在 $8\sim8.5$ 之间，让它略含碱性。一般 $2\sim3h$ 检测一次，随检随调，尽量把 pH 值控制在最佳的印刷适性范围内。

三、水性印刷墨主要助剂的种类、用途、用量问题

水性印刷墨的主要助剂有冲淡剂、稳定剂、阻滞剂、清洗剂、消泡剂、金墨稀释剂、UV 金墨固化促进剂等。

1. 冲淡剂问题

冲淡剂是一种乳白色的浆状液体，有一定的黏性，pH 值较高，可调配各种颜色及冲淡四色油墨而不降低黏度和 pH 值，能直接上机使用增强印品的亮度。用量可根据用户的彩稿及颜色的深浅而定。

2. 稳定剂问题

稳定剂是一种无色透明液体，pH 值可达到 11，它能提高水性墨的 pH 值，增强水性墨的固化干燥时间。假若印刷正常，pH 值较稳定，黏度偏大时可用 $1:1$ 的水稀释后调整水性墨的黏度，使用量一般控制在 $4\%\sim6\%$。

3. 阻滞剂问题

阻滞剂（慢干剂）是一种略呈浅黄的液体，pH 值在 5.5 左右，它能抑制及降低水性墨的固化干燥时间，防止表面结皮，对车速过慢和因水性墨干燥过快而引起的脏版、糊版现象有一定的抑制作用。当水性墨黏度过大，而又不需要使用过量阻滞剂时，可用水稀释后使用，一般用量控制在 $3\%\sim5\%$。

4. 消泡剂问题

消泡剂的主要性能是消除水性墨中的气泡，防止印刷时因气泡的出现而产生白点、砂眼、水纹等问题。用量一般在 $0.5\%\sim1\%$，用量过多，反而影响产品质量，最好从喷雾器中喷出使用

5. 水性金银墨稀释剂问题

金银墨稀释剂是一种乳白色混浊液体，它本身有一定的黏度，pH 值略含碱性，主要性能就是调节金墨黏度，提高印刷适性，同时又不使金银墨氧化、变暗，保持金银墨的原有光泽。用量一般控制在 $2\%\sim8\%$，应根据温度、承印物、车速的不同而灵活使用。

6. 水性印刷墨的保存问题

柔性版水性印刷墨的保存期限一般为一年，超过保质期或时间更长，只要不出现凝固胶态，经过表面分层或沉淀，经过充分搅拌均匀，就可继续使用。保存

温度宜在 5~30℃ 范围内。最好在库房存放，不可露天保存，不能曝晒，也不要在 0℃ 以下的库房存放。金墨的保存期限为半年或低于半年。

四、水性印刷墨清洗/回收及利用问题

1. 水性印刷墨清洗剂

清洗剂主要用于机台清洗印版和网纹辊，处理干固、结皮的水性印刷墨。

2. 剩墨的回收及利用问题

因墨斗必须保持一定的墨量，才能保证各印刷机台正常印刷，各机台不可能每次都把墨用完。每批产品印刷结束时，一般都有一定量的剩余墨。多品种、多色机组印刷，每种产品将剩余一定量的墨等待处理。如果不及时调整，继续使用就造成浪费、增高成本。这就要求在调配时要尽量把余墨掌握在最低点。剩墨必须单独盛放，密封好，不要有墨皮或杂物混入。如果不干净，要用滤网过滤好，在下次用时先用剩墨，浅颜色可调入深颜色中去，纸质粗糙或印中低档产品可优先使用。

>>> 参考文献 <<<

[1] 油墨制造工艺编写组.油墨制造工艺.北京:轻工业出版社,1987.

[2] 周殿明,张丽珍.塑料薄膜实用生产技术手册.北京:中国石化出版社,2006.

[3] 陈昌杰,张烈银,阴其倩.塑料薄膜的印刷与复合.北京:化学工业出版社,2002.

[4] 罗建民.无溶剂复合技术.塑料,1994(5):14.

[5] 丁俐.用划痕技术检测涂层附着力.汽车制造业,2006(2):12.

[6] 王一芳.聚氨酯涂层新技术.纺织科学研究,2004(6):52-55.

[7] 窦翔,程冠.塑料包装印刷),北京:轻工业出版社,1999.

[8] 周震,凌云星.油墨研发新技术.北京:化学工业出版社,2006.

[9] 徐人平.包装新材料与新技术.北京:化学工业出版社,2006.

[10] 阎素斋,李文信等.特种印刷油墨.北京:化学工业出版社,2004.

[11] 程能林等.溶剂手册.北京:化学工业出版社,1987.

[12] 吴培熙等.塑料制品生产工艺手册.北京:化学工业出版社,1998.

[13] 周南桥.塑料复合制品成型技术与设备.北京.化学工业出版社,2003.

[14] 叶蕊.实用塑料加工技术.北京:金盾出版社,2000.

[15] 童忠良.化工产品手册:树脂与塑料分册.北京:化学工业出版社,2008.

[16] 陈海涛,崔春芳等.塑料制品加工实用新技术.北京:化学工业出版社,2010.

[17] 陈海涛,崔春芳,童忠良.挤出成型技术难题解答.北京:化学工业出版社,2009.

[18] [美]Okamoto K.T.著.微孔塑料成型技术.张玉霞 译.北京:化学工业出版社,2004.

[19] 方国治,高洋等.塑料制品加工与应用实例.北京:化学工业出版社,2010.

[20] 王廷鸿.双向拉伸生产线横拉机润滑系统的改造.中国包装工业,1999(2).

[21] 方国治,童忠东,俞俊等.塑料制品疵病分析与质量控制.北京.化学工业出版社,2012.

[22] 陈海涛,崔春芳,童忠良.塑料模具操作工实用技术问答.北京:化学工业出版社,2008.

[23] 崔春芳,王雷.塑料薄膜制品与加工.北京:化学工业出版社,2012.

[24] 江涛,吴丽霞.包装材料的发展及生态化研究.三峡大学机械与材料学院学报,2010(2):12.

[25] 朱弟雄.包装材料摩擦系数的测试方法.塑料科技,2010(2):10.

[26] 温度英.HDPE/EVA复合薄膜共挤出成型工艺及机头结构设计.塑料工业,1998,26(1):88-89.

[27] 陈岳.电晕处理处 BOPP 薄膜加工上的应用.塑料加工应用,1999(5).

[28] 陈占勋.废旧高分子材料资源及综合利用.北京:化学工业出版社,2003.

[29] 承民联等.LDPE/PA6 共混阻透薄膜的研制.中国塑料,2001(7):43-45.

[30] 陈海涛.塑料包装材料新工艺及应用.北京:化学工业出版社.2011.

[31] 刘敏江.塑料加工技术大全.北京:中国轻工业出版社,2001.

[32] 编委会.最新包装材料创新设计、新材料应用与包装印刷技术规范实用手册.长春:银声音像出版社,2005.